嵌入式系统设计与实例开发

——基于ARM微处理器与μC/OS-Ⅱ实时操作系统（第3版）

王田苗　魏洪兴　编著

清华大学出版社

北　京

内容简介

本书是《嵌入式系统设计与实例开发》一书的第 3 版，其特点是体系结构完整、基本概念清晰，易读易学。本书主要以 ARM9 嵌入式微处理器与μC/OS-II实时操作系统作为教学对象，分别介绍了嵌入式系统的概念及应用领域，嵌入式系统软硬件及设计方法基本知识，ARM 微处理器体系结构与汇编语言程序设计，μC/OS-II实时操作系统分析，嵌入式系统硬件接口设计，嵌入式系统软件设计与编程以及嵌入式系统的应用开发案例等知识体系。

本书定位为教材，适合作为计算机、软件、电子信息工程和自动化等专业本科生或研究生《嵌入式系统》、《嵌入式系统设计》、《嵌入式系统设计导论》等课程的教材使用。

本书配套较完整的课程大纲、PPT 讲稿，这部分内容可以从清华大学出版社网站（www.tup.tsinghua.edu.cn）下载。

图书在版编目（CIP）数据

嵌入式系统设计与实例开发——基于 ARM 微处理器与μC/OS-II实时操作系统/王田苗，魏洪兴编著. —3 版. —北京：清华大学出版社，2008.1（2023.8 重印）

ISBN 978-7-302-16467-8

I. 嵌… II. ① 王… ② 魏… III. ① 微型计算机-系统设计-高等学校-教材 ② 微型计算机-系统开发-高等学校-教材 IV. TP360.21

中国版本图书馆 CIP 数据核字（2007）第 176351 号

责任编辑：钟志芳 张丽萍
封面设计：张 岩
版式设计：王世情
责任校对：王 云
责任印制：刘海龙

出版发行：清华大学出版社
网 址：http://www.tup.com.cn，http://www.wqbook.com
地 址：北京清华大学学研大厦 A 座 **邮 编**：100084
社 总 机：010-83470000 **邮 购**：010-62786544
投稿与读者服务：010-62776969，c-service@tup.tsinghua.edu.cn
质量反馈：010-62772015，zhiliang@tup.tsinghua.edu.cn
印 装 者：北京国马印刷厂
经 销：全国新华书店
开 本：185mm×260mm **印 张**：22.75 **字 数**：510 千字
版 次：2008 年 1 月第 3 版 **印 次**：2023 年 8 月第21次印刷
定 价：59.80 元

产品编号：016910-04

前　言

时间如白驹过隙，距 2003 年本书第 2 版的出版已有 4 年多时间了。期间，第 2 版已第 10 次印刷，而我们却一直未能对第 2 版进行系统性的修订和完善，实在有愧于各位读者的厚爱。这 4 年中我们收到了许多读者的邮件和电话，他们对本书第 2 版提出了很多好的建议和意见。此外，我们自己在研究生《嵌入式系统概论》和本科生《嵌入式系统设计导论》的教学实践中，也积累了较丰富的实践教学经验，这些都为本书第 3 版的修订工作奠定了基础。

近几年，嵌入式系统技术得到了广泛的应用和爆发性的增长，普适计算、无线传感器网络、可重构计算等新兴技术的出现又为嵌入式系统技术的研究与应用注入了新的活力。智能手机、信息家电、汽车电子、家用机器人……嵌入式系统已“无处不在”。产业繁荣的背后带来的是隐藏的危机，作为“世界制造中心”的中国，在全球产业链中的地位举足轻重，但中国企业缺乏核心技术，劳动密集型产业过多也是不争的事实。如何从“制造大国”向“制造强国”转变已成为中国企业界共同面对的挑战。在这个转变过程中，加快发展制造业“心脏”的嵌入式芯片和软件技术已成为众多企业家的共识，而普及嵌入式技术、加快嵌入式技术人才的培养则是原动力。

2004 年，ACM 和 IEEE 联合制定了新版的计算机学科的课程体系（2004 版），其中一个主要的改革就是把“Embedded System”课程列为本科生的专业基础课程，并且给出了基本的课程体系。同时，美国卡内基·梅隆大学、伯克利大学等国外高校也不断地在完善他们的嵌入式教育体系，欧盟也推出了面向欧盟高校和企业的嵌入式研究计划，这些信息为本书第 3 版的内容体系结构提供了指导和参考。

本书第 3 版定位为教材，适合作为本科生或研究生《嵌入式系统概论》、《嵌入式系统设计》、《嵌入式系统设计导论》等课程的教材使用，其特点是体系结构完整、基本概念清晰，易读易学。与第 2 版相比，本书第 3 版做了较大的修改和完善，主要包括以下方面：

- ✦ 在体系结构上，以 ARM9 嵌入式微处理器与μC/OS-II 实时操作系统作为教学内容，新增加了第 3 章 ARM 微处理器体系结构与指令集和第 4 章μC/OS-II 嵌入式实时操作系统内核分析两部分内容，使本书的体系结构更加完整。
- ✦ 为了兼顾不同专业的学生学习使用，增加了第 2 章嵌入式系统的基础知识，主要介绍嵌入式系统硬件体系结构、嵌入式软件与实时操作系统、嵌入式系统内核设计与开发方法等基础知识，扩大了本书的适用范围。
- ✦ 在第 5 章嵌入式系统硬件平台与接口设计部分，以 ARM9 微处理器为设计平台，在内容上做了较大的修订和完善，更加符合目前国内嵌入式系统教学的主流情况。

- 在第 8 章嵌入式系统的应用开发案例部分，介绍了嵌入式数控系统的设计，这是一个较完整的嵌入式产品设计案例，具有较大的参考价值。
- 第 1 章、第 6 章、第 7 章保留了原书的特色，也进行了内容的更新和修订。

参加本书第 3 版修订工作的有王田苗、魏洪兴、陈友东、陶永、刘淼等，其中王田苗、魏洪兴负责统稿。在修订过程中，得到了山东大学贾智平教授、北京航空航天大学康一梅教授、清华大学湛卫军博士和北京航空航天大学 ITM 实验室全体老师及研究生的大力支持和帮助，大连理工大学金建设教授提供了第 8 章嵌入式智能家居的开发案例，北京博创科技提供了实验用的 UP-NETARM 系列教学平台和附录 B 的部分实验体系，在此向他们表示诚挚的感谢。

由于作者知识所限，书中不足之处在所难免，恳请各位专家和读者赐正。

王田苗　魏洪兴

于北京航空航天大学新主楼

ITM 实验室（http://itm.buaa.edu.cn）

2007 年 10 月 15 日

目　录

第1章 嵌入式系统概述

随着社会的日益信息化，计算机和网络已经全面渗透到日常生活的每一个角落。对于我们每个人来说，需要的已经不再仅仅是那种放在桌上处理文档、进行工作管理和生产控制的计算机“机器”。任何一个普通人都可能拥有从小到大的各种使用嵌入式技术的电子产品，小到MP3、PDA等微型数字化产品，大到网络家电、智能家电、车载电子设备等。目前，各种各样的新型嵌入式系统设备在应用数量上已经远远超过了通用计算机。在工业和服务领域中，使用嵌入式技术的数字机床、智能工具、工业机器人、服务机器人正在逐渐改变着传统的工业生产和服务方式。

嵌入式系统（Embedded System）是当今最热门的概念之一，然而究竟什么是嵌入式系统呢？什么样的技术可以称为嵌入式系统技术呢？通过本章的学习，不仅可以回答以上问题，同时还能够对嵌入式系统及其技术和应用有一个全面的了解。

1.1 嵌入式系统简介

1.1.1 什么是嵌入式系统

在讨论嵌入式系统定义之前，先来看图1-1所示的几个嵌入式系统的典型应用。

机顶盒

火星车

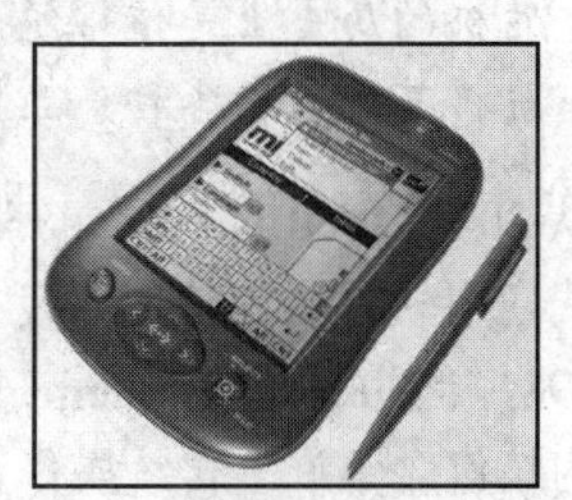

PDA

可视电话

机器人

SONY机器狗

图1-1 使用嵌入式技术的各种设备

嵌入式系统本身是一个相对模糊的定义。由于目前嵌入式系统已经渗透到日常生活中的各个方面，在工业、服务业、消费电子等领域的应用范围不断扩大，使得难以给出“嵌入式系统”一个明确的定义。

例如，一个手持的MP3是否可以称为嵌入式系统呢？答案是肯定的。那么一个PC104的微型工业控制计算机是嵌入式系统吗？当然也是，工业控制是嵌入式系统技术的一个典型应用领域。然而比较两者，会发现除了其中都嵌入有微处理器外，两者几乎完全不同。那是否可以说嵌入有微处理器的设备就是嵌入式系统呢？

那么究竟什么是嵌入式系统呢？

1．嵌入式系统的历史

虽然嵌入式系统是近几年才风靡起来的，但是这个概念并非新近才出现。从20世纪70年代单片机的出现到今天各式各样的嵌入式微处理器、微控制器的大规模应用，嵌入式系统已经有了近30年的发展历史。

作为一个系统，往往是在硬件和软件双螺旋式交替发展的支撑下逐渐趋于稳定和成熟，嵌入式系统也不例外。

嵌入式系统最初的应用是基于单片机的。20世纪70年代单片机的出现，使得汽车、家电、工业机器、通信装置以及成千上万种产品可以通过内嵌电子装置来获得更佳的使用性能，更容易使用、更快、更便宜。这些装置已经初步具备了嵌入式的应用特点，但是这时的应用只是使用8位的芯片，执行一些单线程的程序，还谈不上“系统”的概念。

提示： 最早的8位单片机是Intel公司的8048，它出现在1976年。Motorola同时推出了68HC05，Zilog公司推出了Z80系列，这些早期的单片机均含有256字节的RAM、4KB的ROM、4个8位并口、1个全双工串行口、两个16位定时器。之后在20世纪80年代初，Intel又进一步完善了8048，在它的基础上研制成功了8051，这在单片机的历史上是值得纪念的一页。迄今为止，51系列的单片机仍然是最为成功的单片机芯片，在各种产品中有着非常广泛的应用。

从20世纪80年代早期开始，嵌入式系统的程序员开始用商业级的“操作系统”编写嵌入式应用软件，这使得开发人员可以进一步缩短开发周期，降低开发成本并提高开发效率。1981年，Ready System开发出世界上第一个商业嵌入式实时内核（VTRX32）。这个实时内核包含了许多传统操作系统的特征，包括任务管理、任务间通信、同步与相互排斥、中断支持和内存管理等功能。此后，一些公司也纷纷推出了自己的嵌入式操作系统，如Integrated System Incorporation（ISI）的pSOS、WindRiver的VxWorks和QNX公司的QNX等。这些嵌入式操作系统都具有嵌入式的典型特点：它们均采用占先式的调度，响应的时间很短，任务执行的时间可以确定；系统内核很小，具有可裁剪性、可扩充性和可移植性，可以移植到各种处理器上；较强的实时性和可靠性，适合嵌入式应用。这些嵌入式实时多任务操作系统的出现，使得应用开发人员从小范围的开发中解放出来，同时也促使嵌入式有了更为广阔的应用空间。

20 世纪 90 年代以后，随着对实时性要求的提高，软件规模不断上升，实时内核逐渐发展为实时多任务操作系统（RTOS），并作为一种软件平台逐步成为目前国际嵌入式系统的主流。这时更多的公司看到了嵌入式系统的广阔发展前景，开始大力发展自己的嵌入式操作系统。除了上面的几家老牌公司以外，还出现了 Palm OS、Windows CE、嵌入式 Linux、Lynx、Nucleus 以及国内的 Hopen、Delta OS 等嵌入式操作系统。随着嵌入式技术的发展前景日益广阔，相信会有更多的嵌入式操作系统软件出现。如图 1-2 所示给出了比较有代表性的嵌入式操作系统。

风河的 Tornado/VxWorks

Palm 公司的 Palm OS

微软的 Windows CE（引自 www.pocketpcpower.net）

图 1-2　各种嵌入式操作系统

今天 RTOS 已经在全球形成了一个产业，根据美国 EMF（电子市场分析）报告，1999 年全球 RTOS 市场产值达 3.6 亿美元，而相关的整个嵌入式开发工具（包括仿真器、逻辑分析仪、软件编译器和调试器）则高达 9 亿美元。

2．嵌入式系统的定义

根据 IEEE（国际电气和电子工程师协会）的定义，嵌入式系统是“控制、监视或者辅助设备、机器和车间运行的装置”（原文为 devices used to control, monitor, or assist the operation of equipment, machinery or plants）。这主要是从应用上加以定义的，从中可以看出嵌入式系统是软件和硬件的综合体，还可以涵盖机械等附属装置。

不过，上述定义并不能充分体现出嵌入式系统的精髓。目前，国内一个普遍被认同的定义是：以应用为中心、以计算机技术为基础，软硬件可裁剪，适应应用系统对功能、可靠性、成本、体积、功耗严格要求的专用计算机系统。

可以从以下几个方面来理解国内对嵌入式系统的定义。

✦ 嵌入式系统是面向用户、面向产品、面向应用的，它必须与具体应用相结合才会具有生命力、才更具有优势。可以这样理解上述 3 个方面的含义，即嵌入式系统是与应用紧密结合的，它具有很强的专用性，必须结合实际系统需求进行合理的裁剪利用。

✦ 嵌入式系统是将先进的计算机技术、半导体技术和电子技术以及各个行业的具体应用相结合后的产物。这一点就决定了它必然是一个技术密集、资金密集、高度分散、不断创新的知识集成系统。所以，介入嵌入式系统行业，必须有一个正确的定位。例如，Palm OS 之所以在 PDA 领域占有 70%以上的市场，就是因为其立足于个人电子消费品，着重发展图形界面和多任务管理；而风河的 VxWorks 之所以在火星车上得以应用，则是因为其高实时性和高可靠性。

✦ 嵌入式系统必须根据应用需求能够对软硬件进行裁剪，满足应用系统的功能、可靠性、成本、体积等要求。所以，如果建立相对通用的软硬件基础，然后在其上开发出适应各种需要的系统，是一个比较好的发展模式。目前的嵌入式系统的核心往往是一个只有几 KB 到几十 KB 的微内核，需要根据实际的使用进行功能扩展或者裁剪。由于微内核的存在，使得这种扩展能够非常顺利地进行。

由于嵌入式系统本身是一个外延极广的名词，凡是与产品结合在一起的具有嵌入式特点的控制系统都可以叫做嵌入式系统，很难给它下一个准确的定义。因此，目前通常把嵌入式系统概念的重心放在“系统”（即操作系统）上，指能够运行操作系统的软硬件综合体。总体上嵌入式系统可以划分成硬件和软件两部分：硬件一般由高性能的微处理器和外围的接口电路组成，软件一般由实时操作系统和其上运行的应用软件构成。软件和硬件之间由所谓的中间层（BSP 层，板级支持包）连接。

一般而言，嵌入式系统的构架可以分成 4 个部分（如图 1-3 所示），即处理器、存储器、输入/输出（I/O）和软件（由于多数嵌入式设备的应用软件和操作系统都是紧密结合的，在这里对其不加区分，这也是嵌入式系统和 Windows 系统的最大区别）。

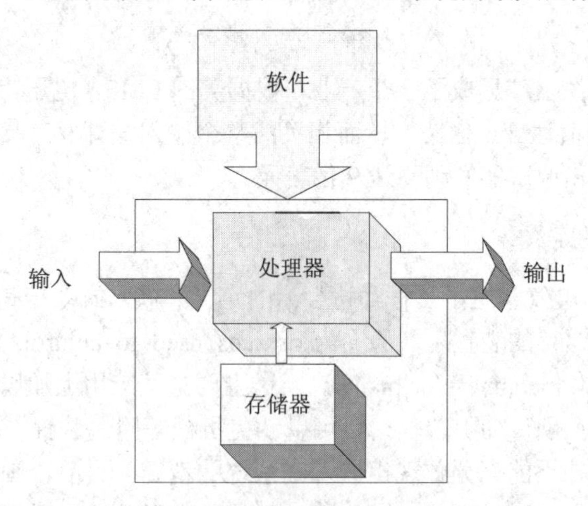

图 1-3　嵌入式系统的组成

3. 嵌入式系统的发展趋势

信息时代和数字时代的到来，为嵌入式系统的发展带来了巨大的机遇，同时也对嵌入式系统厂商提出了新的挑战。目前，嵌入式技术与 Internet 技术的结合正在推动着嵌入式系统的飞速发展，嵌入式系统的研究和应用产生了如下新的显著变化。

（1）新的微处理器层出不穷，嵌入式操作系统自身结构的设计更加便于移植，能够在短时间内支持更多的微处理器。

（2）嵌入式系统的开发成了一项系统工程，开发厂商不仅要提供嵌入式软硬件系统本身，同时还要提供强大的硬件开发工具和软件支持包。

（3）通用计算机上使用的新技术、新观念开始逐步移植到嵌入式系统中，嵌入式软件平台得到进一步完善。

（4）各类嵌入式 Linux 操作系统迅速发展，由于具有源代码开放、系统内核小、执行效率高、网络结构完整等特点，很适合信息家电等嵌入式系统的需要。目前已经形成了能与 Windows CE、Palm OS 等嵌入式操作系统进行有力竞争的局面。

（5）网络化、信息化的要求随着 Internet 技术的成熟和带宽的提高而日益突出，以往功能单一的设备如电话、手机、冰箱、微波炉等功能不再单一，结构变得更加复杂，网络互联成为必然趋势。

（6）精简系统内核，优化关键算法，降低功耗和软硬件成本。

（7）提供更加友好的多媒体人机交互界面。

4．知识产权核

IC 产业是一个自 20 世纪 80 年代特别是 90 年代后飞速发展的产业。从 20 世纪 90 年代中期开始，由于基于专用集成电路的板级系统设计已经不能满足系统产品的可靠性等要求，就出现了片上系统（System On Chip，SOC）的概念，并成为现代集成电路设计的发展方向。SOC 是指在单芯片上集成数字信号处理器、微控制器、存储器、数据转换器、接口电路等电路模块，可以直接实现信号采集、转换、存储、处理等功能，其中知识产权核（Intellectual Property Core，IP Core）设计是 SOC 设计的基础。

IP 核是指具有知识产权的、功能具体、接口规范、可在多个集成电路设计中重复使用的功能模块，是实现系统芯片（SOC）的基本构件。IP 核在功能设计上考虑了可重用性，验证方法也非常明确。IP 核模块有行为（Behavior）、结构（Structure）和物理（Physical）3 级不同程度的设计，对应描述功能行为的不同分为 3 类，即软核（Soft IP Core）、完成结构描述的固核（Firm IP Core）和基于物理描述并经过工艺验证的硬核（Hard IP Core）。

- ✦ IP 软核（Soft IP Core）通常是用硬件描述语言（hardware Description Language，HDL）文本形式提交给用户，它经过 RTL 级设计优化和功能验证，但其中不含有任何具体的物理信息。据此，用户可以综合出正确的门电路级设计网表，并可以进行后续的结构设计，具有很大的灵活性。借助于 EDA 综合工具可以很容易地与其他外部逻辑电路合成一体，根据各种不同半导体工艺，设计成具有不同性能的器件。其主要缺点是缺乏对时序、面积和功耗的预见性。而且软核是以源代码的形式提供的，IP 知识产权不易保护。
- ✦ IP 硬核（Hard IP Core）是基于半导体工艺的物理设计，已有固定的拓扑布局和具体的工艺，并已经过工艺验证，具有可保证的性能。其提供给用户的形式是电路物理结构掩模版图和全套工艺文件。由于无须提供寄存器转移级（Register transfer

level，RTL）文件，因而更易于实现 IP 保护。其缺点是灵活性和可移植性差。

✦ IP 固核（Firm IP Core）的设计程度则是介于软核和硬核之间，除了完成软核所有的设计外，还完成了门级电路综合和时序仿真等设计环节。一般以门级电路网表的形式提供给用户。

IC 设计中采用 IP 复用可以缩短产品的开发周期，提高产品的可靠性。全球 IP 核市场目前处于快速成长的阶段，1999—2004 年的增长率高达 43%。2001 年全球 IP 核市场规模达 8.9 亿美元，较 2000 年的 7.1 亿美元增长了 25%。在十大 IP 供应商排行中，ARM、Rambus 和 MIPS 居前 3 位。

为了保护 IP 核的开发者与使用者，同时建立良好的 IP 核技术基础，产业界已成立了许多策略联盟，如 EDA 联盟、RAPID 联盟、VCX 联盟与 VSIA 联盟等，来积极推动 IP 核的开发、应用及推广。其中 EDA 联盟主要由提供集成电路自动化设计软件的公司所组成，主要工作是要提升集成电路设计产业对 EDA 软件功能的认知与肯定，同时建立 EDA 公司与集成电路设计公司沟通交流渠道与解决集成电路产业所面临的问题，所以 EDA 联盟主要是以如何提供更好的 EDA 软件工具为主，也处理一部分 IP 核使用标准的问题。而 VSIA 联盟主要是针对 IP 核可复用性进行规范，希望建立一个共性标准，以方便实现将不同公司的 IP 核整合于一个 SOC 芯片中。VSIA 联盟针对 IP 核的定义、开发、授权及测试等建立一个公开的共性规范。

1.1.2　嵌入式系统的特点

从前面对嵌入式系统所作的定义可以看出嵌入式系统的几个重要特征。

（1）系统内核小。由于嵌入式系统一般应用于小型电子装置，系统资源相对有限，所以内核较之传统的操作系统要小得多。例如 ENEA 公司的 OSE 分布式系统，内核只有 5KB，而 Windows 的内核则要大得多。

（2）专用性强。嵌入式系统的个性化很强，其中的软件系统和硬件的结合非常紧密，一般要针对硬件进行系统的移植，即使在同一品牌、同一系列的产品中也需要根据系统硬件的变化和增减不断进行修改。同时针对不同的任务，往往需要对系统进行较大更改，程序的编译下载要和系统相结合，这种修改和通用软件的“升级”是完全不同的概念。

（3）系统精简。嵌入式系统一般没有系统软件和应用软件的明显区分，不要求其功能设计及实现上过于复杂，这样一方面利于控制系统成本，同时也利于实现系统安全。

（4）高实时性的操作系统软件是嵌入式软件的基本要求。而且软件要求固化存储，以提高速度。软件代码要求高质量和高可靠性。

（5）嵌入式软件开发要想走向标准化，就必须使用多任务的操作系统。嵌入式系统的应用程序可以没有操作系统而直接在芯片上运行；但是为了合理地调度多任务，利用系统资源、系统函数以及专家库函数接口，用户必须自行选配 RTOS（Real-Time Operating System）开发平台，这样才能保证程序执行的实时性、可靠性，并减少开发时间，保障软件质量。

（6）嵌入式系统开发需要专门的开发工具和环境。由于嵌入式系统本身不具备自主开发能力，即使设计完成以后，用户通常也不能对其中的程序功能进行修改，必须有一套开发工具和环境才能进行开发，这些工具和环境一般是基于通用计算机上的软硬件设备以及各种逻辑分析仪、混合信号示波器等。开发时往往有主机和目标机的概念，主机用于程序的开发，目标机作为最后的执行机，开发时需要交替结合进行。

1.1.3　嵌入式系统的组成

一个嵌入式系统装置一般都由嵌入式计算机系统和执行装置组成，如图 1-4 所示。嵌入式计算机系统是整个嵌入式系统的核心，由硬件层、中间层、系统软件层和应用软件层组成。执行装置也称为被控对象，它可以接受嵌入式计算机系统发出的控制命令，执行所规定的操作或任务。执行装置可以很简单，如手机上的一个微小型的电机，当手机处于震动接收状态时打开；也可以很复杂，如 SONY 智能机器狗，上面集成了多个微小型控制电机和多种传感器，从而可以执行各种复杂的动作和感受各种状态信息。

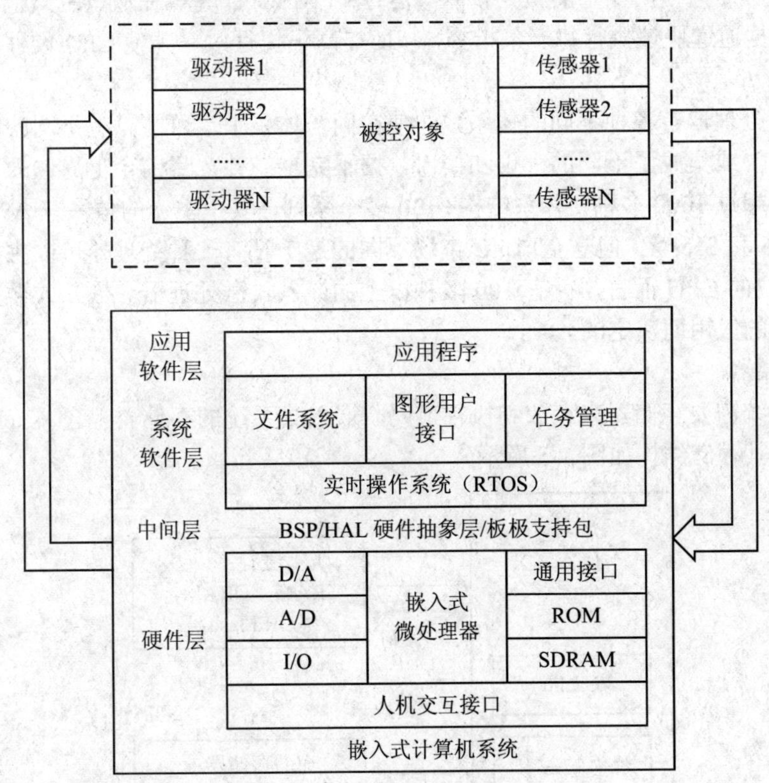

图 1-4　嵌入式系统的典型组成

下面对嵌入式计算机系统的组成进行介绍。

1．硬件层

硬件层中包含嵌入式微处理器、存储器（SDRAM、ROM、Flash 等）、通用设备接口和 I/O 接口（A/D、D/A、I/O 等）。在一片嵌入式处理器基础上添加电源电路、时钟电路和存储器电路，就构成了一个嵌入式核心控制模块。其中操作系统和应用程序都可以固化在 ROM 中。

（1）嵌入式微处理器

嵌入式系统硬件层的核心是嵌入式微处理器。嵌入式微处理器与通用处理器最大的不同在于嵌入式 CPU 大多工作在为特定用户群所专门设计的系统中，它将通用 CPU 中许多由板卡完成的任务集成到芯片内部，从而有利于嵌入式系统在设计时趋于小型化，同时还具有很高的效率和可靠性。

嵌入式微处理器的体系结构可以采用冯·诺依曼体系结构或哈佛体系结构；指令系统可以选用精简指令集系统（Reduced Instruction Set Computer，RISC）和复杂指令集系统 CISC（Complex Instruction Set Computer，CISC）。CISC 计算机具有大量的指令和寻址方式，但大多数程序只使用少量的指令就能够运行； RISC 计算机在通道中只包含最有用的指令，确保数据通道快速执行每一条指令，从而提高了执行效率并使 CPU 硬件结构设计变得更为简单。

嵌入式微处理器有各种不同的体系，即使在同一体系中也可能具有不同的时钟频率和数据总线宽度，或集成了不同的外设和接口。据不完全统计，目前全世界嵌入式处理器的品种总量已经超过 1000 多种，体系结构有 30 多个系列，其中主流的体系有 ARM、MIPS、PowerPC、x86 和 SH 等。但与全球 PC 市场不同的是，没有一种处理器可以主导嵌入式市场，仅以 32 位的 CPU 而言，就有 100 多种以上的嵌入式微处理器。嵌入式微处理器的选择是根据具体的应用而决定的。

（2）存储器

嵌入式系统需要存储器来存放和执行代码。嵌入式系统的存储器包含 Cache、主存和辅助存储器，其存储结构如图 1-5 所示。

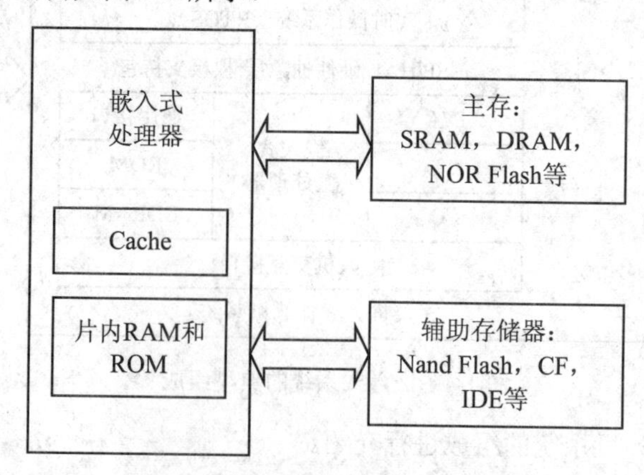

图 1-5 嵌入式系统的存储结构

✦ Cache

Cache 是一种容量小、速度快的存储器阵列，它位于主存和嵌入式处理器内核之间，存放的是最近一段时间处理器使用最多的程序代码和数据。在需要进行数据读取操作时，处理器尽可能地从 Cache 中读取数据，而不是从主存中读取，这样就大大改善了系统的性能，提高了处理器和主存之间的数据传输速率。Cache 的主要目标是：减小全速的存储器（如主存和辅助存储器）给处理器内核造成的存储器访问瓶颈，使得处理速度更快，实时性更强。

在嵌入式系统中，Cache 全部集成在嵌入式微处理器内，可分为数据 Cache、指令 Cache 或混合 Cache，Cache 的大小依不同处理器而定。一般在中高档的嵌入式处理器内部才会集成 Cache。

✦ 主存

主存是嵌入式处理器能直接访问的寄存器，用来存放系统和用户的程序及数据。它可以位于处理器的内部或外部，其容量从 256KB～1GB，根据具体的应用而定，一般片内存储器容量小、速度快，片外存储器容量大。

常用作主存的存储器介绍如下。

- ROM 类：NOR Flash、EPROM 和 PROM 等。
- RAM 类：SRAM、DRAM 和 SDRAM 等。

其中 NOR Flash 凭借其可擦写次数多、存储速度快、存储容量大、价格便宜等优点，在嵌入式领域内得到了广泛应用。

✦ 辅助存储器

辅助存储器是嵌入式处理器不能直接访问的存储器，用来存放大数据量的程序代码或信息，它的容量大，但读取速度相对主存就慢得多，用来长期保存用户的信息。

嵌入式系统中常用的外存有：硬盘、NAND Flash、CF 卡、MMC 和 SD 卡等。

（3）通用设备接口和 I/O 接口

嵌入式系统和外界交互需要一定形式的通用设备接口，例如 A/D、D/A、I/O 等，外设通过和片外其他设备或传感器的连接来实现微处理器的输入/输出功能。每个外设通常都只有单一的功能，也可以内置在芯片中。外设的种类很多，可从一个简单的串行通信设备到非常复杂的 802.11 无线设备。

目前，嵌入式系统中常用的通用设备接口有 A/D（模/数转换接口）、D/A（数/模转换接口）；I/O 接口有 RS-232 接口（串行通信接口）、Ethernet（以太网接口）、USB（通用串行总线接口）、音频接口、VGA 视频输出接口、I^2C（现场总线）、SPI（串行外围设备接口）、IrDA（红外线接口）等。

2. 中间层

硬件层和软件层之间为中间层，也称为硬件抽象层（Hardware Abstract Layer，HAL）或板级支持包（Board Support Package，BSP）。它将系统上层软件与底层硬件分离开来，使得系统的底层驱动程序与硬件无关，上层软件开发人员无须关心底层硬件的具体情况，根据 BSP 层提供的接口即可进行开发。该层一般包含相关底层硬件的初始化、数据的输入/

输出操作和硬件设备的配置等功能。BSP 具有以下两个特点。

- ✦ 硬件相关性：因为嵌入式实时系统的硬件环境具有应用相关性，而作为上层软件与硬件平台之间的接口，BSP 需要为操作系统提供操作和控制具体硬件的方法。
- ✦ 操作系统相关性：不同的操作系统具有各自的软件层次结构。因此，不同的操作系统具有特定的硬件接口形式。

在实现上，BSP 是一个介于操作系统和底层硬件之间的软件层次，包括了系统中大部分与硬件联系紧密的软件模块。设计一个完整的 BSP 需要完成两部分工作：嵌入式系统的硬件初始化以及 BSP 功能，设计硬件相关的设备驱动。

（1）嵌入式系统硬件初始化

系统初始化过程可以分为 3 个主要环节，按照自底向上、从硬件到软件的次序依次为：片级初始化、板级初始化和系统级初始化。

✦ 片级初始化

该初始化是指完成 CPU 的初始化，包括设置 CPU 的核心寄存器和控制寄存器、CPU 核心工作模式和 CPU 的局部总线模式等。片级初始化把 CPU 从上电时的默认状态逐步设置成系统所要求的工作状态。这是一个纯硬件的初始化过程。

✦ 板级初始化

该初始化是指完成 CPU 以外的其他硬件设备的初始化。另外，还需设置某些软件的数据结构和参数，为随后的系统级初始化和应用程序的运行建立硬件和软件环境。这是一个同时包含软硬件两部分在内的初始化过程。

✦ 系统级初始化

该初始化过程以软件初始化为主，主要进行操作系统的初始化。BSP 将对 CPU 的控制权转交给嵌入式操作系统，由操作系统完成余下的初始化操作，包含加载和初始化与硬件无关的设备驱动程序，建立系统内存区，加载并初始化其他系统软件模块，例如网络系统、文件系统等。最后，操作系统创建应用程序环境，并将控制权交给应用程序的入口。

（2）硬件相关的设备驱动程序

BSP 的另一个主要功能是硬件相关的设备驱动。硬件相关的设备驱动程序的初始化通常是一个从高到低的过程。尽管 BSP 中包含硬件相关的设备驱动程序，但是这些设备驱动程序通常不直接由 BSP 使用，而是在系统初始化过程中由 BSP 将它们与操作系统中通用的设备驱动程序关联起来，并在随后的应用中由通用的设备驱动程序调用，实现对硬件设备的操作。

所谓的设备驱动程序，就是一组库函数，用来对硬件进行初始化和管理，并向上层软件提供良好的访问接口。

对于不同的硬件设备来说，它们的功能是不一样的，因此它们的设备驱动程序也是不一样的。但是一般来说，大多数的设备驱动程序都会具备以下的一些基本功能。

- ✦ 硬件启动：在开机上电或系统重启时，对硬件进行初始化。
- ✦ 硬件关闭：将硬件设置为关机状态。
- ✦ 硬件停用：暂停使用这个硬件。
- ✦ 硬件启用：重新启用这个硬件。

- ✦ 读操作：从硬件中读取数据。
- ✦ 写操作：往硬件中写入数据。

3. 系统软件层

系统软件层由实时多任务操作系统（Real-time Operation System，RTOS）、文件系统、图形用户接口（Graphic User Interface，GUI）、网络系统及通用组件模块组成。RTOS 是嵌入式应用软件的基础和开发平台。

（1）嵌入式操作系统

嵌入式操作系统（Embedded Operating System，EOS）是一种用途广泛的系统软件，过去它主要应用于工业控制和国防系统领域。EOS 负责嵌入系统的全部软硬件资源的分配、任务调度，控制、协调并发活动。它必须体现其所在系统的特征，能够通过装卸某些模块来达到系统所要求的功能。目前，已推出一些应用比较成功的 EOS 产品系列。随着 Internet 技术的发展、信息家电的普及应用及 EOS 的微型化和专业化，EOS 开始从单一的弱功能向高专业化的强功能方向发展。嵌入式操作系统在系统实时高效性、硬件的相关依赖性、软件固化以及应用的专用性等方面具有较为突出的特点。EOS 是相对于一般操作系统而言的，它除具备了一般操作系统最基本的功能，如任务调度、同步机制、中断处理、文件处理等外，还有以下特点：

- ✦ 可装卸性。开放性、可伸缩性的体系结构。
- ✦ 强实时性。EOS 实时性一般较强，可用于各种设备控制当中。
- ✦ 统一的接口。提供各种设备驱动接口。
- ✦ 操作方便、简单、提供友好的图形 GUI、图形界面，追求易学易用。
- ✦ 提供强大的网络功能，支持 TCP/IP 协议及其他协议，提供 TCP/UDP/IP/PPP 协议支持及统一的 MAC 访问层接口，为各种移动计算设备预留接口。
- ✦ 强稳定性、弱交互性。嵌入式系统一旦开始运行就不需要用户过多地干预，这就要负责系统管理的 EOS 具有较强的稳定性。嵌入式操作系统的用户接口一般不提供操作命令，它通过系统的调用命令向用户程序提供服务。
- ✦ 固化代码。在嵌入式系统中，嵌入式操作系统和应用软件被固化在嵌入式系统计算机的 ROM 中。辅助存储器在嵌入式系统中很少使用。因此，嵌入式操作系统的文件管理功能应该能够很容易地拆卸各种内存文件系统。
- ✦ 更好的硬件适应性，也就是良好的移植性。

（2）文件系统

通用操作系统的文件系统通常具有以下功能：

- ✦ 提供用户对文件操作的命令。
- ✦ 提供用户共享文件的机制。
- ✦ 管理文件的存储介质。
- ✦ 提供文件的存取控制机制，保障文件及文件系统的安全性。
- ✦ 提供文件及文件系统的备份和恢复功能。
- ✦ 提供对文件的加密和解密功能。

嵌入式文件系统相比之下较为简单，主要具有文件存储、检索和更新等功能，一般不提供保护和加密等安全机制。它以系统调用和命令方式提供给文件各种操作，其主要操作如下：

- ✦ 设置、修改对文件和目录的存取权限。
- ✦ 提供建立、修改和删除目录等服务。
- ✦ 提供创建、打开、读写、关闭和撤销文件等服务。

此外嵌入式文件系统还具有以下特点。

- ✦ 兼容性：嵌入式文件系统通常支持几种标准的文件物理结构，例如 FAT32、JFFS2、YAFFS 等。
- ✦ 实时文件系统：除支持标准的文件物理结构外，为提高实时性，有些嵌入式文件系统还支持自定义的实时文件系统 ，这些文件系统一般采用连续文件的方式存储文件。
- ✦ 可裁剪、可配置：可根据嵌入式系统的要求选择所需的文件物理结构，可选择所需的存储介质、配置同时打开的最大文件数等。
- ✦ 支持多种存储设备：嵌入式系统的外存形式多样，嵌入式文件系统需方便地挂接不同存储设备的驱动程序，具有灵活的设备管理能力。同时根据不同外部存储器的特点，嵌入式文件系统还需考虑其性能、寿命等因素，发挥不同外存的优势，提高存储设备的可靠性和使用寿命。

（3）图形用户接口（GUI）

GUI 的广泛应用是当今计算机发展的重大成就之一。它极大地方便了非专业用户的使用，人们从此不再需要死记硬背大量的命令，取而代之的是可以通过窗口、菜单、按键等方式来方便地进行操作。而嵌入式 GUI 又与我们常用的 PC 机上的 GUI 有着明显的不同，在嵌入式系统中的 GUI 有以下特点：轻型、占用资源少、高性能、高可靠性、便于移植、可配置等。

对于嵌入式系统中的图形界面，一般采用以下几种解决方法：

- ✦ 针对特定的图形设备输出接口，自行开发相应的功能函数。
- ✦ 购买针对特定嵌入式系统的图形中间软件包。
- ✦ 采用源码开放的嵌入式 GUI 支持系统。
- ✦ 使用独立软件开发商提供的嵌入式 GUI 产品。

4．应用软件层

应用软件层是由基于 RTOS 开发的应用程序组成，用来实现对被控对象的控制功能。功能层是面向被控对象和用户的，为方便用户操作，往往需要提供一个友好的人机界面。

对于一些复杂的系统，在系统设计的初期阶段就要对系统的需求进行分析，确定系统的功能，然后将系统的功能映射到整个系统的硬件、软件和执行装置的设计过程中，称之为系统的功能实现。

1.1.4　嵌入式系统的分类

由于嵌入式系统由硬件和软件两大部分组成，所以其分类也可以从硬件和软件进行划分。

1. 嵌入式系统的硬件

从硬件方面来讲，嵌入式系统的核心部件是嵌入式处理器。据不完全统计，全世界嵌入式处理器的品种数量已经超过 1000 多种，流行体系结构有 30 多个，其中 8051 体系占大多数。生产 8051 单片机的半导体厂家有 20 多个，共 350 多种衍生产品，仅 Philips 就有近 100 种。目前嵌入式处理器的寻址空间可以从 64KB～256MB，处理速度从 0.1MIPS～2000MIPS。

嵌入式处理器一般具有以下 4 个特点：

✦ 对实时多任务操作系统具有很强的支持能力。能够实现多任务并且有较短的中断响应时间，从而使内部的代码和实时内核的执行时间减少到最低限度。

✦ 具有功能很强的存储区保护功能。由于嵌入式系统的软件结构一般为模块化，为了避免在软件模块之间出现错误的交叉作用，需要设计强大的存储区保护功能，同时也有利于软件故障诊断。

✦ 处理器结构可扩展。能够快速开发出满足各种应用和高性能的嵌入式微处理器。

✦ 低功耗。尤其是用于便携式的无线及移动计算和通信设备的嵌入式系统，功耗可以达到 mW 级甚至μW 级。

近年来嵌入式微处理器的主要发展方向是小体积、高性能、低功耗。专业分工也越来越明显，出现了专业的 IP（Intellectual Property Core，知识产权核）供应商，如 ARM、MIPS 等。他们通过提供优质高性能嵌入式微处理器内核，由各个半导体厂商生产面向各个应用领域的芯片。

如图 1-6 所示，一般可以将嵌入式处理器分成 4 类：嵌入式微处理器（MicroProcessor Unit，MPU）、嵌入式微控制器（MicroController Unit，MCU）、嵌入式 DSP 处理器（Digital Signal Processor，DSP）和嵌入式片上系统（System On Chip，SOC）。

✦ 嵌入式微控制器（MicroController Unit，MCU）

嵌入式微控制器（如图 1-7 所示）的典型代表是单片机。从 20 世纪 70 年代末单片机出现到今天，虽然已经经过了 20 多年的历史，但这种 8 位的电子器件目前在嵌入式设备中仍然有着极其广泛的应用。单片机芯片内部集成 ROM/EPROM、RAM、总线、总线逻辑、定时/计数器、看门狗、I/O、串行口、脉宽调制输出、A/D、D/A、Flash、EEPROM 等各种必要功能和外设。和嵌入式微处理器相比，微控制器的最大特点是单片化，体积减小，从而使功耗和成本下降、可靠性提高。微控制器是目前嵌入式系统工业的主流。微控制器的片上外设资源一般比较丰富，适合于控制，因此称为微控制器。

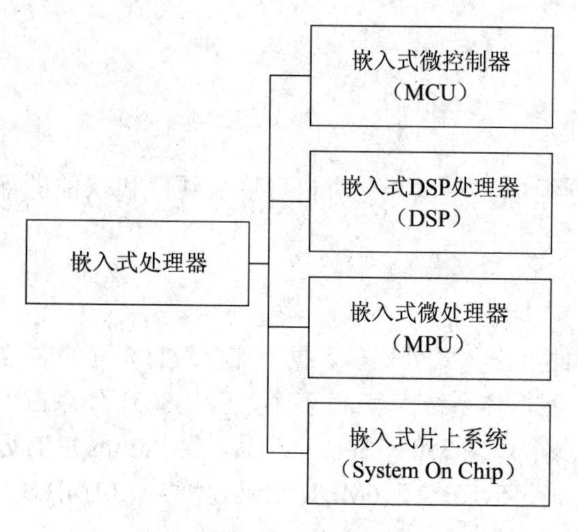

图 1-6 嵌入式系统分类

图 1-7 MCU

由于 MCU 低廉的价格、优良的功能，所以拥有的品种和数量最多，比较有代表性的包括 8051、MCS-251、MCS-96/196/296、P51XA、C166/167、68K 系列以及 MCU 8XC930/931、C540、C541，并且有支持 I^2C、CAN-BUS、LCD 及众多专用 MCU 和兼容系列。目前 MCU 占嵌入式系统约 70%的市场份额。近来 Atmel 推出的 AVR 单片机由于集成了 FPGA 等器件，所以具有很高的性价比，势必将推动单片机获得更高的发展。

图 1-8 DSP

✦ 嵌入式 DSP 处理器（Digital Signal Processor，DSP）

DSP 处理器（如图 1-8 所示）是专门用于信号处理方面的处理器，其在系统结构和指令算法方面进行了特殊设计，具有很高的编译效率和指令执行速度。在数字滤波、FFT、频谱分析等各种仪器上 DSP 获得了大规模的应用。

DSP 的理论算法在 20 世纪 70 年代就已经出现，但是由于专门的 DSP 处理器还未出现，所以这种理论算法只能通过 MPU 等由分立元件实现。MPU 较低的处理速度无法满足 DSP 的算法要求，其应用领域仅局限于一些尖端的高科技领域。随着大规模集成电路技术的发展，1982 年世界上诞生了首枚 DSP 芯片。其运算速度比 MPU 快了几十倍，在语音合成和编码解码器中得到了广泛应用。到 80 年代中期，随着 CMOS 技术的进步与发展，第二代基于 CMOS 工艺的 DSP 芯片应运而生，其存储容量和运算速度都得到了成倍提高，成为语音处理、图像硬件处理技术的基础。到 80 年代后期，DSP 的运算速度进一步提高，应用领域也从上述范围扩大到了通信和计算机方面。90 年代后，DSP 发展到了第五代产品，集成度更高，使用范围也更加广阔。

目前最为广泛应用的是 TI 的 TMS320C2000/C5000 系列。另外，如 Intel 的 MCS-296 和 Siemens 的 TriCore 也有各自的应用范围。

✦ 嵌入式微处理器（MicroProcessor Unit，MPU）

嵌入式微处理器（如图 1-9 所示）是由通用计算机中的 CPU 演变而来的。它的特征是具有 32 位以上的处理器，具有较高的性能，当然其价格也相应较高。但与计算机处理器不同的是，在实际嵌入式应用中，只保留和嵌入式应用紧密相关的功能硬件，去除其他的冗余功能部分，这样就以最低的功耗和资源实现嵌入式应用的特殊要求。和工业控制计算机相比，嵌入式微处理器具有体积小、重量轻、成本低、可靠性高的优点。目前主要的嵌入式处理器类型有 Am186/88、386EX、SC-400、Power PC、68000、MIPS、ARM/StrongARM 系列等。

图 1-9　MPU

其中 ARM / StrongARM 是专为手持设备开发的嵌入式微处理器，属于中档的价位。

✦　嵌入式片上系统（System On Chip，SOC）

片上系统 SOC（如图 1-10 所示）是追求产品系统最大包容的集成器件，是目前嵌入式应用领域的热门话题之一。SOC 最大的特点是成功实现了软硬件无缝结合，直接在处理器片内嵌入操作系统的代码模块。而且 SOC 具有极高的综合性，在一个硅片内部运用 VHDL 等硬件描述语言，实现一个复杂的系统。用户不需要再像传统的系统设计一样，绘制庞大复杂的电路板，一点点地连接焊制，只需要使用精确的语言，综合时序设计并直接在器件库中调用各种通用处理器的标准，然后通过仿真之后就可以直接交付芯片厂商进行生产。由于绝大部分系统构件都是在系统内部，整个系统就特别简洁，不仅减小了系统的体积和功耗，而且提高了系统的可靠性，提高了设计生产效率。

图 1-10　SOC

由于 SOC 是专用的，所以大部分都不为用户所知，比较典型的 SOC 产品是 Philips 的 Smart XA。少数通用系列如 Siemens 的 TriCore、Motorola 的 M-Core、某些 ARM 系列器件、Echelon 和 Motorola 联合研制的 Neuron 芯片等。

预计不久的将来，一些大的芯片公司将通过推出成熟的、能占领多数市场的 SOC 芯片，一举击退竞争者。SOC 芯片也将在声音、图像、影视、网络及系统逻辑等应用领域中发挥重要作用。

2. 嵌入式系统的软件

嵌入式操作系统是连接计算机硬件与应用程序的系统程序。操作系统有两个基本功能：使计算机硬件便于使用；高效组织和正确使用计算机的资源。操作系统有 4 个主要任务：进程管理、进程间通信与同步、内存管理和 I/O 资源管理。

嵌入式操作系统可以分为实时操作系统和分时操作系统两类。实时操作系统是指具有实时性，能支持实时控制系统工作的操作系统。实时操作系统的首要任务是调度一切可利用的资源完成实时控制任务；其次才着眼于提高计算机系统的使用效率，其重要特点是要通过任务调度来满足对于重要事件在规定的时间内做出正确的响应。实时操作系统与分时操作系统有着明显的区别。具体地说，对于分时操作系统，软件的执行在时间上的要求并不严格，时间上的延误或者时序上的错误，一般不会造成灾难性的后果。而对于实时操作系统，主要任务是对事件进行实时的处理，虽然事件可能在无法预知的时刻到达，但是软件上必须在事件随机发生时能够在严格的时限内做出响应（系统的响应时间）。即使是系统处在尖峰负荷下，也应如此，系统时间响应的超时就意味着致命的失败。另外，实时操作系统的重要特点是具有系统的可确定性，即系统能对运行情况的最好和最坏等情况做出精确的估计。

Stankovic 给出了实时系统的定义，“实时系统是这样一种系统，即系统执行的正确性不仅取决于计算的逻辑结果，而且还取决于结果的产生时间。”

实时系统又可以分为“硬实时系统”和“软实时系统”。硬实时和软实时的区别就在于对外界的事件做出反应的时间。硬实时系统必须是对及时的事件做出反应，绝对不能错过事件处理的时限。在硬实时系统中如果出现了这样的情况就意味着巨大的损失和灾难。例如航天飞机的控制系统，如果出现故障，其后果不堪想象。

软实时系统是指如果在系统负荷较重时，允许发生错过时限的情况而且不会造成太大的危害。例如液晶屏刷新允许有短暂的延迟。

硬实时系统和软实时系统的实现区别主要是在选择调度算法上。选择基于优先级调度的算法足以满足软实时系统的需求，而且可以提供高速的响应和大的系统吞吐量；而对硬实时系统来说，需要使用的算法就应该是调度方式简单，反应速度快的实时调度算法。

一个商业的 RTOS 必须具有以下两个评价指标：

- ✦ 中断响应时间，指从中断发生到相应的 ISR（中断服务程序）运行的时间间隔。中断响应时间与应用程序相匹配，而且是可预测的。如果同一时间有多个中断发生，则中断响应时间的数量级要增加。
- ✦ 临界情况执行时间（Worst-case Execution Time，WCED）表示每个系统调用的时间。它是可预测的，而且系统的每个任务都有独立的数据。

目前嵌入式系统的软件主要有两大类：实时系统和分时系统。其中实时系统又分为两类：硬实时系统和软实时系统，如图 1-11 所示。

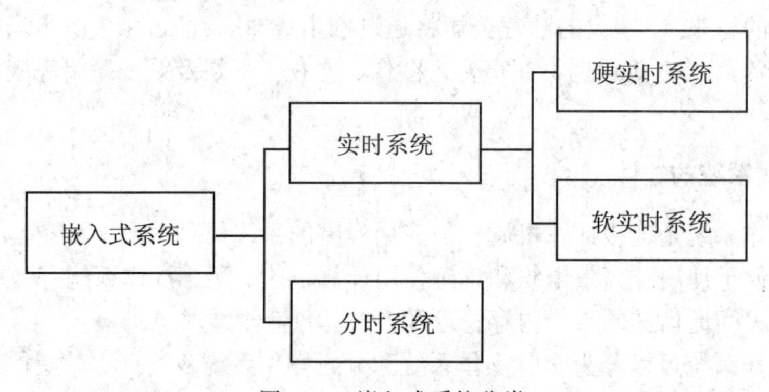

图 1-11 嵌入式系统分类

实时嵌入式系统是为执行特定功能而设计的，可以严格地按时序执行功能。其最大的特征就是程序的执行具有确定性。在实时系统中，如果系统在指定的时间内未能实现某个确定的任务，会导致系统的全面失败，则系统被称为硬实时系统。而在软实时系统中，虽然响应时间同样重要，但是超时却不会导致致命错误。一个硬实时系统往往在硬件上需要添加专门用于时间和优先级管理的控制芯片，而软实时系统则主要在软件方面通过编程实现时限的管理。例如，Windows CE 2.0 就是一个多任务分时系统，而μC/OS 则是典型的实时操作系统。

当然，除了上述分类之外，还有许多其他分类方法，例如从应用方面分为工业应用和消费电子等，在这里不再赘述。

1.2　嵌入式系统的应用领域

嵌入式系统技术具有非常广阔的应用前景，其应用领域可以包括以下几方面。

1. 工业控制

基于嵌入式芯片的工业自动化设备具有很大的发展空间，目前已经有大量的 8 位、16 位、32 位嵌入式微控制器应用在工业过程控制、数控机床、电力系统、电网安全、电网设备监测、石油化工系统等领域。就传统的工业控制产品而言，低端型往往采用的是 8 位单片机，但是随着技术的发展，32 位、64 位的微处理器逐渐成为工业控制设备的核心，在未来几年内必将获得更大的发展。如图 1-12 所示为嵌入式工控机主板。

2. 交通管理

在车辆导航、流量控制、信息监测与汽车服务方面，嵌入式系统技术已经获得了广泛的应用，内嵌 GPS 模块、GSM 模块的移动定位终端已经在各种运输行业获得了成功的使用。目前 GPS 设备（如图 1-13 所示的 GPS 手持机）已经从尖端产品进入了普通百姓的家庭，只需要几千元，就可以随时随地找到你的位置。如图 1-13 所示为 GPS 手持机。

图 1-12　基于 PC104 的嵌入式工控机主板

图 1-13　GPS 手持机

3. 信息家电

信息家电将成为嵌入式系统最大的应用领域，冰箱、空调等的网络化、智能化将引领人们的生活步入一个崭新的空间。即使不在家里，也可以通过电话线、网络进行远程控制。

在这些设备中，嵌入式系统将大有用武之地。如图 1-14 所示是信息家电的一种——家庭网络视频电话。

4．家庭智能管理系统

水、电、煤气表的远程自动抄表和安全防火、防盗系统，其中嵌有的专用控制芯片将代替传统的人工检查，并实现更高、更准确和更安全的性能。目前在服务领域中，一些手持设备已经体现出了嵌入式系统的优势。如图 1-15 所示是一个现代化小区的智能防盗系统。

图 1-14　信息家电

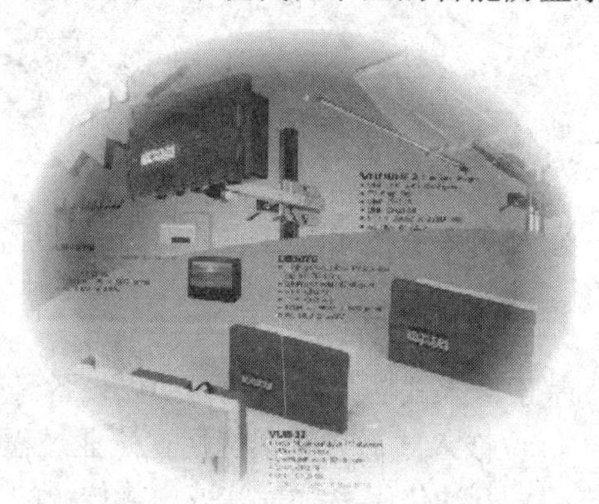

图 1-15　智能防盗系统

5．POS 网络及电子商务

公共交通无接触智能卡（Contactless Smartcard，CSC）发行系统、公共电话卡发行系统、自动售货机（如图 1-16 所示）、各种智能 ATM 终端将全面进入人们的生活，到时手持一卡就可以行遍天下。

图 1-16　智能售货机

6．环境监测

环境监测包括水文资料实时监测、防洪体系及水土质量监测、堤坝安全、地震监测网、实时气象信息网、水源和空气污染监测。在很多环境恶劣、地况复杂的地区，嵌入式系统将实现无人监测。

7. 机器人

嵌入式芯片的发展将使机器人在微型化、高智能方面优势更加明显，同时会大幅度降低机器人的价格，使其在工业领域和服务领域获得更广泛的应用。

除了以上这些应用领域，嵌入式系统还有其他方面的应用。可以毫不夸张地说，嵌入式系统已经进入到现代社会人们生活的方方面面，可以说是“无处不在”，尤其是在控制方面的应用。就远程家电控制而言，除了开发出支持 TCP/IP 的嵌入式系统之外，家电产品控制协议也需要制订和统一，这需要家电生产厂家来做。同样的道理，所有基于网络的远程控制器件都需要与嵌入式系统之间实现接口，然后再由嵌入式系统来控制并通过网络实现控制。所以，开发和探讨嵌入式系统有着十分重要的意义。

1.3　嵌入式系统在机电控制方面的应用

相对于其他领域，机电产品可以说是嵌入式系统应用最典型、最广泛的领域之一。从最初的单片机到现在的工控机，SOC 在各种机电产品中均有着巨大的市场。

工业设备是机电产品中最大的一类。在目前的工业控制设备中，工控机的使用非常广泛，这些工控机一般采用的是工业级的处理器和各种设备，其中以 x86 的 MPU 最多。工控的要求往往较高，需要各种各样的设备接口，除了进行实时控制，还需将设备状态、传感器的信息等在显示屏上实时显示。8 位的单片机是无法满足这些要求的，以前多数使用 16 位的处理器。随着处理器快速的发展，目前 32 位、64 位的处理器逐渐替代了 16 位处理器，进一步提升了系统性能。采用 PC104 总线的系统，体积小、稳定可靠，受到了很多用户的青睐。不过这些工控机采用的往往是 DOS 或者 Windows 系统，虽然具有嵌入式的特点，却不能称作纯粹的嵌入式系统。另外，在工业控制器和设备控制器方面，则是各种嵌入式处理器的天下。这些控制器往往采用 16 位以上的处理器，各种 MCU、ARM、MIPS、68K 系列的处理器在控制器中占据核心地位。这些处理器上提供了丰富的接口总线资源，可以通过它们实现数据采集、数据处理、通信以及显示（显示一般是连接 LED 或者 LCD）。最近飞利浦和 ARM 共同推出了 32 位 RISC 嵌入式控制器，适用于工业控制，采用最先进的 0.18 微米 CMOS 嵌入式闪存处理技术，操作电压可以低至 1.2V。它还能降低 25%～30%的制造成本，在工业领域中对最终用户而言是一套极具成本效益的解决方案。美国 TERN 工业控制器基于 Am188/186ES、i386EX、NEC V25、Am586（Elan SC520），采用了 SUPERTASK 实时多任务内核，可应用于便携设备、无线控制设备、数据采集设备、工业控制与工业自动化设备以及其他需要控制处理的设备。

家电行业是嵌入式应用的另一大行业。传统的电视、电冰箱中也嵌有处理器，但是这些处理器只是在控制方面应用。现在只有按钮、开关的家电显然已经不能满足人们的日常需求，具有用户界面，能远程控制、智能管理的电器是未来的发展趋势。据 IDG 发布的统计数据表明，未来信息家电将会成长五至十倍。中国的传统家电厂商向信息家电过渡时，首先面临的挑战是核心操作系统软件开发工作。硬件方面，进行智能信息控制并不是很高的要求，目前绝大多数嵌入式处理器都可以满足硬件要求，真正的难点是如何使软件操作系统容量小、稳定性高且易于开发。Linux 可以起到很好的桥梁作用，作为一个跨平台的操作系统，它可以支持 23 种 CPU ，而目前已有众多家电业的芯片厂家开始做 Linux 的平台移植工作。1999 年就登录中国的微软“维纳斯”计划给了国人一个数字家庭的概念，引导各大家电厂商纷纷投入到这场革命中来，使信息家电深入人心。如今各大厂商仍然在努力推出适用于新一代家电应用的芯片。英特尔公司已专为信息家电业研发了名为 StrongARM 的 ARM CPU 系列，这一系列 CPU 本身不像 x86 CPU 需要整合不同的芯片组，它在一颗芯片中可以包括所需要的各项功能，即硬件系统实现了 SOC 的概念，它将为信息家电提供功能强大的核心操作系统。相信在不久的将来，数字智能家庭必将来到我们身边。

机器人技术的发展从来就是与嵌入式系统的发展紧密联系在一起的。最早的机器人技术是 20 世纪 50 年代 MIT 提出的数控技术。当时使用的控制方法还远未达到芯片水平，只是简单的与非门逻辑电路。之后由于处理器和智能控制理论的发展缓慢，从 50 年代到 70 年代初期，机器人技术一直未能获得充分的发展。70 年代中期之后，由于智能理论的发展和 MCU 的出现，机器人逐渐成为研究热点，并且获得了长足的发展。近来由于嵌入式处理器的快速发展，机器人从硬件到软件也呈现出新的发展趋势。例如，火星车就是一个典型的例子。这个价值 10 亿美金的技术高密集移动机器人，采用的是美国风河公司的 VxWorks 嵌入式操作系统，可以在不与地球联系的情况下自主工作。1997 年美国发射的“索杰纳”火星车带有机械手，可以采集火星上的各种地况，并且通过摄像头把火星上的图像发回地面指挥中心。这台火星车在火星上自主工作了 3 个月，充分体现了 VxWorks 系统的高可靠性。以索尼的机器狗为代表的智能机器宠物，可以仅使用 8 位的 AVR，51 单片机或者 16 位的 DSP 来控制舵机，进行图像处理，就能制造出那些人见人爱的玩具，让人不能不惊叹嵌入式处理器强大的功能。近来 32 位处理器、Windows CE 等 32 位嵌入式操作系统的盛行，使得操控一个机器人只需要在手持 PDA 上获取远程机器人的信息，并且通过无线通信即可控制机器人的运行。与传统的采用工控机相比，要轻巧便捷得多。如图 1-17 所示就是采用卡西欧 PDA 和 Windows CE 操作系统的机器人控制器。随着嵌入式控制器越来越微型化、功能化，微型机器人、特种机器人等也将获得更大的发展机遇。

图 1-17 卡内基 • 梅隆大学和瑞士 EPFL 研制的机器人控制器

注：（采用卡西欧 PDA 和 Windows CE）

如图 1-18 所示是富士通公司推出的面向科学研究和家庭服务的小型仿人形机器人 HOAP-1，共有 20 个自由度，重 6kg，高 48cm，外形轻巧紧凑。富士通公司开放了机器人的内部体系结构，允许用户自由地开发自己的程序，控制机器人完成各种动作。因此，这是一款完全开发的仿人形机器人平台。提供的基本仿真软件和设计的用户开发程序运行在 RT-Linux 操作系统上，通过 USB 接口与机器人之间进行通信，而且机器人内部的传感器和驱动器也采用 USB 接口，这样非常容易根据需要扩展。

图 1-18　日本富士通公司的仿人形机器人 HOAP-1

注：（引自 www.linuxdevices.com）

1.4　嵌入式系统的现状和发展趋势

1.4.1　嵌入式系统的现状

随着信息化、智能化、网络化的发展，嵌入式系统技术也将获得广阔的发展空间。美国著名未来学家尼葛洛庞帝 1999 年 1 月访华时预言，4～5 年后嵌入式智能（电脑）工具将是 PC 和因特网之后最伟大的发明。我国著名嵌入式系统专家沈绪榜院士 1998 年 11 月在武汉全国第 11 次微机学术交流会上发表的《计算机的发展与技术》一文中，对未来 10 年以嵌入式芯片为基础的计算机工业进行了科学的阐述和展望。

进入 20 世纪 90 年代，嵌入式技术全面展开，目前已成为通信和消费类产品的共同发展方向。在通信领域，数字技术正在全面取代模拟技术。在广播电视领域，美国已开始由模拟电视向数字电视转变，欧洲的 DVB（数字电视广播）技术已在全球大多数国家推广。数字音频广播（DAB）也已进入商品化试播阶段。而软件、集成电路和新型元器件在产业发展中的作用日益重要。所有上述产品中，都离不开嵌入式系统技术。在个人领域中，嵌入式产品将主要是作为个人移动的数据处理和通信软件。由于嵌入式设备具有自然的人机交互界面，GUI 屏幕为中心的多媒体界面给人以很大的亲和力。手写文字输入、语音拨号上网、收发电子邮件以及彩色图形、图像已取得初步成效。

目前一些先进的 PDA 在显示屏幕上已实现汉字写入、短消息语音发布，应用范围也将日益广阔。对于企业专用解决方案，例如物流管理、条码扫描、移动信息采集等，这种小型手持嵌入式系统将发挥巨大的作用。自动控制领域不仅可以用于 ATM 机、自动售货机、工业控制等专用设备和移动通信设备、GPS、娱乐相结合，嵌入式系统同样可以发挥巨大的作用。近期长虹推出的 ADSL 产品，就是把网络、控制、信息结合起来，这种智能化、网络化将是家电发展的新趋势。

硬件方面，不仅有各大公司的微处理器芯片，还有用于学习和研发的各种配套开发包。目前，低层系统和硬件平台经过若干年的研究，已经相对比较成熟，实现各种功能的芯片应有尽有。而且巨大的市场需求给我们提供了学习研发的资金和技术力量。

从软件方面讲，也有相当多的成熟软件系统。国外商品化的嵌入式实时操作系统已进入我国市场的有 WindRiver、Microsoft、QNX 和 Nuclear 等产品。我国自主开发的嵌入式系统软件产品如科银京成（CoreTek）公司的嵌入式软件开发平台 DeltaSystem，中科院推出的 Hopen 嵌入式操作系统。由于是研究热点，读者可以在网上找到各种各样的免费资源，从各大厂商的开发文档到各种驱动程序源代码，甚至很多厂商还提供微处理器的样片。这对于从事这方面的研发者，无疑是个资源宝库。对于软件设计来说，不管是上手还是进一步开发，都相对来说比较容易。这就使得很多初学者能够比较快地进入研究状态，利于发挥大家的积极性和创造性。

今天嵌入式系统带来的工业年产值已超过了 1 万亿美元。来自 1997 年美国嵌入式系统大会（Embedded System Conference）的报告指出，未来 5 年仅基于嵌入式计算机系统的全数字电视产品，就将在美国产生一个每年 1500 亿美元的新市场。美国汽车大王福特公司的高级经理也曾宣称，“福特出售的‘计算能力’已超过了 IBM”。由此可以想象嵌入式计算机工业的规模和广度。1998 年 11 月在美国加州举行的嵌入式系统大会上，基于 RTOS 的 Embedded Internet 成为一个技术新热点。

在国内，“维纳斯计划”和“女娲计划”一度闹得沸沸扬扬，机顶盒、信息家电这两年更成了 IT 热点，而实际上这些都是嵌入式系统在特定环境下的一个特定应用。据调查，目前国际上已有两百多种嵌入式操作系统，而各种各样的开发工具、应用于嵌入式开发的仪器设备更是不可胜数。在国内，虽然嵌入式应用、开发很广，但该领域却几乎还是空白，只有两三家公司和极少数人员在从事这方面工作。

1.4.2 未来嵌入式系统的发展趋势

信息时代、数字时代使得嵌入式产品获得了巨大的发展机遇，为嵌入式市场展现了美好的前景，同时也对嵌入式生产厂商提出了新的挑战。从中可以看出未来嵌入式系统的几大发展趋势。

（1）嵌入式开发是一项系统工程，因此要求嵌入式系统厂商不仅要提供嵌入式软硬件系统本身，同时还需要提供强大的硬件开发工具和软件包支持。

目前很多厂商已经充分考虑到这一点，在主推系统的同时，将开发环境也作为重点推广。例如三星在推广 ARM7、ARM9 芯片的同时还提供开发板和板级支持包（BSP），而 Windows CE 在主推系统时也提供 Embedded VC++作为开发工具，还有 VxWorks 的 Tornado 开发环境、Delta OS 的 Limda 编译环境等都是这一趋势的典型体现。当然，这也是市场竞争的结果。

（2）网络化、信息化的要求随着因特网技术的成熟、带宽的提高而日益提高，使得以往单一功能的设备如电话、手机、冰箱、微波炉等功能不再单一，结构更加复杂。

这就要求芯片设计厂商在芯片上集成更多的功能。为了满足应用功能的升级，设计师们一方面采用更强大的嵌入式处理器如 32 位、64 位的 RISC 芯片或信号处理器 DSP 增强处理能力，同时增加功能接口（如 USB），扩展总线类型（如 CAN BUS），加强对多媒体、图形等的处理，逐步实施片上系统（SOC）的概念。软件方面，采用实时多任务编程技术和交叉开发工具技术来控制功能复杂性，简化应用程序设计，保障软件质量和缩短开发周期（如 HP）。

（3）网络互联成为必然趋势。

未来的嵌入式设备为了适应网络发展的要求，必然要求硬件上提供各种网络通信接口。传统的单片机对于网络支持不足，而新一代的嵌入式处理器已经开始内嵌网络接口，除了支持 TCP/IP 协议，有的还支持 IEEE1394、USB、CAN、Bluetooth 或 IrDA 通信接口中的一种或者几种，同时也提供相应的通信组网协议软件和物理层驱动软件。软件方面，系统内核支持网络模块，甚至可以在设备上嵌入 Web 浏览器，真正实现随时随地用各种设备上网。

（4）精简系统内核、算法、降低功耗和软硬件成本。

未来的嵌入式产品是软硬件紧密结合的设备，为了降低功耗和成本，需要设计者尽量精简系统内核，只保留和系统功能紧密相关的软硬件，利用最低的资源实现最适当的功能，这就要求设计者选用最佳的编程模型并不断改进算法来优化编译器性能。因此，软件开发人员既要有丰富的硬件知识，又需要发展先进嵌入式软件技术，如 Java、Web 和 WAP 等。

（5）提供友好的多媒体人机界面。

嵌入式设备能与用户亲密接触，最重要的因素就是它能提供非常友好的用户界面、图像界面和灵活的控制方式，使得人们感觉嵌入式设备就像是一个熟悉的老朋友。这方面的要求使得嵌入式软件设计者要在图形界面、多媒体技术上多下功夫。手写文字输入、语音拨号上网、收发电子邮件以及彩色图形、图像都会使使用者获得自由的感受。目前一些先进的 PDA 在显示屏幕上已实现汉字写入、短消息语音发布，但一般的嵌入式设备距离这个要求还有很长的路要走。

练习题

1. 嵌入式系统的定义是什么？
2. 嵌入式系统有哪些特点？
3. 嵌入式系统是怎样分类的？
4. 嵌入式系统可以应用到哪些领域？
5. 在嵌入式系统领域是否会出现像微软和英特尔那样的行业巨头？谈谈自己的观点。
6. 根据你的了解，谈谈嵌入式系统应用的现状及发展趋势。

第 2 章　嵌入式系统的基本知识

在第 1 章中对嵌入式系统的基本特点、分类及发展趋势做了简要介绍。在本章中，将介绍嵌入式系统的相关软硬件基本知识，包括微处理器体系结构、嵌入式软件及实时操作系统的基本概念等，同时还介绍了嵌入式系统的设计选型和常用的软硬件开发工具的知识。这些知识是读者学习和掌握本书后面内容的基础。

2.1　嵌入式系统硬件知识

2.1.1　嵌入式微处理器简介

嵌入式微处理器是指应用在嵌入式计算机系统中的微处理器。与通用计算机系统的 CPU 相比，嵌入式微处理器具有品种多、体积小、成本低、集成度高的特点。

如图 2-1 所示，嵌入式硬件系统一般由嵌入式微处理器、存储器和输入/输出部分组成。其中嵌入式微处理器是嵌入式硬件系统的核心，通常由 3 大部分组成：控制单元、算术逻辑单元和寄存器。各部分的主要功能介绍如下。

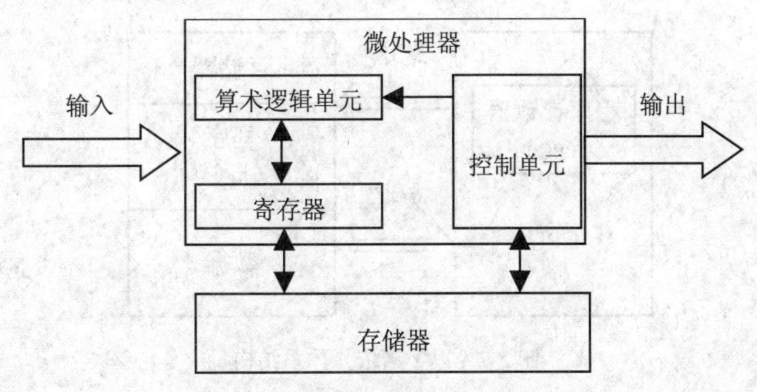

图 2-1　嵌入式硬件系统的基本结构

- 控制单元：主要负责取指、译码和取操作数等基本动作，并发送主要的控制指令。控制单元中包括两个重要的寄存器，即程序计数器（Program Counter，PC）和指令寄存器（Instruction Register，IR）。程序计数器用于记录下一条程序指令在内存中的位置，以便控制单元能到正确的内存位置取指；指令寄存器负责存放被控制单元所取的指令，通过译码产生必要的控制信号送到算术逻辑单元进行相关的数据处理工作。

✦ 算术逻辑单元：算术逻辑单元分为两部分，一部分是算术运算单元，主要处理数值型的数据，进行数学运算，如加、减、乘、除或数值的比较；另一部分是逻辑运算单元，主要处理逻辑运算工作，如 AND、OR、XOR 或 NOT 等运算。

✦ 寄存器：用于存储暂时性的数据。主要是从存储器中所得到的数据（这些数据被送到算术逻辑单元中进行处理）和算术逻辑单元中处理好的数据（再进行算术逻辑运算或存入到存储器中）。

2.1.2 嵌入式微处理器体系结构

1. 冯·诺依曼体系结构与哈佛体系结构

（1）冯·诺依曼体系结构

传统计算机采用冯·诺依曼（Von Neumann）体系结构，也称普林斯顿结构，是一种将程序指令存储器和数据存储器合并在一起的存储器结构。在冯·诺依曼体系结构的计算机中，程序和数据共用一个存储空间，程序指令存储地址和数据存储地址指向同一个存储器的不同物理位置。采用统一的地址及数据总线，程序指令和数据的宽度相同。处理器在执行任何指令时，都要先从存储器中取出指令解码，再取操作数执行运算。这样，即使单条指令也要耗费几个，甚至几十个时钟周期，在高速运算时，在传输通道上会出现瓶颈效应。

如图 2-2 所示，冯·诺依曼体系结构的计算机由 CPU 和存储器构成，程序计数器（PC）是 CPU 内部指示指令和数据的存储位置的寄存器。CPU 通过 PC 提供的地址信息，对存储器进行寻址，找到所需要的指令或数据，然后对指令进行译码，最后执行指令规定的操作。

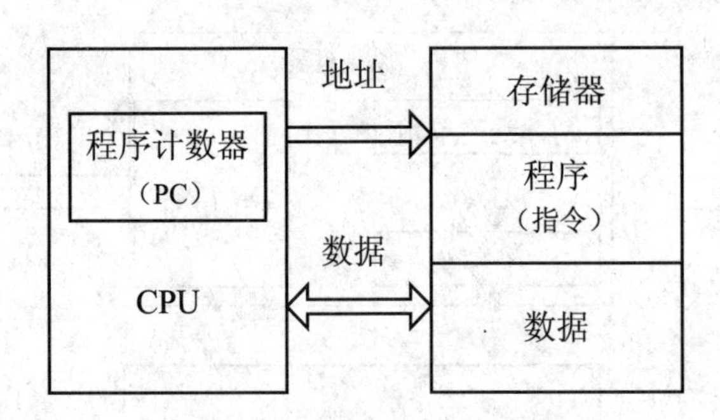

图 2-2 冯·诺依曼体系结构

在冯·诺依曼体系结构中，PC 只负责提供程序执行所需要的指令或数据，而不决定程序流程。要控制程序流程，则必须修改指令。

目前，使用冯·诺依曼体系结构的系列微处理器和微控制器有很多。其中包括英特尔公司的 8086 系列 CPU、ARM 公司的 ARM 系列微处理器、MIPS 公司的 MIPS 系列微处理器等。

（2）哈佛体系结构

哈佛（Harvard）体系结构是一种将程序指令存储和数据存储分开的体系结构。哈佛体系结构是一种并行体系结构。它的主要特点是将程序和数据存储在不同的存储空间中，即程序存储器和数据存储器是两个相互独立的存储器，每个存储器独立编址、独立访问。与两个存储器相对应的是系统中的 4 套总线：程序的数据总线与地址总线，数据的数据总线与地址总线。这种分离的程序总线和数据总线可允许在一个机器周期内同时获取指令字（来自程序存储器）和操作数（来自数据存储器），从而提高了执行速度，使数据的吞吐率提高了 1 倍。又由于程序和数据存储器在两个分开的物理空间中，因此取指和执行能完全重叠。

如图 2-3 所示，哈佛体系结构的计算机由 CPU、程序存储器和数据存储器组成，程序存储器和数据存储器采用不同的总线，从而提供了较大的存储器带宽，使数据的移动和交换更加方便，尤其提供了较高的数字信号处理性能。

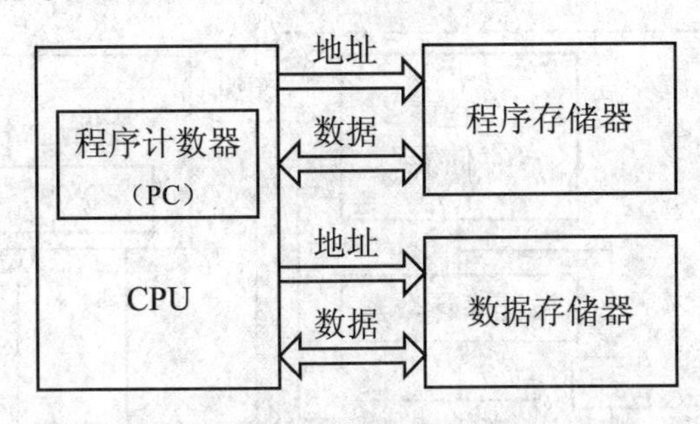

图 2-3　哈佛体系结构

哈佛体系结构的微处理器通常具有较高的执行效率。目前使用哈佛体系结构的中央处理器和微控制器有很多，除了所有的 DSP 处理器，还有摩托罗拉公司的 MC68 系列、Zilog 公司的 Z8 系列、ATMEL 公司的 AVR 系列和 ARM 公司的 ARM9、ARM10 和 ARM11 系列微处理器等。

2. CISC 与 RISC

（1）复杂指令集计算机（Complex Instruction Set Computer，CISC）

早期的计算机部件非常昂贵，主频低、运算速度慢。为了提高运算速度，人们不得不将越来越多的复杂指令加入到指令系统中，以提高计算机的处理效率，这就逐渐形成了复杂指令集计算机体系。为了在有限的指令长度内实现更多的指令，人们又设计了操作码扩展。然后，为了达到操作码扩展的先决条件——减少地址码，设计师又发明了各种各样的寻址方式，如基址寻址、相对寻址等，以最大限度地压缩地址码长度，为操作码留出空间。Intel 公司的 x86 系列 CPU 是典型的 CISC 体系的结构，从最初的 8086 到后来的 Puntuim 系列，每出一代新的 CPU，都会有自己新的指令，而为了兼容以前 CPU 平台上的软件，旧的 CPU 的指令集又必须保留，这就使指令的解码系统越来越复杂。CISC 可以有效地减少编译代码中指令的数目，使取指令操作所需要的内存访问数量达到最小化。此外，CISC 可以简化编译器结构，它在处理器指令集中包含了类似于程序设计语言结构的复杂指令，这些复杂指令减少了程序设计语言和机器语言之间的语义差别，而且简化了编译器的结构。

为了支持复杂指令集，CISC 通常包括一个复杂的数据通路和一个微程序控制器。如图 2-4 所示。微程序控制器由微程序存储器、微程序计数器（MicroPC）和地址选择逻辑构成。微程序存储器中的每一个字都表示一个控制字，并且包含了一个时钟周期内所有数据通路控制信号的值。这就意味着控制字中的每一位表示一个数据通路控制线的值。例如，它可以用于加载寄存器或是选择 ALU 中的一个操作。此外，每个处理器指令都由一系列的控制字组成。当从内存中取出这样一条指令时，首先把它放在指令寄存器中，然后地址选择逻辑再根据它来确定微程序存储器中相应的控制字顺序起始地址。当把该起始地址放入 MicroPC 中后，就从微程序内存中找到相应的控制字，并利用它在数据通路中把数据从一个寄存器传送到另一个寄存器。因为 MicroPC 中的地址并发递增来指向下一个控制字，因此对于序列中的每个控制器都会重复一遍这一步骤。最终，当执行完最后一个控制字时，就从内存中取出一条新的指令，整个过程会重复进行。

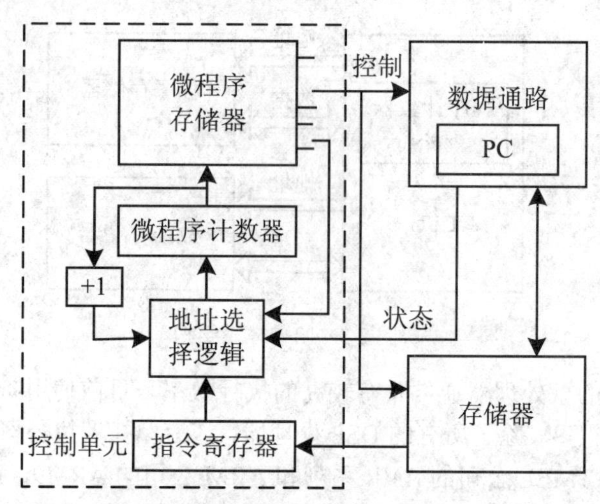

图 2-4　微程序控制的 CISC 计算机

由此可见，控制字的数量以及时钟周期的数目对于每一条指令都可以是不同的。因此，在 CISC 中很难实现指令流水操作。另外，速度相对较慢的微程序存储器需要一个较长的时钟周期。由于指令流水和短的时钟周期都是快速执行程序的必要条件，因此 CISC 体系结构对于高效处理器而言是不太合适的。

（2）精简指令集计算机（Reduced Instruction Set Computer，RISC）

从技术发展的角度，CISC 技术已很难再有突破性的进展，要想幅度提高性价比也很困难。而 RISC 技术是在 CISC 基础上发展起来的。1975 年 IBM 公司的 John Cocke 提出精简指令系统的想法，并于 1979 年研制出一种用于电话交换系统的 32 位小型计算机 IBM801。它有 120 条指令，工作速度为 10MIPS，这是世界上第一台采用 RISC 思想的计算机。1979 年，美国加州伯克利大学的 David Patterson 开展了 RISC 的研究工作，并研制了 RISC I 和 RISC II 机，后来斯坦福大学成功研制了 MIPS 机，这些都为 RISC 的诞生与发展起了很大作用。

1983 年以后，一些中、小型公司开始推出 RISC 产品，由于它们具有较高性价比，市场占有率不断提高。1987 年 Sun 微系统公司用 SPARC 芯片构成工作站，从而使其工作站的销售量居于世界首位。目前一些大公司，如 IBM、Intel 和 Motorola 等都将其部分力量转到 RISC 方面来，RISC 已经成为当前计算机发展的不可逆转的趋势。一些发展较早的大公司转到 RISC 上来还需要考虑其他因素，如因为 RISC 与 CISC 指令系统不兼容，因此他们在 CISC 上开发的大量软件如何转到 RISC 平台上来是首先要考虑的；而且这些公司的操作系统专用性很强，又比较复杂，这给软件的移植带来了麻烦。而 Sun 微系统公司，因为其以 UNIX 操作系统作为基础，软件移植比较容易，因此它的工作站的重点很快从 CISC 转移到 RISC。

如图 2-5 所示，RISC 处理器的数据通路通常由一个大的寄存器文件和一个 ALU 组成。一个大的寄存器文件是十分必要的，因为它包含了程序计算中所有的操作数和结果。通过 Load 指令将数据放到寄存器文件中，通过 Store 指令将其放回内存。寄存器文件越大，代码中的 Load 和 Store 指令的数目就越少。当 RISC 执行一序列指令时，指令管道首先将指令放到指令寄存器中，然后将该指令解码并从寄存器文件中取操作数。最后，RISC 做下面两件事情之一：或者在 ALU 中执行所需的操作，或者从数据缓存中读/写数据。应注意每个指令的执行仅占用大约 3 个时钟周期，这就意味着指令流水线可能短小且高效。而且仅在数据分支相关性的情况下才会使用较多的时钟周期。

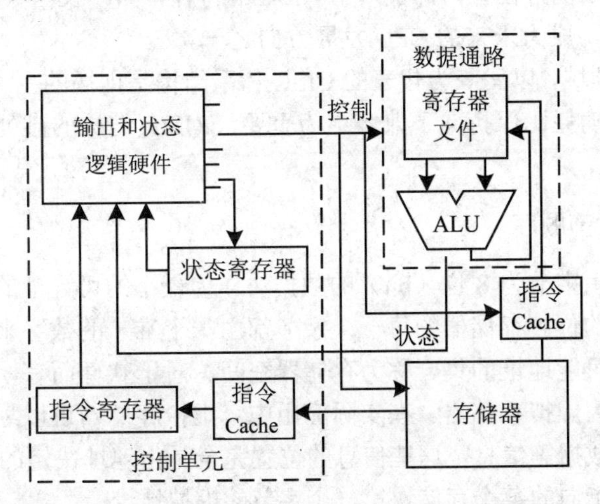

图 2-5　硬件控制的 RISC 计算机

同时由于所有的操作数都包含在寄存器文件中，而且只使用了几种简单的寻址方式，所以同样可以简化数据通路的设计。此外，因为每个操作要执行一个时钟周期而每个指令要执行 3 个时钟周期，因此控制单元也可以很简单，而且可以使用随机逻辑而不是微程序控制来实现。总之，RISC 中控制和数据通路的简化导致了简短的时钟周期，并最终达到了更高的性能。

然而，RISC 体系结构的简化则要求一个更为复杂的编译器。如 RISC 设计不会在指令相关性发生时就停止指令流水线，这就意味着编译器有责任产生出无相关性的代码，或者可以通过延时指令的产生，或者对指令进行重新排序。而且由于指令数目的减少，RISC 编译器将需要一系列的 RISC 指令来完成复杂的操作，也给编译器带来了灵活的优化性能。

表 2-1 列出了 CISC 与 RISC 计算机的特点。

表 2-1 CISC 与 RISC 的特点

类　别	CISC	RISC
指令系统	指令数量很多	较少，通常少于 100
执行时间	有些指令执行时间很长，如整块的存储器内容复制；或将多个寄存器的内容复制到存储器	没有较长执行时间的指令
编码长度	编码长度可变，1～15 字节	编码长度固定，通常为 4 个字节
寻址方式	寻址方式多样	简单寻址
操作	可以对存储器和寄存器进行算术和逻辑操作	只能对寄存器进行算术和逻辑操作，Load/Store 体系结构
编译	难以用优化编译器生成高效的目标代码程序	采用优化编译技术，生成高效的目标代码程序

当然，和 CISC 架构相比较，尽管 RISC 架构有上述的优点，但决不能认为 RISC 架构就可以取代 CISC 架构。事实上，RISC 和 CISC 各有优势，而且界限并不那么明显。现代的 CPU 往往采用 CISC 的外围，内部加入了 RISC 的特性，如超长指令集 CPU 就是融合了 RISC 和 CISC 的优势，成为未来的 CPU 发展方向之一。

在 PC 和服务器领域，以 x86 为代表的 CISC 体系结构是市场的主流。在嵌入式系统领域，由于降低成本和功耗比保持向下兼容更为重要，RISC 结构的微处理器将占有重要的位置。

3. 信息存储的字节顺序

大多数计算机使用字节为 8 位（bit）的数据块作为最小的可寻址的存储器单位，而不是访问存储器中单独的位。存储器的每一个字节都由一个唯一的数字来标识，称为它的地址（address），所有可能地址的集合称为存储器空间。对于软件而言，它将存储器看作一个大的字节数组，称为虚拟存储器。在实际应用中，虚拟存储器可以划分成不同的单元，来存放程序、指令、数据等信息。这些信息的位置完全是由地址决定的。如 C 语言中一个指针的值，就是它所指向的某个存储块第一个字节的虚拟地址。

每一种微处理器都用一个字长（word）表明整数和指令数据的大小。字长决定了微处理器的寻址能力，即虚拟地址空间的大小。对于一个字长为 n 位的微处理器，它的虚拟地址范围为 $0 \sim 2^n-1$。也就是说，32 位的微处理器，其可访问的虚拟地址空间为 2^{32}，即 4GB。

微处理器和编译器使用不同的方式来编码数据，如不同长度的整数和浮点数，从而支持多种数据格式。以 C 语言为例，它支持整数和浮点数等多种数据格式。int 在 C 语言中表示整数类型数据，在 int 之前还可以加上 long 和 short 等限定词，以表示各种整数和大小，表 2-2 给出了 C 语言中常用的数据类型表示。

对于多于一个字节类型的数据，在存储器中有两种存放方法：一种是低字节数据存放在内存低地址处，高字节数据存放在内存高地址处，称为小端字节顺序存储法；另一种是高字节数据存放在低地址处，低字节数据存放在高地址处，称为大端字节顺序存储法。这有点像我们写字，有人习惯用左手写，有人习惯用右手写。

表 2-2　C 语言中常用数据类型及其占内存情况

C 语言的数据类型声明	通常在 32 位微处理器中所占的字节数
char	1
short int	2
int	4
long int	4
float	4
double	8

例如，假设一个 32 位字长的微处理器上定义一个 int 类型的常量 a，其内存地址位于 0x8000 处，其值用十六进制表示为 0x01234567。如表 2-3 所示，如果按小端法存储，则其最低字节数据 0x67 存放在内存低地址 0x8000 处，最高字节数据 0x01 存放在内存高地址 0x8003 处。如表 2-4 所示，如果按大端法存储，则其最高字节数据 0x01 存放在内存的低地址 0x8000 处，而最低字节数据 0x67 存放在内存的高地址 0x8003 处。

表 2-3　小端存储法示例

地址	0x8000	0x8001	0x8002	0x8003
数据（十六进制表示）	0x67	0x45	0x23	0x01
数据（二进制表示）	01100111	01000101	00100011	00000001

表 2-4　大端存储法示例

地址	0x8000	0x8001	0x8002	0x8003
数据（十六进制表示）	0x01	0x23	0x45	0x67
数据（二进制表示）	00000001	00100011	01000101	01100111

显然，选择大端存储法还是小端存储法，并不存在技术原因，只是涉及处理器厂商的立场和习惯。Intel 公司 x86 平台的微处理器都采用小端存储法；而 IBM、Motorola 和 Sun Microsystems 公司的大多数微处理器采用大端存储法。IBM 的 Intel 处理器制造的计算机，则采用小端法。此外，还有一些微处理器，如 ARM、MIPS 和 Motorola 的 PowerPC 等，可以通过芯片上电启动时确定的字节顺序规则来选择存储模式。

对于大多数程序员而言，机器的字节存储顺序是完全不可见的，无论哪一种存储模式的微处理器编译出的程序都会得到相同的结果。不过，在有些情况下，字节顺序会成为问题。当不同存储模式的微处理器之间通过网络传送二进制数据时，会出现所谓的“UNIX”问题。字符“UNIX”在 16 位字长的微处理器上被表示为两个字节，当被传送到不同存储模式的机器上时，则会变为“NUXI”，这个问题最早是 UNIX 操作系统的早期版本从 PDP-11 移植到 IBM 机器上时发生的。为了避免这类问题，网络应用程序代码编写必须遵循已建立好的关于字节顺序的规则，以保证发送方微处理器先在其内部将发送的数据转换成网络标准，而接收方微处理器再将网络标准转换为它的内部表示。此外，在使用反汇编器阅读机器级二进制代码时，在不同存储模式的微处理器上会得到不同的结果。

2.1.3 嵌入式微处理器的分类

嵌入式微处理器有许多种流行的处理器核，芯片生产厂家一般都基于这些处理器核生产不同型号的芯片。本节将主要介绍以下几种嵌入式处理器的架构，以及典型芯片制造商生产的芯片型号。

1. ARM

ARM（Advanced RISC Machines）公司是全球领先的16/32位RISC微处理器知识产权设计供应商。ARM公司通过转让高性能、低成本、低功耗的RISC微处理器、外围和系统芯片设计技术给合作伙伴，使他们能用这些技术来生产各具特色的芯片。ARM已成为移动通信、手持设备、多媒体数字消费嵌入式解决方案的RISC标准。ARM处理器有3大特点：小体积、低功耗、低成本而高性能；16/32位双指令集；全球众多的合作伙伴。

ARM7TDMI处理器是ARM7处理器系列成员之一，是目前应用最广的32位高性能嵌入式RISC处理器。下面以ARM7TDMI为例，介绍ARM芯片的性能特性。

（1）指令流水线

ARM7TDMI 使用流水线以提高处理器指令的流动速度。流水线允许几个操作同时进行，以及处理和存储系统连续操作。

ARM7TDMI使用3级流水线，因此，指令的执行分为3个阶段——取指、译码和执行。

当正常操作时，在执行一条指令期间，其后续的一个指令进行译码，且第3条指令从存储器中取指令。

（2）存储器访问

ARM7TDMI核是冯·诺依曼体系结构，使用单一32位数据总线传送指令和数据。只有加载、存储和交换指令可以访问存储器中的数据。

数据可以是8位（字节）、16位（半字）和32位（字）。

字必须是4字节边界对准，半字必须是2字节边界对准。

（3）存储器接口

ARM7TDMI的存储器接口被设计成在使用存储器最少的情况下实现其潜能。速度的关键控制信号是流水作业，以允许在标准低功耗逻辑下实现系统控制功能。这些控制信号方便了许多片内和片外存储器技术支持快速突发（BURST）访问模式的开发。

ARM7TDMI有4种存储周期的基本类型：空闲周期、非顺序周期、顺序周期和协处理器寄存器传送周期。

（4）嵌入式ICE—RT逻辑

嵌入式ICE—RT逻辑为ARM7TDMI核提供了集成的在片调试支持。可以使用嵌入式ICE—RT逻辑来编写断点或观察断点出现的条件。

嵌入式 ICE—RT 逻辑包含调试通信通道（Debug Communications Channel，DCC）。DCC 用于在目标和宿主调试器之间传送信息。嵌入式 ICE—RT 逻辑通过 JTAG（Joint Test Action Group）测试访问口进行控制。

2．MIPS

MIPS 是 Microprocessor without Interlocked Pipeline Stages 的缩写，是由 MIPS 技术公司开发的一种处理器内核标准。MIPS 技术公司是一家设计制造高性能、高档次及嵌入式 32 位和 64 位处理器的厂商，在 RISC 处理器方面占有重要地位。

MIPS 公司设计 RISC 处理器始于 20 世纪 80 年代初；1986 年推出 R2000 处理器；1988 年推出 R3000 处理器；1991 年推出第一款 64 位商用微处理器 R4000 之后，又陆续推出 R8000（于 1994 年）、R10000（于 1996 年）和 R12000（于 1997 年）等型号。之后，MIPS 公司的战略发生变化，把重点放在嵌入式系统。1999 年，MIPS 公司发布 MIPS 32 和 MIPS 64 架构标准，为未来 MIPS 处理器的开发奠定了基础。新的架构集成了原来所有的 MIPS 指令集，并且增加了许多更强大的功能。MIPS 公司陆续开发了高性能、低功耗的 32 位处理器内核 MIPS 32 4Kc 与高性能 64 位处理器内核 MIPS 64 5Kc。2000 年，MIPS 公司发布了针对 MIPS 32 4Kc 的新版本以及未来 64 位 MIPS 64 20Kc 处理器内核。

为了使用户更加方便地应用 MIPS 处理器，MIPS 公司推出了一套集成的开发工具，称为 MIPS IDF（Integrated Development Framework），特别适用于嵌入式系统的开发。

MIPS 技术公司既开发 MIPS 处理器结构，又自己生产基于 MIPS 的 32 位/64 位芯片，其产品结构如图 2-6 所示。

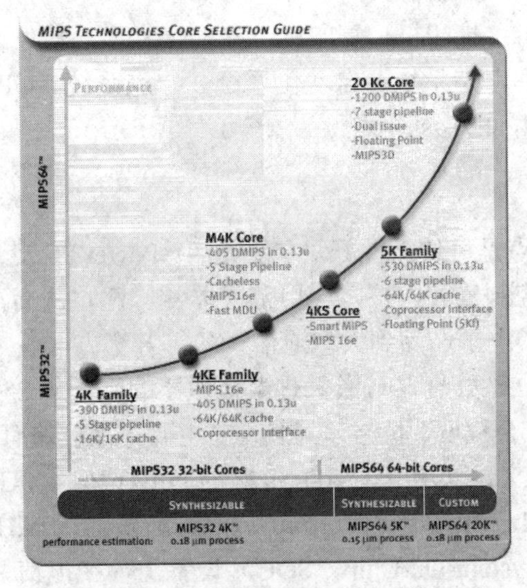

图 2-6　MIPS 处理器产品结构

注：（引自 www.mips.com）

MIPS 技术公司 32 位的嵌入式处理器 MIPS32™ 体系的特性如下。

- ✦ 与 MIPS I™ 和 MIPS II™ 指令体系（ISA）完全兼容。
- ✦ 增强的状态传送及数据预取指令。

- 标准的 DSP 操作：乘（MUL）、乘加（MADD）及 Count leading 0/1s（CLZ/O）。
- 优先的 Cache Load/Control 操作。
- 向上与 MIPS64™ 体系兼容。
- 稳定的 3 操作数 Load/Store RISC 指令体系（3 寄存器，或 2 寄存器+立即数）。
- 7 个、32 个 32 位的通用寄存器（GPRs），两个乘/除寄存器（HI 和 LO）。
- 可选的浮点数支持 32 个单精度 32 位、16 个双精度 64 位浮点数寄存器（FPRs）和浮点状态代码寄存器。
- 可选的存储器管理单元（MMU）： TLB 或 BAT 地址翻译机制、可编程的页面大小。
- 可选的 Cache：可选择指令缓存和数据缓存大小，数据缓存可选择 Write-back 或 Write-through 方式、支持虚拟地址或物理地址方式。
- 增强的 JTAG（EJTAG）提供不受干扰（Non-intrusive）调试支持。

基于这些特性，MIPS 芯片被广泛应用于以下环境。

- MIPS32™ 及其兼容处理器定位于高性能、低功耗的片上系统（System-On-Chip）等嵌入式应用。
- 便携式计算系统：手持或掌上电脑、信息电器、数字信息管理。
- 便携式通信设备：便携式电话（Cellar phone）、下一代 3G 手持设备、智能电话（Smart phone）、可视电话（Screen phone）。
- 数字消费产品：数字相机（Digital Cameras）、机顶盒（STB）、游戏平台（Game Platform）、DVD 播放器。
- 办公自动化设备：打印机、复印机、扫描仪、多功能外设。
- 工业控制：仓库存储系统、自动化系统、导航系统（GPS）、图形系统、精细终端（Pos、ATM、E-Cash）。

3．Power PC

Power PC 架构的特点是可伸缩性好，方便灵活。Power PC 处理器品种很多，既有通用的处理器，又有嵌入式控制器和内核，应用范围非常广泛，从高端的工作站、服务器到桌面计算机系统，从消费类电子产品到大型通信设备等各个方面。

目前，Power PC 独立微处理器与嵌入式微处理器的主频从 25MHz～700MHz 不等，它们的能量消耗、大小、整合程度、价格差异悬殊，主要产品模块有主频 350MHz～700 MHz Power PC 750CX 和 750CXe 以及主频 400 MHz 的 Power PC 440GP 等。嵌入式的 Power PC 405（主频最高为 266MHz）和 Power PC 440（主频最高为 550MHz）处理器内核可以用于各种集成的系统芯片（System-On-Chip，SOC）设备上，在电信、金融和其他许多行业具有广泛的应用。

基于 Power PC 架构的处理器介绍如下。

（1）IBM：Power PC

IBM 公司开发的 Power PC 405 GP 是一个集成 10/100Mbps 以太网控制器、串行和并行端口、内存控制器以及其他外设的高性能嵌入式处理器。

Power PC 405 GP 嵌入式处理器的特性介绍如下：

- ✦ Power PC 405 GP 是一个专门应用于网络设备的高性能嵌入式处理器，包括有线通信、数据存储以及其他计算机设备。
- ✦ 扩展了 Power PC 处理器家族的可伸缩性。
- ✦ 应用软件源代码兼容所有其他的 Power PC 处理器。
- ✦ 利用最高可达 133MHz 外频的 64 位 CoreConnect 总线体系结构，提供高性能、响应时间短的嵌入式芯片。
- ✦ 提供了具有创新意义的 CodePack 的代码压缩，极大地改进了指令代码密度并减少了系统整体成本。
- ✦ Power PC 405GP 的蓝色逻辑上层结构为要求低功耗的嵌入式处理器提供了理想的解决方案，其可重复使用的核心、灵活的高性能总线结构、可定制 SOC 设计等特性极大地缩短了产品从设计到上市的时间。

（2）Motorola：Power PC——MPC823e

MPC823e 微处理器是一个高度综合的片上系统（SOC）设备，它结合了 Power PC 微处理器核心的功能、通信处理器和单硅成分内的显示控制器。这个设备可以在大量的电子应用中使用，特别是在低能源、便携式、图像捕捉和个人通信设备方面。

MPC823e 微处理器使用带有大量数据和指令高速缓存的双处理器结构设计方法，使用通用 RISC 整数处理器和特殊 32-bit 标量 RISC 通信处理器模块来提供高性能。为了通信的需要，外设的设计独特，可以为高速数字通信、成像、用户接口的增加和其他 I/O 的支持提供嵌入式信号处理功能。

4．x86

x86 系列处理器是我们最熟悉的。它起源于 Intel 架构的 8080，再发展出 286、386、486，直到现在的 Pentium 4、Athlon 和 AMD 的 64 位处理器 Hammer。从嵌入式市场来看，486DX 是当时和 ARM、68K、MIPS、SuperH 齐名的五大嵌入式处理器之一，8080 是第一款主流的处理器。今天的 Pentium 和当初的 8080 使用相同的指令集，这有利也有弊，利是可以保持兼容性，至少 10 年前写的程序在现在的机器上还能运行；弊端是限制了 CPU 性能的提高。

5．68K/Coldfire

Motorola 68000（68K）是出现得比较早的一款嵌入式处理器，68K 采用的是 CISC 结构，与现在的 PC 指令集保持了二进制兼容。

68K 最初曾用在 Apple 2 上，比 Intel 的 8088 还要早。Sun 也把这款处理器用于其最早的工作站。现在 68K 芯片已经完全应用于嵌入式系统了，1992 年 68K 系列芯片的销售量达到 2000 万片，几乎是当时市场上所有其他嵌入式微处理器（包括 ARM、MIPS、Power PC 等）销量的总和。

1994 年，Motorola 推出了基于 RISC 结构的 68K/ColdFire 系统微处理器。目前基于该架构的嵌入式微处理器主要有 MCF5272。它基于第二代 ColdFire V2 核心，在 66MHz 下操作速度为 63Dhrystone 2.1MIPS，是迄今最高的 V2 性能。

与所有 ColdFire 产品一样，MCF5272 系统结构提供优秀的编码密度，同时达到出色的系统性能水平。由于 MCF5272 共用 68K 的编程模式，并为通信外围设备组的需要提供了更高性能选择，因此它是 68K 系列产品的重要补充。

2.2 嵌入式系统软件知识

2.2.1 嵌入式软件概述

嵌入式软件是指应用在嵌入式计算机系统中的各种软件。在嵌入式系统的发展初期，软件的种类很少，规模也很小，基本上都是硬件的附属品。随着嵌入式系统应用的发展，特别是随着后 PC 时代的来临，嵌入式软件的种类和规模都得到了极大的发展，形成了一个完整、独立的体系。但是作为嵌入式系统的一个组成部分，无论嵌入式软件如何发展，都摆脱不了整个系统对它的影响。因此，对于嵌入式软件而言，它除了具有通用软件的一般特性，同时还具有一些与嵌入式系统密切相关的特点。这些特点如下。

（1）规模较小

由于嵌入式系统的资源一般比较有限，所以嵌入式软件必须尽可能地精简，才能适应这种状况，多数的嵌入式软件都在几 MB 以内。

（2）开发难度大

与普通计算机上的软件不同，嵌入式软件的运行环境和开发环境比较复杂，这就加大了它的开发难度。首先，由于硬件资源有限，使得嵌入式软件在时间和空间上都受到严格的限制，但要想开发出运行速度快、存储空间少、维护成本低的软件，并不是一件容易的事情，需要开发人员对编程语言、编译器和操作系统有深刻的了解。其次，嵌入式软件一般都要涉及底层软件的开发，应用软件的开发也是直接基于操作系统的，这就需要开发人员具有扎实的软硬件基础，能灵活运用不同的开发手段和工具，具有较丰富的开发经验。最后，对于嵌入式软件来说，它的开发环境与运行环境是不同的。嵌入式软件是在目标系统上运行，但开发工作要在另外的开发系统中进行，当程序员将应用软件调试无误后，再把它放到目标系统上去。这与通常的软件开发过程是不同的。

（3）实时性和可靠性要求高

实时性是嵌入式系统的一个重要特征，许多嵌入式系统要求具有实时处理的能力，这种实时性主要是靠软件层来体现的。软件对外部事件作出反应的时间必须要快，在某些情况下还要求是确定的、可重复实现的，不管系统当时的内部状态如何，都是可以预测的。同时，对于事件的处理一定要在限定的时间内完成，否则就有可能引起系统的崩溃。例如，火箭飞行控制系统就是实时的，它对飞行数据采集和燃料喷射时机的把握要求非常准确，否则就难以达到精确控制的目的，从而导致飞行控制的失败。

与实时性相应的是可靠性，因为实时系统往往应用在一些比较重要的领域，如航天控制、核电站、工业机器人等。如果软件出了问题，那么后果是非常严重的，所以要求这种嵌入式软件的可靠性必须非常高。

（4）要求固化存储

为了提高系统的启动速度、执行速度和可靠性，嵌入式系统中的软件一般都固化在存储器芯片或单片机本身中，而不是像通常的计算机系统那样，存储在磁盘等载体中。

2.2.2　嵌入式软件体系结构

1．无操作系统的情形

在嵌入式系统的发展初期，由于硬件的配置比较低，而且系统的应用范围也比较有限，主要集中在控制领域，对于是否有系统软件的支持，要求还不是很迫切。所以在那个阶段，嵌入式软件的设计主要是以应用为核心，应用软件直接建立在硬件上，没有专门的操作系统，软件的规模也很小，基本上属于硬件的附属品。

在具体实现上，无操作系统的嵌入式软件主要有两种实现方式，即循环轮转和前后台系统。

（1）循环轮转方式

如图 2-7 所示，循环轮转方式的基本思路是：把系统的功能分解为若干个不同的任务，然后把它们包含在一个永不结束的循环语句当中，按照顺序逐一执行。当执行完一轮循环后，又回到循环体的开头重新执行。

```
for (;;)
{
任务 1 的部分工作;
任务 2 的部分工作;
任务 3 的部分工作
}
```

图 2-7　循环轮转方式

循环轮转方式的优点是简单、直观、开销小、可预测。软件的开发就是一个典型的基于过程的程序设计问题，可以按照自顶向下、逐步求精的方式，将系统要完成的功能逐级划分成若干个小的功能模块，像搭积木一样搭起来。由于整个系统只有一条执行流程和一个地址空间，不需要任务之间的调度和切换，因此系统的管理开销很少。而且由于程序的代码都是固定的，函数之间的调用关系也是明确的，所以整个系统的执行过程是可预测的，这对于一些实时控制系统来说是非常重要的。

循环轮转方式的缺点是过于简单，所有的代码都必须按部就班地按照顺序执行，无法处理异步事件，缺乏并发处理的能力。而在现实世界当中，事件都是并行出现的，而且有些事件比较紧急，当它们发生时，必须马上进行处理，不能等到下一轮循环再来处理。另外，这种方案没有硬件上的时间控制机制，无法实现定时功能。

（2）前后台系统

前后台系统就是在循环轮转方式的基础上，增加了中断处理功能。

如图 2-8 所示，中断服务程序（Interrupt Service Routine，ISR）负责处理异步事件，这部分可以看成是前台程序（foreground）。而后台程序（background）一般是一个无限的循环，负责掌管整个嵌入式系统软硬件资源的分配、管理以及任务的调度，是一个系统管理调度程序。一般情况下，后台程序也叫做任务级程序，前台程序也叫做事件处理级程序。在系统运行时，后台程序会检查每个任务是否具备运行条件，通过一定的调度算法来完成相应的操作。而对于实时性要求特别严格的操作通常由中断来完成。为了提高系统性能，大多数的中断服务程序只做一些最基本的操作。例如，把来自于外设的数据复制到缓冲区、标记中断事件的发生等，其余的事情会延迟到后台程序去完成，这样就不会因为在中断服务程序中耽误太长的时间而影响到后续和其他的中断。

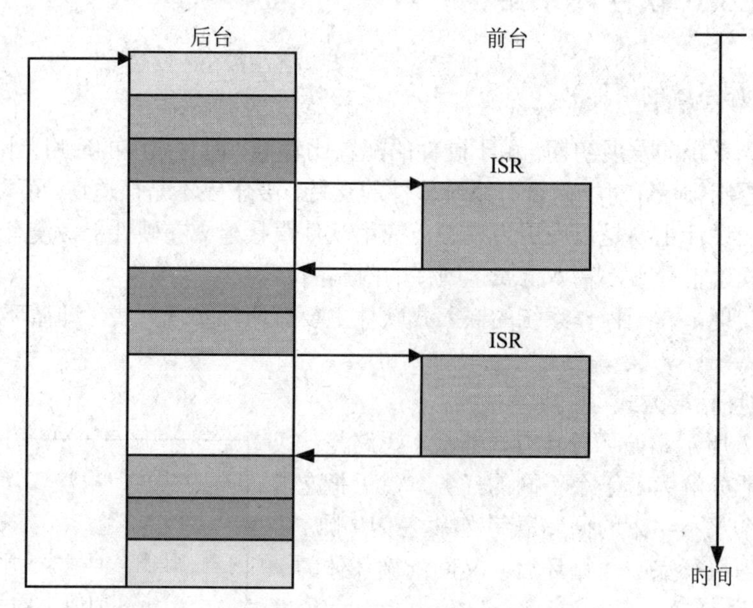

图 2-8 前后台系统

前后台系统的实时性比预计的要差。因为前后台系统认为所有的任务具有相同的优先级别，即是平等的。而且任务的执行又是通过 FIFO 队列排队，因而对那些实时性要求高的任务不可能立刻得到处理。另外，由于前台程序是一个无限循环的结构，一旦在这个循环体中正在处理的任务崩溃，使得整个任务队列中的其他任务得不到被处理的机会，从而造成整个系统的崩溃。由于这类系统结构简单，几乎不需要 RAM/ROM 的额外开销，因而在简单的嵌入式应用中被广泛使用。

2．有操作系统的情形

从 20 世纪 80 年代开始，嵌入式软件进入了操作系统的阶段。这一阶段的标志是操作系统出现在嵌入式系统上，程序员在开发应用程序时，不是直接面对嵌入式硬件设备，而是在操作系统的基础上编写，嵌入式软件开发环境也得到了一定的应用。如今，嵌入式操作系统在嵌入式应用中用得越来越广泛，尤其是在功能复杂、系统庞大的应用中显得愈来愈重要。这种开发方式主要有以下 3 个优点。

（1）提高了系统的可靠性

在控制系统中，出于安全方面的考虑，要求系统起码不能崩溃，而且还要有自愈能力。

这就需要在硬件设计和软件设计两方面来提高系统的可靠性和抗干扰性，尽可能地减少安全漏洞和不可靠的隐患。以往的前后台系统在遇到强干扰时，可能会使应用程序产生异常、出错、跑飞，甚至出现死循环的现象，造成系统的崩溃。而在嵌入式操作系统管理的系统中，这种干扰可能只是引起系统中的某一个进程被破坏，这时可以通过系统的监控进程对其进行修复。

（2）提高了系统的开发效率，降低了开发成本，缩短了开发周期

在嵌入式操作系统环境下，开发一个复杂的应用程序，通常可以按照软件工程的思想，将整个程序分解为多个任务模块。每个任务模块的调试、修改几乎不影响其他模块。而且商业软件一般都提供了良好的多任务调试环境，这样就大大提高了系统的开发效率。

（3）有利于系统的扩展和移植

在嵌入式操作系统环境下开发应用程序具有很大的灵活性，操作系统本身可以剪裁，外设、相关应用也可以配置，软件可以在不同的应用环境、不同的处理器芯片之间移植，软件构件可重复使用。

嵌入式操作系统具有通用操作系统的基本特点，如能够有效管理越来越复杂的系统资源；能够把硬件虚拟化，使得开发人员方便地进行驱动程序移植和维护；能够提供库函数、驱动程序、工具集以及应用程序。与通用操作系统相比较，嵌入式操作系统在系统实时高效性、硬件的相关依赖性、软件固态化以及应用的专用性等方面具有较为突出的特点。

对于不同的嵌入式操作系统，它们所包含的组件可能各不相同。但是一般来说，所有的操作系统都会有一个内核（kernel）。所谓的内核，是指系统当中的一个组件，它包含了操作系统（Operating System，OS）的主要功能，即 OS 的各种特性及其相互之间的依赖关系。这些功能包括任务管理、存储管理、输入输出（Input/Output，I/O）设备管理和文件系统管理。

任务管理的主要功能是对嵌入式系统中的运行软件进行描述和管理，并完成处理机资源的分配与调度。存储管理的主要目标是如何来提高内存的利用率，方便用户的使用，并提供足够的存储空间。I/O 设备管理的主要目标是方便设备使用，提高 CPU 和输入输出设备的利用率。文件管理主要是解决文件资源的存储、共享、保密和保护等问题。对于不同的嵌入式操作系统，它们的内核设计也是各不相同的，并不一定包含所有的模块，具体取决于系统的设计以及实际的应用需求。

嵌入式实时操作系统在目前的嵌入式应用中用得越来越广泛，尤其在功能复杂、系统庞大的应用中显得愈来愈重要。

2.2.3　嵌入式操作系统的分类

嵌入式操作系统可以按照系统的类型、响应时间和软件结构进行分类。

1．按系统的类型分类

按照系统的类型，可以把嵌入式操作系统分为 3 大类：商用系统、专用系统和开源

系统。

- ✦ 商用系统：商业化的嵌入式操作系统。其特点是功能强大、性能稳定、应用范围相对较广，而且辅助软件工具齐全，可以胜任许多不同的应用领域。但商用系统的价格通常比较昂贵，如果用于一般的产品会提高产品的成本从而失去竞争力。其典型代表是风河公司（WindRiver）的VxWorks、微软公司的Windows CE、Palm公司的PalmOS等。
- ✦ 专用系统：一些专业厂家为本公司产品特制的嵌入式操作系统，这种系统一般不提供给应用开发者使用。
- ✦ 开源系统：开放源代码的嵌入式操作系统，是近年来发展迅速的一类操作系统，其典型代表是μC/OS和各类嵌入式Linux系统。开源系统具有成本低、开源、性能优良、资源丰富、技术支持强等优点，在信息家电、移动通信、网络设备和工业控制等领域得到了越来越广泛的应用。

2．按响应时间分类

按照系统对响应时间的敏感程度，可以把嵌入式操作系统分为两大类：实时操作系统（Real Time Operating System，RTOS）和非实时操作系统。

顾名思义，实时操作系统就是对响应时间要求非常严格的系统，当某一个外部事件或请求发生时，相应的任务必须在规定的时间内完成相应的处理。实时系统的正确性不仅依赖于系统计算的逻辑结果，还依赖于产生这些结果所需要的时间。

实时操作系统可以分为硬实时和软实时两种情形。

- ✦ 硬实时系统：系统对响应时间有严格的要求，如果响应时间不能满足，这是绝不允许的，可能会引起系统的崩溃或致命的错误。
- ✦ 软实时系统：系统对响应时间有要求，如果响应时间不能满足，将带来额外的代价，不过这种代价通常能够接受。

非实时系统在响应时间上没有严格的要求，如分时操作系统，它是基于公平性原则，各个进程分享处理器，获得大致相同的运行时间。当一个进程在进行I/O操作时，会交出处理器，让其他的进程运行。

3．按软件结构分类

按照软件的体系结构，可以把嵌入式操作系统分为3大类：单体结构、分层结构和微内核结构。它们之间的差别主要表现在两个方面：一是内核的设计，即在内核中包含了哪些功能组件；二是在系统中集成了哪些其他的系统软件（如设备驱动程序和中间件）。

（1）单体结构

单体结构（monolithic）是一种常见的组织结构。在单体结构的操作系统中，中间件和设备驱动程序通常就集成在系统内核当中。整个系统通常只有一个可执行文件，里面包含了所有的功能组件（如图2-9所示）。系统的结构就是无结构，整个操作系统由一组功能模块组成，这些功能模块之间可以相互调用。例如，嵌入式Linux操作系统和PDOS都属于单体内核系统。

单体结构的优点是性能较好，系统的各个模块之间可以相互调用，通信开销比较小。它的缺点是：操作系统具有体积庞大、高度集成和相互关联等特点，因而在系统剪裁、修改和调试等方面都较为困难。

（2）分层结构

在分层结构（layered）中，一个操作系统被划分为若干个层次（0…N），各个层次之间的调用关系是单向的，即某一层次上的代码只能调用比它低层的代码。与单体结构相似，分层结构的操作系统也是只有一个大的可执行文件，其中包含设备驱动程序和中间件。由于采用了层次结构，所以系统的开发和维护都较为简单。当我们要替换系统当中的某一层时，不会影响到其他的层次。但是，这种结构要求在每个层次上都要提供一组 API 接口函数，这就会带来额外的开销，从而影响到系统的规模和性能。图 2-10 展示的是 MS-DOS 的结构，这是一个有代表性的、良好组织的分层结构。

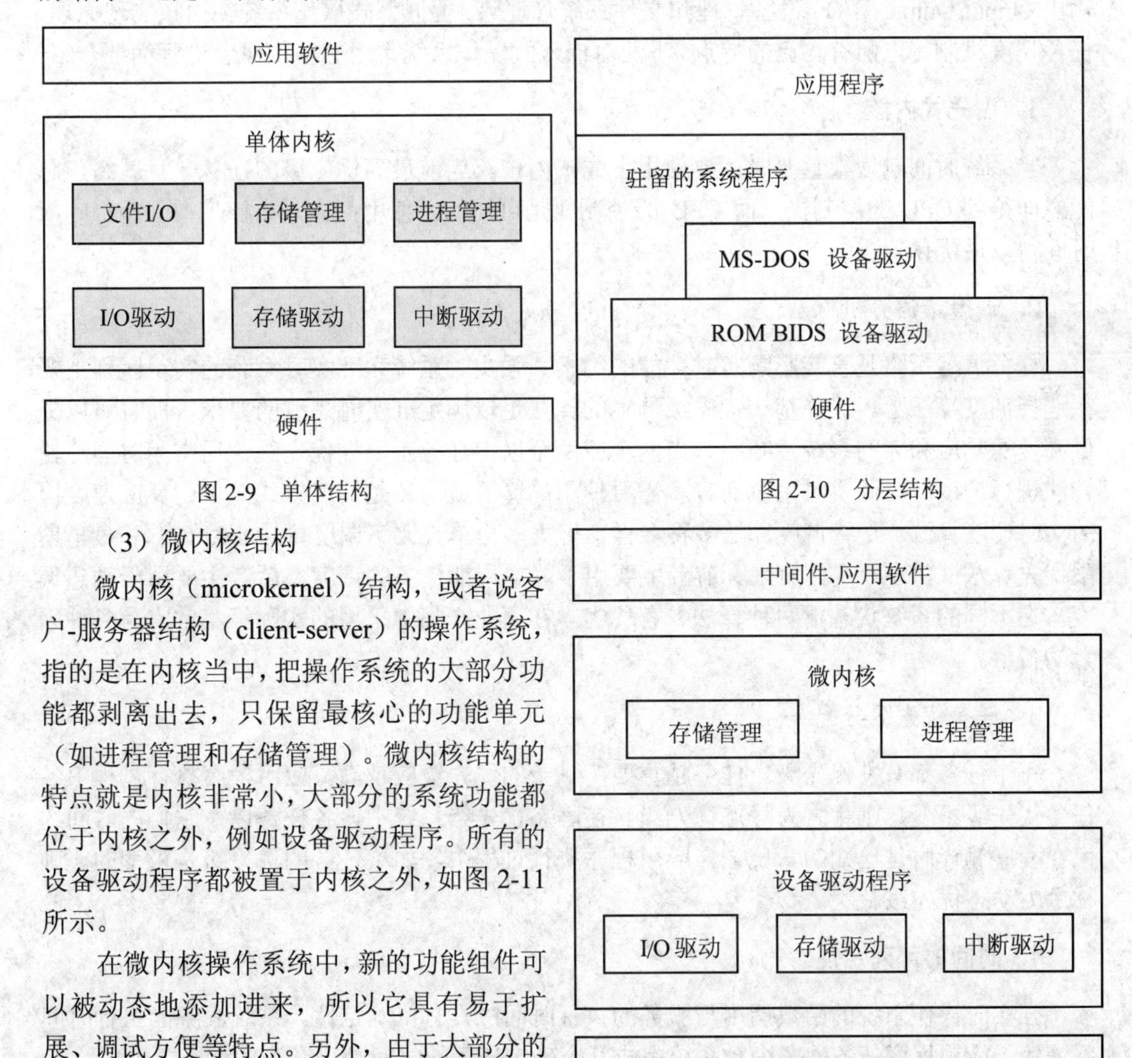

图 2-9　单体结构

图 2-10　分层结构

图2-11　微内核结构

（3）微内核结构

微内核（microkernel）结构，或者说客户-服务器结构（client-server）的操作系统，指的是在内核当中，把操作系统的大部分功能都剥离出去，只保留最核心的功能单元（如进程管理和存储管理）。微内核结构的特点就是内核非常小，大部分的系统功能都位于内核之外，例如设备驱动程序。所有的设备驱动程序都被置于内核之外，如图 2-11 所示。

在微内核操作系统中，新的功能组件可以被动态地添加进来，所以它具有易于扩展、调试方便等特点。另外，由于大部分的系统功能被放置在内核之外，而且客户单元和服务器单元的内存地址空间是相互独立的，因此系统的安全性更高。它还有一个优点就是移植方便。但是，与其他类型的操作系统相比（如单体内核），微内核操作系统的运行速度可能会慢一些，这是因为核内组件与核外组件之间的通信方式是消息传递，而不是直接的函数调用。另外，由于它们的内存地址空间是相互独立的，所以在切换时，也会增加额外的开销。许多嵌入式操作系统采用的都是微内核的方式，如 OS-9、C Executive、VxWorks、CMX-RTX、Nucleus Plus 和 QNX 等。

2.2.4 嵌入式操作系统的几个重要概念

嵌入式操作系统与传统操作系统的基本功能是一致的，如任务管理、存储管理、输入/输出（Input/Output，I/O）设备管理和文件系统管理等。但嵌入式操作系统在内核实现原理、任务调度机制等方面有自己的特点。下面对嵌入式操作系统常用的基本概念进行简要介绍。

1．占先式内核

当系统时间响应很重要时，要使用占先式内核。当前最高优先级的任务一旦就绪，总能立即得到 CPU 的控制权，而 CPU 的控制权是可知的。使用占先式内核使得任务级响应时间得以最优化。

2．调度策略分析

任务调度策略是直接影响实时性能的因素。强实时系统和准实时系统的实现区别主要在选择调度算法上。选择基于优先级调度的算法足以满足准实时系统的要求，而且可以提供高速的响应和大的系统吞吐率。当两个或两个以上任务有同样优先级，通常用时间片轮转法进行调度。对硬实时系统而言，需要使用的算法就应该是调度方式简单、反应速度快的实时调度算法。尽管调度算法多种多样，但大多由单一比率调度算法（RMS）和最早期限优先算法（EDF）变化而来。前者主要用于静态周期任务的调度，后者主要用于动态调度，在不同的系统状态下两种算法各有优劣。在商业产品中采用的实际策略常常是各种因素的折中。

3．任务优先级分配

每个任务都有其优先级。任务越重要，赋予的优先级应越高。应用程序执行过程中各任务优先级不变，则称之为静态优先级。在静态优先级系统中，各任务以及它们的时间约束在程序编译时是已知的。反之，应用程序执行过程中，如果任务的优先级是可变的，则称之为动态优先级。

4．时间的可确定性

强实时操作系统的函数调用与服务的执行时间应具有可确定性。系统服务的执行时间不依赖于应用程序任务的多少。系统完成某个确定任务的时间是可预测的。

5．任务切换时间

当多任务内核决定运行另外的任务时，它把正在运行任务的当前状态（即 CPU 寄存器中的全部内容）保存到任务自己的栈区之中。然后把下一个将要运行的任务的当前状态从该任务的栈中重新装入 CPU 的寄存器，并开始下一个任务的运行。这个过程就称为任务切换。任务切换所需要的时间取决于 CPU 有多少寄存器要入栈。CPU 的寄存器越多，额外负荷就越重。

6．中断响应时间（可屏蔽中断）

中断响应时间是把计算机接收到中断信号到操作系统作出响应，并完成切换转入中断服务程序的时间。对于占先式内核，要先调用一个特定的函数，该函数通知内核即将进行中断服务，使得内核可以跟踪中断的嵌套。占先式内核的中断响应时间由下式给出：

中断响应时间=关中断的最长时间+保护 CPU 内部寄存器的时间+进入中断服务函数的执行时间+开始执行中断服务例程（ISR）的第一条指令时间

中断响应时间是系统在最坏情况下响应中断的时间。例如，某系统 100 次中有 99 次在 50ms 之内响应中断，只有一次响应中断的时间是 250ms，就只能认为中断响应时间是 250ms。另外，还有系统响应时间（系统发出处理要求到系统给出应答信号的时间）、最长关中断时间、非屏蔽中断响应时间等辅助的衡量指标。

7．优先级反转

优先级反转是指一个任务等待比它优先级低的任务释放资源而被阻塞，如果这时有中等优先级的就绪任务，阻塞会进一步恶化。它严重影响了实时任务的完成。

为防止发生优先级反转，一些商业内核（如 VxWorks）使用了优先级继承技术。当优先级反转发生时，优先级较低的任务被暂时地提高它的优先级，使得该任务能尽快执行，释放掉优先级较高的任务所需要的资源。但它也不能完全避免优先级反转，只能称其减轻了优先级反转的程度，减轻了优先级反转对实时任务完成的影响。

优先权极限是另一种解决优先级反转的方案，系统把每一个临界资源与一个极限优先权相联系，这个极限优先权等于系统此时最高优先权加 1。当这个任务退出临界区后，系统立即把它的优先权恢复正常，从而保证系统不会出现优先权反转的情况。采用这种方案的另一个有利之处，是仅通过改变某个临界资源的优先级就可以使多个任务共享这个临界资源。

8．任务执行时间的抖动

各种实时内核都有将任务延时若干个时钟节拍的功能。优先级的不同、延时请求发生的时间、发出延时请求的任务自身的运行延迟等，都会造成被延时任务执行时间不同程度的提前或滞后，称之为任务执行时间的抖动。可能的解决方案如下：

- ✦ 增加微处理器时钟节拍的频率。
- ✦ 重新安排任务的优先级。
- ✦ 避免使用浮点运算等。

在强实时系统中，我们必须综合考虑，充分利用各种手段，以尽量减少任务执行时间的抖动。

9．任务划分

程序在CPU中是以任务的方式在运行，所以我们要将系统的处理框图转化为多任务流程图，对处理进行任务划分。任务划分存在这样一对矛盾：如果任务太多，必然增加系统任务切换的开销；如果任务太少，系统的并行度就降低了，实时性就比较差。在任务划分时要遵循以下原则。

- ✦ I/O原则：不同的外设执行不同任务。
- ✦ 优先级原则：不同优先级处理不同的任务。
- ✦ 大量运算：归为一个任务。
- ✦ 功能耦合：归为一个任务。
- ✦ 偶然耦合：归为一个任务。
- ✦ 频率组合：对于周期时间，不同任务处理不同的频率。

如果在具体分析一个系统时发生原则冲突，则要为每一个原则针对具体的系统设定“权重”，必要时可以通过计算“权重”来最终确定如何划分任务。

2.2.5 常见的实时嵌入式操作系统介绍

其实，嵌入式操作系统并不是一个新生的事物。从20世纪80年代起，国际上就有一些IT组织、公司开始进行商用嵌入式操作系统和专用操作系统的研发，这其中涌现出一些著名的嵌入式系统。经过多年发展，目前世界上已经有一大批十分成熟的实时嵌入式操作系统。

实时嵌入式操作系统的种类繁多，大体上可分为两种——商用型和开源型。商用型的实时操作系统功能稳定、可靠，有完善的技术支持和售后服务，但往往价格昂贵。开源型的实时操作系统在价格方面具有优势，目前主要有Linux和μC/OS。

1．商用型实时嵌入式操作系统

（1）VxWorks

VxWorks操作系统是美国WindRiver公司于1983年设计开发的一种实时嵌入式操作系统（RTOS），由于具有高性能的系统内核和友好的用户开发环境，在实时嵌入式操作系统领域牢牢占据着一席之地。值得一提的是，美国JPL实验室研制的著名“索杰纳”火星车采用的就是VxWorks操作系统。

VxWorks的突出特点是：可靠性、实时性和可裁剪减性。它是目前嵌入式系统领域中使用最广泛、市场占有率最高的操作系统。它支持多种处理器，如x86、i960、Sun Sparc、Motorola MC68xxx、MIPS RX000、Power PC等。大多数的VxWorks API是专有的，采用GNU的编译和调试器。

（2）Windows Embedded

Windows Embedded 产品家族主要用于建立支持具有丰富应用程序和服务的 32 位嵌入式系统，从而针对广泛的用户需求提供灵活解决方案，主要用在个人数字助理（Personal Digital Assistant，PDA）和智能电话（SmartPhone）等个人手持终端上。Windows Embedded 是基于优先级的多任务操作系统，提供了 256 个优先级别，但它并不是一个硬实时系统。操作系统的基本内核需要至少 200KB 的 ROM，它支持 Win 32 API 子集，支持多种用户界面硬件，支持多种串行和网络通信技术。此外，通过支持更快的"产品上市速度"并降低开发成本，Windows Embedded 产品家族还能保证开发人员立于竞争前沿。Windows Embedded 主要包含 5 个功能模块。

✦ 内核模块：支持进程和线程处理及内存管理等基本服务。
✦ 内核系统调用接口模块：允许应用软件访问操作系统提供的服务。
✦ 文件系统模块：支持 DOS 等格式的文件系统。
✦ 图形窗口和事件子系统模块：控制图形显示，并提供 Windows GUI 图形界面。
✦ 通信模块：允许同其他的设备进行信息交换。

Windows Embedded 产品家族最大的特点是能提供与 PC 机类似的图形界面和主要的应用程序。它集成了大量的 Windows XP Professional 特性，包括桌面、任务栏、窗口、图标、控件和各种应用程序。这样，只要是对 PC 机上的 Windows 操作系统比较熟悉的用户，可以很快地使用基于 Windows Embedded 的嵌入式设备。另外，微软公司提供了一组功能强大的应用程序开发工具，如 Visual Studio .NET、Embedded Visual C++、Embedded Visual Basic 等。它们是专门针对 Windows Embedded 产品家族的开发工具，程序员可以方便地使用这些工具开发出丰富多彩的嵌入式应用软件。

（3）pSOS

pSOS 原属 ISI 公司的产品，但 ISI 已经被 WindRiver 公司兼并，现在 pSOS 属于 WindRiver 公司的产品。该系统是一个模块化、高性能的实时操作系统，专为嵌入式微处理器设计，提供一个完全的多任务环境。在定制的或是商业化的硬件上具有高性能和高可靠性，可以让开发者根据操作系统的功能和内存需求定制每一个应用所需的系统。开发者可以利用它来实现从简单的单个独立设备到复杂的、网络化的多处理器系统。

（4）Palm OS

Palm OS 是著名的网络设备制造商 3COM 旗下的 Palm Computing 掌上电脑公司的产品，在 PDA 市场上占有很大的市场份额。它具有开放的操作系统应用程序接口（API），开发商可以根据需要自行开发所需要的应用程序。

从全球范围来看，由于 Handspring 公司和 SONY 公司也被授权使用 Palm OS 操作系统，致使 Palm OS 的市场份额占到将近 90%。Palm OS 的优势在于可以让用户灵活方便地定制操作系统以适合自己的习惯，而且其市场运作经验丰富，资本雄厚，目前也正在通过第三方软件商进行软件的文化工作。

（5）OS-9

Microwave 的 OS-9 是为微处理器的关键实时任务而设计的操作系统，广泛应用于高科技产品中，包括消费电子产品、工业自动化、无线通信产品、医疗仪器、数字电视/多媒体设备。它提供了很好的安全性和容错性。与其他的嵌入式系统相比，它的灵活性和可升级性非常突出。

（6）LynxOS

Lynx Real-time Systems 公司的 LynxOS 是一个分布式、嵌入式、可规模扩展的实时操作系统，它遵循 POSIX.1a、POSIX.1b 和 POSIX.1c 标准。LynxOS 支持线程概念，提供 256 个全局用户线程优先级；提供一些传统的、非实时系统的服务特征，包括基于调用需求的虚拟内存、一个基于 Motif 的用户图形界面、与工业标准兼容的网络系统以及应用开发工具。

（7）QNX

QNX 是加拿大 QNX 公司的产品。QNX 是在 x86 体系上开发出来的，这和其他的 RTOS 不太一样。其他的 RTOS 都是从 68K 的 CPU 上开发成熟以后，再移植到 x86 体系上来的。但是 QNX 是直接在 x86 上开发，只是近年才在 68K 等 CPU 上使用。

QNX 是一个实时的、可扩充的操作系统。它部分遵循 POSIX 相关标准，如 POSIX.1b 实时扩展。它提供了一个很小的微内核以及一些可选的配合进程。其内核仅提供 4 种服务：进程调度、进程间通信、底层网络通信和中断处理。其进程在独立的地址空间运行。所有其他 OS 服务，都实现为协作的用户进程。因此，QNX 内核非常小巧（QNX 4.x 大约为 12KB），而且运行速度极快。这个灵活的结构可以使用户根据实际的需求，将系统配置成微小的嵌入式操作系统或是包括几百个处理器的超级虚拟机操作系统。

由于 QNX 具有强大的图形界面功能，因此很适合作为机顶盒、手持设备（手掌电脑、手机）、GPS 设备的实时操作系统使用。

2. 免费型实时操作系统

（1）嵌入式 Linux

自由免费软件 Linux 的出现对目前商用嵌入式操作系统带来了冲击。Linux 可以移植到多个有不同结构的 CPU 和硬件平台上，具有很好的稳定性、各种性能的升级能力，而且开发更容易。

由于嵌入式系统越来越追求数字化、网络化和智能化，因此原来在某些设备或领域中占主导地位的软件系统越来越难以为继，因为要达到上述要求，整个系统必须是开放的、提供标准的 API，并且能够方便地与众多第三方的软硬件沟通。

在这些方面，Linux 有着得天独厚的优势。（1）Linux 是开放源码的，不存在黑箱技术，遍布全球的众多 Linux 爱好者又是 Linux 开发的强大技术后盾；（2）Linux 的内核小、功能强大、运行稳定、系统健壮、效率高；（3）Linux 是一种开放源码的操作系统，易于定制剪裁，在价格上极具竞争力；（4）Linux 不仅支持 x86 CPU，还可以支持其他数十种 CPU 芯片；（5）有大量的且不断增加的开发工具，这些工具为嵌入式系统的开发提供了良好的开发环境；（6）Linux 沿用了 UNIX 的发展方式，遵循国际标准，可以方便地获得众多第三方软硬件厂商的支持；（7）Linux 内核的结构在网络方面是非常完整的。它提供了对十兆、百兆、千兆以太网、无线网络、令牌网、光纤网、卫星等多种联网方式的全面支持。此外，在图像处理、文件管理及多任务支持等诸多方面，Linux 的表现也都非常出色，因此它不仅可以充当嵌入式系统的开发平台，其本身也是嵌入式系统应用开发的好工具。

国际上许多大型跨国企业，已经瞄准了后 PC 时代的下一代计算设备——嵌入式计算设备，其中一些著名的公司更是选中了 Linux 操作系统作为开发嵌入式产品的工具。现在国外基于嵌入式 Linux 系统的产品已问世的有：韩国三星公司的 Linux PDA、可联网的 Linux 照相机、美国 Transmeta 公司的 Linux 手机、NetGem 的机顶盒、Qubit Technology 公司推出的基于 Linux 的书写板 Qubit（Tablet）、Screen Media 公司开发的基于 Linux 的手持设备 FreePad 等。

我国也有不少厂家推出了基于 Linux 的嵌入式系统。例如，中科红旗软件技术有限公司既开发了嵌入式 Linux 系统基本开发平台，又提供了可供裁剪的嵌入式 Linux 图形用户界面、窗口系统和网络浏览器，并且与许多硬件厂家合作开发出了一批基于 Linux 的嵌入式系统产品，包括 PDA、机顶盒、彩票机等，现在已进入交换机等网络接入设备领域。蓝点、网虎科技等公司也推出了一些相应的产品。相信随着技术的进步和需求的推动，基于 Linux 的嵌入式系统在今后会得到较大的发展。

Linux 在嵌入式领域异军突起不过是近两年的事情，但是对有嵌入式操作系统需求的技术人员的调查却显示：过去的一年中有 13%的用户已经开始使用嵌入式 Linux 系统进行开发工作；有 52%的用户决定在未来 24 个月内开始使用 Linux 作为嵌入式操作系统的开发原型。由此不难看出 Linux 作为开发嵌入式产品的操作系统所具备的巨大潜力。

（2）μC/OS

μC/OS 是源码公开的实时嵌入式操作系统，后来推出的 μC/OS-II 是 μC/OS 的升级版本。μC/OS-II 的主要特点如下：

- 公开源代码。
- 可移植性。
- 可固化。
- 可裁剪。
- 占先式。
- 多任务。
- 可确定性。
- 任务栈。
- 系统服务。
- 中断管理。
- 稳定性与可靠性。

μC/OS-II 是基于 μC/OS 的，μC/OS-II 自 1992 年以来已经有很多成功的商业应用。μC/OS-II 与 μC/OS 的内核是一样的，只不过提供了更多的功能。

再有，μC/OS-II 的源代码绝大部分是用 C 语言偏写的，经过简单的编译，读者就能在 PC 机上运行，边读书、边实践。仅有与 CPU 亲密相关的一部分是用汇编语言写成的。该实时内核已经被移植到几乎所有的嵌入式应用类 CPU 上。移植范例的源代码也可以从因特网上下载。

最重要的是，从老版本的μC/OS，以及后来的μC/OS，到新版本的μC/OS-II，已经有了近8年的使用实践。许多行业上都有成功应用该实时内核的实例，这些应用的实践是该内核实用性、可靠性的最好证据。

由于μC/OS-II仅是一个实时内核，这就意味着它不像其他实时操作系统那样提供给用户的只是一些API函数接口，有很多工作往往需要用户自己去完成。把μC/OS-II移植到目标硬件平台上也只是系统设计工作的开始，后面还需要针对实际的应用需求对μC/OS-II进行功能扩展，包括底层的硬件驱动、文件系统、用户图形接口（GUI）等，从而建立一个实用的RTOS。

2.3 嵌入式系统中的选型原则和设计工具

2.3.1 嵌入式系统的选型原则

1．硬件平台的选择

嵌入式开发的硬件平台的选择主要是嵌入式处理器的选择。在一个系统中使用什么样的嵌入式处理器内核主要取决于应用的领域、用户的需求、成本问题、开发的难易程度等因素。表2-5中列出了几种常见的嵌入式处理器的特性。

表2-5　常见的嵌入式处理器

处理器类型	处理器价格	主要性能及应用
ARM	低	功耗低，适合于个人便携式设备
Dragon Ball	低	速度低，主要应用于PDA
Power PC	高	通信、网络等设备；单位附加值高、市场小，特别是对性能有较高要求时，应用于高端嵌入式中

确定了使用哪种嵌入式处理器内核以后，接下来就是结合实际情况，考虑系统外围设备的需求情况，选择一款合适的处理器。下面列出了通常考虑系统外围设备的思路：

- ✦ 总线的需求。
- ✦ 有没有通用串行接口（UART）。
- ✦ 是否需要USB总线。
- ✦ 有没有以太网接口。
- ✦ 系统内部是否需要I^2C总线、SPI总线。
- ✦ 音频D/A连接的IIS总线。
- ✦ 外设接口。
- ✦ 系统是否需要A/D或者D/A转换器。
- ✦ 系统是否需要I/O控制接口。

另外，还要考虑处理器的寻址空间，有没有片上的 Flash 存储器，处理器是否容易调试，仿真调试工具的成本和易用性等相关的信息。

在实际过程中，挑选最好的硬件是一项很复杂的工作，充满着各种顾虑和干扰，包括其他工程的影响以及缺乏完整或准确的信息等。

成本经常是一个关键性因素。当注重成本时，一定要考虑产品的整体成本，而不要只看到 CPU。有时一个快速而廉价的 CPU 可能会成为这个产品的成本居高不下的问题根源，因为往往还需要加上总线和延迟逻辑，以便使系统的各种外设能够协同工作。作为一个系统的设计者，应该尽量制订一个合理的预算，进行必要的系统功能分析，以使所选用的硬件能够完成所需要的实时处理任务。

从实际中评估 CPU 究竟需要多快才能完成所要求的工作，然后把这个速度乘以 3（这样才会得到系统所要的 CPU 速度）。由于缓存和其他外设的速度对系统的性能会有很大影响，所以 CPU 在理论上所能达到的能力到了现实中总是要大打折扣。

此外，需要计算出总线需要运行多快，如果有二级总线（像一条 PCI 总线那样），也要把它们包含进来；一条慢的或过多参与 DMA 传输的总线能够让一个快速的 CPU 运行速度变慢。有集成外设的 CPU 很不错，因为很少有硬件需要调试。而且，为支持主流 CPU，它们的驱动程序经常是可用的。通常这些芯片对外设的组合好像总是不合理或者缺少所期望的性能（功能）；而且，正因为这些外设被集成在一起，所以不要设想这会是一个最低价的（硬件平台）方案。

2. 嵌入式操作系统的选型原则

嵌入式操作系统的选择主要从以下几个方面加以考虑。

（1）操作系统的硬件支持

✦ 是否支持目标硬件平台

如果在此之前已经确定了嵌入式微处理器，可以立即把不支持这款处理器的操作系统从候选名单中排除。但目前很多商用型嵌入式操作系统大多具备支持多种微处理器的能力，典型的有 x86 系列、ARM 系列和 Motorola 系列。对于开源型的 Linux 和μC/OS 而言，世界上已有众多的爱好者把它们移植到了不同的硬件平台上，因此可以很容易找到一个移植的范例。

✦ 可移植性

可移植性即操作系统相关性。当进行嵌入式软件开发时，可移植性是要重点考虑的问题。因为具有良好可移植性的软件可以在不同平台、不同系统上运行，和操作系统无关。软件的通用性和软件的性能通常是矛盾的。很难设想开发一个嵌入式软件而仅能在某一特定环境下应用，如果换了一个环境或处理器平台，整个软件就要重新设计，这往往是设计者所不能接受的。

（2）开发工具的支持程度

一个工程师选择实时操作系统时必须要考虑与之相关的开发工具。在线仿真器（ICE）、编译器、汇编器、连接器、调试器以及模拟器等都不同程度影响着操作系统。有些在线仿真器供应商提供其 ICE 与实时操作系统接口的软件。检查一下在线仿真器是否能与实时操作系统（RTOS）协同工作，这在调试那些最隐蔽的小错误时是很有用的。然而，重要的是要了解在线仿真器的操作对性能的影响。有时在线仿真器执行操作时会增加系统的额外开销，对给定微处理器家族上的某种操作系统来说，很可能操作系统（OS）供应商只支持所有可用编译工具（包括编译器、汇编器和连接器）的一个子集。应该确认供应商支持所能用到的部分。同时，要考虑到的一个问题是这种实时操作系统与使用的编译器要能够兼容。

（3）能否满足应用需求

✦ 对操作系统性能的要求

有的实时操作系统的代码尺寸只有几 KB，这样可以大大节省系统的内存空间，对于成本敏感的嵌入式应用，这是非常重要的。但选用小尺寸的操作系统的前提条件是一定要满足系统的应用需求。所以当供应商给出一个内核要求的最小存储空间时，很重要的一点是要了解这个内核中包括了什么。最小的内核经常是仅支持很少的特性，而典型的配置可能产生大得多的内核。如果你的设计非常在乎 RAM 或 ROM 的大小，一定要澄清这个问题。有时供应商可以提供一份详细的列表，说明了创建包含不同服务的内核分别需要多大的 RAM 和 ROM。

对所有的项目来说，性能是个大问题。但是要了解 RTOS 对系统的影响却不那么容易。当比较供应商提供的 Benchmark 时要明白它们是要测试什么。供应商使用的是什么评估板？微处理器的时钟频率是多少？使用的是什么存储系统？存储器访问使用了几个等待周期？只有弄清楚了这些才能作出公平的对比。

未来的嵌入式系统将是网络化的、无所不在的。嵌入式系统应该通过各种标准加大开发需求的互操作性，开发者可能要依赖于他人开发的组件。假如应用需要通信协议、服务、库或者其他组件（如 TCP/IP、HTTP、FTP、Telnet、SNMP、CORBA 和图形），先看看哪里可以获得它们。类似地，在设计中用到现成的板卡或 IC 时，要确定是否可以得到设备驱动程序。有些操作系统供应商提供这些特性或驱动程序的方式不同，可能作为操作系统的一部分，也可能作为可选配件。另外，这些服务也可以从第三方供应商获得。与供应商交涉时，要弄清楚自己的 RTOS 中集成了哪些组件。

✦ 中文内核支持

国内产品需要对中文的支持。由于操作系统多数是采用西文方式，是否支持双字节编码方式、是否遵循 GBK 和 GB18030 等各种国家标准、是否支持中文输入与处理、是否提供第三方中文输入接口是针对国内用户的嵌入式产品必须考虑的重要因素。

✦ 标准兼容性

RTOS 有一个 POSIX 标准。即使大多数开发者不需要 POSIX，这也可以作为一个考虑因素。如果在开发安全性敏感的系统，应该考虑一下该行业所要求的安全标准。有些 RTOS 供应商已经开始认证他们的产品。

✦ 技术支持

购买了 RTOS 之后，还需要技术支持。RTOS 供应商提供多种支持渠道，其中都有电话或电子支持。但是要确认购买之后这种支持能持续多久。最好能感受一下供应商技术支持的质量如何。如果对 RTOS 是新手，供应商的培训就很有用了。这种培训一般是上门服务。如果供应商能提供几个高质量的实例的文档，则对培训的要求就可以降低一些了。

✦ 源代码还是目标代码

有些实时操作系统的供应商在购买了一个开发许可时会提供全部源代码。而有的仅提供目标代码。第一次使用没有源代码的 RTOS 可能会令人不安。其实这两种方式都能开发出优秀的产品。对那些没有源代码的来说，也不必担心无法配置内核。供应商会在头文件中给出必要的常量使开发者可以根据需要微调内核。

✦ 许可

购买某些高级的 RTOS 属于重大的商业事务，有许多费用要考虑。典型情况是开发工具的费用由实时操作系统供应商来承担，并为 RTOS 发放许可证以开发产品。有的供应商一次性地收取一大笔费用，而有的供应商的收费遍及每个用户、每个平台、每个产品。

（4）自建操作系统

如果考虑了以上各种因素之后，还是找不到一个合适的实时操作系统，那就只好寻求另一种解决途径了，即自己建立一个实时操作系统。当然，如果没有足够的经费支持，买不起昂贵的商用型实时系统，而工作又必须使用的情况下，也要考虑自建一个。

自建操作系统有两种方式：一种是完全从内核开始，写自己的 RTOS，这对一般的用户和开发人员而言，是不可想象的；另一种就是在免费的源代码公开的内核上写自己的 RTOS，如 Linux 和 μC/OS。目前已经出现了很多基于 Linux 的商用嵌入式操作系统，而且还有越来越多的嵌入式开发人员正在或准备加入到 Linux 的开发大军中来。有人曾经预测，未来的嵌入式操作系统将是 Linux 的天下。不管这种预测的准确性如何，至少说明了利用已有的内核建立 RTOS 也是一个不错的选择。

与 Linux 相比，μC/OS 虽然没有众多的支持者，但它简单易学，核心代码短小精悍的特点为它赢得了自己的发展空间，特别是对准备开始学习嵌入式系统的学生和工程技术人员而言，μC/OS 应该是个理想的选择。

2.3.2 嵌入式系统的设计工具

1. 嵌入式系统的设计方法

如图 2-12 所示，嵌入式系统设计一般由 5 个阶段构成：需求分析、体系结构设计、硬件/软件设计、系统集成和系统测试。各个阶段之间往往要求不断地反复和修改，直至完成最终设计目标。

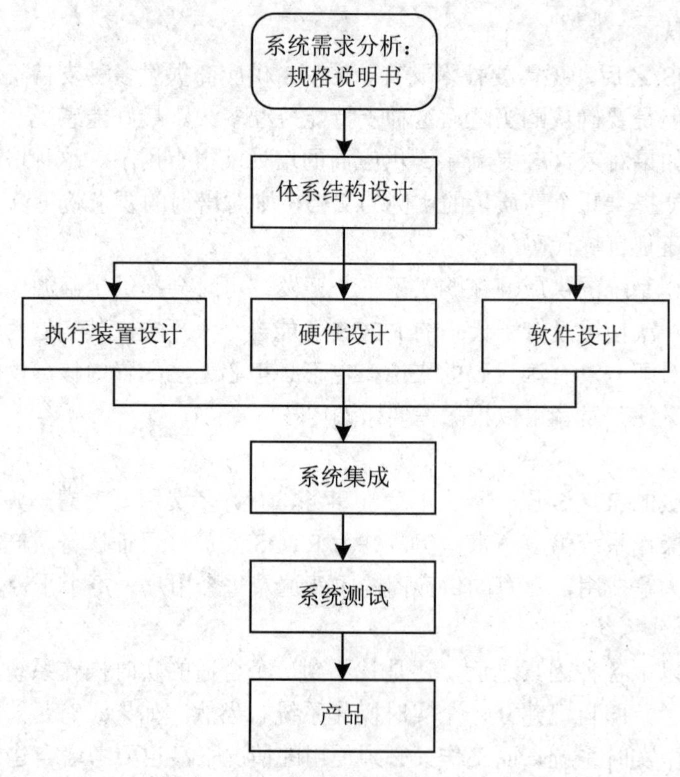

图 2-12 嵌入式系统的设计阶段

✦ 系统需求分析

确定设计任务和设计目标，并提炼出设计规格说明书，作为正式设计指导和验收的标准。系统的需求一般分功能性需求和非功能性需求两方面。功能性需求是系统的基本功能，如输入输出信号、操作方式等；非功能需求包括系统性能、成本、功耗、体积、重量等因素。

✦ 体系结构设计

描述系统如何实现所述的功能和非功能需求，包括对硬件、软件和执行装置的功能划分以及系统的软件、硬件选型等。一个好的体系结构是设计成功与否的关键。

✦ 硬件/软件设计

基于体系结构，对系统的软件、硬件进行详细设计。为了缩短产品开发周期，设计往往是并行的。应该说，嵌入式系统设计的工作大部分都集中在软件设计上，采用面向对象技术、软件组件技术、模块化设计是现代软件工程经常采用的方法。

✦ 系统集成

把系统的软件、硬件和执行装置集成在一起进行调试，发现并改进单元设计过程中的错误。

✦ 系统测试

对设计好的系统进行测试，看其是否满足规格说明书中给定的功能要求。

针对系统的不同的复杂程度，目前有一些常用的系统设计方法，如瀑布设计方法、自顶向下的设计方法、自下向上的设计方法、螺旋设计方法、逐步细化设计方法和并行设计方法等，根据设计对象复杂程度的不同，可以灵活地选择不同的系统设计方法。

2．嵌入式系统的开发方法

在早期的嵌入式开发中，大多数嵌入式软件的开发是直接在硬件平台的基础上进行的，采用处理器的汇编语言进行编程，直接对各种硬件设备进行控制和访问。用户除了要编写具体的应用程序外，还要编写各种监控程序和调试工具软件来构建相应的调试环境。尤其是对于多任务和实时性处理，必须编写出性能优化的系统软件，根据各个任务的重要性进行统筹兼顾和合理调度，以确保每个任务能及时执行，满足系统的实时性要求。随着嵌入式产品规模越来越大，功能越来越复杂，这种手工作坊式的开发方式越来越不能满足需要。因此需要专用的开发工具与开发环境，支持多种软硬件平台，提供一种高级编程语言如 C 或 C++。由开发工具提供针对多种处理器的编译系统，使开发代码易于移植扩充。调试环境提供的调试手段丰富，易于发现问题。

此外，嵌入式软件需要一个较好的操作系统开发平台，提供性能完备的实时控制、任务管理、存储管理和资源分配等功能。应用软件的开发在这个平台上进行，程序员不必去考虑底层的实现细节。

在实际的嵌入式开发中，根据项目的需要，既可以采用一组相互独立的软件开发工具，如编辑器、编译器、调试器和仿真器等，也可以采用一些商业化的集成开发环境，将各种软件开发工具集成在一个用户界面友好、功能强大、使用方便、适用性广、覆盖产品开发全周期的平台环境中。

2.3.3　嵌入式系统开发模式

嵌入式应用开发需要良好的开发环境的支持。在嵌入式系统中，由于目标机的资源有限，不可能在其上建立庞大、复杂的开发环境，因而通常的做法是把开发环境和目标运行环境进行分离。如图 2-13 所示，嵌入式应用软件的开发方式一般是：在宿主机（Host）上建立开发环境，进行应用程序编码和交叉编译。然后在宿主机和目标机（Target）之间建立连接，将应用程序下载到目标机上进行交叉调试。经过调试和优化，最后将应用程序固化到目标机中实际运行。

1．宿主机

宿主机是用于开发嵌入式系统的计算机，它通常是拥有大容量内存和硬盘、支持打印机等外设的 PC 机或工作站。在宿主机端（其操作系统可以是 Windows 系列、Linux 或 Solaris 等）运行的工具包括文本编辑器、交叉编译器、交叉调试器、集成环境以及各种分析工具。其中集成环境是其他工具的总入口，被集成的工具一般有它自已独立的图形界面，例如交叉调试器和分析工具等。

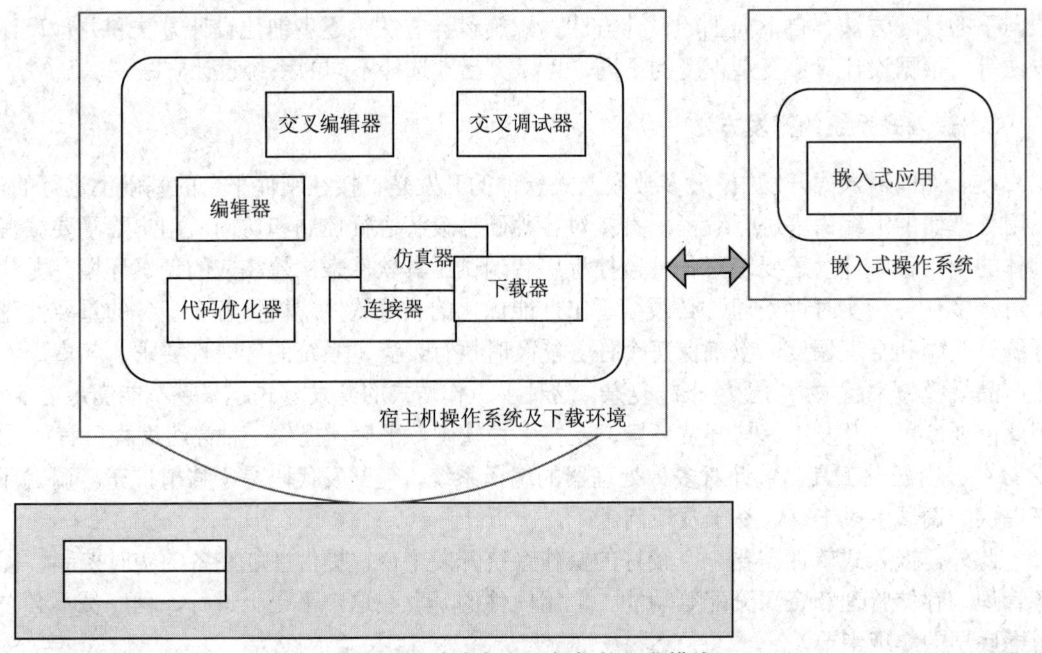

图 2-13 宿主机与目标机的开发模式

2．目标机

目标机一般在嵌入式应用软件的开发和调试期间使用。它可以是嵌入式应用软件的实际运行环境，也可以是能够替代实际运行环境的仿真系统。目标机的软硬件资源通常比较有限，主要用来运行包含应用程序代码和嵌入式操作系统的可执行映像。

在开发过程中，目标机端须接收和执行宿主机发出的各种命令，如设置断点、读内存和写内存等，并将结果返回给宿主机，配合宿主机各方面的工作。所有需要与目标机进行信息交互的工具在目标机端都有自己的代理，有的代理是软件实现的（如目标机监控器），有的代理是硬件实现的（如 BDM、JTAG 等）。在目标机端运行的这些代理，负责解释并执行从宿主机端发送过来的各种命令。

3．宿主机与目标机的连接

在宿主机和目标机之间必须建立连接，这样就可以从宿主机向目标机下载、运行可执行映像，或者进行远程调试。宿主机和目标机之间的连接可以分为两类：物理连接和逻辑连接。

物理连接是指宿主机与目标机上的一定物理端口通过物理线路连接在一起。其连接方式主要有 3 种：串口、以太网接口和 OCD（On Chip Debug）方式（如 JTAG、BDM）等。物理连接是逻辑连接的基础。

逻辑连接是指宿主机与目标机之间按某种通信协议建立起来的通信连接，目前逐步形成了一些通信协议的标准。

要顺利地建立起交叉开发环境，需要正确地设置这两种连接，缺一不可。在物理连接上，要注意使硬件线路正确连接，且硬件设备完好，能正常工作，连接线路的质量要好。

在逻辑连接上，要正确配置宿主机和目标机的物理端口参数，并与实际的物理连接一致。

在实际的嵌入式开发中，最常用的连接方式是以太网上的 IP 网络连接。这种连接不但有很高的带宽，而且具有网络连接的所有优点。至于串口连接方式，主要适用于以下两种情形：

- ✦ 在嵌入式应用中并不需要支持网络，同时在代码规模上又有限制，此时可删除嵌入式操作系统中的网络部分。
- ✦ 进行嵌入式操作系统内核调试，而有些嵌入式操作系统的网络驱动程序并不支持这种调试模式。

实际上，这两种连接方式是可以并存的。例如，在下载可执行映像时可以使用以太网接口，在进行操作系统内核调试时可以使用串口。

2.3.4　嵌入式软件开发工具

嵌入式软件的开发可以分为几个阶段：源代码程序的编写；将源程序交叉编译成各个目标模块；将所有目标模块及相关的库文件链接成目标程序；代码调试等。在不同的阶段需要使用不同的软件开发工具，如编辑器、编译器、调试工具、软件工程工具等。

1. 编辑器

从理论上来说，任何一个文本编辑器都可以用来编写源代码。但是为了提高编程的效率，一个好的编辑器应该具备如下一些特点：

- ✦ 支持 C、汇编等程序设计语言的语法高亮显示。
- ✦ 支持文件管理操作（如打开文件、保存文件、关闭文件等）、文件编辑操作、文件打印、文本查找等功能。
- ✦ 编辑窗口可以同时作为调试时源代码执行的跟踪窗口。
- ✦ 通过“编译结果输出窗口”可以直接定位到相应的源代码编辑窗口。
- ✦ 提供一系列辅助编辑工具。
- ✦ 编辑器可以同时打开多个窗口进行编辑，可编辑的文件大小理论上无限制。
- ✦ 编辑器的编辑命令和编辑操作最好同标准的 Windows 编辑器功能一致，以便熟悉 Windows 的用户使用。

在各种集成开发环境中，一般都会提供一个功能强大的编辑器。以下介绍两个比较好的独立编辑器。

UltraEdit 是一个功能强大的文本编辑器。它可以取代记事本，用来编辑文本文字，也可以用来编写各种语言的源代码。它内建英文单词检查、C++及 Visual Basic 语法加亮显示，可同时编辑多个文件。即使打开一个很大的文件，速度也不会慢。UltraEdit 附有 HTML Tag 颜色显示、搜寻替换以及无限制的还原功能。它支持二进制和十六进制编辑，可以用来直接修改 EXE 或 DLL 文件。

Source Insight 是一款面向工程项目的源码编辑和查看软件，其用户界面友好，变量和函数名都以特定的颜色表示出来，非常直观。对于各种语言的源文件，如 C/C++、C#和 Java，能自动解析程序的语法结构，动态地保持符号信息数据库，并主动显示有用的上下文信息。Source Insight 不仅是一个功能强大的程序编辑器，还能显示参考树、类继承图和调用树等信息。它具有快速源代码导航功能，用户可以使用各种搜索命令，在各个源文件的不同函数和变量定义之间来回跳转，非常方便，因此它很适合于编辑大型软件。

2. 编译器

编译阶段要做的工作是用交叉编译或汇编工具处理源代码，产生目标文件。在嵌入式系统中，宿主机和目标机所采用的处理器芯片通常是不一样的。例如，目标机采用的 CPU 是 DragonBall M68x 系列或 ARM 系列，而宿主机采用的是 x86 系列。因此，为了把宿主机上编写的高级语言程序编译成可以在目标机上运行的二进制代码，就需要用到交叉编译器。

与普通 PC 机中的 C 语言编译器不同，嵌入式系统中的 C 语言编译器要进行专门的优化，以提高编译效率。一般来说，优秀的嵌入式 C 编译器所生成的代码，其长度和执行时间仅比用汇编语言编写的代码长 5%～20%。编译质量的不同，是区别嵌入式 C 编译器工具的重要指标。因此，硬件厂商往往会针对自己开发的处理器的特性来定制编译器，既提供对高级语言的支持，又能很好地对目标代码进行优化。

GNU C/C++（gcc）是目前比较常用的一种交叉编译器。它支持非常多的宿主机/目标机组合。宿主机可以是 UNIX、AIX、Solaris、Windows、Linux 等操作系统，目标机可以是 x86、Power PC、MIPS、SPARC、Motorola 68K 等各种类型的处理器。

gcc 是一个功能强大的工具集合，包含了预处理器、编译器、汇编器、连接器等组件。它在需要时会去调用这些组件来完成编译任务，而输入文件的类型和传递给 gcc 的参数决定了它将调用哪一些组件。对于一般或初级的开发者，它可以提供简单的使用方式，即只提供 C 源码文件。它将完成预处理、编译、汇编、连接等所有工作，最后生成一个可执行文件。而对于中高级开发者，它提供了足够多的参数，可以让开发者全面控制代码的生成，这对于嵌入式系统软件开发来说是非常重要的。

gcc 识别的文件类型主要包括 C 语言文件、C++语言文件、预处理后的 C 文件、预处理后的 C++文件、汇编语言文件、目标文件、静态连接库、动态连接库等。以 C 程序为例，gcc 的编译过程主要分为 4 个阶段。

（1）预处理阶段，即完成宏定义和 include 文件展开等工作。

（2）根据编译参数进行不同程度的优化，编译成汇编代码。

（3）用汇编器把上一阶段生成的汇编码进一步生成目标代码。

（4）用连接器把上一阶段生成的目标代码、其他一些相关的系统目标代码以及系统的库函数连接起来，生成最终的可执行代码。

用户可以通过设定不同的编译参数，让 gcc 在编译的不同阶段停止下来，这样可以检查编译器在不同阶段的输出结果。

在 gcc 的高级用法上，一般希望通过使用编译器达到两个目的：检查出源程序的错误和生成速度快、代码量小的执行程序。这可以通过设置不同的参数来实现，例如，“-Wall”参数可以发现源程序中隐藏的错误；“-O2”参数可以优化程序的执行速度和代码大小；“-g”参数可以对执行程序进行调试。

3. 调试及调试工具

在开发嵌入式软件时，交叉调试是必不可少的一步。嵌入式软件的特点决定了其调试具有如下特点：

- ✦ 对于通用的计算机，调试器（debugger）与被调试程序（debugged）一般位于同一台计算机上，操作系统也相同，调试器进程通过操作系统提供的调用接口来控制被调试的进程。而在嵌入式系统中，由于目标机的资源有限，调试器和被调试程序运行在不同的机器上。调试器主要运行在宿主机上，而被调试程序则运行在目标机上。
- ✦ 调试器通过某种通信方式与目标机建立联系。通信方式可以是串口、并口、网络、JTAG 或专用的通信方式。
- ✦ 在目标机上一般有调试器的某种代理（agent），这种代理能配合调试器一起完成对目标机上运行的程序的调试。这种代理可以是某种软件，也可以是支持调试的某种硬件。

总之，在交叉调试方式下，调试器和被调试程序运行在不同的机器上。调试器通过某种方式能控制目标机上被调试程序的运行方式，并能查看和修改目标机上的内存、寄存器以及被调试程序中的变量。在嵌入式软件的开发实践中，经常采用的调试方法有直接测试法、调试监控器法、ROM 仿真器法、在线仿真器法、片上调试法及模拟器法。

（1）直接测试法

直接测试法是嵌入式系统发展早期经常采用的一种调试方法。这种方法需要的调试工具非常简单，比较适合当时的实际情况。采用这种方式进行软件开发的基本步骤如下：

① 在宿主机上编写程序的源代码。

② 在宿主机上反复地检查源代码，直到编译通过，生成可执行程序。

③ 将可执行程序固化到目标机上的非易失性存储器（如 EPROM、Flash 等）中。

④ 在目标机上启动程序运行，并观察程序的运行结果。

⑤ 如果程序不能正常工作，则在宿主机上反复检查代码，查找问题的根源。然后修改代码，纠正错误，并重新编译。

⑥ 重复执行③～⑤步，直到程序能正常工作。

从这些开发步骤可以看出，这种调试方法基本上无法监测程序的运行。虽然也有人提出了一些调试的小窍门，例如，从目标机打印一些有用的提示信息（通过监视器、LCD 或串口等输出信息），或者利用目标机上的 LED 指示灯来判断程序的运行状态。但这些窍门的作用有限，如果一个程序在运行时没有产生预想的效果，那么开发者只能通过检查源程序来发现问题。显然，这种调试方法的效率很低，难度很大，开发人员也很辛苦。但由于开发条件，特别是开发工具的限制，在嵌入式系统的早期阶段，程序的开发只能采用这种方法。甚至目前在开发一些新的嵌入式产品时，也往往要采用这种方法。

（2）调试监控器法

调试监控器法的工作原理如图 2-14 所示。在这种调试方式下，调试环境由 3 部分构成，即宿主机端的调试器、目标机端的监控器（监控程序）以及两者之间的连接（包括物理连接和逻辑连接）。

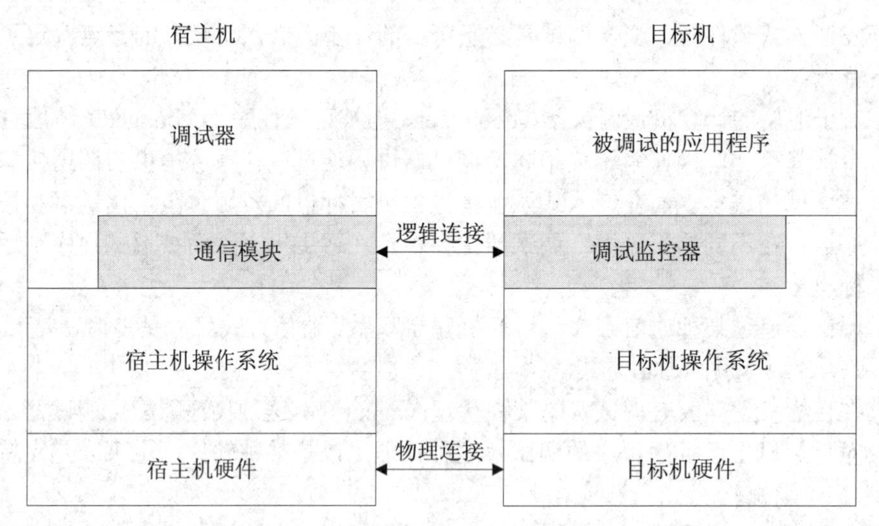

图 2-14 调试监控器法的工作原理

监控器是运行在目标机上的一段程序。它负责监视和控制目标机上被调试程序的运行，并与宿主机端的调试器一起完成对应用程序的调试。监控器预先被固化到目标机的 ROM 空间中，在目标机复位后将被首先执行。它对目标机进行一些必要的初始化，然后初始化自己的程序空间，最后就等待宿主机端的命令。监控器能配合调试器完成被调程序的下载、目标机内存和寄存器的读/写、设置断点以及单步执行被调试程序等功能。一些高级的监控器能配合完成代码分析（code profiling）、系统分析（system profiling）、ROM 空间的写操作等功能。

利用监控器方式作为调试手段时，开发应用程序的步骤如下：

① 启动目标机，监控器掌握对目标机的控制，等待与调试器建立连接。

② 调试器启动，与监控器建立起通信连接。

③ 调试器将应用程序下载到目标机上的 RAM 空间中。

④ 开发人员使用调试器进行调试，发出各种调试命令。监控器解释并执行这些命令，通过目标机上的各种异常来获得对目标机的控制，将命令执行结果回传给调试器。

⑤ 如果程序有问题，则开发人员在调试器的帮助下定位错误。修改之后再重新编译链接并下载程序，开始新的调试。如此反复直到程序能正确运行为止。

监控器方式明显地提高了程序调试的效率，降低了调试的难度，缩短了产品的开发周期，有效地降低了开发成本。而且这种方法的成本也比较低廉，基本上不需要专门的调试硬件支持。因此它是目前使用最为广泛的嵌入式软件调试方式之一，几乎所有的交叉调试器都支持这种方式。

（3）ROM 仿真器法

ROM 仿真器可以认为是一种用于替代目标机上 ROM 芯片的硬件设备。它一边和宿主机相连，一边通过 ROM 芯片的插座和目标机相连。对于嵌入式处理器，它就像一个只读存储芯片；而对于宿主机上的调试器，它又像一个调试监控器。由于仿真器上的地址可以实时地映射到目标机的 ROM 地址空间中，所以在目标机上可以没有 ROM 芯片，而是用仿真器提供的 ROM 空间来代替。

实际上 ROM 仿真器是一种不完全的调试方式，它只是为目标机提供 ROM 芯片，并在目标机和宿主机之间建立了一条高速的通信通道。因此它经常和调试监控器法相结合，形成一种功能更强的调试方法。

与简单的监控器方法相比，ROM 仿真器的优点如下：

✦ 在目标机上可以没有 ROM 芯片，因此也就不需要用其他的工具来向 ROM 中写入数据和程序。
✦ 省去了为目标机开发调试监控器的麻烦。
✦ 由于是通过 ROM 仿真器上的串行接口、并行接口或网络接口与宿主机相连，所以不必占用目标机上通常很有限的资源。

（4）在线仿真器法

在线仿真器（In Circuit Emulator，ICE）是一种用于替代目标机上 CPU 的设备。对目标机来说，在线仿真器就相当于它的 CPU。事实上，ICE 本身就是一个嵌入式系统，有自己的 CPU、RAM、ROM 和软件。它的 CPU 比较特殊，可以执行目标机 CPU 的所有指令，但有更多的引出线，能将内部信号输出到被控制的目标机上。在线仿真器的存储器也可以被映射到用户的程序空间上。因此，即使没有目标机，仅用 ICE 也可以进行程序的调试。

ICE 和宿主机一般通过串口、并口或网络相连。在连接 ICE 和目标机时，需要先将目标机的 CPU 取下，然后将 ICE 的 CPU 引出线接到目标机的 CPU 插槽上。在使用 ICE 来调试程序时，在宿主机上也有一个调试器用户界面。在调试过程中，这个调试器将通过 ICE 来控制目标机上的程序。

采用在线仿真器，可以完成如下调试功能：

✦ 同时支持软件断点和硬件断点的设置。软件断点只能到指令级别，也就是说，只能指定程序在取某一指令前停止运行。而在硬件断点方式下，多种事件的发生都可使程序在一个硬件断点上停止运行。这些事件不仅包括取指令，还包括内存读/写、I/O 读/写以及中断等。
✦ 能够设置各种复杂的断点和触发器。例如，可以让程序在“当变量 me 等于 100，同时 AX 寄存器等于 0”时停止运行。
✦ 能实时跟踪目标程序的运行，并可实现选择性的跟踪。在 ICE 上有大块 RAM，专门用来存储执行过的每个指令周期的信息，使用户可以得知各个事件发生的精确次序。
✦ 能在不中断被调试程序运行的情况下查看内存和变量，即非干扰的调试查询。

在线仿真器特别适用于调试实时应用系统、设备驱动程序以及对硬件进行功能测试。它的主要缺点是价格昂贵，一般都在几千美金，有的甚至要几万美金。这显然阻碍了团队的整体开发，因为不可能给每位开发人员都配备一套在线仿真器。所以，现在 ICE 一般都用于普通调试工具解决不了的问题，或者用它来做严格的实时性能分析。

（5）片上调试法

片上调试（On Chip Debugging，OCD）是 CPU 芯片提供的一种调试功能，可以把它看成是一种廉价的ICE功能。OCD的价格只有ICE的20%，但却提供了80%的ICE功能。

最初的 OCD 是一种仿调试监控器方式，即将监控器的功能以微码的形式来体现，如Motorola的CPU 32系列处理器。后来的OCD摒弃了这种结构，采用了两级模式的思路，即将CPU的工作模式分为正常模式和调试模式。

当满足了特定的触发条件时，CPU就可进入调试模式。在调试模式下，CPU不再从内存读取指令，而是从调试端口读取指令，通过调试端口可以控制CPU进入和退出调试模式。这样在宿主机端的调试器就可以直接向目标机发送要执行的指令，通过这种形式调试器可以读/写目标机的内存和各种寄存器，控制目标程序的运行以及完成各种复杂的调试功能。

OCD方式的主要优点是：不占用目标机上的通信端口等资源；调试环境和最终的程序运行环境基本一致；支持软硬件断点；提供跟踪功能，可以精确计量程序的执行时间；支持时序分析等功能。

OCD方式的主要缺点是：调试的实时性不如ICE强；不支持非干扰的调试查询；使用范围受限，目标机上的CPU必须具有OCD功能。

目前比较常用的OCD的实现有：后台调试模式（Background Debugging Mode，BDM）、联合测试行动组（Joint Test Action Group，JTAG）和片上仿真器（On Chip Emulation，OnCE）等，其中JTAG是主流的OCD方式，而OnCE是BDM和JTAG的一种融合方式。

（6）模拟器法

模拟器是一个运行在宿主机上的纯软件工具。它通过模拟目标机的指令系统或目标机操作系统的系统调用来达到在宿主机上运行和调试嵌入式程序的目的。

模拟器主要有两种类型：一类是在宿主机上模拟目标机的指令系统，称为指令级的模拟器；另一类是在宿主机上模拟目标机操作系统的系统调用，称为系统调用级的模拟器。指令级模拟器相当于在宿主机上建立了一台虚拟的目标机，该目标机的CPU种类与宿主机不同。例如，宿主机的CPU是Intel Pentium，而虚拟机是ARM、Power PC或MIPS等。比较高级的指令级模拟器还可以模拟目标机的外部设备，如键盘、串口、网口和LCD等。系统调用级的模拟器相当于在宿主机上安装了目标机的操作系统，使得基于目标机操作系统的应用程序可以在宿主机上运行。两种类型的模拟器相比，指令级模拟器所提供的运行环境与实际的目标机更接近；而系统调用级的模拟器本身比较容易开发，也容易移植。

使用模拟器的最大好处是：可以在实际的目标机环境并不存在的条件下开发其应用程序，并且在调试时可以利用宿主机的资源来提供更详细的错误诊断信息。但模拟器也有许多不足之处：

- 模拟环境与实际的运行环境差别较大，无法保证在模拟条件下调试通过的程序就一定能在真实环境下顺利运行。
- 不能模拟所有的设备。嵌入式系统中经常包含许多外围设备，但除了一些比较常见的设备之外，多数设备是不能模拟的。
- 实时性差。在使用模拟器调试程序时，被调试程序的执行时间和在真实环境中的运行时间差别较大。

尽管模拟器有许多不足，但是在项目开发的早期阶段，尤其是在还没有任何硬件可供使用时，它还是非常有用的。对那些实时性不强，没有特殊外设，只需验证其逻辑的程序，用模拟器基本可以完成所有的调试工作。而且在使用模拟器调试程序时，不需要额外的硬件来协助，因此降低了开发成本。

4．软件工程工具

软件工程工具是指在分布式开发环境或大型嵌入式软件项目中使用的各种管理软件，如 CVS、GNU make 等。

（1）CVS

CVS（Concurrent Version System）是一个版本控制软件，用来记录源码文件和其他相关文件的修改历史。对于一个文件的各个版本，CVS 只存储版本之间的区别，而不是把每个版本都完整地保存下来。当一个文件的内容发生变化时，CVS 会在一个日志中记录每一次修改的作者、修改的时间以及修改的原因。CVS 能够有效地管理软件的发行版本，以及多位程序员同时参与的分布式开发环境。它把一个软件项目组织成一个层次化的目录结构，里面包含了与项目有关的所有文件，如源文件、文档文件等。这些目录和文件合并起来，就构成了该软件项目的一个发行版本。

（2）GNU make

GNU make 是一种代码维护工具，在大中型软件开发项目中，它将根据程序各个模块的更新情况，自动地维护和生成目标代码。make 的主要任务是读入一个文本文件（默认的文件名是 makefile 或 Makefile），并根据这个文件所定义的规则和步骤，完成整个软件项目的维护和代码生成等工作。在这个文本文件中，定义了一些依赖关系（即哪些文件的最新版本是依赖于哪些其他的文件）和需要用什么命令来产生文件的最新版本或管理各种文件。有了这些信息，make 会检查文件的修改或生成时间戳，如果目标文件的时间戳比它的某个依赖文件要旧，那么 make 就会执行 makefile 文件中描述的相应命令来更新目标文件。make 工具的特点如下：

✦ 适合于文件较多的大中型软件项目的编译、连接、清除中间文件等管理工作。
✦ 只更新那些需要更新的文件，而不重新处理那些并不过时的文件。
✦ 提供和识别多种默认规则，方便对大型软件项目的管理。
✦ 支持对层状目录结构的软件项目进行递归管理。
✦ 对软件项目，具有渐进式的可维护性和扩展性。

练习题

1．什么是 CISC 和 RISC？简述它们的特点和区别。

2．简述大端存储法和小端存储法，并说明信息存储模式对嵌入式设计的影响。

3．什么是前后台系统？前后台系统的实时性能如何？

4．什么是占先式内核（preemptive）和非占先式内核（non-preemptive）？简要说明两者的区别。

5．嵌入式系统开发通常采用宿主机/目标机的开发方法。说出几种常用的嵌入式调试方法，并说明其优缺点。

第 3 章　ARM 微处理器体系结构与指令集

嵌入式微处理器是嵌入式系统的核心，目前 32 位嵌入式微处理器是市场的主流，其中 ARM 微处理器占据了 32 位嵌入式微处理器 75%以上的市场份额。本章重点介绍 ARM 微处理器的体系结构与指令系统，同时为了帮助读者深入理解和掌握 ARM 微处理器的应用技术，本章还介绍了 ARM 的编程技术和 ARM 微处理器的初始化流程分析。

3.1　ARM 嵌入式微处理器概述

3.1.1　嵌入式微处理器简介

在 32 位嵌入式微处理器市场，我们可以发现超过 100 家的芯片供应商和近 30 种指令体系结构。在 1996 年，最成功的嵌入式微处理器是 Motorola 公司的 68000 系列。此外，嵌入式微处理器市场还包括其他体系结构，如 Intel 公司的 I960，Motorola 公司的 Coldfire，Sun 公司的 Sparc，以及嵌入式 x86 系列平台。当然，最引人注目的还是 ARM 公司的 ARM 系列、MIPS 公司的 MIPS 系列，以及 Hitachi 公司的 SuperH 系列（其中 ARM 和 MIPS 都有知识产权公司，把他们的微处理器 IP 技术授权给半导体厂商，由他们生产形态各异的微处理器芯片）。

与桌面 PC 所采用的 CPU 相比，嵌入式微处理器在功耗、价格、集成度方面都有明显的优势。近年来，由于手持设备、掌上电脑、网络 PC、游戏机和汽车信息系统的市场需求，对嵌入式微处理器的性能提出了更高的要求，往往要求系统具有显示、强大的数据处理能力、存储设备以及各种外部通信接口。因此，很多半导体厂商都把传统的 CPU 和板上的外设都集成到单芯片上，从而对降低成本、减小功耗和面向应用带来了挑战。

应该说，目前 32 位嵌入式微处理器主要还是面向消费电子市场，这些市场要求半导体厂家在增加芯片集成度的同时降低成本。32 位嵌入式微处理器的主要评价指标如下：

- ✦ 功耗。功耗的评测指标是 MIPS/W。一般的嵌入式微处理器都有 3 种运行模式：运行模式（operational）、待机模式（standby or power down）和停机模式（and clock-off）。通过选择不同的运行模式可以有效地控制系统功耗。
- ✦ 代码存储密度。传统的 CISC 指令集计算机具有较好的代码存储密度。而 RISC 指令集计算机由于要求指令编码长度固定，虽然可以简化和加速指令译码过程，但为了实现与 CISC 指令集计算机相同的操作，往往需要更多的指令来完成，从而增加了代码长度。为了克服这个问题，很多半导体供应商采用了新的技术。如

Hitachi 的 SuperH 体系结构采用了定长的 16 位指令，对每条指令按 16 位的格式存储。ARM 则采用 16 位扩展的 Thumb 指令集，片内的逻辑译码器将其等价为 32 位的 ARM 指令而实时解码。而 MIPS 则采用 MIPS16 方法来解决这个问题。影响代码密度的另外一个主要因素是所采用的 C 编译器。ANSI C 是当前嵌入式领域的标准编程语言，随着嵌入式微处理器性能的提高，面向对象的语言也将被采用并会逐渐成为主流，一些编译器已经开始着手解决代码密度问题。

- 集成度。嵌入式微处理器一般都是为专用市场设计的，需要较高的集成度。但把所有的外围设备都集成到一个芯片上也不是一种好的解决方案。这是因为高集成度使芯片变得复杂，芯片引脚变密，增加了系统设计和测试的复杂性。因此，集成外围设备时必须要考虑简化系统设计，并缩短整个系统的开发周期。
- 多媒体加速。为实现多媒体加速功能，嵌入式微处理器的设计者在传统的微处理器指令集的基础上增加 JPEG 和 MPEG 解压缩的离散余弦变换指令。还有一些半导体厂商针对智能手机和移动通信市场的需求，将 RISC 微处理器和 DSP 集成在一个芯片上，如 TI 的 OMAP 等。

3.1.2 ARM 微处理器概述

ARM（Advanced RISC Machine）是一种 32 位微处理器体系结构，当前已被广泛使用于消费电子、无线通信、手持设备和工业控制系统各个领域。如图 3-1 所示为位于英国剑桥的 ARM 总部。

图 3-1　位于英国剑桥的 ARM 总部

ARM 公司是专门从事基于 RISC 技术的芯片设计开发的公司，作为知识产权供应商，ARM 本身不直接从事芯片生产，而是转让设计许可，由合作公司生产各具特色的芯片。

ARM 公司成立于 1981 年，最初与英国广播公司合作为英国教育界设计小型机，当时采用的是美国的 6502 芯片。取得成功后，他们开始设计自己的芯片，受当时美国加州大学伯克利分校提出的 RISC 思想的影响，他们设计的芯片也采用 RISC 体系结构，并命名为“Acorn RISC Machine”。ARM 公司的第一款芯片 ARM1 在 1985 年被设计出来，次年又设计了真正实用的ARM2。ARM2具有32位数据总线和24位地址总线，带有16个寄存器。ARM2可能是当时最简化的32位微处理器，上面仅有30000个晶体管（4年前Motorola公司的68000则有68000个晶体管）。这种精简的结构使ARM2具有优异的低功耗特性，而性能则超过了同期Intel公司的286。

1990年ARM公司另外组建了一个名为“Advanced RISC Machines”的公司，专门从事ARM系列微处理器的开发。从此，ARM中的Acon也被Advenced所取代。Advanced RISC Machines公司成为ARM公司的注册商标。1998年ARM公司在伦敦证券交易所和NASDAQ上市。

ARM7TDMI是ARM公司最成功的微处理器IP之一，至今在蜂窝电话领域已销售了数亿个微处理器。DEC公司获得ARM公司授权设计并生产了StrongARM系列微处理器，这款CPU的主频达到了233MHz，而功率不到1瓦。后来DEC公司StrongARM部门被Intel公司并购，Intel公司用StrongARM取代了他们境况不佳的i860和 i960体系，并在此基础上开发了新的体系结构XScale系列。

世界各大半导体生产商从ARM公司购买其设计的ARM微处理器核，根据各自不同的应用领域，加入适当的外围电路，从而形成自己的ARM微处理器芯片进入市场。目前，Motorola、IBM、TI、Philips、VLSI、Atmel和Samsung等几十家大的半导体公司都获得了ARM公司的授权，生产形态各异的ARM芯片。

ARM获得如此巨大的成功，主要依靠其领先的低能耗特性。早期的嵌入式应用对运算性能并不苛求，但对芯片的功耗却相当敏感。而相对同时期的其他解决方案，ARM架构的能效比优势非常明显。

其次，ARM架构的应用方案非常灵活，由于ARM公司只是提供了一个高效精简的核心，各半导体厂商可根据自身需求进行应用设计，架构灵活简便、扩展力很强。如厂商可为多媒体信号处理加入相关的指令集，或为Java相关的应用加入高效执行单元，或增加3D图形协处理器等。

最后，ARM得到大量系统软件的支持，包括Windows CE、Symbian和Palm OS在内的3种手持设备的主要操作系统都是基于ARM架构所设计。目前，ARM已经牢牢占领手机、PDA以及其他的掌上电子产品市场，这些领域都非常注重软件兼容和设计延续性，ARM在这些领域会继续保持优势。事实上，精简的硬件核心、超低能耗、设计灵活、软件支持和丰富的开发工具，这些都是ARM架构赖以成功的技术基础。

到目前为止，ARM微处理器约占据了32位嵌入式微处理器75%以上的市场份额，全球80%的GSM/3G手机、99%的CDMA手机以及绝大多数PDA产品均采用ARM体系的嵌入式处理器，“掌上计算”相关的所有领域皆为其所主宰。ARM技术正在逐步渗入到我们生活的各个方面。

3.1.3 ARM架构版本与产品系列

ARM微处理器体系结构目前被公认为是嵌入式应用领域领先的32位嵌入式RISC微

处理器结构。自诞生至今，ARM 体系结构发展并定义了 7 种不同的版本。从版本 1 到版本 7，ARM 体系的指令集功能不断扩大。ARM 处理器系列中的各种处理器，虽然在实现技术、应用场合和性能方面都不相同，但只要支持相同的 ARM 体系版本，基于他们的应用软件是兼容的。表 3-1 给出了 ARM 体系结构各版本的特点。

表 3-1　ARM 架构版本及特点

版　本	处理器系列	特　点
ARMv1	ARM1	该版架构只在原型机 ARM1 出现过，未用于商业产品。其基本性能如下： ✦ 基本的数据处理指令（无乘法） ✦ 26 位寻址模式
ARMv2	ARM2 ARM3	该版架构对 ARMv1 版进行了扩展，版本 ARMv2a 是 v2 版的变种，ARM3 芯片采用了 ARMv2a。ARMv2 版增加了以下功能： ✦ 32 位乘法和乘加指令 ✦ 支持 32 位协处理器操作指令 ✦ 快速中断模式
ARMv3 ARMv3M	ARM6 ARM7DI ARM7M	ARMv3 版架构对 ARM 体系结构作了较大的改动： ✦ 寻址空间增至 32 位（4GB） ✦ 独立的当前程序状态寄存器 CPSR 和程序状态保存寄存器 SPSR，保存程序异常中断时的程序状态，以便于对异常的处理 ✦ 增加了中止（Abort）和未定义两种处理器模式 ✦ 增加了 MMU 支持 ✦ ARMv3M 增加了有符号和无符号长乘法指令
ARMv4 ARMv4T	StrongARM ARM7TDMI ARM9T	ARMv4 版架构是目前应用最广的 ARM 体系结构，在 v3 版上作了进一步扩充，指令集中增加了以下功能： ✦ 增加了系统模式 ✦ 增加了 16 位 Thumb 指令集 ✦ 完善了软件中断 SWI 指令的功能 ✦ 不再支持 26 位寻址模式
ARMv5TE ARMv5TEJ	ARM9E ARM10E Xscale ARM7EJ ARM926EJ	ARMv5 版架构是在 ARMv4 版基础上增加了一些新的指令： ✦ 增加 ARM 与 Thumb 状态之间切换的指令 ✦ 增强乘法指令和快速乘法累加指令 ✦ 增加了数字信号处理指令（ARMv5TE 版） ✦ 增加了 Java 加速功能（ARMv5TEJ 版）

续表

版　本	处理器系列	特　点
ARMv6	ARM11	ARMv6 版架构是 2001 年发布的，首先在 2002 年春季发布的 RM11 处理器中使用。此架构在 ARMv5 版基础上增加了以下功能。 ✦ Thumb-2：增强代码密度 ✦ SIMD：增强的媒体和数字处理功能 ✦ TrustZone：提供增强的安全性能 ✦ IEM：提供增强的功耗管理功能
ARMv7	Cortex 系列	ARMv7 版架构定义了 3 种不同的微处理器系列。 ✦ A 系列：面向应用的微处理器核，支持复杂操作系统和用户应用 ✦ R 系列：深度嵌入的微处理器核，针对实时系统应用 ✦ M 系列：微控制核，针对成本敏感的嵌入式控制应用

从 ARM7 到 ARM11，ARM 架构微处理器在技术创新和工艺方面取得了巨大的进步。ARM7 采用“取指（Fetch）、译码（Decode）和执行（Execute）”三级流水线结构，在采用 0.18 微米工艺时核心面积小于 0.8 平方毫米（不同型号的 ARM7，核心面积也各不相同），其时钟频率在 50MHz～110MHz 之间，每 MHz 所对应的运算能力为 0.9 Dhrystone MIPS（Dhrystone：综合性的基准测试程序，测试处理器的整数性能；MIPS：每秒百万条指令），耗电最多 0.4 毫瓦。后来的 ARM9 流水线增加到五级，新增了内存访问（Memory）和写入（Write）两个单元。处理器流水线增长有利于提高工作频率，但同时会带来指令执行效能下降的问题。ARM9 内核的最高频率提升到 220MHz 级别，比 ARM7 系列提高了一倍多。同时 ARM9 的指令性能也高于 ARM7，达到每 MHz 频率 1.05MIPS～1.1MIPS 的水平。到了 ARM10，流水线长度进一步增加到六级，它在预取和解码单元之间加入了一个“发送（Issue）”单元，再加上引入 0.15 微米制造工艺，使得 ARM10 的最高频率突破 400MHz。ARM10 对逻辑架构作了很大程度的优化（如利用一个返回堆栈减少子程序返回时的等待时间等），大幅度提高了执行效率，最终它的指令执行效能反而提升到每 MHz 频率 1.24 Dhrystone MIPS。ARM11 的流水线长度扩展到 8 条，分别为预取、译码、发送、转换/MAC1、执行/MAC2、内存访问/MAC3 和写入等 7 个单元。ARM11 采用先进的 0.13 微米制造工艺，运行频率最高可达 500MHz～700MHz。如果采用 90 纳米工艺，ARM11 核心的工作频率将轻松达到 1GHz，对于嵌入式处理器来说，这显然是个相当惊人的数字。图 3-2 给出从 ARM7 到 ARM11 流水线结构的发展。

ARM7	预取（Fetch）	译码（Decode）	执行（Execute）					
ARM9	预取（Fetch）	译码（Decode）	执行（Execute）	访存（Memory）	写入（Write）			
ARM10	预取（Fetch）	发送（Issue）	译码（Decode）	执行（Execute）	访存（Memory）	写入（Write）		
ARM11	预取（Fetch）	预取（Fetch）	译码（Decode）	发送（Issue）	转换（Snny）	执行（Execute）	访存（Memory）	写入（Write）

图 3-2　ARM7 到 ARM11 流水线结构的发展

3.2　ARM 微处理器体系结构

3.2.1　ARM 微处理器体系结构概述

在目前使用的 ARM 系列处理器中，除了 ARM7 采用冯・诺依曼体系结构，ARM9 以上的版本都采用哈佛结构。这种体系结构方面的差异对于程序员而言是不可见的。

ARM 体系结构对数据类型的支持如下。

- 字（Word）：在 ARM 体系结构中，字的长度为 32 位。而在 8 位/16 位处理器体系结构中，字的长度一般为 16 位。
- 半字（Half-Word）：在 ARM 体系结构中，半字的长度为 16 位，与 8 位/16 位处理器体系结构中字的长度一致。
- 字节（Byte）：在 ARM 体系结构和 8 位/16 位处理器体系结构中，字节的长度均为 8 位。

ARM 采用 32 位的地址总线，所支持的最大寻址空间为 4GB（2^{32} 字节）。ARM 体系结构将存储器看作是从零地址开始的字节的线性组合。从零字节到三字节放置第一个存储的字数据，从第 4 个字节到第 7 个字节放置第二个存储的字数据，依次排列。在不出现分支的情况下，程序计数器（Program Counter，PC）每次增长 4 个字节。

ARM 体系结构可以采用大端格式和小端格式两种方法存储字数据，具体地采用何种存储模式可以在微处理器上电启动时选择。

ARM 的架构包含一个 32 位 ALU、31 个 32 位通用寄存器及 6 位状态寄存器、32×8 位乘法器、32×32 位桶形移位寄存器、指令译码及控制逻辑、指令流水线和数据/地址寄存器。架构图如图 3-3 所示。

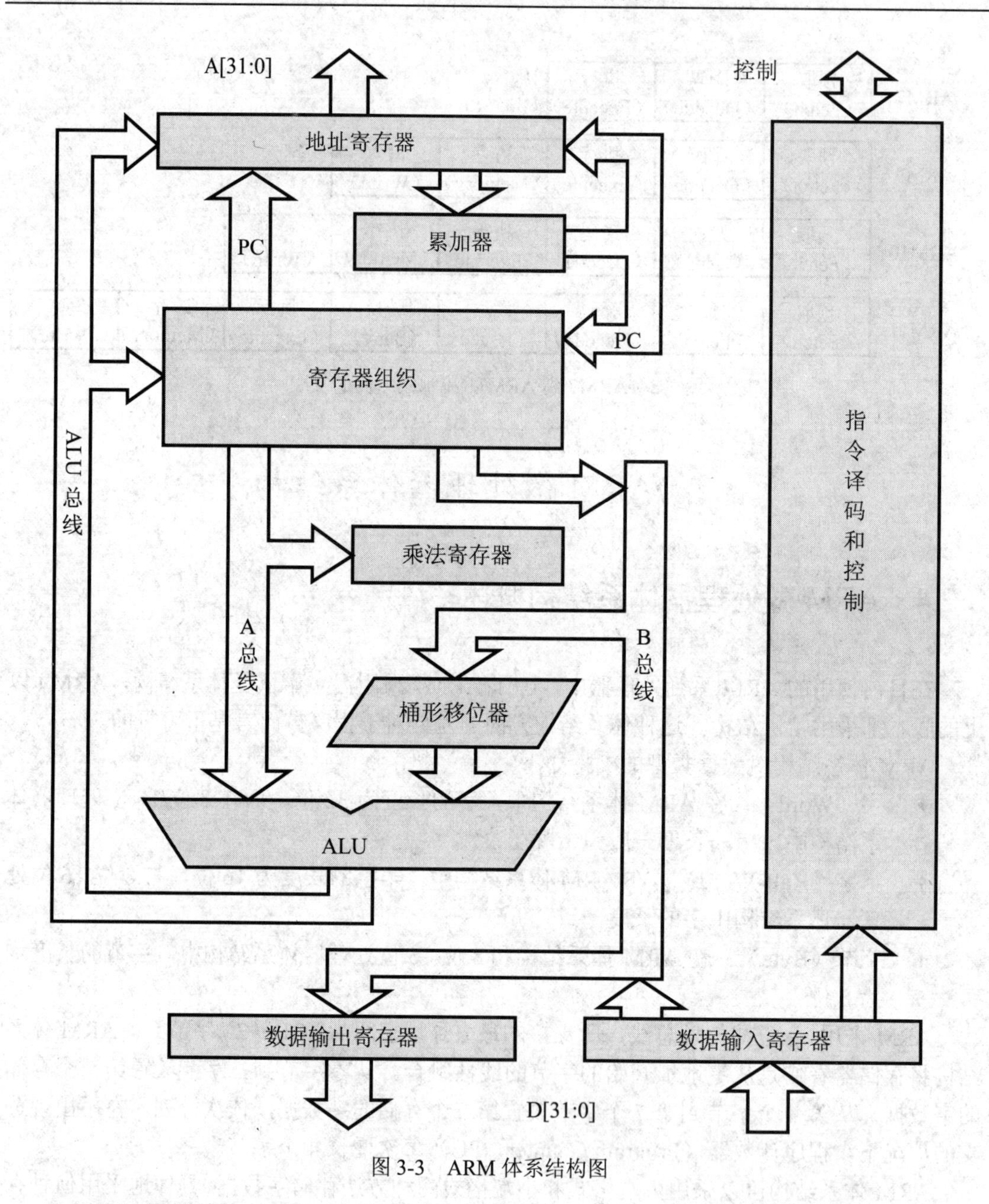

图 3-3 ARM 体系结构图

1. ALU 逻辑结构

ARM 架构的 ALU 与常用的 ALU 逻辑结构基本相同，它由两个操作数锁存器、加法器、逻辑功能、结果及零检测逻辑构成。其逻辑框图如图 3-4 所示。

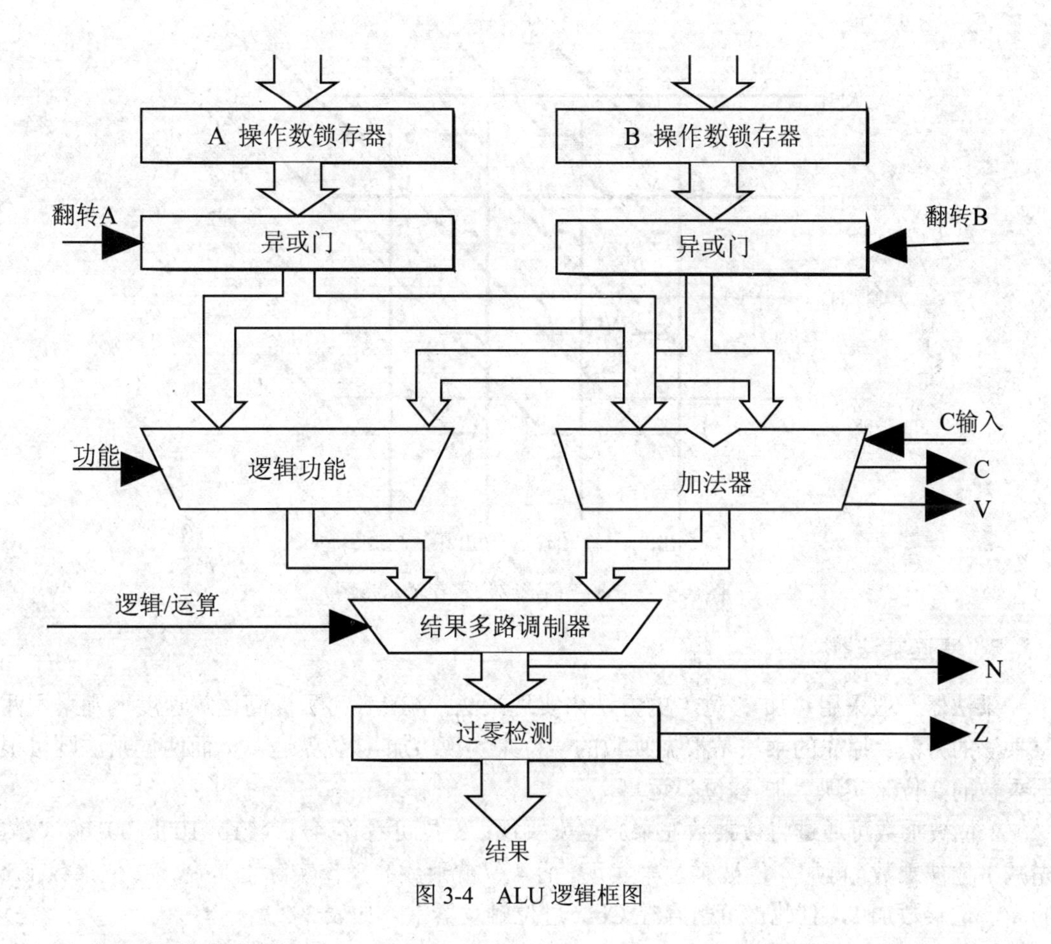

图 3-4　ALU 逻辑框图

2．桶形移位寄存器

为了减少移位的延迟时间，ARM 采用了 32×32 位的桶形移位寄存器。这样，可以通过左移/右移 n 位、循环移 n 位和算术右移 n 位等一次完成，所有的输入端通过交叉开关（Cross bar）与所有的输出端相连。对于采用预充电的动态逻辑，交叉开关可由 NMOS 晶体管来实现。4×4 位的桶形移位寄存器的示意图如图 3-5 所示。

如右移 2 位，第 2 条对角线（右移 2）上的两个交叉开关接通，即第 3 位（in[3]）移至第 1 位（out[1]），第 2 位（in[2]）移至第 0 位（out[0]）。

又如循环右移 1 位，第 3 条对角线（右移 1）和第 7 位对角线（左移 3，3=4−1）同时有效，即很方便地实现循环右移。

算术右移也只需把未连接的输出位同时充以“0”即可实现。

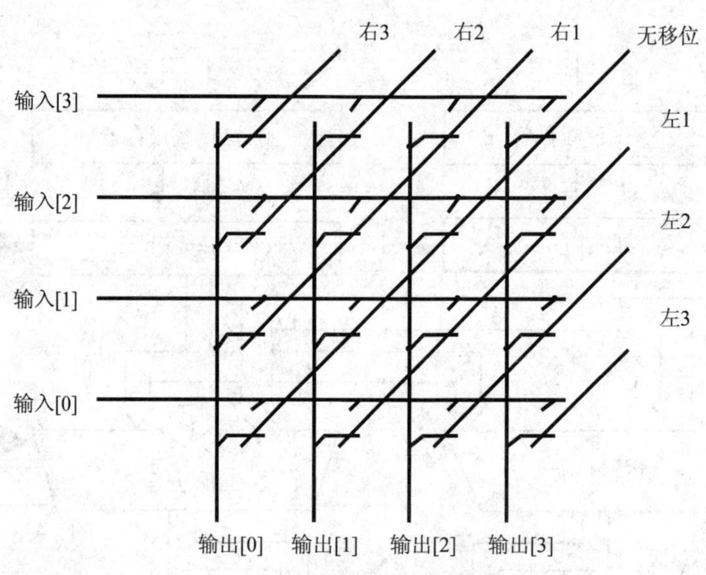

图 3-5 4×4 位桶形移位寄存器示意图

3. 高速乘法器

乘法器一般采用“加-移位”的方法来实现乘法，ARM 为了提高运算速度，则采用两位乘法的方法。原先的乘法是根据乘数的一位来实现“加-移位”运算，而两位乘法则可根据乘数的 2 位来实现“加-移位”运算。

2 位被乘数可通过将被乘数左乘一位来实现；3 位可看作 4-1（11b=100b-001b），故先减 1 位被乘数，再加 4 位被乘数来实现。而 4 位被乘数的操作实际上是在该 2 位乘数 11b 的高一位乘数加 1，且此 1 可暂存在 Cout 进位触发器中，如表 3-2 所示。

表 3-2 两位乘法则

乘数 A_nA_{n-1}	进位 Cin	操 作
00	0	S→2（原部分积右移 2 位），Cout=“0”
01	0	S+B→2，Cout=“0”
10	0	S+2×B→2，Cout=“0”
11	0	S−B→2，Cout=“1”
00	1	S+B→2，Cout=“0”
01	1	S+2×B→2 ，Cout=“0”
10	1	S−B→2，Cout=“1”
11	1	S→2，Cout=“1”

ARM 的高速乘法器采用 32×8 位的结构。这样，可以降低集成度，（其相应芯片面积不到并行乘法器的 1/3），完成 32×32 位乘法也只需 5 个时钟周期。其逻辑框图如图 3-6 所示。

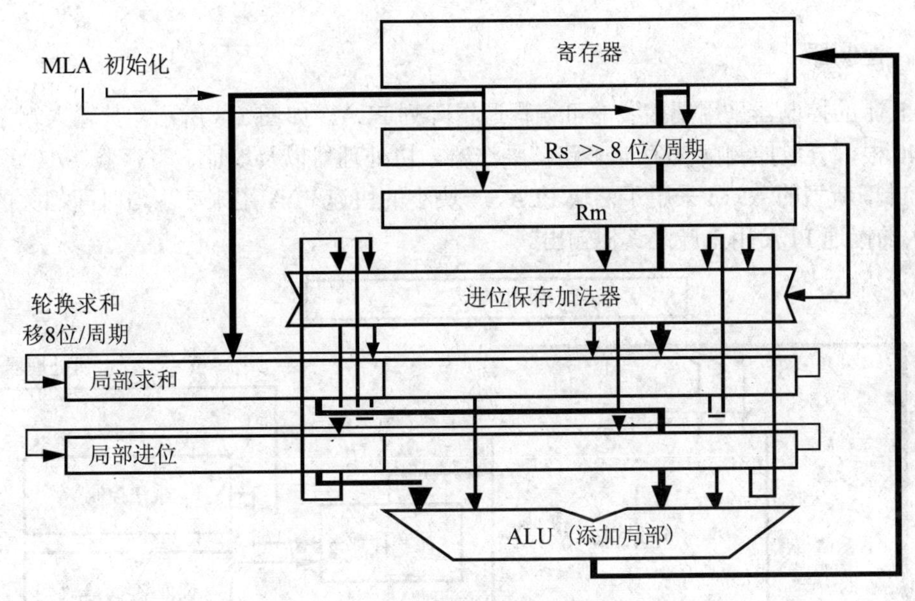

图 3-6　高速乘法器逻辑框图

4．浮点部件

浮点部件是作为选件为 ARM 架构选用，FPA10 浮点加速器是作为协处理器方式与 ARM 相连，并通过协处理器指令的解释来执行。其内部结构如图 3-7 所示。

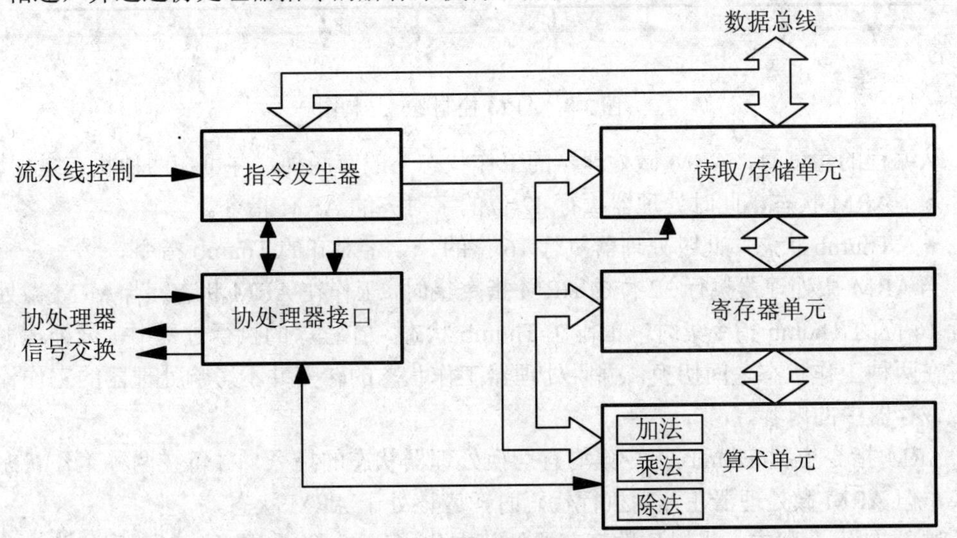

图 3-7　FPA10 浮点加速器内部结构框图

浮点的读取/存储指令使用频度要达到 67%，故 FPA10 内部也采用读取/存储结构，有 8 个 80 位浮点寄存器组，指令执行也采用流水线结构。

5．控制器

ARM 的控制器采用硬接线的可编程逻辑阵列 PLA，如图 3-8 所示。其输入端 14 根，输出 40 根，分散控制读取/存储多路、乘法器、协处理器以及地址、寄存器、ALU 和移位器的控制。新型的 ARM 采用了两块 PLA，一块小的快速 PLA 用来产生与时间相关的输出；一块大的慢速 PLA 用来产生其他输出。

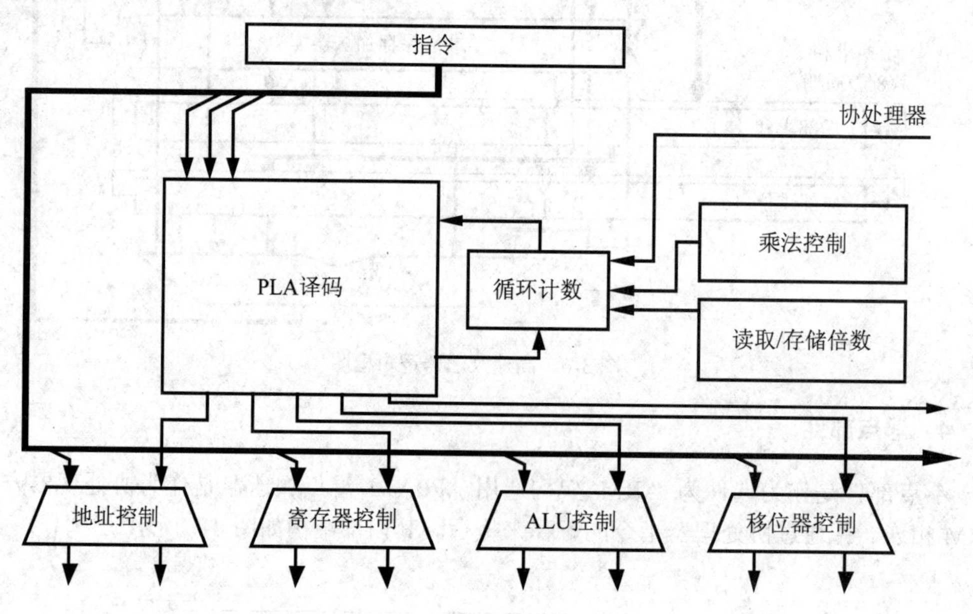

图 3-8 ARM 控制逻辑结构图

从编程的角度看，ARM 微处理器的工作状态一般有两种，并可在两种状态之间切换：

- ✦ ARM 状态，此时处理器执行 32 位的字对齐的 ARM 指令。
- ✦ Thumb 状态，此时处理器执行 16 位的、半字对齐的 Thumb 指令。

当 ARM 微处理器执行 32 位的 ARM 指令集时，工作在 ARM 状态；当 ARM 微处理器执行 16 位的 Thumb 指令集时，工作在 Thumb 状态。在程序的执行过程中，微处理器可以随时在两种工作状态之间切换，并且处理器工作状态的转变并不影响处理器的工作模式和相应寄存器中的内容。

ARM 指令集和 Thumb 指令集均有切换处理器状态的指令，并可在两种工作状态之间切换，但 ARM 微处理器在开始执行代码时，应该处于 ARM 状态。

进入 Thumb 状态：当操作数寄存器的状态位（位 0）为 1 时，可以采用执行 BX 指令的方法，使微处理器从 ARM 状态切换到 Thumb 状态。此外，当处理器处于 Thumb 状态时发生异常（如 IRQ、FIQ、Undef、Abort、SWI 等），则异常处理返回时，自动切换到 Thumb 状态。

进入 ARM 状态：当操作数寄存器的状态位为 0 时，执行 BX 指令时可以使微处理器从 Thumb 状态切换到 ARM 状态。此外，在处理器进行异常处理时，把 PC 指针放入异常模式链接寄存器中，并从异常向量地址开始执行程序，也可以使处理器切换到 ARM 状态。

3.2.2　流水线

流水线技术和超标量执行都是影响程序执行速度的主要因素。由于计算机中一条指令的各个执行阶段相对独立，因此，大多数 CPU 都设计成流水线型的机器，采用流水线的重叠技术，指令可以并行执行，大大提高了 CPU 的运行效率。

1. ARM 流水线的设计

为了提高处理器的性能，必然要考虑如何优化处理器的组织结构。

1）缩短程序执行时间

计算处理器运行一个给定程序所需的时间公式为：

$$T_{\text{prog}} = \frac{N_{\text{inst}} \times CPI}{f_{\text{clk}}}$$

式中：T_{prog} 是执行一个程序所需的时间；N_{inst} 是执行该程序的指令条数；CPI 是执行每条指令的平均时钟周期数；f_{clk} 是处理器的时钟频率。

在该公式中，因为 N_{inst} 对给定程序是常数，所以仅有两种方法来缩短程序执行时间，提高处理器执行的性能。一种是提高时钟频率 f_{clk}。这意味着，处理器时钟周期缩短，能完成的工作量要比原来少。这就要求简化流水线每一级的逻辑，因而流水线的级数就要增加；另一种是减少每条指令的平均时钟周期数 CPI。要减少 CPI，即提高每个时钟周期流水线中指令的吞吐量，就必须改善 3 级流水线中的阻塞状况。这就需要解决流水线的相关问题。

2）流水线设计中的结构、数据和控制相关

流水线除了加快时钟频率来提高流水线的效率和吞吐率外，还需要解决流水线中的结构相关、数据相关和控制相关等流水线相关问题。应将这些方面结合起来考虑流水线设计。

（1）流水线的结构相关

如果某些指令在流水线中重叠执行时，产生资源冲突，则称该流水线有结构相关。实际上，在图 3-4 所示的 3 级流水线的多周期指令执行中，由于数据通路访问的冲突导致的流水线中断就是结构相关问题。与此类似，3 级流水线中还存在由存储器访问冲突带来的结构相关。

因为在 3 级流水线的冯・诺依曼结构中，指令和数据存储在同一个存储器，流水线几乎在每一个时钟周期都必须访问存储器，或取指令，或传输数据。因此访问数据存储器时，就不得不停止取指令存储器，因此计算机性能受到现有存储器带宽的限制，产生了结构相关。

为了避免结构相关，ARM 架构采用了资源重复的方法：

- ✦ 采用分离式指令 Cache 和数据 Cache。该方法使取指和存储器的数据访问不再发生冲突，同时也解决了相应的数据通路问题，CPI 也相应减少。

- ✦ ALU 中采用单独加法器来完成地址计算。该方法使执行周期的运算不再产生资源冲突。

（2）流水线的数据相关

当一条指令需要前面指令的执行结果，而这些指令均在流水线中重叠执行时，就可能引起流水线的数据相关。数据相关有“写后读”、“写后写”和“读后写”等。

为解决数据相关，ARM 架构采用了下列解决措施：

- ✦ 定向（也称为旁路或短路）技术。将前一条指令的运算结果直接传递给后面需要的指令，不必写入寄存器之后再由后一条指令读取，就可能避免停顿。
- ✦ 流水线互锁技术。当指令需要的数据因为以前的指令没有执行完且没有准备好就会产生管道互锁。当互锁发生时，流水线会停止这个指令的执行，直到数据准备好为止。编译器以及汇编程序员可以通过重新设计代码的顺序或者其他方法来减少管道互锁的数量。

（3）流水线的控制相关

当流水线遇到分支指令和其他会改变 PC 值的指令时，就会发生控制相关。分支指令将控制阻滞延时引入到流水线中，也就是通常我们所说的分支损失。一旦流水线检测出某条指令是分支指令，就暂停分支指令之后的所有指令，直到分支指令确定了新的 PC 值为止。

为解决控制相关，ARM 架构采用了下列解决措施：

- ✦ 引入延迟分支。在这种形式的分支指令中，往往有一些直接跟在分支指令后面的指令被执行，无论分支指令执行与否它们都会被执行。这样，在分支指令执行期间 CPU 能够让流水线保持满。然而，有些在延时分支之后的指令也可能是空操作。
- ✦ 尽早计算出分支转移成功时的 PC 值（即分支的目标地址）。在有些 ARM 架构处理器流水线的译码阶段增加了一个专用加法器来计算分支的目标地址。

2．ARM 的 3 级流水线

ARM7 架构采用了 3 级的流水线。

（1）取指：将指令从内存中取出来。

（2）译码：操作码和操作数被译码以决定执行何种操作。

（3）执行：执行已译码的指令。

对于典型的指令来说上述每条操作都需要一个时钟周期。因此，一条正常的指令需要 3 个时钟周期才能完成执行，这就是所谓的指令执行的延时。如图 3-9 所示为单周期 3 级流水线的操作示意图。

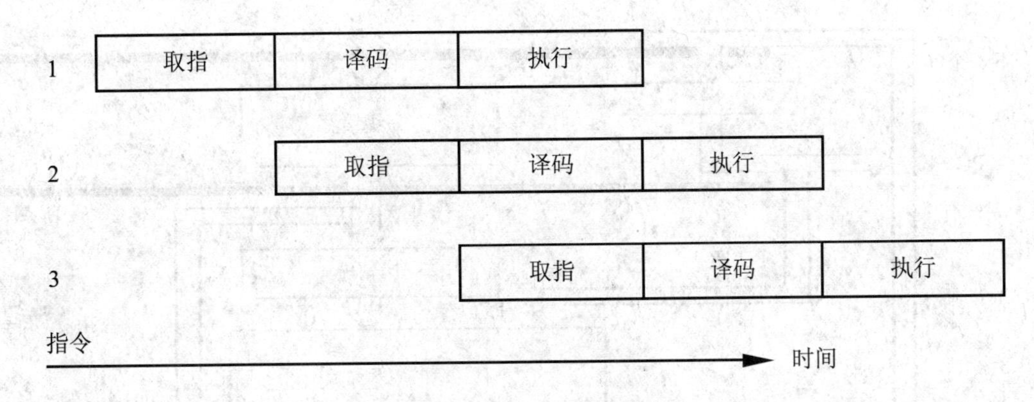

图 3-9　ARM 单周期 3 级流水线

上述的 3 级流水线中，取指的存储器访问和执行的数据通路占用都是不可同时共享的资源，对多周期指令来说，会产生流水线阻塞。如图 3-10 所示的阴影周期都是与存储器访问有关的。因此，在流水线设计中不允许重叠；而数据传送（data xfer）周期既需存储器访问，又需占用数据通路，故第 3 条指令的执行周期不得不等第二条指令的数据传送执行后才能操作。译码主要为下一周期的执行产生相应的控制信号，原则上是与执行周期紧连在一起的，故第 3 条指令取指后需延迟一个周期才进入到译码周期。

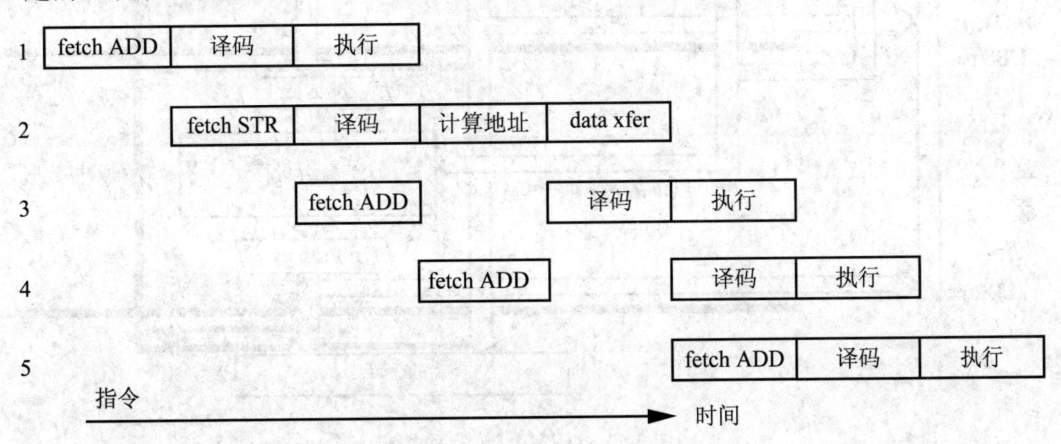

图 3-10　ARM 多周期 3 级流水线

3. ARM 的 5 级流水线

ARM9 及 StrongARM 架构都采用了 5 级流水线（如图 3-11 所示）。增加了 I-Cache 和 D-Cache，把存储器的取指与数据存取分开，同时增加了数据写回的专门通路和寄存器，以减少数据通路冲突。这样，5 级流水线分为取指、指令译码、执行、数据缓存和写回等。

5 级流水线和上面所讲的 3 级流水线相比，减少了每个时钟周期完成的最大工作量，从而能够使用更高的时钟频率。

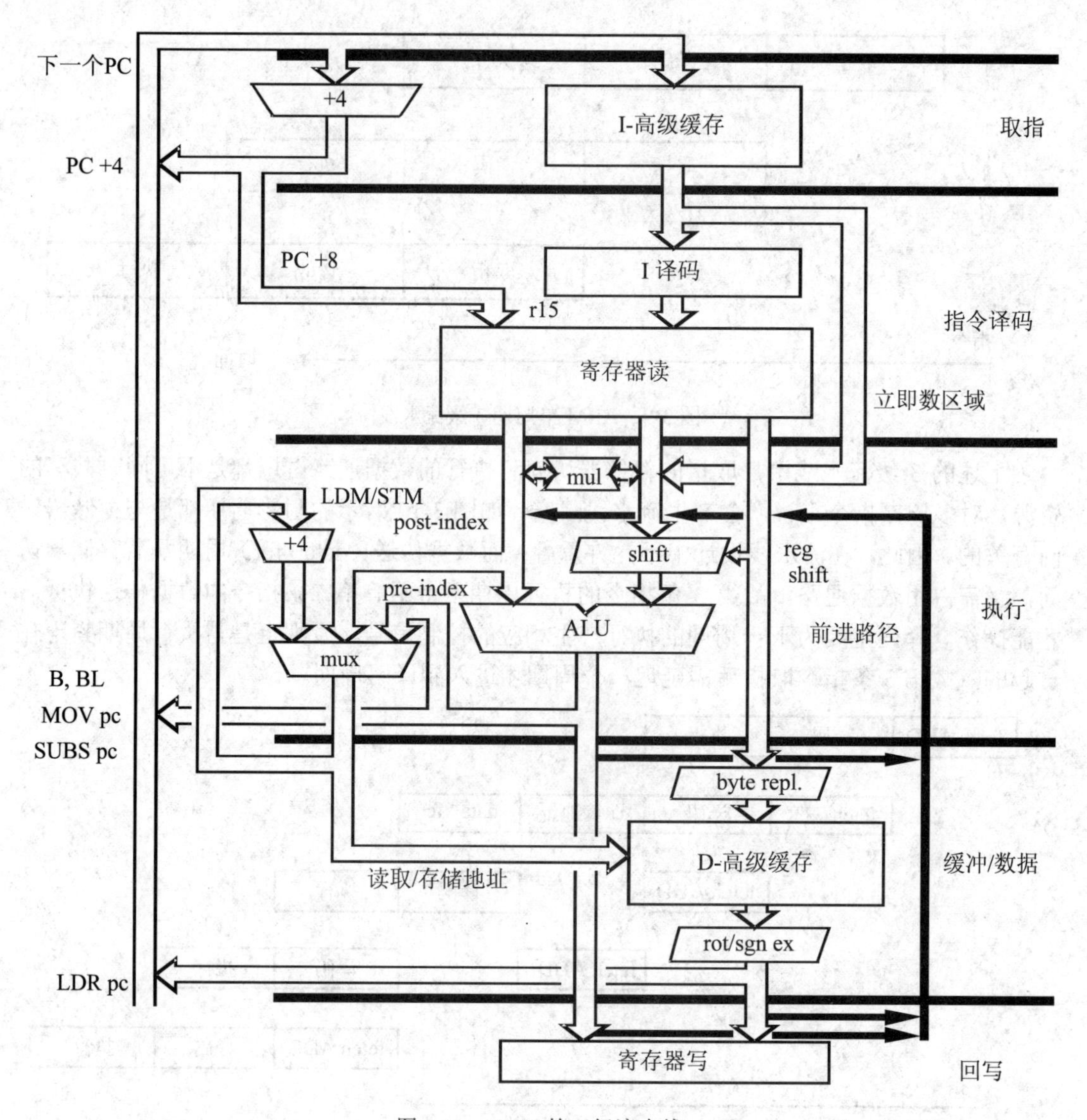

图 3-11　ARM 的 5 级流水线

3.2.3　ARM 的寄存器组织

如图 3-12 所示，ARM 微处理器共有 37 个 32 位寄存器，其中 31 个为通用寄存器，6 个为状态寄存器。但是这些寄存器不能被同时访问，具体哪些寄存器是可编程访问的，取决于微处理器的工作状态及具体的运行模式。但在任何时候，通用寄存器 R0～R14、程序计数器 PC、一个或两个状态寄存器都是可访问的。

通用寄存器和程序计数器

System & User	FIQ	Supervisor	Abort	IRQ	Undefined
R0	R0	R0	R0	R0	R0
R1	R1	R1	R1	R1	R1
R2	R2	R2	R2	R2	R2
R3	R3	R3	R3	R3	R3
R4	R4	R4	R4	R4	R4
R5	R5	R5	R5	R5	R5
R6	R6	R6	R6	R6	R6
R7	R7	R7	R7	R7	R7
R8	R8_fiq	R8	R8	R8	R8
R9	R9_fiq	R9	R9	R9	R9
R10	R10_fiq	R10	R10	R10	R10
R11	R11_fiq	R11	R11	R11	R11
R12	R12_fiq	R12	R12	R12	R12
R13	R13_fiq	R13_svc	R13_abt	R13_irq	R13_und
R14	R14_fiq	R14_svc	R14_abt	R14_irq	R14_und
R15（PC）	R15（PC）	R15（PC）	R15（PC）	R15（PC）	R15（PC）

程序状态寄存器

System & User	FIQ	Supervisor	Abort	IRQ	Undefined
CPSR	CPSR	CPSR	CPSR	CPSR	CPSR
	SPSR_fiq	SPSR_svc	SPSR_abt	SPSR_irq	SPSR_und

◣=分组寄存器

图 3-12　ARM 状态下的寄存器组织

1．通用寄存器

ARM 的通用寄存器包括 R0～R15，可以分为如下 3 类：

- ✦ 未分组寄存器 R0～R7。
- ✦ 分组寄存器 R8～R14。
- ✦ 程序计数器 PC(R15)。

1）未分组寄存器 R0～R7：在所有的运行模式下，未分组寄存器都指向同一个物理寄存器，未被系统用作特殊的用途。因此，在中断或异常处理进行运行模式转换时，由于不同的处理器运行模式均使用相同的物理寄存器，可能会造成寄存器中数据的破坏，这一点在进行程序设计时应引起注意。

2）分组寄存器 R8～R14：对于分组寄存器，处理器每一次所访问的物理寄存器与处理器当前的运行模式有关。

对于 R8～R12 来说，每个寄存器对应两个不同的物理寄存器。当使用 FIQ 模式时，访问寄存器 R8_fiq～R12_fiq；当使用除 fiq 模式以外的其他模式时，访问寄存器 R8_usr～R12_usr。

对于 R13、R14 来说，每个寄存器对应 6 个不同的物理寄存器，其中的一个是用户模式与系统模式共用，另外 5 个物理寄存器对应于其他 5 种不同的运行模式。

采用以下的记号来区分不同的物理寄存器：

```
R13_<mode>
R14_<mode>
```

寄存器 R13 在 ARM 指令中常用作堆栈指针，但这只是一种习惯用法，用户也可使用其他的寄存器作为堆栈指针。而在 Thumb 指令集中，某些指令强制性要求使用 R13 作为堆栈指针。

由于处理器的每种运行模式均有自己独立的物理寄存器 R13，在用户应用程序的初始化时，一般都要初始化每种模式下的 R13，使其指向该运行模式的栈空间。这样，当程序的运行进入异常模式时，可以将需要保护的寄存器放入 R13 所指向的堆栈，而当程序从异常模式返回时，则从对应的堆栈中恢复，采用这种方式可以保证异常发生后程序的正常执行。

R14 也称作子程序链接寄存器（Subroutine Link Register）或连接寄存器 LR。当执行 BL 子程序调用指令时，从 R14 中得到 R15（程序计数器 PC）的备份。其他情况下，R14 用作通用寄存器。与之类似，当发生中断或异常时，对应的分组寄存器 R14_svc、R14_irq、R14_fiq、R14_abt 和 R14_und 用来保存 R15 的返回值。

在每一种运行模式下，都可用 R14 保存子程序的返回地址，当用 BL 或 BLX 指令调用子程序时，将 PC 的当前值复制给 R14。执行完子程序后，又将 R14 的值复制回 PC，即可完成子程序的调用返回。以上的描述可用如下指令完成。

（1）执行以下任意一条指令：

```
MOV    PC，LR
BX     LR
```

（2）在子程序入口处使用以下指令将 R14 存入堆栈：

```
STMFD   SP!,{<Regs>,LR}
```

对应地，使用以下指令可以完成子程序返回：

```
LDMFD   SP!,{<Regs>,PC}
```

R14 也可作为通用寄存器。

3）程序计数器 PC(R15)：寄存器 R15 用作程序计数器（PC）。在 ARM 状态下，R15 位[1:0]为 0，位[31:2]用于保存 PC；在 Thumb 状态下，位[0]为 0，位[31:1]用于保存 PC；虽然可以用作通用寄存器，但是有一些指令在使用 R15 时有一些特殊限制，如果使用时不注意，执行的结果将是不可预料的。

R15 虽然也可用作通用寄存器，但一般不这么使用，因为对 R15 的使用有一些特殊的限制，当违反了这些限制时，程序的执行结果是未知的。

由于 ARM 体系结构采用了多级流水线技术，对于 ARM 指令集而言，PC 总是指向当前指令的下两条指令的地址，即 PC 的值为当前指令的地址值加 8 个字节。

在 ARM 状态下，任一时刻可以访问以上所讨论的 16 个通用寄存器和一到两个状态寄存器。在非用户模式（特权模式）下，则可访问到特定模式分组寄存器，图 3-12 说明在每一种运行模式下，哪一些寄存器是可以访问的。

2．程序状态寄存器

ARM 体系结构包含一个当前程序状态寄存器（Current Program Status Register，CPSR）和 5 个备份的程序状态寄存器（Saved Program Status Register，SPSR）。CPSR 可在任何运行模式下被访问，它包括条件码标志位、中断禁止位、当前处理器模式标志位，以及其他一些相关的控制和状态位，备份的程序状态寄存器用来进行异常处理，其功能如下：

✦ 保存 ALU 中的当前操作信息。
✦ 控制允许和禁止中断。
✦ 设置处理器的运行模式。

程序状态寄存器的每一位的定义如图 3-13 所示。

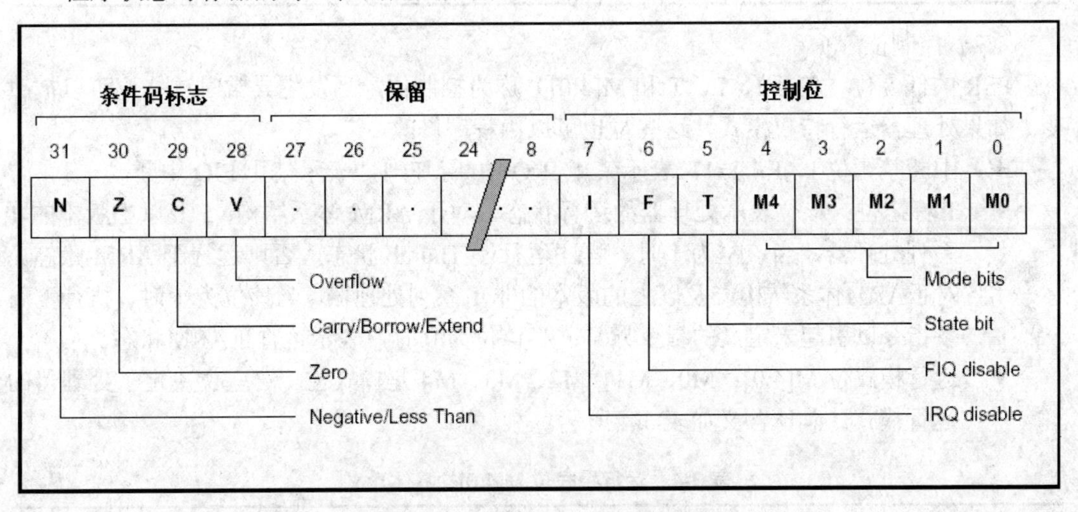

图 3-13　程序状态寄存器的定义

（1）条件码标志（Condition Code Flags）

N、Z、C、V 均为条件码标志位。它们的内容可被算术或逻辑运算的结果所改变，并且可以决定某条指令是否被执行。在 ARM 状态下，绝大多数的指令都是有条件执行的。在 Thumb 状态下，仅有分支指令是有条件执行的。

条件码标志各位的具体含义如表 3-3 所示。

表 3-3　条件码标志的具体含义

标志位	含　义
N	当用两个补码表示的带符号数进行运算时，N=1 表示运算的结果为负数；N=0 表示运算的结果为正数或零
Z	Z=1 表示运算的结果为零；Z=0 表示运算的结果为非零

续表

标志位	含　义
C	可以有4种方法设置C的值。 ✦ 加法运算（包括比较指令CMN）：当运算结果产生了进位时（无符号数溢出），C=1，否则C=0 ✦ 减法运算（包括比较指令 CMP）：当运算时产生了借位时（无符号数溢出），C=0，否则C=1 ✦ 对于包含移位操作的非加/减运算指令，C为移出值的最后一位 ✦ 对于其他的非加/减运算指令，C的值通常不改变
V	可以有两种方法设置V的值： ✦ 对于加/减法运算指令，当操作数和运算结果为二进制的补码表示的带符号数时，V=1表示符号位溢出 ✦ 对于其他的非加/减运算指令，V的值通常不改变
Q	在ARM v5及以上版本的E系列处理器中，用Q标志位指示增强的DSP运算指令是否发生了溢出。在其他版本的处理器中，Q标志位无定义

（2）控制位

PSR的低8位（包括I、F、T和M[4:0]）称为控制位，当发生异常时这些位可以被改变。如果处理器运行特权模式，这些位也可以由程序修改。

- ✦ 中断禁止位I、F：I=1，表示禁止IRQ中断；F=1，表示禁止FIQ中断。
- ✦ T标志位：该位表示处理器的运行状态。对于ARM体系结构v5及以上版本的T系列处理器，当该位为1时，程序运行于Thumb状态，否则运行于ARM状态。对于ARM体系结构v5及以上的版本的非T系列处理器，当该位为1时，执行下一条指令以引起未定义的指令异常；当该位为0时，表示运行于ARM状态。
- ✦ 运行模式位M[4:0]：M0、M1、M2、M3、M4是模式位。这些位决定了处理器的运行模式。具体含义如表3-4所示。

表3-4　运行模式位M[4:0]的具体含义

M[4:0]	处理器模式	可访问的寄存器
0b10000	用户模式	PC,CPSR,R0-R14
0b10001	FIQ模式	PC,CPSR, SPSR_fiq,R14_fiq～R8_fiq, R7R0
0b10010	IRQ模式	PC,CPSR, SPSR_irq,R14_irq,R13_irq,R12～R0
0b10011	管理模式	PC,CPSR, SPSR_svc,R14_svc,R13_svc,R12～R0
0b10111	中止模式	PC,CPSR, SPSR_abt,R14_abt,R13_abt, R12～R0
0b11011	未定义模式	PC,CPSR, SPSR_und,R14_und,R13_und, R12～R0
0b11111	系统模式	PC,CPSR（ARM v4及以上版本）, R14～R0

由表3-4可知，并不是所有的运行模式位的组合都是有效的，其他的组合结果会导致处理器进入一个不可恢复的状态。

（3）保留位

PSR中的其余位为保留位，当改变PSR中的条件码标志位或者控制位时，保留位不会被改变，在程序中也不能使用保留位来存储数据。保留位将用于 ARM 版本的扩展。

3.2.4　ARM 处理器模式

ARM 微处理器支持 7 种运行模式。

（1）用户模式（USR）：ARM 处理器正常的程序执行状态。

（2）快速中断模式（FIQ）：用于高速数据传输或通道管理。

（3）外部中断模式（IRQ）：用于通用的中断处理。

（4）管理模式（SVC）：操作系统使用的保护模式。

（5）数据访问终止模式（ABT）：当数据或指令预取终止时进入该模式，用于虚拟存储及存储保护。

（6）系统模式（SYS）：运行具有特权的操作系统任务。

（7）未定义指令中止模式（UND）：当未定义指令执行时进入该模式，可用于支持硬件协处理器的软件仿真。

大部分应用程序都在 USR 模式下运行。当处理器处于 USR 模式下时，执行的程序无法访问一些被保护的系统资源，也不能改变处理器的运行模式，否则就会导致一次异常。对系统资源的使用由操作系统来控制。

USR 模式之外的其他模式也称为特权模式。它们可以完全访问系统资源，可以自由地改变模式。其中的 FIQ、IRQ、SVC、ABT 和 UND 5 种模式也被称为异常模式。在处理特定的异常时，系统进入这几种模式。这 5 种异常模式都有各自的额外的寄存器，用于避免在发生异常时与用户模式下的程序发生冲突。

还有一种模式是 SYS 模式，任何异常都不会导致进入这一模式，而且它使用的寄存器和 USR 模式下基本相同。它是一种特权模式，用于有访问系统资源请求而又需要避免使用额外的寄存器的操作系统任务。

ARM 微处理器的运行模式可以通过软件改变，也可以通过外部中断或异常处理改变。大多数的应用程序运行在用户模式下，当处理器运行在用户模式下时，某些被保护的系统资源是不能被访问的。

3.2.5　异常

当正常的程序执行流程发生暂时的停止时，称之为异常（Exceptions），例如处理一个外部的中断请求。在处理异常之前，当前处理器的状态必须保留，这样当异常处理完成之后，当前程序可以继续执行。处理器允许多个异常同时发生，它们将会按固定的优先级进行处理。

ARM 体系结构中的异常，与 8 位/16 位微处理器的中断类似，但异常与中断的概念并不完全等同。

1．ARM 体系结构所支持的异常类型

ARM 体系结构所支持的异常及具体含义如表 3-5 所示。

表 3-5 ARM 体系结构支持的异常

异常类型	具体含义
复位	当处理器的复位电平有效时，产生复位异常，程序跳转到复位异常处理程序处执行
未定义指令	当 ARM 处理器或协处理器遇到不能处理的指令时，产生未定义指令异常。可使用该异常机制进行软件仿真
软件中断	该异常由执行 SWI 指令产生，可用于用户模式下的程序调用特权操作指令。可使用该异常机制实现系统功能调用
指令预取中止	若处理器预取指令的地址不存在，或该地址不允许当前指令访问，存储器会向处理器发出中止信号，但当预取的指令被执行时，才会产生指令预取中止异常
数据中止	若处理器数据访问指令的地址不存在，或该地址不允许当前指令访问时，产生数据中止异常
IRQ（外部中断请求）	当处理器的外部中断请求引脚有效，且 CPSR 中的 I 位为 0 时，产生 IRQ 异常。系统的外设可通过该异常请求中断服务
FIQ（快速中断请求）	当处理器的快速中断请求引脚有效，且 CPSR 中的 F 位为 0 时，产生 FIQ 异常

2．对异常的响应

当一个异常出现以后，ARM 微处理器会执行以下操作。

（1）将下一条指令的地址保存到相应连接寄存器 LR，以便程序在异常处理返回时能从正确的位置重新开始执行。若异常是从 ARM 状态进入，LR 寄存器中保存的是下一条指令的地址（当前 PC+4 或 PC+8，与异常的类型有关）；若异常是从 Thumb 状态进入，则在 LR 寄存器中保存当前 PC 的偏移量。这样，异常处理程序就不需要确定异常是从何种状态进入的。例如，在软件中断异常 SWI，指令 MOV PC，R14_svc 总是返回到下一条指令，不管 SWI 是在 ARM 状态执行，还是在 Thumb 状态执行。

（2）将 CPSR 复制到相应的 SPSR 中。

（3）根据异常类型，强制设置 CPSR 的运行模式位。

（4）强制 PC 从相关的异常向量地址取下一条指令执行，从而跳转到相应的异常处理程序处。

还可以设置中断禁止位，以禁止中断发生。如果异常发生时，处理器处于 Thumb 状态，则当异常向量地址加载入 PC 时，处理器自动切换到 ARM 状态。

ARM 微处理器对异常的响应过程用伪码可以描述为：

```
R14_<Exception_Mode> = Return Link
SPSR_<Exception_Mode> = CPSR
CPSR[4:0] = Exception Mode Number
CPSR[5] = 0                    ;当运行于 ARM 工作状态时
If <Exception_Mode> == Reset or FIQ then
```

```
                                    ;当响应 FIQ 异常时,禁止新的 FIQ 异常
        CPSR[6] = 1
        CPSR[7] = 1
    PC = Exception Vector Address
```

3．从异常返回

异常处理完毕之后，ARM 微处理器会执行以下操作从异常返回。

（1）将连接寄存器 LR 的值减去相应的偏移量后送到 PC 中。

（2）将 SPSR 复制回 CPSR 中。

（3）若在进入异常处理时设置了中断禁止位，要在此清除。

可以认为应用程序总是从复位异常处理程序开始执行的，因此复位异常处理程序不需要返回。

4．各类异常的具体描述

（1）FIQ（Fast Interrupt Request）异常

FIQ 异常是为了支持数据传输或者通道处理而设计的。在 ARM 状态下，系统有足够的私有寄存器，从而可以避免对寄存器保存的需求，并减小了系统上下文切换的开销。

若将 CPSR 的 F 位置为 1，则会禁止 FIQ 中断，若将 CPSR 的 F 位清零，处理器会在指令执行时检查 FIQ 的输入。注意只有在特权模式下才能改变 F 位的状态。

可由外部通过对处理器上的 nFIQ 引脚输入低电平产生 FIQ。不管是在 ARM 状态还是在 Thumb 状态下进入 FIQ 模式，FIQ 处理程序均会执行以下指令从 FIQ 模式返回：

```
SUBS   PC,R14_fiq ,#4
```

该指令将寄存器 R14_fiq 的值减去 4 后，复制到程序计数器 PC 中，从而实现从异常处理程序中的返回。同时，将 SPSR_mode 寄存器的内容复制到当前程序状态寄存器 CPSR 中。

（2）IRQ（Interrupt Request）异常

IRQ 异常属于正常的中断请求，可通过对处理器的 nIRQ 引脚输入低电平产生，IRQ 的优先级低于 FIQ，当程序执行进入 FIQ 异常时，IRQ 可能被屏蔽。

若将 CPSR 的 I 位置为 1，则会禁止 IRQ 中断，若将 CPSR 的 I 位清零，处理器会在指令执行完之前检查 IRQ 的输入。注意只有在特权模式下才能改变 I 位的状态。

不管是在 ARM 状态还是在 Thumb 状态下进入 IRQ 模式，IRQ 处理程序均会执行以下指令从 IRQ 模式返回：

```
SUBS  PC , R14_irq , #4
```

该指令将寄存器 R14_irq 的值减去 4 后，复制到程序计数器 PC 中，从而实现从异常处理程序中的返回。同时，将 SPSR_mode 寄存器的内容复制到当前程序状态寄存器 CPSR 中。

（3）Abort（中止）异常

产生中止异常意味着对存储器的访问失败。ARM 微处理器在存储器访问周期内检查是否发生中止异常。

中止异常包括以下两种类型。

- ✦ 指令预取中止：发生在指令预取时。

✦　数据中止：发生在数据访问时。

当指令预取访问存储器失败时，存储器系统向 ARM 处理器发出存储器中止（Abort）信号，预取的指令被记为无效。但只有当处理器试图执行无效指令时，指令预取中止异常才会发生。如果指令未被执行，例如在指令流水线中发生了跳转，则预取指令中止不会发生。若数据中止发生，系统的响应与指令的类型有关。

当确定了中止的原因后，Abort 处理程序均会执行以下指令，从中止模式返回，无论是在 ARM 状态还是 Thumb 状态：

```
SUBS PC, R14_abt, #4        ;指令预取中止
SUBS PC, R14_abt, #8        ;数据中止
```

以上指令恢复 PC（从 R14_abt）和 CPSR（从 SPSR_abt）的值，并重新执行中止的指令。

（4）Software Interrupt（软件中断）

软件中断指令（SWI）用于进入管理模式，常用于请求执行特定的管理功能。无论是在 ARM 状态还是 Thumb 状态，软件中断处理程序执行以下指令从 SWI 模式返回。

```
MOV  PC , R14_svc
```

以上指令恢复 PC（从 R14_svc）和 CPSR（从 SPSR_svc）的值，并返回到 SWI 的下一条指令。

（5）Undefined Instruction（未定义指令）异常

当 ARM 处理器遇到不能处理的指令时，会产生未定义指令异常。采用这种机制，可以通过软件仿真扩展 ARM 或 Thumb 指令集。

在仿真未定义指令后，处理器执行以下程序返回，无论是在 ARM 状态还是 Thumb 状态：

```
MOVS PC, R14_und
```

以上指令恢复 PC（从 R14_und）和 CPSR（从 SPSR_und）的值，并返回到未定义指令后的下一条指令。

5. 异常进入/退出小节

表 3-6 总结了进入异常处理时保存在相应 R14 中的 PC 值，及在退出异常处理时推荐使用的指令。

表 3-6　异常进入/退出

异　常	返回指令	以前的状态		备　注
		ARM　R14_x	Thumb R14_x	
BL	MOV　PC，R14	PC+4	PC+2	1
SWI	MOVS　PC，R14_svc	PC+4	PC+2	1
UDEF	MOVS　PC，R14_und	PC+4	PC+2	1
FIQ	SUBS　PC，R14_fiq，#4	PC+4	PC+4	2
IRQ	SUBS　PC，R14_irq，#4	PC+4	PC+4	2
PABT	SUBS　PC，R14_abt，#4	PC+4	PC+4	1
DABT	SUBS　PC，R14_abt，#8	PC+8	PC+8	3
RESET	NA	—	—	4

注：

1——这里 PC 应是具有预取中止的 BL/SWI/未定义指令所取的地址。

2——这里 PC 是从 FIQ 或 IRQ 取得不能执行指令的地址。

3——这里 PC 是产生数据中止的加载或存储指令的地址。

4——系统复位时，保存在 R14_svc 中的值是不可预知的。

6．异常向量（Exception Vectors）

表 3-7 给出了异常向量地址。

表 3-7　异常向量表

地　址	异　常	进 入 模 式
0x00000000	复位	管理模式
0x00000004	未定义指令	未定义模式
0x00000008	软件中断	管理模式
0x0000000C	中止（预取指令）	中止模式
0x00000010	中止（数据）	中止模式
0x00000014	保留	保留
0x00000018	IRQ	IRQ
0x0000001C	FIQ	FIQ

当多个异常同时发生时，系统根据固定的优先级决定异常的处理次序。异常优先级由高到低的排列次序如表 3-8 所示。

表 3-8　异常优先级

优 先 级	异　常
1（最高）	复位
2	数据中止
3	FIQ
4	IRQ
5	预取指令中止
6（最低）	未定义指令、SWI

当系统运行时，异常可能会随时发生，为保证在 ARM 处理器发生异常时不会处于未知状态，在应用程序的设计中，首先要进行异常处理。采用的方式是在异常向量表中的特定位置放置一条跳转指令，跳转到异常处理程序。当 ARM 处理器发生异常时，程序计数器 PC 会被强制设置为对应的异常向量，从而跳转到异常处理程序，当异常处理完成以后，返回到主程序继续执行。

3.3 ARM 处理器的指令系统

3.3.1 ARM 指令系统概述

ARM 处理器是基于精简指令集计算机（RISC）原理设计的，指令集和相关译码机制较为简单。ARM 微处理器的指令集是 Load/Store 型的，指令集仅能处理寄存器中的数据，而且处理结果都要放回寄存器中，而对系统存储器的访问则需要通过专门的加载/存储指令来完成。

在 ARM 内部，所有 ARM 指令都是 32 位操作数，短的数据类型只有在数据传送类指令中才被支持。当一个字节数据被取出后，被扩展到 32 位，在内部数据处理时，作为 32 位的值进行处理，并且 ARM 指令以字为边界。所有 Thumb 指令都是 16 位指令，并且以两个字节为边界。ARM 协处理器可以支持另外的数据类型，包括一套浮点数数据类型，ARM 的核并没有明确的支持。

ARM 的指令集可分为以下 6 类：

- ✦ 跳转指令。
- ✦ 数据处理指令。
- ✦ 程序状态寄存器（PSR）处理指令。
- ✦ 加载/存储指令。
- ✦ 协处理器指令。
- ✦ 异常产生指令。

具体的指令及功能如表 3-9 所示。

表 3-9 ARM 指令及功能描述

助 记 符	指令功能描述
ADC	带进位加法指令
ADD	加法指令
AND	逻辑与指令
B	跳转指令
BIC	位清零指令
BL	带返回的跳转指令
BLX	带返回和状态切换的跳转指令
BX	带状态切换的跳转指令
CDP	协处理器数据操作指令
CMN	比较反值指令
CMP	比较指令

续表

助 记 符	指令功能描述
EOR	异或指令
LDC	存储器到协处理器的数据传输指令
LDM	加载多个寄存器指令
LDR	存储器到寄存器的数据传输指令
MCR	从ARM寄存器到协处理器寄存器的数据传输指令
MLA	乘加运算指令
MOV	数据传送指令
MRC	从协处理器寄存器到ARM寄存器的数据传输指令
MRS	传送CPSR或SPSR的内容到通用寄存器指令
MSR	传送通用寄存器到CPSR或SPSR的指令
MUL	32位乘法指令
MLA	32位乘加指令
MVN	数据取反传送指令
ORR	逻辑或指令
RSB	逆向减法指令
RSC	带借位的逆向减法指令
SBC	带借位减法指令
STC	协处理器寄存器写入存储器指令
STM	批量内存字写入指令
STR	寄存器到存储器的数据传输指令
SUB	减法指令
SWI	软件中断指令
SWP	交换指令
TEQ	相等测试指令

ARM指令系统具有以下特点：

- Thumb指令。ARM指令集中包含16位的Thumb指令集和32位的ARM指令集。16位的Thumb指令集的整体执行速度比ARM 32位指令集快，而且使用16位的存储器，提高了代码密度，降低了成本。因此一般用Thumb编译器将C语言程序编译成16位的代码。
- 具有RISC指令的特点。RISC指令集的特点是：长度相同，指令少，充分利用流水线技术，使用多寄存器，且寄存器简单。由于ARM指令属于RISC指令，所以具有RISC指令的优点。
- 指令的功能复用。ARM指令集中所有的指令以条件执行，例如用户可以测试某个寄存器的值，但是直到下次使用同一条件进行测试时，才能有条件地执行这些指令。ARM指令的另一个重要特点是具有灵活的第二操作数，既可以是立即数，也可以是逻辑运算数，使得ARM指令可以在读取数值的同时进行算术和移位操作。它可以在几种模式下操作，包括通过使用SWI（软件中断）指令从用户模式进入的系统模式。

- 协处理器指令。ARM 指令中还包含了多条协处理器指令，使用多达 16 个协处理器，允许将其他处理器通过协处理器接口进行紧耦合，包括简单的内存保护到复杂的页面层次。ARM 内核可以提供协处理器接口，通过扩展协处理器完成更加复杂的功能。

3.3.2 ARM 指令的条件域

ARM 指令集的一个显著特征是：几乎所有的 ARM 指令都包含一个 4 位的条件域，位于指令的最高 4 位[31:28]。这个域的取值规定了指令的条件执行。如果条件域给出的相应条件位为真，则该条指令正常执行；否则就不执行该指令。条件域主要测试以下 3 个方面的内容：相等、不相等关系；小于、小于等于、大于、大于等于 4 种不等关系；单独测试程序状态寄存器中的每种条件。如图 3-10 所示，ARM 指令集的条件域共有 16 种，每种条件域可用两个字符表示，这两个字符可以添加在指令助记符的后面和指令同时使用。

表 3-10 ARM 指令条件码

条件码	后缀	标志	含义
0000	EQ	Z 置位	相等
0001	NE	Z 清零	不相等
0010	CS	C 置位	无符号数大于或等于
0011	CC	C 清零	无符号数小于
0100	MI	N 置位	负数
0101	PL	N 清零	正数或零
0110	VS	V 置位	溢出
0111	VC	V 清零	未溢出
1000	HI	C 置位 Z 清零	无符号数大于
1001	LS	C 清零 Z 置位	无符号数小于或等于
1010	GE	N 等于 V	带符号数大于或等于
1011	LT	N 不等于 V	带符号数小于
1100	GT	Z 清零且（N 等于 V）	带符号数大于
1101	LE	Z 置位或（N 不等于 V）	带符号数小于或等于
1110	AL	任意	总是

3.3.3 ARM 指令的寻址方式

所谓寻址方式就是处理器根据指令中给出的地址信息来寻找物理地址的方式。目前 ARM 指令系统支持如下几种常见的寻址方式。

1. 寄存器寻址

寄存器寻址就是利用寄存器中的数值作为操作数，这种寻址方式是各类微处理器经常采用的一种方式，也是一种执行效率较高的寻址方式。例如：

```
ADD R0,R1,R2        ;R1值加R2的值结果保存在R0中
```

2. 立即寻址

立即寻址也叫做立即数寻址，这是一种特殊的寻址方式。操作数本身就在指令中给出，只要取出指令也就取到了操作数。这个操作数被称为立即数，对应的寻址方式也就叫做立即寻址。例如：

```
ADD R3,R3,#2        ;R3的值加上2,结果保存在R3中
```

3. 寄存器间接寻址

寄存器间接寻址就是以寄存器中的值作为操作数的地址，而操作数本身存放在存储器中。例如：

```
LDR  R0,[R3]        ;将R3指向的存储单元数据读出,保存到R0中
```

4. 寄存器变址寻址

寄存器变址寻址就是将寄存器（该寄存器一般称作基址寄存器）的内容与指令中给出的地址偏移量相加，从而得到一个操作数的有效地址。寄存器变址寻址方式常用于访问某基地址附近的地址单元。例如：

```
LDR R0,[R1,#4]      ;将R1+4指向的存储单元数据读出,保存到R0中
```

5. 多寄存器寻址

采用多寄存器寻址方式，一条指令可以完成多个寄存器值的传送。这种寻址方式可以用一条指令完成传送最多16个通用寄存器的值。例如：

```
LDMIA R0,{R1,R2,R3,R4}    ;R1←[R0]
                          ;R2←[R0+4]
                          ;R3←[R0+8]
                          ;R4←[R0+12]
```

该指令的后缀IA表示在每次执行完加载/存储操作后，R0按字长度增加。因此，指令可将连续存储单元的值传送到R1～R4。

6. 相对寻址

与寄存器变址寻址方式相类似，相对寻址以程序计数器PC的当前值为基地址，指令中的地址标号作为偏移量，将两者相加之后得到操作数的有效地址。例如：

```
B   rel             ;程序跳转到REL处执行
```

另外，每条ARM指令中还可以有第2条和第3条操作数。它们采用复合寻址方式，ARM的复合寻址方式有5种。

7. 堆栈寻址

堆栈是一种数据结构，按先进后出（First In Last Out，FILO）的方式工作，使用一个称作堆栈指针的专用寄存器指示当前的操作位置，堆栈指针总是指向栈顶。

当堆栈指针指向最后压入堆栈的数据时，称为满堆栈（Full Stack），而当堆栈指针指向下一个将要放入数据的空位置时，称为空堆栈（Empty Stack）。

同时，根据堆栈的生成方式，又可以分为递增堆栈（Ascending Stack）和递减堆栈（Decending Stack）。当堆栈由低地址向高地址生成时，称为递增堆栈；当堆栈由高地址向低地址生成时，称为递减堆栈。这样就有 4 种类型的堆栈工作方式，ARM 微处理器支持这 4 种类型的堆栈工作方式。

- ✦ 满递增堆栈：堆栈指针指向最后压入的数据，且由低地址向高地址生成。
- ✦ 满递减堆栈：堆栈指针指向最后压入的数据，且由高地址向低地址生成。
- ✦ 空递增堆栈：堆栈指针指向下一个将要放入数据的空位置，且由低地址向高地址生成。
- ✦ 空递减堆栈：堆栈指针指向下一个将要放入数据的空位置，且由高地址向低地址生成。

3.3.4 ARM 指令集

1. ARM 存储器访问指令

ARM 处理器是典型的 RISC 处理器，对存储器的访问只能使用加载和存储（Load/Store）指令实现。如表 3-11 所示，ARM 的加载/存储指令可以实现字、半字、无符号/有符号字节操作；批量加载/存储指令可实现一条指令加载/存储多个寄存器的内容，使效率大大提高；SWP 指令是一条交换寄存器和存储器内容的指令，可用于信号量操作等。ARM 处理器通常对程序空间、RAM 空间及 IO 映射空间统一编址，除对 RAM 操作以外，对外围 IO、程序数据的访问均要通过加载/存储指令进行。

表 3-11 ARM 存储器访问指令表

助 记 符	说 明	操 作	条件码位置
LDR Rd, addressing	加载字数据	Rd←[addressing], addressing 索引	LDR{cond}
LDRB Rd, addressing	加载无符号字节数据	Rd←[addressing], addressing 索引	LDR{cond}B
LDRT Rd, addressing	以用户模式加载字数据	Rd←[addressing], addressing 索引	LDR{cond}T
LDRBT Rd, addressing	用户模式加载无符号字数据	Rd←[addressing], addressing 索引	LDR{cond}BT
LDRH Rd, addressing	加载无符号半字数据	Rd←[addressing], addressing 索引	LDR{cond}H

续表

助记符	说明	操作	条件码位置
LDRSB Rd, addressing	加载有符号字节数据	Rd←[addressing]，addressing 索引	LDR{cond}SB
LDRSH Rd, addressing	加载有符号半字数据	Rd←[addressing]，addressing 索引	LDR{cond}SH
STR Rd, addressing	存储字数据	[addressing]←Rd，addressing 索引	STR{cond}
STRB Rd, addressing	存储字节数据	[addressing]←Rd，addressing 索引	STR{cond}B
STRT Rd, addressing	以用户模式存储字数据	[addressing]←Rd，addressing 索引	STR{cond}T
SRTBT Rd, addressing	以用户模式存储字节数据	[addressing]←Rd，addressing 索引	STR{cond}BT
STRH Rd, addressing	存储半字数据	[addressing]←Rd，addressing 索引	STR{cond}H
LDM {mode} Rn{!}，reglist	批量（寄存器）加载	reglist←［Rn…]，Rn 回存等	LDM{cond}{more}
STM {mode} Rn{!}，reglist	批量（寄存器）存储	[Rn…]← reglist，Rn 回存等	STM{cond}{more}
SWP Rd，Rm，Rn	寄存器和存储器字数据交换	Rd←[Rd]，[Rn]←[Rm](Rn≠Rd)	SWP{cond}
SWPB Rd, Rm, Rn	寄存器/存储器字节数据交换	Rd←[Rd]，[Rn]←[Rm](Rn≠Rd)	SWP{cond}B

（1）加载/存储字和无符号字节指令 LDR 和 STR

LDR 指令用于从内存中读取数据放入寄存器中；STR 指令用于将寄存器中的数据保存到内存。指令格式如下：

```
LDR{cond}{T}   Rd,<地址>  ;加载指定地址上的数据（字），放入 Rd 中
STR{cond}{T}   Rd,<地址>  ;存储数据（字）到指定地址的存储单元，要存储的数据在 Rd 中
LDR{cond}B{T}  Rd,<地址>  ;加载字节数据，放入 Rd 中，即 Rd 最低字节有效，高 24 位清零
STR{cond}B{T}  Rd,<地址>  ;存储字节数据，要存储的数据在 Rd中，最低字节有效
```

（2）批量加载/存储指令 LDM 和 STM

批量加载/存储指令可以实现在一组寄存器和一块连续的内存单元之间传输数据。LDM 为加载多个寄存器，STM 为存储多个寄存器。LDM/STM 指令主要用于上下文切换、数据复制、参数传送等。指令格式如下：

```
LDM{cond}<模式>  Rn{!},reglist{^}
STM{cond}<模式>  Rn{!},reglist{^}
```

（3）寄存器和存储器交换指令 SWP

SWP 指令用于将一个内存单元（该单元地址放在寄存器 Rn 中）的内容读取到一个寄存器 Rd 中，同时将另一个寄存器 Rm 的内容写入到该内存单元中。使用 SWP 指令可实现

信号量操作。指令格式如下：

```
SWP{cond}{B} Rd,Rm,[Rn]
```

2．ARM 数据处理指令

数据处理指令如表 3-12 所示，大致可分为 3 类：数据传送指令（如 MOV、MVN）、算术逻辑运算指令（如 ADD、SUM、AND）和比较指令（如 CMP、TST）。数据处理指令只能对寄存器的内容进行操作。所有 ARM 数据处理指令均可选择使用后缀 S，以决定是否影响状态标志。比较指令 CMP、CMN、TST 和 TEQ 不需要后缀 S，它们会直接影响状态标志。

表 3-12　ARM 数据处理指令

助记符号	说　明	操　作	条件码位置
MOV　Rd ，operand2	数据传送	Rd←operand2	MOV {cond}{S}
MVN　Rd ，operand2	数据取反传送	Rd←(operand2)	MVN {cond}{S}
ADD　Rd，Rn operand2	加法运算指令	Rd←Rn+operand2	ADD {cond}{S}
SUB　Rd，Rn operand2	减法运算指令	Rd←Rn-operand2	SUB {cond}{S}
RSB　Rd，Rn operand2	逆向减法指令	Rd←operand2-Rn	RSB {cond}{S}
ADC　Rd，Rn operand2	带进位加法	Rd←Rn+operand2+carry	ADC {cond}{S}
SBC　Rd，Rn operand2	带进位减法指令	Rd←Rn-operand2-（NOT）Carry	SBC {cond}{S}
RSC　Rd，Rn operand2	带进位逆向减法指令	Rd←operand2-Rn-（NOT）Carry	RSC {cond}{S}
AND　Rd，Rn operand2	逻辑与操作指令	Rd←Rn&operand2	AND {cond}{S}
ORR　Rd，Rn operand2	逻辑或操作指令	Rd←Rn|operand2	ORR {cond}{S}
EOR　Rd，Rn operand2	逻辑异或操作指令	Rd←Rn ^ operand2	EOR {cond}{S}
BIC　Rd，Rn operand2	位清除指令	Rd←Rn&（~operand2）	BIC {cond}{S}
CMP　Rn，operand2	比较指令	标志 N、Z、C、V←Rn-operand2	CMP {cond}
CMN　Rn，operand2	负数比较指令	标志 N、Z、C、V←Rn+operand2	CMN {cond}
TST　Rn，operand2	位测试指令	标志 N、Z、C、V←Rn&operand2	TST {cond}
TEQ　Rn，operand2	相等测试指令	标志 N、Z、C、V←Rn ^ operand2	TEQ {cond}

1）数据传送指令

（1）数据传送指令 MOV

MOV 指令将 8 位立即数或寄存器（operand2）传送到目标寄存器 Rd 中，可用于移位运算等操作。指令格式如下：

```
MOV{cond}{S}  Rd,operand2
```

（2）数据非传送指令 MVN

MVN 指令将 8 位立即数或寄存器（operand2）按位取反后传送到目标寄存器（Rd），因为其具有取反功能，所以可以装载范围更广的立即数。指令格式如下：

```
MVN{cond}{S}  Rd,operand2
```

2）算术逻辑运算指令

（1）加法运算指令 ADD

ADD 指令将 operand2 数据与 Rn 的值相加，结果保存到 Rd 寄存器中。指令格式如下：

```
ADD{cond}{S}  Rd,Rn,operand2
```

（2）减法运算指令 SUB

SUB 指令用寄存器 Rn 减去 operand2，结果保存到 Rd 中。指令格式如下：

```
SUB{cond}{S}  Rd,Rn,operand2
```

（3）逆向减法指令 RSB

RSB 指令用寄存器 operand2 减去 Rn，结果保存到 Rd 中。指令格式如下：

```
RSB{cond}{S}  Rd,Rn,operand2
```

（4）带进位加法指令 ADC

ADC 指令将 operand2 的数据与 Rn 的值相加，再加上 CPSR 中的 C 条件标志位，结果保存到 Rd 寄存器中。指令格式如下：

```
ADC{cond}{S}  Rd,Rn,operand2
```

（5）带进位减法指令 SBC

SBC 指令用寄存器 Rn 减去 operand2，再减去 CPSR 中的 C 条件标志位的非（即若 C 标志清零，则结果减去 1），结果保存到 Rd 中。指令格式如下：

```
SCB{cond}{S}  Rd,Rn,operand2
```

（6）带进位逆向减法指令 RSC

RSC 指令用寄存器 operand2 减去 Rn，再减去 CPSR 中的 C 条件标志位，结果保存到 Rd 中。指令格式如下：

```
RSC{cond}{S}  Rd,Rn,operand2
```

（7）逻辑与操作指令 AND

AND 指令将 operand2 值与寄存器 Rn 的值按位做逻辑与操作，结果保存到 Rd 中。指令格式如下：

```
AND{cond}{S}  Rd,Rn,operand2
```

（8）逻辑或操作指令 ORR

ORR 指令将 operand2 的值与寄存器 Rn 的值按位做逻辑或操作，结果保存到 Rd 中。指令格式如下：

```
ORR{cond}{S}  Rd,Rn,operand2
```

（9）逻辑异或操作指令 EOR

EOR 指令将 operand2 的值与寄存器 Rn 的值按位做逻辑异或操作，结果保存到 Rd 中。指令格式如下：

```
EOR{cond}{S}  Rd,Rn,operand2
```

（10）位清除指令 BIC

BIC 指令将寄存器 Rn 的值与 operand2 的值的反码按位做逻辑与操作，结果保存到 Rd 中。指令格式如下：

```
BIC{cond}{S}  Rd,Rn,operand2
```

3）比较指令

（1）比较指令 CMP

CMP 指令使用寄存器 Rn 的值减去 operand2 的值，根据操作的结果更新 CPSR 中的相应条件标志位，以便后面的指令根据相应的条件标志来判断是否执行。CMP 指令与 SUBS 指令的区别在于 CMP 指令不保存运算结果。在进行两个数据大小判断时，常用 CMP 指令及相应的条件码来操作。指令格式如下：

```
CMP{cond}  Rn,operand2
```

（2）负数比较指令 CMN

CMN 指令使用寄存器 Rn 的值减去 operand2 的负值，根据操作的结果更新 CPSR 中的相应条件标志位，以便后面的指令根据相应的条件标志来判断是否执行， CMN 指令与 ADDS 指令的区别在于 CMN 指令不保存运算结果。CMN 指令可用于负数比较。指令格式如下：

```
CMN{cond}  Rn,operand2
```

（3）位测试指令 TST

TST 指令将寄存器 Rn 的值与 operand2 的值按位做逻辑与操作，根据操作的结果更新 CPSR 中相应的条件标志位，以便后面指令根据相应的条件标志来判断是否执行。指令格式如下：

```
TST{cond}  Rn,operand2
```

（4）相等测试指令 TEQ

TEQ 指令将寄存器 Rn 的值与 operand2 的值按位做逻辑异或操作，根据操作的结果更新 CPSR 中相应条件标志位，以便后面的指令根据相应的条件标志来判断是否执行。TST 指令与 EORS 指令的区别在于 TST 指令不保存运算结果。使用 TEQ 进行相等测试，常与 EQNE 条件码配合使用，当两个数据相等时，EQ 有效，否则 NE 有效。指令格式如下：

```
TEQ{cond}   Rn,operand2
```

4）乘法指令

以 ARM7TDMI 为例，具有 32×32 乘法指令，32×32 乘加指令，32×32 结果为 64 位的乘法指令。

（1）32 位乘法指令 MUL

MUL 指令将 Rm 和 Rs 中的值相乘，结果的低 32 位保存到 Rd 中。指令格式如下：

```
MUL{cond}{S}   Rd,Rm, Rs
```

（2）32 位乘加指令 MLA

MLA 指令将 Rm 和 Rs 中的值相乘，再将乘积加上第 3 个操作数，结果的低 32 位保存到 Rd 中。指令格式如下：

```
MLA{cond}{S}   Rd,Rm,Rs,Rn
```

（3）64 位无符号乘法指令 UMULL

UMULL 指令将 Rm 和 Rs 中的值做无符号数相乘，结果的低 32 位保存到 RsLo 中，而高 32 位保存到 RdHi 中。指令格式如下：

```
UMULL{cond}{S}   RdLo,RdHi,Rm,Rs
```

（4）64 位无符号乘加指令 UMLAL

UMLAL 指令将 Rm 和 Rs 中的值做无符号数相乘，64 位乘积与 RdHi,RdLo 相加，结果的低 32 位保存到 RdLo 中，而高 32 位保存到 RdHi 中。指令格式如下：

```
UMLAL{cond}{S}   RdLo,RdHi,Rm,Rs
```

（5）64 位有符号乘法指令 SMULL

SMULL 指令将 Rm 和 Rs 中的值做有符号数相乘，结果的低 32 位保存到 RdLo 中，而高 32 位保存到 RdHi 中。指令格式如下：

```
SMULL{cond}{S}    RdLo,RdHi,Rm,Rs
```

（6）64 位有符号乘加指令 SMLAL

SMLAL 指令将 Rm 和 Rs 中的值做有符号数相乘，64 位乘积与 RdHi,RdLo 相加，结果的低 32 位保存到 RdLo 中，而高 32 位保存到 RdHi 中。指令格式如下：

```
SMLAL{cond}{S}   RdLo,RdHi,Rm,Rs
```

3．ARM 跳转指令

如表 3-13 所示，在 ARM 中有两种方式可以实现程序的跳转。一种是使用跳转指令直接跳转，另一种则是直接向 PC 寄存器赋值实现跳转。跳转指令有跳转指令 B，带链接的跳转指令 BL，带状态切换的跳转指令 BX。

表 3-13　跳转指令

助 记 符	说　明	操　作	条件码位置
B label	跳转指令	PC←label	B{cond}
BL label	带链接的跳转指令	LR←PC-4，　PC←label	BL{cond}
BX Rm	带状态切换的跳转指令	PC←label，切换处理状态	BX{cond}

（1）跳转指令 B

跳转到指定的地址执行程序。指令格式如下：

```
B{cond} label
```

（2）带链接的跳转指令 BL

BL 指令将下一条指令的地址复制到 R14（即 LR）链接寄存器中，然后跳转到指定地址运行程序。指令格式如下：

```
BL{cond}  label
```

（3）带状态切换的跳转指令 BX

跳转到 Rm 指定的地址执行程序，若 Rm 的位[0]为 1，则跳转时自动将 CPSR 中的标志 T 置位，即把目标地址的代码解释为 Thumb 代码；若 Rm 的位[0]为 0，则跳转时自动将 CPSR 中的标志 T 复位，即把目标地址的代码解释为 ARM 代码。指令格式如下：

```
BX{cond}  Rm
```

4．ARM 协处理器指令

ARM 支持协处理器操作，协处理器的控制要通过协处理器命令实现，ARM 的协处理器指令如表 3-14 所示。

表 3-14 ARM 协处理器指令

助 记 符	说 明	操 作	条件码位置
CDP coproc，opcodel，CRd，CRn，CRm{，opcode2}	协处理器数据操作指令	取决于协处理器	CDP{cond}
LDC{L} coproc，CRd<地址>	协处理器数据读取指令	取决于协处理器	LDC{cond}{L}
STC{L} coproc，CRd，<地址>	协处理器数据写入指令	取决于协处理器	STC{cond}{L}
MCR coproc， opcodel，Rd，CRn，{，opcode2}	ARM 寄存器到协处理器寄存器的数据传送指令	取决于协处理器	MCR{cond}
MRC coproc， opcodel，Rd，CRn，{，opcode2}	协处理器寄存器到 ARM 处理器寄存器的数据传送指令	取决于协处理器	MRC{cond}

（1）协处理器数据操作指令 CDP

ARM 处理器通过 CDP 指令通知 ARM 协处理器执行特定的操作。该操作由协处理器完成，即对命令参数的解释与协处理器有关，指令的使用取决于协处理器。若协处理器不能成功地执行该操作，将产生未定义指令异常中断。指令格式如下：

```
CDP{cond}   coproc,opcodel,CRd,CRn,CRm{,opcode2}
```

（2）协处理器数据读取指令 LDC

LDC 指令从某一连续的内存单元将数据读取到协处理器的寄存器中，进行协处理器数据的传送，由协处理器来控制传送的字数。若协处理器不能成功地执行该操作，将产生未定义指令异常中断。指令格式如下：

```
LDC{cond}{L}   coproc,CRd,<地址>
```

（3）协处理器数据写入指令 STC

STC 指令将协处理器的寄存器数据写入到某一连续的内存单元中，进行协处理器数据的数据传送，由协处理器来控制传送的字数。若协处理器不能成功地执行该操作，将产生未定义指令异常中断。指令格式如下：

```
STC{cond}{L}   coproc,CRd,<地址>
```

（4）ARM 寄存器到协处理器寄存器的数据传送指令 MCR

MCR 指令将 ARM 处理器的寄存器中的数据传送到协处理器的寄存器中。若协处理器不能成功地执行该操作，将产生未定义指令异常中断。指令格式如下：

```
MCR{cond}   coproc, opcodel,Rd,CRn,CRm{,opcode2}
```

（5）协处理器寄存器到 ARM 处理器寄存器的数据传送指令 MRC

MRC 指令将协处理器寄存器中的数据传送到 ARM 处理器的寄存器中。若协处理器不能成功地执行该操作，将产生未定义异常中断。指令格式如下：

```
MRC{cond}   coproc,opcodel,Rd,CRn,CRm{,opcode2}
```

5．ARM 杂项指令

（1）软中断指令 SWI

SWI 指令用于产生软中断，从而实现从用户模式切换到管理模式，CPSR 保存到管理模式的 SPSR 中，执行转移到 SWI 向量。在其他模式下也可使用 SWI 指令，处理器同样地切换到管理模式。指令格式如下：

```
SWI{cond}  immed_24
```

（2）读状态寄存器指令 MRS

在 ARM 处理器中，只有 MRS 指令可以把状态寄存器 CPSR 或 SPSR 的内容读出到通用寄存器中。指令格式如下：

```
MRS{cond}   Rd,psr
```

（3）写状态寄存器指令 MSR

在 ARM 处理器中，只有 MSR 指令可以直接设置状态寄存器 CPSR 或 SPSR。指令格式如下：

```
MSR{cond}   psr_fields,#immed_8r
MSR{cond}   psr_fields,Rm
```

6．ARM 伪指令

ARM 伪指令不是 ARM 指令集中的指令，编译器定义伪指令，只是为了编程方便。伪指令可像其他 ARM 指令一样使用，但在编译时伪指令将被等效的 ARM 指令代替。常用的 ARM 伪指令有 ADR、ADRL、LDR 和 NOP 等。

（1）小范围的地址读取伪指令 ADR

ADR 指令将基于 PC 相对偏移的地址值读取到寄存器中。在汇编编译源程序时，ADR 伪指令被编译器替换成一条合适的指令。通常，编译器用一条 ADD 指令或 SUB 指令来实现该 ADR 伪指令的功能，若不能用一条指令实现，则产生错误，编译失败。ADR 伪指令格式如下：

```
ADR{cond}   register,exper
```

（2）中等范围的地址读取伪指令 ADRL

ADRL 指令将基于 PC 相对偏移的地址值或基于寄存器相对偏移的地址值读取到寄存器中，比 ADR 伪指令可以读取更大范围的地址。在汇编编译源程序时，ADRL 伪指令被编译器替换成两条合适的指令。若不能用两条指令实现 ADRL 伪指令功能，则产生错误，编译失败。ADRL 伪指令格式如下：

```
ADR{cond}   register,exper
```

（3）大范围的地址读取伪指令 LDR

LDR 伪指令用于加载 32 位的立即数或一个地址值到指定寄存器。在汇编编译源程序时，LDR 伪指令被编译器替换成一条合适的指令。若加载的常数未超出 MOV 或 MVN 的范围，则使用 MOV 或 MVN 指令代替该 LDR 伪指令，否则汇编器将常量放入字池，并使用一条程序相对偏移的 LDR 指令从文字池读出常量。LDR 伪指令格式如下：

```
LDR{cond}  register,=expr/label_expr
```

（4）空操作伪指令 NOP

NOP 伪指令在汇编时将会被代替成 ARM 中的空操作，例如可能为 MOV，R0，R0 指令等。NOP 伪指令格式如下：

```
NOP
```

3.3.5 Thumb 指令集

Thumb 指令可以看作 ARM 指令压缩形式的子集，是针对代码密度的问题而提出的，它具有 16 位的代码密度。Thumb 不是一个完整的体系结构，不能指望处理器只执行 Thumb 指令而不支持 ARM 指令集。因此，Thumb 指令只需要支持通用功能，必要时可以借助于完善的 ARM 指令集完成操作。

在编写 Thumb 指令时，先要使用伪指令 CODE16 声明，而且在 ARM 指令中要使用 BX 指令跳转到 Thumb 指令，以切换处理器状态。编写 ARM 指令时，可使用伪指令 CODE32 声明。

Thumb 指令集没有协处理器指令、信号量指令以及访问 CPSR 或 SPSR 的指令，没有乘加指令及 64 位乘法指令等，且指令的第二操作数受到限制；除了跳转指令 B 有条件执行功能外，其他指令均为无条件执行；大多数 Thumb 数据处理指令采用 2 地址格式。Thumb 指令集与 ARM 指令的区别如下。

- ✦ 跳转指令：程序相对转移，特别是条件跳转与 ARM 代码下的跳转相比，在范围上有更多的限制，转向子程序是无条件的转移。
- ✦ 数据处理指令：数据处理指令是对通用寄存器进行操作。在大多数情况下，操作的结果须放入其中一个操作数寄存器中，而不是第 3 个寄存器中。数据处理操作比 ARM 状态的更少，访问寄存器 R8～R15 受到一定限制。除 MOV 和 ADD 指令访问寄存器 R8～R15 外，其他数据处理指令总是更新 CPSR 中的 ALU 状态标志。访问寄存器 R8～R15 的 Thumb 数据处理指令不能更新 CPSR 中的 ALU 状态标志。
- ✦ 单寄存器加载和存储指令：在 Thumb 状态下，单寄存器加载和存储指令只能访问寄存器 R0～R7。
- ✦ 批量寄存器加载和存储指令：LDM 和 STM 指令可以将任何范围为 R0~R7 的寄存器子集加载或存储。PUSH 和 POP 指令使用堆栈指令 R13 作为基址实现满递减堆栈。除 R0～R7 外，PUSH 指令还可以存储链接寄存器 R14，并且 POP 指令可以加载程序指令 PC。

由于 Thumb 指令的长度为 16 位，即只用 ARM 指令一半的位数来实现同样的功能。所以，要实现特定的程序功能，所需的 Thumb 指令的条数比 ARM 指令多。在一般情况下，Thumb 指令与 ARM 指令的时间效率和空间效率关系为：

- ✦ Thumb 代码所需的存储空间约为 ARM 代码的 60%～70%。
- ✦ Thumb 代码使用的指令数比 ARM 代码多约 30%～40%。
- ✦ 若使用 32 位的存储器，ARM 代码比 Thumb 代码快约 40%。
- ✦ 若使用 16 位的存储器，Thumb 代码比 ARM 代码快约 40%～50%。
- ✦ 与 ARM 代码相比较，使用 Thumb 代码，存储器的功耗会降低约 30%。

显然，ARM 指令集和 Thumb 指令集各有其优点。若对系统的性能有较高要求，应使用 32 位的存储系统和 ARM 指令集；若对系统的成本及功耗有较高要求，则应使用 16 位的存储系统和 Thumb 指令集。当然，若两者结合使用，充分发挥其各自的优点，会取得更好的效果。

3.4　ARM 处理器编程简介

ARM 处理器一般支持 C 语言的编程和汇编语言的程序设计，以及两者的混合编程。本节介绍 ARM 微处理器编程的一些基本概念，如 ARM 汇编语言的文件格式、语句格式和汇编语言的程序结构等，同时介绍 C 语言汇编语言的混合编程等问题。

3.4.1　ARM 汇编语言的文件格式

ARM 源程序文件（即源文件）为文件格式，可以使用文本编辑器编写程序代码。一般地，ARM 源程序文件名的后缀名如表 3-15 所示。

表 3-15　ARM 汇编源文件格式

程　序	文 件 名
汇编	*.S
引入文件	*.INC
C 程序	*.C
头文件	*.H

在一个项目中，至少要有一个汇编源文件或 C 程序文件，可以有多个汇编源文件或多个 C 程序文件，或者 C 程序文件和汇编文件两者的组合。

3.4.2　ARM 汇编语言的语句格式

ARM 汇编语言中，所有标号必须在一行的顶格书写，其后面不要添加“：”，而所有指令均不能顶格书写。ARM 汇编器对标识符大小写敏感，书写标号及指令时字母大小写要一致。在 ARM 汇编程序中，一个 ARM 指令、伪指令、寄存器名可以全部为大写字母，也可以全部为小写字母，但不要大小写混合使用。注释使用“；”，注释内容由“；”开始到此行结束，注释可以在一行的顶格书写。

格式：[标号]　<指令|条件|S>　<操作数>　[；注释]

源程序中允许有空行，适当地插入空行可以提高源代码的可读性。如果单行太长，可以使用字符“\”将其分行，“\”后不能有任何字符，包括空格和制表符等。对于变量的设置、常量的定义，其标识符必须在一行的顶格书写。

1．汇编语言程序中的标号

（1）标号

在 ARM 汇编中，标号代表一个地址，段内标号的地址在汇编时确定，而段外标号的地址值在连接时确定。根据标号的生成方式，有以下 3 种。

✦ 基于 PC 的标号：位于目标指令前的标号或程序中的数据定义伪指令前的标号，这种标号在汇编时将被处理成 PC 值加上或减去一个数字常量。它常用于表示跳转指令的目标地址，或者代码段中所嵌入的少量数据。

✦ 基于寄存器的标号：通常用 MAP 和 FILED 伪指令定义，也可以用于 EQU 伪指令定义，这种标号在汇编时被处理成寄存器的值加上或减去一个数字常量。它常用于访问位于数据段中的数据。

✦ 绝对地址：是一个 32 位的数字量，它可以寻址的范围为 0～2^{32-1}，可以直接寻址整个内存空间。

（2）局部标号

局部标号主要用于局部范围代码中，在宏定义中也是很有用的。局部标号是一个 0～99 之间的十进制数字，可重复定义，局部标号后面可以紧跟一个通常表示该局部变量作用范围的符号。局部变量的作用范围为当前段，也可以用伪指令 ROUT 来定义局部标号的作用范围。

局部标号定义格式：N {routname}

其中，N：局部标号，为 0～99；routname：局部标号作用范围的名称，由 ROUT 伪指令定义。

2．在汇编语言程序中的符号

在汇编语言程序设计中，经常使用各种符号代替地址、变量和常量等，以增加程序的可读性。符号的命名规则如下：

✦ 符号由大小写字母、数字以及下划线组成。

✦ 除局部标号以数字开头外，其他的符号不能以数字开头。

✦ 符号区分大小写，且所有字符都是有意义的。

✦ 符号在其作用域范围内必须是唯一的。

✦ 符号不能与系统内部或系统预定义的符号同名。

✦ 符号不要与指令助记符、伪指令同名。

1）常量

（1）数字常数

数字常量有如下 3 种表示方式：

✦ 十进制数，如 12、5、876、0。

✦ 十六进制数，如 0x4387、0xFF0、0x1。

✦ n 进制数，用 n-XXX 表示，其中 n 为 2～9，XXX 为具体的数。如 2-010111、8-4363156 等。

（2）字符常量

字符常量由一对单引号及中间字符串表示，标准 C 语言中的转义符也可使用。如果需要包含双引号或“$”，必须使用“”和$$代替。

（3）布尔常量

布尔常量的逻辑真为（TRUE），逻辑假为（FALSE）。

2）变量

变量是指其值在程序的运行过程中可以改变的量。ARM（Thumb）汇编程序所支持的变量有数字变量、逻辑变量和字符串变量。

✦ 数字变量用于在程序的运行中保存数字值，但注意数字值的大小不应超出数字变量所能表示的范围。
✦ 逻辑变量用于在程序的运行中保存逻辑值，逻辑值只有两种取值情况：真或假。
✦ 字符串变量用于在程序的运行中保存一个字符串，但注意字符串的长度不应超出字符串变量所能表示的范围。

在 ARM（Thumb）汇编语言程序设计中，可使用 GBLA、GBLL、GBLS 伪指令声明全局变量，使用 LCLA、LCLL、LCLS 伪指令声明局部变量，并可使用 SETA、SETL 和 SETS 对其进行初始化。

3．汇编语言程序中的表达式和运算符

在汇编语言程序设计中，也经常使用变量、常量、运算符和括号构成各种表达式。常用的表达式有数字表达式、逻辑表达式和字符串表达式，其运算的优先级次序如下：

✦ 优先级相同的双目运算符的运算顺序为从左到右。
✦ 相邻的单目运算符的运算顺序为从右到左，且单目运算符的优先级高于其他运算符。
✦ 括号运算符的优先级最高。

3.4.3　C 语言与汇编语言的混合编程

在需要 C 语言与汇编混合编程时，若汇编代码较少，则可使用直接内嵌汇编的方法混合编程；否则，可以将汇编文件以文件的形式加入项目中，通过 ATPCS 规定与 C 程序相互调用及访问。

ATPCS，即 ARM/Thumb 过程调用标准（ARM/Thumb Procedure Call Standard）。它规定了一些子程序间调用的基本规则，如子程序调用过程中的寄存器的使用规则，堆栈的使用规则、参数的传递规则等。

1．汇编语言的程序结构

在 ARM（Thumb）汇编语言程序中，以程序段为单位组织代码。段是相对独立的指令或数据序列，具有特定的名称。段可以分为代码段和数据段，代码段的内容为执行代码，数据段存放代码运行时需要用到的数据。一个汇编程序至少应该有一个代码段，当程序较

长时，可以分割为多个代码段和数据段，多个段在程序编译链接时最终形成一个可执行的映像文件。

可执行映像文件通常由以下几部分构成：

- ✦ 一个或多个代码段，代码段的属性为只读。
- ✦ 零个或多个包含初始化数据的数据段，数据段的属性为可读写。
- ✦ 零个或多个不包含初始化数据的数据段，数据段的属性为可读写。

链接器根据系统默认或用户设定的规则，将各个段安排在存储器中的相应位置。因此源程序中段之间的相对位置与可执行的映像文件中段的相对位置一般不会相同。

以下是一个汇编语言源程序的基本结构：

```
AREA    Init,CODE,READONLY
ENTRY
Start
LDR     R0,=0x3FF5000
LDR     R1,0xFF
STR     R1,[R0]
LDR     R0,=0x3FF5008
LDR     R1,0x01
STR     R1,[R0]
-----
END
```

在汇编语言程序中，用 AREA 伪指令定义一个段，并说明所定义段的相关属性，本例定义一个名为 Init 的代码段，属性为只读。ENTRY 伪指令标识程序的入口点，接下来为指令序列，程序的末尾为 END 伪指令，该伪指令告诉编译器源文件的结束，每一个汇编程序段都必须有一条 END 伪指令，指示代码段的结束。

2. 汇编语言与 C 语言的混合编程

在应用系统的程序设计中，若所有的编程任务均用汇编语言来完成，其工作量是可想而知的，同时，不利于系统升级或应用软件移植。事实上，ARM 体系结构支持 C/C++以及与汇编语言的混合编程，在一个完整的程序设计中，除了初始化部分用汇编语言完成外，其主要的编程任务一般都用 C 语言完成。

汇编语言与 C 语言的混合编程通常有以下几种方式：

- ✦ 在 C 语言代码中嵌入汇编语言程序。
- ✦ 在汇编程序和 C 语言的程序之间进行变量的互访。
- ✦ 汇编程序和 C 语言程序间的相互调用。

1）C 语言代码中内嵌汇编语言程序

在 C 程序中嵌入汇编程序，可以实现一些高级语言没有的功能，提高程序执行效率。armcc 编译器的内嵌汇编器支持 ARM 指令集，tcc 编译器的内嵌汇编支持 Thumb 指令集。

（1）内嵌汇编的语法

```
    _asm
{
指令[;指令]   /*注释*/
-----
[指令]
}
```

（2）内嵌汇编的指令用法

① 操作数

内嵌的汇编指令中作为操作数的寄存器和常量可以是表达式。这些表达式可以是 char、short 或 int 类型，而且这些表达式都是作为无符号数进行操作的。若需要有符号数，用户需要自己处理与符号有关的操作，编译器将会计算这些表达式的值，并为其分配寄存器。

② 物理寄存器

内嵌汇编中使用物理寄存器有以下限制：

- 不能直接向 PC 寄存器赋值，程序跳转只能使用 B 或 BL 指令实现。
- 使用物理寄存器的指令中不要使用过于复杂的 C 表达式，因为表达式过于复杂时，将会需要较多的物理寄存器。这些寄存器可能与指令中的物理寄存器使用冲突。
- 编译器可能会使用 R12 或 R13 寄存器存放编译的中间结果，在计算表达式的值时可能会将寄存器 R0～R3、R12 和 R14 用于子程序调用。因此在内嵌的汇编指令中，不要将这些寄存器同时指定为指令中的物理寄存器。
- 通常内嵌的汇编指令中不要指定物理寄存器，因为这可能会影响编译器分配寄存器，进而影响代码的效率。

③ 常量

在内嵌汇编指令中，常量前面的“#”可以省略。

④ 指令展开

内嵌汇编指令中，如果包含常量操作数，该指令有可能被内嵌汇编器展开成几条指令。

⑤ 标号

C 程序中的标号可以被内嵌的汇编指令使用，但是只有指令 B 可以使用 C 程序中的标号，而指令 BL 则不能使用。

⑥ 内存单元的分配

所有的内存分配均由 C 编译器完成，分配的内存单元通过变量供内嵌汇编器使用。内嵌汇编器不支持内嵌汇编程序中用于内存分配的伪指令。

⑦ SWI 和 BL 指令

在内嵌的 SWI 和 BL 指令中，除了正常的操作数以外，还必须增加以下 3 个可选的寄存器列表：

- 第 1 个寄存器列表中的寄存器用于输入的参数。
- 第 2 个寄存器列表中的寄存器用于存储返回的结果。

- ✦ 第 3 个寄存器列表中的寄存器的内容可能被调用的子程序破坏，即这些寄存器是供被调用的子程序作为工作寄存器。

（3）内嵌汇编器与 armasm 汇编器的差异

内嵌汇编器不支持通过“.”指示符或 PC 获取当前指令地址。不支持 LDR Rn,=expr 伪指令，而使用 MOV Rn,expr 指令向寄存器赋值；不支持标号表达式；不支持 ADR 和 ADRL 伪指令；不支持 BX 指令；不能向 PC 赋值；使用 0x 前缀代替“&”，表示十六进制数。使用 8 位移位常数导致 CPSR 的标志更新时，N、Z、C 和 V 标志中的 C 不具有真实意义。

2）在汇编程序和 C 语言之间进行全局变量的互访

使用 IMPORT 伪指令引入全局变量，并利用 LDR 和 STR 指令根据全局变量的地址访问它们。对于不同类型的变量，需要采用不同选项的 LDR 和 STR 指令。

```
unsigned    char    LDRB/STRB
unsigned    short   LDRH/STRH
unsingned   int     LDR/STR
char        LDRSB/STRSB
short       LDRSH/STRSH
```

对于结构，如果知道各个数据项的偏移量，可以通过存储/加载指令访问。如果结构所占空间小于 8 个字，可以使用 LDM 和 STM 一次性读写。

下面是一个汇编代码的函数，它读取全局变量 globval，将其加 1 后写回。访问 C 程序的全局变量如下：

```
AREA        globats,CODE,READONLY
EXPORT      asmsubroutime
IMPORT      glovbvar                    ;声明外部变量 glovbvar asmsubroutime
LDR         R1,=glovbvar                ;装载变量地址
LDR         R0,[R1]                     ;读出数据
ADD         R0,R0,#1                    ;加 1 操作
STR         R0,[R1]                     ;保存变量值
MOV         PC LR
END
```

3）汇编程序和 C 语言程序间相互调用的 ATPCS 规则

在 C 程序和 ARM 汇编程序之间相互调用必须遵守 ATPCS。使用 ADS 的 C 语言编译器编译的 C 语言子程序满足用户指定的 ATPCS 类型。而对于汇编语言来说，完全要依赖用户来保证各个子程序满足选定的 ATPCS 类型。具体来说，汇编语言子程序必须满足下面 3 个条件：

- ✦ 在子程序编写时必须遵守相应的 ATPCS 规则。
- ✦ 堆栈的使用要遵守相应的 ATPCS 规则。
- ✦ 在汇编编译器中使用-apcs 选项。

基本 ATPCS 规定了在子程序调用时的一些基本规则，包括各寄存器的使用规则及其相应的名称、堆栈的使用规则、参数传送的规则等。

（1）寄存器的使用规则

- ✦ 子程序间通过寄存器 R0～R3 来传递参数。这时，寄存器 R0～R3 可记作 A0～A3，被调用的子程序在返回前无须恢复寄存器 R0～R3 的内容。
- ✦ 在子程序中，使用寄存器 R4～R11 来保存局部变量。这时，寄存器 R4～R11 可以记作 V1～V8。如果在子程序中使用了寄存器 V1～V8 中的某些寄存器，子程序进入时必须保存这些寄存器的值，在返回前必须恢复这些寄存器的值。在 Thumb 程序中，通常只能使用寄存器 R4～R7 来保存局部变量。
- ✦ 寄存器 R12 用作过程调用中间临时寄存器，记作 IP。在子程序间的连接代码段中常有这种使用规则。
- ✦ 寄存器 R13 用作堆栈指针，记作 SP。在子程序中寄存器 R13 不能作其他用途，寄存器 SP 在进入子程序时的值和退出子程序时的值必须相等。
- ✦ 寄存器 R14 称为链接寄存器，记作 LR。它用于保存子程序的返回地址，如果在子程序中保存了返回地址，寄存器 R14 则可以用作其他用途。
- ✦ 寄存器 R15 是程序计数器，记作 PC，它不能用作其他用途。

（2）堆栈使用规则

ATPCS 规定堆栈为 FD 类型，即满递减堆栈，并且对堆栈的操作是 8 字节对齐。

使用 ADS 中的编译器产生的目标代码中包含了 DRAFT2 格式的数据帧。在调试过程中，调试器可以使用这些数据帧来查看堆栈中的相关信息。对于汇编语言来说，用户必须使用 FRAME 伪指令来描述堆栈的数据帧。ARM 汇编器根据这些伪指令在目标文件中产生相应的 DRAFT2 格式的数据帧（堆栈中的数据帧是指在堆栈中，为子程序分配的用来保存寄存器和局部变量的区域）。对于汇编程序来说，如果目标文件中包含了外部调用，则必须满足下列条件：

- ✦ 外部接口的堆栈必须是 8 字节对齐的。
- ✦ 在汇编程序中使用 PRESERVE8 伪指令告诉连接器，本汇编程序数据是 8 字节对齐的。

（3）参数传递规则

根据参数个数是否固定可以将子程序分为参数个数固定的子程序和参数个数可变化的子程序，这两种子程序的参数传递规则是不一样的。

对于参数个数可变的子程序，当参数不超过 4 个时，可以使用寄存器 R0～R3 来传递参数；当参数超过 4 个时，还可以使用堆栈来传递参数。

在参数传递时，将所有参数看作是存放在连续的内存字单元的字数据。然后，依次将各字数据传送到寄存器 R0、R1、R2 和 R3 中。如果参数多于 4 个，将剩余的字数据传送到堆栈中，入栈的顺序与参数顺序相反，即最后一个字数据先入栈。

按照上面的规则，一个浮点数参数可以通过寄存器传递，也可以通过堆栈传递，也可能一半通过寄存器传递，另一半通过堆栈传递。

参数个数固定的子程序参数传递与参数个数可变的子程序参数传递规则不同。如果系统包含浮点运算的硬件部件，浮点参数将按下面的规则传递：

- ✦ 各个浮点参数按顺序处理。

- ✦ 为每个浮点参数分配 FP 寄存器。
- ✦ 分配的方法是,满足该浮点参数需要的且编号最小的一组连续的FP寄存器第一个整数参数，通过寄存器R0～R3来传递，其他参数通过堆栈传递。

子程序中结果返回的规则如下：

- ✦ 结果为一个32位的整数时，可以通过寄存器R0 返回。
- ✦ 结果为一个64位的整数时，可以通过寄存器R0和R1返回。
- ✦ 结果为一个浮点数时，可以通过浮点运算部件的寄存器f0、d0 或 s0 来返回。
- ✦ 结果为复合型的浮点（如复数）时，可以通过寄存器f0～fnA或d0～dn来返回。
- ✦ 对于位数更多的结果，需要通过内存来传递。

4）C 程序调用汇编程序

汇编程序的设置要遵循ATPCS规则，保证程序调用时参数的正确传递。

- ✦ 如以下程序所示，汇编子程序在汇编程序中使用EXPORT伪指令声明本子程序，使其他程序可以调用此子程序。
- ✦ 在C语言程序中使用extern关键字声明外部函数（声明要调用的汇编子程序），即可调用此汇编子程序。

strcopy 使用两个参数，一个表示目标字符串地址，一个表示源字符串的地址，参数分别存放在R0、R1寄存器中。

调用汇编的C函数示例如下：

```
#include <stdio.h>
extern  void    strcopy(char*d,const char*s); //声明外部函数，即要调用的汇编子
程序
int mian(void)
{
    const   char *srcstr="First string-source";   //定义字符串常量
    char    dstsrt[] =" Second string-destination"; //定义字符串变量
    printf("Before copying: \n");
    printf("'%s'\n '%s\'n,"srcstr,dststr); //显示源字符串和目标字符串的内容
    strcopy(dststr,srcstr);     //调用汇编子程序，R0=dststr,R1=srcstr
    printf("After copying: \n");
    printf("'%s'\n '%s\'n,"srcstr,dststr); //显示 strcopy 复制字符串结果
    return(0);
}
```

被调用汇编子程序：

```
AREA     SCopy, CODE, REAONLY
EXPORT   strcopy              ;声明 strcopy,以便外部程序引用 strcopy
                              ;R0 为目标字符串的地址
                              ;R1 为源字符串的地址
LDRB     R2,[R1],#1           ;读取字节数据,源地址加 1
STRB     R2,[R0],#1           ;保存读取的 1 字节数据,目标地址加 1
CMP      r2,#0                ;判断字符串是否复制完毕
```

```
BNE      strcopy            ;如果没有复制完毕,继续循环
MOV      pc,lr              ;返回
END
```

5）汇编程序调用 C 程序

在汇编程序中调用 C 程序要遵循如下规则：

✦ 汇编程序的设置要遵循 ATPCS 规则，保证程序调用时参数的正确传递。

✦ 在汇编程序中使用 IMPORT 伪指令声明将要调用的 C 程序函数。

✦ 在调用 C 程序时，要正确设置入口参数，然后使用 BL 调用。

以下程序清单所示，程序使用了 5 个参数，分别使用寄存器 R0 存储第 1 个参数，R1 存储第 2 个数，R2 存储第 3 个参数，R3 存储第 4 个参数，第 5 个参数利用堆栈传送。由于利用了堆栈传递参数，在程序调用结束后要调整堆栈指针。

汇编调用 C 程序中的函数示例如下：

```
/*函数 sum5()返回 5 个整数的和*/
int sum5(int a,lit b, int c,int d,int e)
{
   return(a+b+c+d+e)   ;  //返回 5 个变量的和
}
```

汇编调用 C 程序的汇编程序示例如下：

```
EXPORT      CALLSUM5
AREA        Example, CODE,READONLY
IMPORT      sum5              ;声明外部标号 sum5,即 C 函数 sum5()
CALLSUMS
STMFD       SP!{LR}           ;LR 寄存器入栈
ADD         R1,R0,R0          ;设置 sum5 函数入口参数,R0 为参数 a
ADD         R2,R1,R0          ;R1 为参数 b,R2 为参数 c
ADD         R3,R1,R2,
STR         R3,[SP,#-4]!      ;参数 e 要通过堆栈传递
ADD         R3,R1,R1          ;R3 为参数 d
BL          sum5              ;调用 sum5(),结果保存在 R0 中
ADD         SP,SP#4           ;修正 SP 指针
LDMFD       SP,{PC            ;子程序返回
END
```

3.5　ARM 处理器初始化分析

3.5.1　嵌入式系统初始化流程

嵌入式系统的初始化过程是一个同时包括硬件初始化和软件（主要是操作系统及系统

软件模块）初始化的过程；而操作系统启动以前的初始化操作是Boot Loader的主要功能。由于嵌入式系统不仅具有硬件环境的多样性，同时具有软件的可配置性。因此，不同的嵌入式系统初始化所涉及的内容各不相同，复杂程度也不尽相同。

1. 一般PC系统的初始化过程

在x86体系结构中的台式机中，通常将Boot Loader放到主引导记录（Master Boot Record）中，或者放到Linux驻留的磁盘的第一个扇区中；BIOS完成计算机硬件开机自检（POST）后，将控制权交给Boot Loader，然后由其负责装入并运行操作系统。

一般而言，操作系统的引导过程分为两个步骤。首先，计算机硬件经过开机自检之后，从软盘或者硬盘的固定位置装载一小段代码。然后，由其负责装入并运行操作系统。

不同计算机平台引导过程的区别主要在于第一阶段的引导过程（BOOT）。对PC机上的Linux系统而言，计算机上的BIOS负责从软盘或硬盘的第一个扇区（即引导扇区）中读取引导装载器，然后由它从磁盘或其他位置装入操作系统。

对典型的PC机BIOS而言，可配置为从软盘或从硬盘引导。从软盘引导时，BIOS读取并运行引导扇区中的代码。引导扇区中的代码读取软盘前几百个块（依赖于实际的内核大小），然后将这些代码放置在预先定义好的内存位置。利用软盘引导Linux时没有文件系统，内核处于连续的扇区中，这样安排可简化引导过程。

从硬盘引导时，由于硬盘是可分区的，因此引导过程比软盘复杂一些。BIOS首先读取并运行磁盘主引导记录中的代码，这些代码首先检查主引导记录中的分区表，寻找到活动分区（即标志为可引导分区的分区），然后读取并运行活动分区之引导扇区中的代码。活动分区之引导扇区的作用和软盘引导扇区的作用一样：从分区中读取内核映像并启动内核。和软盘引导不同的是，内核映像保存在硬盘分区文件系统中，而不像软盘那样保存在后续的连续扇区中，因此硬盘引导扇区中的代码还需要定位内核映像在文件系统中的位置，然后装载内核并启动内核。通常最常见的方法是利用LILO（Linux Loader）或GRUB完成这一阶段的引导。LILO可配置为装载启动不同的内核映像，甚至可以启动不同的操作系统，也可以通过LILO指定内核命令行参数。

2. 嵌入式系统的初始化过程

由于嵌入式系统是针对具体应用设计、软硬件可裁剪的系统，因此其内核装载过程也根据具体场合和应用的不同而不同。

在x86体系结构中的台式机中，通常BIOS完成计算机硬件开机自检后，将控制权交给Boot Loader，然后由其负责装入并运行操作系统。但是软硬件一体的嵌入式系统，并没有BIOS，因此嵌入式系统的引导程序Boot Loader不仅完成BIOS的硬件自检功能，并且还有引导操作系统的功能。

在嵌入式系统中，一般没有像PC上的固件程序BIOS，整个初始化过程仅由一段引导程序Boot Loader完成。在一个基于ARM的嵌入式系统中，系统加电或复位时通常都是从0x00000000处开始执行程序，该地址也是ROM或Flash的地址，也是Boot Loader的存放位置。不同的CPU在系统加电或复位时开始执行的地址有可能不同，具体位置需要查阅

CPU相关的开发手册。

引导程序 Boot Loader 是在操作系统内核运行之前运行的一段小程序。通过这段小程序，初始化最基本的硬件设备并建立内存空间的映射图，从而将系统的软硬件环境带到一个合适的状态，以便为最终调用操作系统内核准备好正确的环境。

与一般系统内核装置不同的是，嵌入式系统的Boot Loader根据不同需要具有两种不同的操作模式：“启动加载”模式和“下载”模式。在“启动加载”模式下，Boot Loader从目标机上的某个固态存储设备（如Flash或EPROM）上将操作系统加载到RAM中运行，整个过程并没有用户的介入。这种模式是Boot Loader的正常工作模式，也是嵌入式产品在平时工作中所处的模式。在“下载”模式下，目标板上的Boot Loader将通过串口连接或网络连接等通信手段从服务器端（Host）下载文件。例如，下载内核映像和根文件系统映像等。从服务器端下载的文件通常首先被 Boot Loader 保存到目标机的 RAM 中，然后再被Boot Loader写到目标板上的Flash类固态存储设备中。Boot Loader的这种模式通常在第一次安装内核与根文件系统时被使用；此外，以后的系统更新也会使用Boot Loader的这种工作模式。工作于这种模式下的Boot Loader通常都会向它的终端用户提供一个简单的命令行接口。

有些较小的Boot loader只支持第一种模式——“启动加载”模式，其代码简短，占有存储空间很小，大约几十KB，仅是对特定硬件寄存器进行赋值，完成硬件初始化后将控制权交给内核即可。而有些功能强大的Boot Loader，如U-Boot或YAMON等，能同时支持这两种工作模式，而且允许用户在这两种工作模式之间进行切换。例如，在启动时处于正常的启动加载模式，但是它会延时几秒等待终端用户按下Ctrl+C键将Boot Loader切换到下载模式。如果在延时时间内没有用户按键，则Boot Loader继续引导启动嵌入式系统内核。

Boot Loader一般放在ROM、EEPROM、Flash中，在引导时需要将部分代码和数据复制到内存中，所以Boot Loader一般分为两部分：第一部分为基本硬件初始化、异常中断处理，并将第二部分的代码和数据复制到内存；第二部分为Boot Loader的人机接口和主要功能部分。

Boot Loader在把控制权交给嵌入式操作系统之前，需要做很多的工作。其启动过程可以划分为两个阶段，即初始化硬件配置和加载操作系统。

初始化硬件配置包括设置目标平台，使之能够引导加载操作系统的映像文件（image，操作系统的二进制代码文件）。这个阶段主要包含依赖于嵌入式CPU体系结构的硬件初始化代码，通常都是由汇编语言写成的。这个阶段的主要任务如下：

- 基本的硬件初始化（屏蔽所有的中断、关闭处理器内部指令/数据和Cache等）。
- 为加载操作系统image文件准备RAM空间。
- 如果 Boot Loader 存储在固态存储器中，则复制 Boot Loader 的第二段代码到RAM中。
- 设置堆栈。
- 跳转到第二阶段的C程序入口。

第二阶段包含了加载一个操作系统的映像文件并将控制权交给它，从而启动操作系统开始工作。如果Boot Loader需要引导不同的操作系统（如Linux和WinCE），那么引导过程可能要更复杂一些。因此，该阶段的代码主要由 C 语言完成，以便实现更复杂的功能，也使程序有更好的可读性和可移植性。这个阶段的主要任务如下：

- 初始化本阶段要使用到的硬件设备。
- 检测系统内存映射。
- 将内核映像和根文件系统映像从 Flash 读到 RAM。
- 为内核设置启动参数。
- 调用内核。

启动映像文件是引导加载程序最后要完成的工作，但需要先完成映像文件的加载。为了节约固态存储器的存储空间，将映像文件压缩后保存在存储器中，需先对其进行解压，然后再将其复制到 RAM 中。启动后，系统通过将程序计数器指向映像文件的起始地址，从而将控制权交给操作系统。

Boot Loader 的整体结构流程如图 3-14 所示。

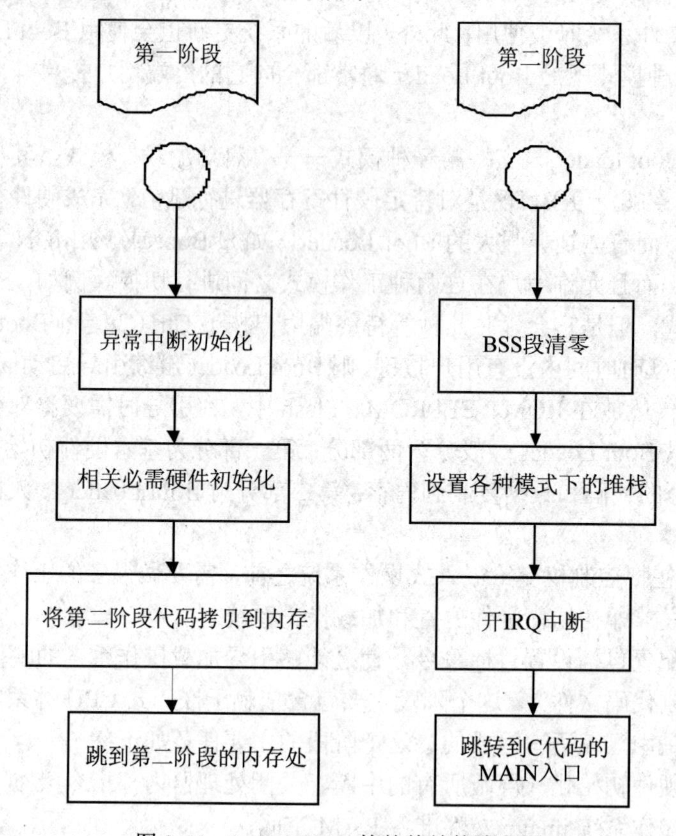

图 3-14 Boot Loader 的整体结构流程图

3.5.2 ARM 嵌入式处理器的初始化分析

嵌入式系统在启动或复位后，需要对系统硬件和软件运行环境进行初始化，并进入 C 程序，这些工作由启动程序完成。通常启动程序都是用汇编语言书写的。

系统启动程序所执行的操作和具体的目标系统相关。各种 ARM 处理器开发系统中启动流程大致相同，由于芯片的差异，启动代码并不完全相同，例如 REMAP 部分。下面简要介绍 ARM 处理器的启动流程。

（1）设置入口指针

启动程序首先必须定义入口指针，而且整个应用程序只有一个入口指针。

```
AREA boot,CODE,READONLY
ENTRY
```

在编译时，编译器需要知道整个程序的入口地址，所以在编译前要设置好相关的编译选项，如程序入口所在的目标文件（开发板提供的环境中是 boot.o），文件中具体的模块区域。

（2）设置中断向量

ARM 微处理器要求中断向量表必须设置在从 0x00 地址开始的连续 8×4 字节的空间。它们分别是复位、未定义指令错误、软件中断、预取指令错误、数据存取错误、IRQ（Interrupt Request）、FIQ（Fast Interrupt Request）和一个保留的中断向量。如果用户要使用 CPU 支持的硬件中断方式，还需要按要求在硬件中断向量表的地址上进行正确设置。对于未使用的中断，使其指向一个只含返回指令的哑函数，可以防止错误中断引起系统的混乱。

由于中断处理方式的不同，各种 ARM 处理器的中断处理初始化是不同的，但是最开始的系统异常中断向量是一样的。

中断向量表的程序实现通常如下所示：

```
B   Reset_Handler
B   Undef_Handler
B   SWI_Handler
B   PreAbort_Handler
B   DataAbort_Handler
B .                      ;对于保留中断
B   IRQ_Handler
B   FIQ_Handler
```

（3）初始化存储器系统

有些芯片可通过寄存器编程初始化存储器系统，而对于较复杂系统通常集成有 MMU 来管理内存空间。对于没有 MMU 的 ARM 微处理器，使用的是通过存储器控制模块的配置寄存器来初始化存储器系统的，但是由于它们两个使用的存储器类型不同，所以写入寄存器的内容是不一样的。

一个复杂的系统可能存在多种存储器类型的接口，需要根据实际的系统设计对此加以正确配置。对同一种存储器类型来说，也因为访问速度的差异，需要不同的时序设置。

通常 Flash 和 SRAM 同属于静态存储器类型，可以合用同一个存储器端口；而 DRAM 因为动态刷新和地址线复用等特性，通常配有专用的存储器端口。存储器端口的接口时序优化是非常重要的，影响到整个系统的性能。因为一般系统运行的速度瓶颈都存在于存储器访问，所以存储器访问时序应尽可能地快；但同时又要考虑由此带来的稳定性问题。只有根据具体选定的芯片进行多次的测试之后，才能确定最佳的时序配置。

（4）REMAP 部分

在这部分程序中复制控制存储器空间分配的存储器以及做地址重映射，用 R12 传递参数等都是在这部分执行的。当一个系统上电后程序将自动从 0 地址处开始执行，因此在系统的初始状态，必须保证在 0 地址处存在正确的代码，即要求 0 地址开始处的存储器是非易性的 ROM 或 Flash 等。但是因为 ROM 或 Flash 的访问速度相对较慢，每次中断发生后都要从读取 ROM 或 Flash 上面的向量表开始，影响了中断响应速度。因此有的系统便提供一种灵活的地址重映射方法，可以把 0 地址重新指向到 RAM 中去。

如图 3-15 所示，系统上电后从 Flash 内的 0 地址开始执行，启动代码位于地址 0x100 开始的空间，当执行到地址 0x0200 时，完成了一次地址的重映射，把原来 0 开始的地址空间由 Flash 转给了 RAM。接下去执行的指令将来自从 0x0204 开始的 RAM 空间。如果预先没有对 RAM 内容进行正确的设置，则里面的数据都是随机的，这样处理器在执行完 0x200 地址处的指令之后，再往下取指执行就会出错。解决的方法就是要使 RAM 在使用之前准备好正确的内容，包括开头的向量表部分。

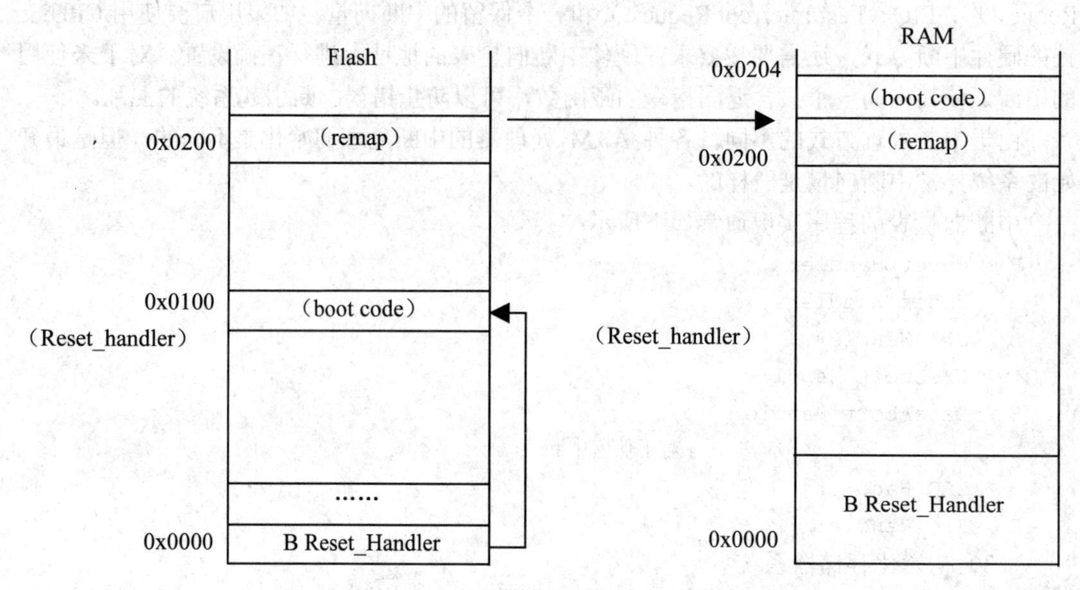

图 3-15 REMAP 地址重映射对程序执行流程的影响

（5）初始化堆栈

系统堆栈初始化取决于用户使用了哪种处理器模式，以及系统需要处理哪些错误类型。对于将要用到的每一种模式，都应该先定义好堆栈指针。堆栈指针都是在数据区定义的地址标号，代表对应堆栈的起始地址，不同处理器模式下的 SP 寄存器在物理上是不同的，所以程序一共初始化了 5 个不同的堆栈寄存器。

堆栈初始化时的最后一个模式就是现在的处理器运行模式，用户如果有需要改编处理器模式和其他处理器的状态位（如中断使能状态位等），可以通过设置 CPSR 来实现。

下面是一段堆栈初始化的代码示例，其中只定义了 3 种模式的 SP 指针。

```
MRS     R0, CPSR            ; CPSR -> R0
BIC     R0, R0, #MODEMASK   ; 屏蔽模式位以外的其他位
```

```
ORR     R1, R0, #IRQMODE      ; 把处理器模式位设置成 IRQ 模式
MSR     CPSR_cxsf, R1         ; 转到 IRQ 模式
LDR     SP, =UndefStack       ; 设置 SP_irq
ORR     R1,R0,#FIQMODE        ; 把处理器模式位设置成 IRQ 模式
MSR     CPSR_cxsf, R1         ; 进入 FIQ 模式
LDR     SP, =FIQStack
ORR     R1, R0, #SVCMODE
MSR     CPSR_cxsf, R1          ; 进入 SVC 模式
LDR     SP, =SVCStack
```

（6）初始化必要的I/O

某些严格的 I/O 和用户认为需要在调用主程序前完成的状态控制，可以在启动程序中完成初始化，特别是一些输出设备，上电后往往呈现一种随机态，需要及时加以控制。

（7）初始化C 语言所需的存储器空间

一个简单的可执行程序在ROM中的存储结构（简称映像）如图3-16所示。

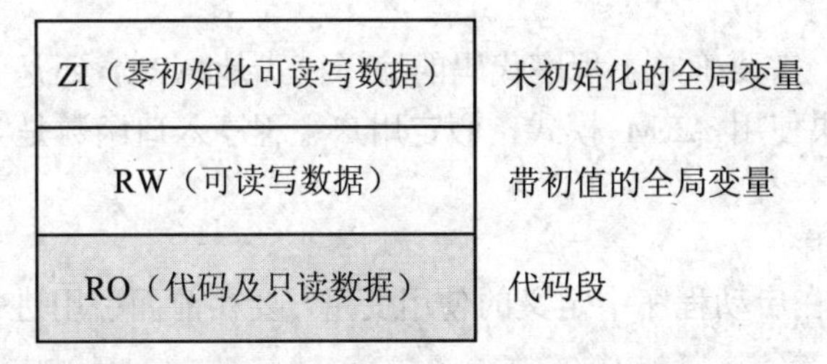

图3-16 ROM中的可执行程序存储结构

映像一开始总是存储在ROM/Flash中，其RO部分既可以在ROM/Flash中执行，也可以放到速度更快的RAM中去；而RW和ZI这两部分必须放到可读写的RAM 中。所谓应用程序执行环境的初始化，就是完成必要的从ROM到RAM的数据传输和内容清零。不同的工具链会提供一些不同的机制和方法，以帮助开发者完成这一操作，具体方法与链接器（Linker）相关。下面是在ADS下一种常用存储器模型的直接实现。

```
LDR r0, =|Image$$RO$$Limit|     ; RO 区的尾地址赋给 r0
LDR r1, =|Image$$RW$$Base|      ; RW 区的起始地址赋给 r1
LDR r3, =|Image$$ZI$$Base|      ; ZI 区的起始地址赋给 r3
CMP r0, r1                      ; 比较两个地址的大小
BEQ %F1
CMP r1, r3 ; Copy init data
LDRCC r2, [r0], #4              ; ([r0] -> r2) and (r0+4)
STRCC r2, [r1], #4              ; (r2 -> [r1]) and (r1+4)
BCC %B0
LDR r1, =|Image$$ZI$$Limit|     ; ZI 区的结束地址赋给 r1
MOV r2, #0
CMP r3, r1
```

```
STRCC r2, [r3], #4                ; (0 -> [r3]) and (r3+4)
BCC %B2
```

程序实现了RW数据的复制和ZI区域的清零功能。其中引用到的4个符号是由连接器（Linker）定义输出的。

- |Image$$RO$$Limit|：表示RO区末地址后面的地址，即RW数据源的起始地址。
- |Image$$RW$$Base|：RW 区在 RAM 中的执行区起始地址，也就是编译选项RW_Base指定的地址；程序中是RW数据复制的目标地址。
- |Image$$ZI$$Base|：ZI区在RAM中的起始地址。
- |Image$$ZI$$Limit|：ZI区在RAM中的结束地址后面的一个地址。

程序先把ROM中以|Image$$RO$$Limit|开始的RW初始化数据复制到以|Image$$RW$$Base|地址开始的RAM中，当RAM中的目标地址到达|Image$$ZI$$Base|后就表示RW区数据复制结束和 ZI 区操作开始，接下去就对 ZI 区进行数据清零操作，一直操作到|Image$$ZI$$Limit|地址结束。

（8）呼叫C 程序

在进入主程序之前，需要确定主程序代码的编译模式是 ARM 还是 THUMB，由此决定相应的跳转指令。如果使用 ARM 模式，假定用户主程序入口函数是main()，那么就直接写成如下样式：

```
BL main;跳转到C程序
```

注意，main 作为不在启动程序中定义的使用变量，要在前面引用进来。上面各步操作并非固定不变。

练习题

1. 5级流水线与3级流水线相比有哪些优点？
2. 简述ARM体系结构中桶形移位器的原理。
3. ARM微处理器有几种运行模式？各种运行模式是如何切换的？
4. 简述进入/退出异常时，ARM处理器执行的操作。
5. 何为伪指令？使用伪指令有哪些优点？
6. 描述 ARM 系统的初始化过程，说明 ROM（Flash）地址重映射（Remap）的原因和方法。

第 4 章　μC/OS-Ⅱ嵌入式实时操作系统内核分析

4.1　μC/OS-II 实时操作系统简介

μC/OS 是源码公开的实时嵌入式操作系统，1992 年其作者 Jean Labrosse 将 μC/OS 的源代码发表在“嵌入式系统编程”杂志上，得到了人们的广泛关注。μC/OS 是“Micro Controller Operation System”的缩写，意思是“微控制器操作系统”，从中可看出 μC/OS 最初是为微控制器所设计的。μC/OS 由于其源代码开放、内核小、实时性好的突出优点，能够被移植到各种微处理器/微控制器上，基于 μC/OS 的产品包括从自动控制到手持设备等各个应用领域。μC/OS-II 是 μC/OS 的升级版本，也是目前被广泛使用的版本。

μC/OS-II 的主要特点如下。

- 公开源代码：源代码全部公开，并且可以从有关出版物上找到详尽的源代码讲解和注释。这样使系统变得透明，容易使用和扩展。
- 可移植性好：μC/OS-II 绝大部分源码是用 ANSI C 写的，可移植性（Portable）较强。而与微处理器硬件相关的那部分是用汇编语言写的，已经压缩到最低限度，使得 μC/OS-II 便于移植到其他微处理器上。μC/OS-II 可以在绝大多数 8 位、16 位、32 位甚至 64 位微处理器、微控制器和数字信号处理器（DSP）上运行。
- 可固化：μC/OS-II 是为嵌入式应用而设计的，这就意味着，只要开发者有固化（ROMable）手段（C 编译、连接、下载和固化），μC/OS-II 可以嵌入到开发者的产品中，成为产品的一部分。
- 可裁剪：可以只使用 μC/OS-II 中应用程序需要的那些系统服务。也就是说某产品可以只使用很少几个 μC/OS-II 调用，而另一个产品则使用了几乎所有 μC/OS-II 的功能，这样可以减少产品中的 μC/OS-II 所需的存储器空间（RAM 和 ROM）。这种可裁剪性（Scalable）是靠条件编译实现的。
- 抢占式内核：μC/OS-II 完全是抢占式（Preemptive）的实时内核，这意味着 μC/OS-II 总是运行就绪条件下优先级最高的任务。大多数商业内核也是抢占式的，μC/OS-II 在性能上和它们类似。
- 多任务：μC/OS-II 可以管理 64 个任务，然而，目前的版本保留 8 个任务给系统。应用程序最多可以有 56 个任务，赋予每个任务的优先级必须是不相同的，这意味着 μC/OS-II 不支持时间片轮转调度法（Round-roblin Scheduling）。该调度法适用于调度优先级平等的任务。
- 可确定性：全部 μC/OS-II 的函数调用与系统服务的执行时间具有可确定性。也就是说，全部 μC/OS-II 的函数调用与系统服务的执行时间是可知的。即 μC/OS-II 系统服务的执行时间不依赖于应用程序任务的多少。

- 任务栈：每个任务有自己单独的栈，μC/OS-II 允许每个任务有不同的栈空间，以便压低应用程序对 RAM 的需求。使用 μC/OS-II 的栈空间校验函数，可以确定每个任务究竟需要多少栈空间。
- 系统服务：μC/OS-II 提供很多系统服务，例如邮箱、消息队列、信号量、块大小固定的内存的申请与释放、时间相关函数等。
- 中断管理：中断可以使正在执行的任务暂时挂起，如果优先级更高的任务被该中断唤醒，则高优先级的任务在中断嵌套全部退出后立即执行，中断嵌套层数可达 255 层。
- 稳定性与可靠性：μC/OS-II 是基于 μC/OS 的，μC/OS 自 1992 年以来已经有很多成功的商业应用。μC/OS-II 得到了美国航空管理局（Federal Aviation Administration，FAA）的认证，可用于飞行器中。表明 μC/OS-II 是稳定的，可以用在人命攸关的安全临界系统中。

μC/OS-II 虽然是开源的，但不是免费的。如果用户购买了 Jean Labrosse 先生的著作《*MicroC/OS-II,The Real-Time Kernel*》，则将拥有 μC/OS-II 使用权。如要在产品中使用 μC/OS-II，则需要与 Jean Labrosse 先生创办的 Micrium 公司联系，获得商业使用授权。

4.2 μC/OS-II 的内核结构分析

μC/OS-II 是典型的微内核实时操作系统。更确切地说，μC/OS-II 是一个实时内核，只提供了任务调度、任务管理、时间管理和任务间的通信等基本功能。通过对μC/OS-II 实时内核的实现机理进行分析，我们可以了解实时操作系统的体系结构和设计思想。

4.2.1 多任务

任务是μC/OS-II 中最重要的概念之一。一个任务，也称作一个线程，是一个简单的程序，该程序可以认为 CPU 完全只属于该程序。每个任务都是整个应用的某一部分，每个任务被赋予一定的优先级，有它自己的一套 CPU 寄存器和栈空间（如图 4-1 所示）。

如图 4-2 所示，一个任务通常是一个无限的循环，看起来像其他 C 函数一样，有函数返回类型，有形式参数变量。但任务是决不会返回的，返回参数必须定义成 void。

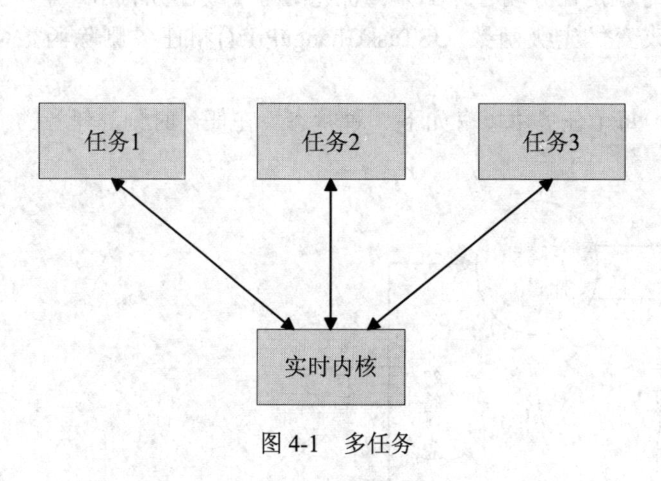

图 4-1　多任务

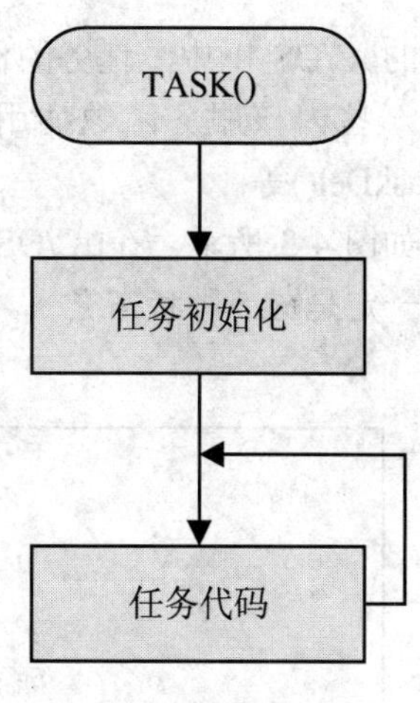

图 4-2　任务结构

```
Void YourTask(void *pdata)
{
for(;;){
/*用户代码*/
/*调用μC/OS-Ⅱ的某种系统服务：*/
OSMboxPend();
OSQPend();
OSSemPend();
OSTaskDel(OS_PRIO_SELF);
OSTaskSuspend(OS_PRIO_SELF);
OSTimeDly();
OSTimeDlyHMSM();
/*用户代码*/
}
}
```

形式参数变量是由用户代码在第一次执行时带入的。该变量的类型是一个指向 void 的指针。这是为了允许用户应用程序传递任何类型的数据给任务。

不同的是，当任务完成以后，任务可以自我删除，使这个任务的代码不再运行。

```
Void YourTask(void *pdata)
{
    /*用户代码*/
    OSTaskDel(OS_PRIO_SELF);
}
```

μC/OS-II 可以管理多达 64 个任务，但目前版本的μC/OS-II 有两个任务已经被系统占用了。而且保留了优先级为 0、1、2、3、OS_LOWEST_PRIO-3、OS_LOWEST_PRIO-2、OS_LOWEST_PRIO-1 以及 OS_LOWEST_PRIO 这 8 个任务供将来使用。因此用户可以有多达 56 个应用任务。每个任务都有不同的优先级，优先级号可以从 0 到 OS_LOWEST_PRIO-2，优先级号越低，任务的优先级越高。μC/OS-II 总是运行进入就绪态的优先级最高的任务。目前版本的μC/OS-II 中，任务的优先级号就是任务编号（ID）。优先级号（或任务的 ID 号）也被一些内核服务函数调用，如改变优先级函数 OSTaskChangePrio()和任务删除函数 OSTaskDel()等。

如图 4-3 所示，在μC/OS-II 中，每个任务可以有如下 5 种状态。在任一时刻，任务的状态一定是这 5 种状态之一。

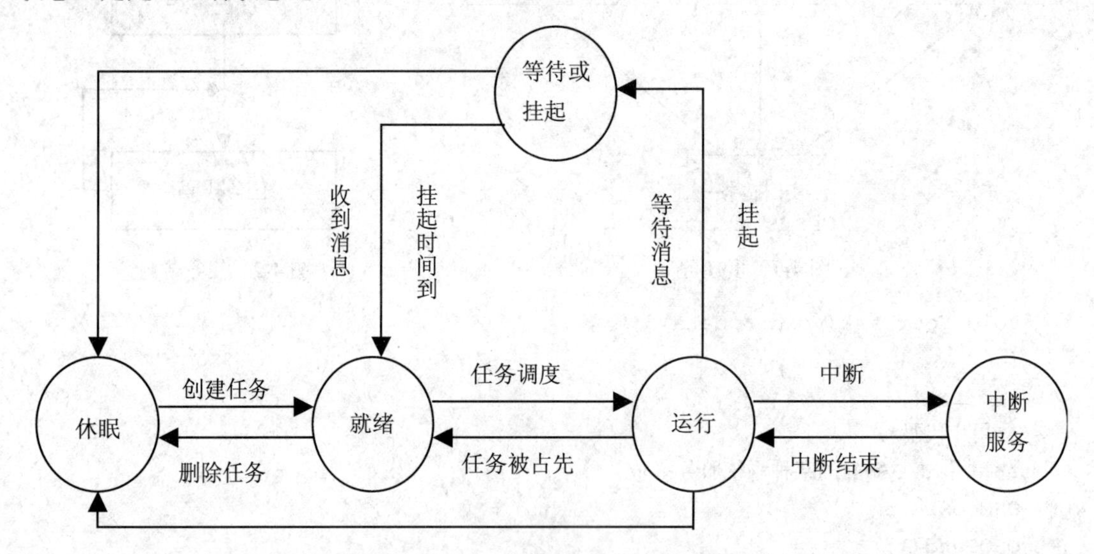

图 4-3 μC/OS-II 控制下的任务状态转换图

- 休眠态（dormant）：指任务驻留在程序空间中，还没有交给内核管理。通过调用任务建立函数 OSTaskCreate()或任务建立扩展函数 OSTaskCreateExt()，可以使该任务进入就绪态。
- 就绪态（Ready）：当任务一旦建立，这个任务就处于就绪态，就绪态的任务都放在任务就绪表中。在任务调度时，指针 OSTCBHighRdy 指向优先级最高的就绪任务。
- 运行态（Running）：准备就绪的最高优先级的任务获得 CPU 的控制权，从而处于运行态。指针 OSTCBCur 指向当前正在运行的任务。
- 等待或挂起态（Pending）：当前正在运行的任务由于两种情况可以使自身处于等待或挂起态：一种是调用延时。正在运行的任务可以通过调用 OSTimeDly()或 OSTimeDlyHMSM()函数将自身延迟一段时间。这个任务于是进入等待状态。这时任务就绪表中优先级最高的任务立刻被赋予了 CPU 的控制权。一旦等待的时间到，系统服务函数 OSTimeTick()将使前面延时的任务重新进入就绪态。另一种情况是任务因等待消息、邮箱或信号量等事件的到来而挂起。通过调用 OSSemPend()、OSMboxPend()或 OSQPend()函数，当前任务被挂起。此时任务就绪表中优先级最高的任务将立即得到 CPU 的控制权。而一旦等待的事件发生，被挂起的任务将进入就绪态。事件发生的通知可能来自另一个任务，也可能来自中断服务子程序。

- 中断态（Interrupt）：除非关中断，否则一旦产生中断，当前正在执行的任务将被挂起，中断服务子程序将控制 CPU 的使用权。中断服务子程序可能会通知一个或多个事件的发生，而使一个或多个任务进入就绪态。在这种情况下，从中断服务子程序返回之前，μC/OS-II 要判断被中断的任务是否还是就绪任务表中优先级最高的。如果中断服务子程序使一个更高优先级的任务进入了就绪态，则新进入就绪态的更高优先级的任务将获得运行，否则原来被中断的任务将会继续运行。

μC/OS-II 提供了一个空闲任务（Idle task），当所有的任务都处于等待事件发生或等待延迟事件结束的状态时，μC/OS-II 执行空闲任务。这是因为操作系统调度机制一定要有一个任务执行，否则多任务机制就会出现问题。空闲任务的优先级最低，在操作系统启动后建立。

μC/OS-II 为每一个任务都分配了一个独立的堆栈空间。此外，还使用一个称为任务控制块的数据结构 OS_TCB 表示任务的状态。当任务的 CPU 控制权被抢占后，任务控制块用来保存该任务的状态。当任务重新获得 CPU 的控制权时，任务控制块能够保证任务从被中断的位置继续正确执行。任务控制块的数据结构如下所示。

```
typedef struct os_tcb {
    OS_STK        *OSTCBStkPtr;

#if OS_TASK_CREATE_EXT_EN
    void          *OSTCBExtPtr;
    OS_STK        *OSTCBStkBottom;
    INT32U        OSTCBStkSize;
    INT16U        OSTCBOpt;
    INT16U        OSTCBId;
#endif

    struct os_tcb *OSTCBNext;
    struct os_tcb *OSTCBPrev;

#if (OS_Q_EN && (OS_MAX_QS >= 2)) || OS_MBOX_EN || OS_SEM_EN
    OS_EVENT      *OSTCBEventPtr;
#endif

#if (OS_Q_EN && (OS_MAX_QS >= 2)) || OS_MBOX_EN
    void          *OSTCBMsg;
#endif

    INT16U        OSTCBDly;
    INT8U         OSTCBStat;
    INT8U         OSTCBPrio;
```

```
    INT8U          OSTCBX;
    INT8U          OSTCBY;
    INT8U          OSTCBBitX;
    INT8U          OSTCBBitY;

#if OS_TASK_DEL_EN
    BOOLEAN        OSTCBDelReq;
#endif
} OS_TCB;
```

任务控制块提供了任务的基本信息，如任务的执行状态（OSTCBStat）、优先级（OSTCBPrio）和堆栈位置等。μC/OS-II 中所有的任务控制块组成了一个双向链表结构，OSTCBNext 和 OSTCBPrev 分别指向链表的前后链接。

4.2.2 任务调度

任务调度是实时内核最重要的工作之一。μC/OS-II 是抢占式实时多任务内核，采用基于优先级的任务调度。优先级最高的任务一旦准备就绪，则拥有 CPU 的所有权，处于运行状。μC/OS-II 不支持时间片轮转调度法，μC/OS-II 每个任务的优先级都是唯一的。μC/OS-II 任务调度所花的时间为常数，与应用程序中建立的任务数无关。

μC/OS-II 的任务调度包括任务级的任务调度和中断级的任务调度，所采用的调度算法是相同的。任务级的调度是由函数 OSSched()完成的，中断级的任务调度则由函数 OSIntExt()完成。

函数 OSSched()的内容如下所示。

```
void OSSched (void)
{
    INT8U y;

    OS_ENTER_CRITICAL();
    if ((OSLockNesting | OSIntNesting) == 0) {
        y            = OSUnMapTbl[OSRdyGrp];
        OSPrioHighRdy = (INT8U)((y << 3) + OSUnMapTbl[OSRdyTbl[y]]);
        if (OSPrioHighRdy != OSPrioCur) {
            OSTCBHighRdy = OSTCBPrioTbl[OSPrioHighRdy];
            OSCtxSwCtr++;
            OS_TASK_SW();
        }
    }
```

```
    OS_EXIT_CRITICAL();
}
```

为了避免在调度过程中被中断，在OSSched()开始时，首先调用OS_ENTER_CRITICAL()关中断，然后判断任务调度器是否上锁或调用是否来自中断服务子程序，如果不是，则开始任务调度。如图4-4所示，μC/OS-II设计了一个任务就绪表，用两个8位整型变量来表示，称为任务就绪组变量OSRdyGrp（简称组变量）和任务就绪表变量OSRdyTbl[]（简称表变量）。任务的优先级号用Prio表示，Prio中的3～5位"YYY"表示该任务在就绪表中的行位置，即OSRdyGrp中的对应的Bit位；Prio中的0～2位"XXX"表示该任务在就绪表中的列位置，即OSRdyTbl[Prio>>3]中对应的Bit位。

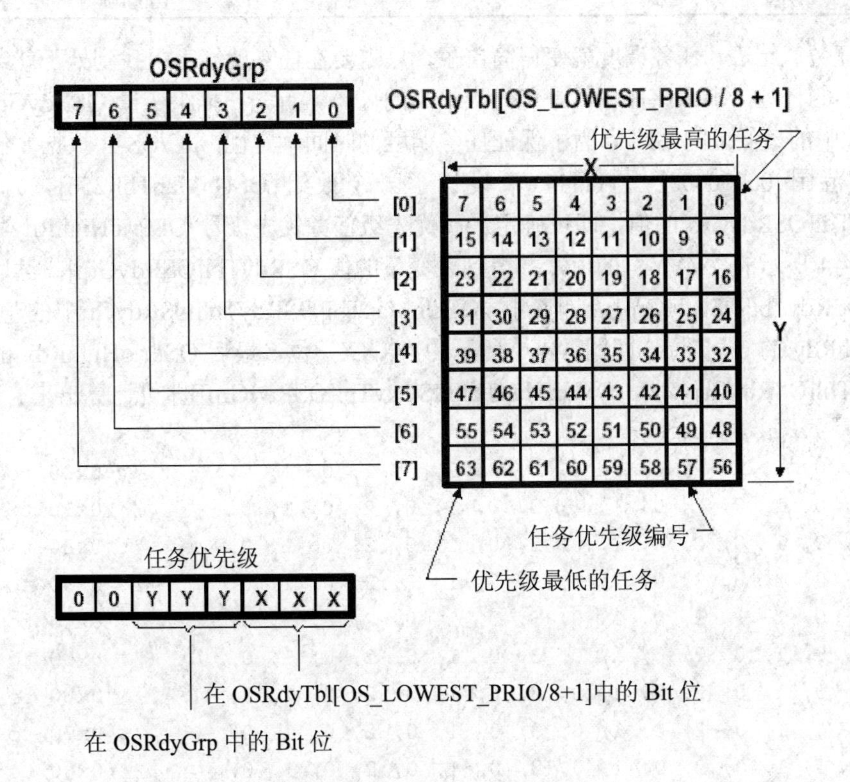

图4-4 μC/OS-II的任务就绪表

这样，通过对组变量OSRdyGrp和表变量OSRdyTbl进行如下操作，将任务就绪表中的相应Bit位置1，就可以使优先级号为Prio的任务进入就绪态。

```
OSRdyGrp          |= OSMapTbl[prio >> 3];
OSRdyTbl[prio >> 3]|= OSMapTbl[prio & 0x07];
```

其中数组OSMapTbl[]用于将组变量OSRdyGrp和表变量OSRdyTb[]的相应Bit位置1，OSMapTbl[]的值如表4-1所示。

表 4-1 OSMapTbl[ ]的值

下 标	二进制码
0	00000001
1	00000010
2	00000100
3	00001000
4	00010000
5	00100000
6	01000000
7	10000000

有了任务就绪表，任务调度就变得简单了，只需要在任务就绪表中找到处于就绪态的优先级号最小的任务，那么该任务就是优先级最高的任务。首先扫描组变量 OSRdyGrp，找到 OSRdyGrp 中的最低位的“1”，为了保证任务调度的时间确定性，μC/OS-II 根据 8 位整型数量的数值范围 00000000～11111111，设计了一个数组 OSUnMapTbl[256]，通过查找 OSUnMapTbl[OSRdyGrp]的值，即可确定最高优先级任务优先级号 OSPrioHighRdy 的 3～5 位，即图 4-4 所示的“YYY”的值，并得到表变量的值 OSRdyTbl[OSRdyGrp]；然后再扫描表变量 OSRdyTbl[OSRdyGrp]，即查找 OSUnMapTbl[OSRdyTbl[OSRdyGrp]]的值，得到 OSPrioHighRdy 的 0～2 位，即图 4-4 中所示的“XXX”位，最后 OSPrioHighRdy 的值通过 OSUnMapTbl[OSRdyGrp]>>3+ OSUnMapTbl[OSRdyTbl[OSRdyGrp]]即可计算出来。

```
INT8U  const  OSUnMapTbl[] = {
    0, 0, 1, 0, 2, 0, 1, 0, 3, 0, 1, 0, 2, 0, 1, 0,      /* 0x00 to 0x0F*/
    4, 0, 1, 0, 2, 0, 1, 0, 3, 0, 1, 0, 2, 0, 1, 0,      /* 0x10 to 0x1F*/
    5, 0, 1, 0, 2, 0, 1, 0, 3, 0, 1, 0, 2, 0, 1, 0,      /* 0x20 to 0x2F*/
    4, 0, 1, 0, 2, 0, 1, 0, 3, 0, 1, 0, 2, 0, 1, 0,      /* 0x30 to 0x3F*/
    6, 0, 1, 0, 2, 0, 1, 0, 3, 0, 1, 0, 2, 0, 1, 0,      /* 0x40 to 0x4F*/
    4, 0, 1, 0, 2, 0, 1, 0, 3, 0, 1, 0, 2, 0, 1, 0,      /* 0x50 to 0x5F*/
    5, 0, 1, 0, 2, 0, 1, 0, 3, 0, 1, 0, 2, 0, 1, 0,      /* 0x60 to 0x6F*/
    4, 0, 1, 0, 2, 0, 1, 0, 3, 0, 1, 0, 2, 0, 1, 0,      /* 0x70 to 0x7F*/
    7, 0, 1, 0, 2, 0, 1, 0, 3, 0, 1, 0, 2, 0, 1, 0,      /* 0x80 to 0x8F*/
    4, 0, 1, 0, 2, 0, 1, 0, 3, 0, 1, 0, 2, 0, 1, 0,      /* 0x90 to 0x9F*/
    5, 0, 1, 0, 2, 0, 1, 0, 3, 0, 1, 0, 2, 0, 1, 0,      /* 0xA0 to 0xAF*/
    4, 0, 1, 0, 2, 0, 1, 0, 3, 0, 1, 0, 2, 0, 1, 0,      /* 0xB0 to 0xBF*/
    6, 0, 1, 0, 2, 0, 1, 0, 3, 0, 1, 0, 2, 0, 1, 0,      /* 0xC0 to 0xCF*/
    4, 0, 1, 0, 2, 0, 1, 0, 3, 0, 1, 0, 2, 0, 1, 0,      /* 0xD0 to 0xDF*/
    5, 0, 1, 0, 2, 0, 1, 0, 3, 0, 1, 0, 2, 0, 1, 0,      /* 0xE0 to 0xEF*/
    4, 0, 1, 0, 2, 0, 1, 0, 3, 0, 1, 0, 2, 0, 1, 0,      /* 0xF0 to 0xFF*/
};
```

例如，OSRdyGrp 的值为二进制 011001000，即 0x68，则查 OSUnMapTbl[0x68]得到 3；假设 OSRdyTbl[3]的值是二进制 11100100，即 0xe4，则查 OSUnMapTbl[0xe4]的值为 2，最

终可得到任务就绪表中优先级最高的任务的优先级号 OSPrioHighRdy=（3×8+2）=26。

在任务调度的最后，调用 OS_TASK_SW()函数，进行任务的上下文切换。任务的上下文（Task Contex）是指任务当前的状态，包括程序指针、堆栈指针和其他微处理器寄存器中的内容。任务的上下文切换就是把 CPU 寄存器中的内容保存到当前任务的堆栈中，然后再把处于就绪态的高优先级任务的状态参数从堆栈恢复到 CPU 的寄存器中运行。由于这部分工作直接对 CPU 的寄存器操作，所以必须用汇编语言来完成。

4.2.3　中断与时间管理

1．中断处理

中断是指由于某种事件的发生而导致程序流程的改变。产生中断的事件称为中断源。在两种情况下 CPU 可以响应中断：一是至少有一个中断源向 CPU 发出中断信号；二是系统允许中断，且对此中断信号未予屏蔽。中断一旦被识别，CPU 会保存部分（或全部）运行上下文，然后跳转到专门的中断服务子程序（ISR）去处理此次事件。

在μC/OS-II 中，中断处理流程如图 4-5 所示。当一个中断请求产生后，可能不会被立刻响应，因为这时中断可能被μC/OS-II 关掉了，也可能是因为 CPU 还没执行完当前指令，直到μC/OS 允许中断，中断才能得到响应。此时 CPU 的中断向量跳转到中断服务子程序，中断服务子程序保存 CPU 的上下文，然后通过调用 OSIntEnter()或者给 OSIntNesting 加 1，通知μC/OS-II 内核进入中断服务子程序。从中断请求被识别到执行中断服务子程序第一条指令的时间称为中断响应时间。

在中断服务子程序中可能通知某任务进行某种操作，如调用信息发送函数 OSMboxPost()、OSQPost()、OSQPostFront()或 OSSemPost()等，当等待该消息的任务接收到上述消息后，可能会重新进入就绪态。

中断服务子程序执行完成后，需要调用 OSIntExit()函数。OSIntExit()函数判断任务就绪表中是否有比当前被中断的任务优先级更高的任务，如果没有，则恢复被中断任务的上下文，并执行中断返回指令；如果有更高优先级任务，则要做一次任务切换，恢复新寄存器的上下文，并执行中断返回指令。从中断服务子程序执行完成到恢复被中断的任务或新任务的时间称为中断恢复时间。

OSIntExit()函数与任务调度函数类似，也是完成一次任务调度。但 OSIntExit()函数将中断嵌套计数器减 1，且最后调用中断级任务切换函数 OSIntCtxSw()，而不像在任务调度函数 OSSched()中，调用任务级切换函数 OS_TASK_SW()。

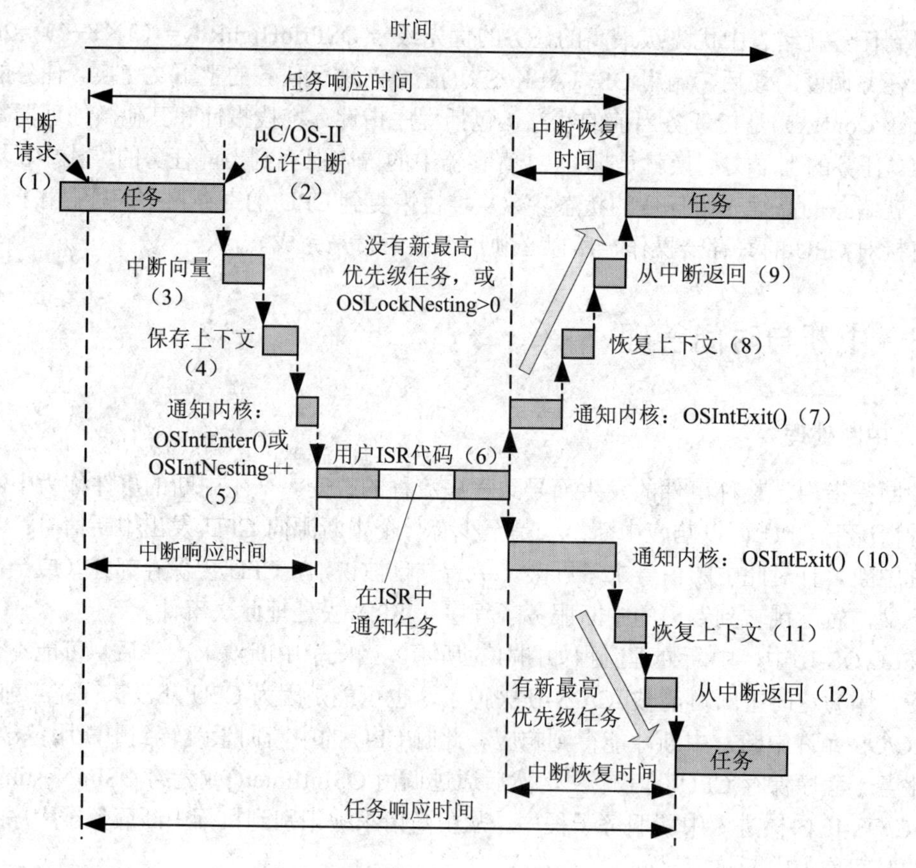

图 4-5　μC/OS-II 的中断处理

```
void OSIntExit (void)
{
    OS_ENTER_CRITICAL();
        if ((--OSIntNesting | OSLockNesting) == 0) {
        OSIntExitY    = OSUnMapTbl[OSRdyGrp];
        OSPrioHighRdy = (INT8U)((OSIntExitY << 3) +
                        OSUnMapTbl[OSRdyTbl[OSIntExitY]]);
        if (OSPrioHighRdy != OSPrioCur) {
            OSTCBHighRdy  = OSTCBPrioTbl[OSPrioHighRdy];
            OSCtxSwCtr++;
            OSIntCtxSw();
        }
    }
    OS_EXIT_CRITICAL();
}
```

2. 时间管理

μC/OS-II 需要用户提供周期性信号源，用于实现时间延时和确认超时。节拍率应在每秒 10～100 次之间，或者说 10～100Hz。时钟节拍率越高，系统的额外负荷就越重。时钟节拍的实际频率取决于用户应用程序的精度。时钟节拍源可以是专门的硬件定时器。

时钟节拍是一种特殊的中断，μC/OS-II 中的时钟节拍服务是通过在中断服务子程序中调用 OSTimeTick()函数实现的。时钟节拍的中断服务子程序如下所示。

```
void OSTickISR(void)
{
    保存处理器寄存器的值;
    调用 OSIntEnter()或将 OSIntNesting 加 1;
    调用 OSTimeTick(); /*检查每个任务的时间延时*/
    调用 OSIntExit();
    恢复处理器寄存器的值;
    执行中断返回指令;
}
```

其中时钟节拍函数 OSTimeTick()的主要工作是给每个任务控制块 OS_TCB 中的时间延时项 OSTCBDly 减 1（如果 OSTCBDly 不为 0）。当某任务的任务控制块中的时间延时项 OSTCBDly 减为 0，则该任务将进入就绪任务表。因此，OSTimeTick()的执行时间与应用程序中建立了多少个任务有关。

μC/OS-II 提供了任务延时函数 OSTimeDly()。调用该函数会使当前任务挂起一段时间，而μC/OS-II 则执行一次任务调度，使任务就绪表中优先级最高的任务获得 CPU 的控制权。OSTimeDly()函数如下所示。

```
void OSTimeDly (INT16U ticks)
{
    if (ticks > 0) {
        OS_ENTER_CRITICAL();
        if ((OSRdyTbl[OSTCBCur->OSTCBY] &= ~OSTCBCur->OSTCBBitX) == 0) {
            OSRdyGrp &= ~OSTCBCur->OSTCBBitY;
        }
        OSTCBCur->OSTCBDly = ticks;
        OS_EXIT_CRITICAL();
        OSSched();
    }
}
```

4.2.4　μC/OS-II 的初始化

μC/OS-II 要求用户首先调用系统初始化函数 OSIint()，对μC/OS-II 所有的变量和数据结构进行初始化，然后调用函数 OSTaskCreate()或 OSTaskCreateExt()建立用户任务，最后通过调用 OSStart()函数启动多任务。

```
void main (void)
{
```

```
    OSInit();          /* 初始化μC/OS-II*/
    .
    .
    通过调用 OSTaskCreate()或 OSTaskCreateExt()创建至少一个任务;
    .
    .
    OSStart();         /* 开始多任务调度!OSStart()永远不会返回 */
}
```

当调用 OSStart()函数时，OSStart()函数从任务就绪表中找出用户建立的优先级最高任务的任务控制块。然后，OSStart()函数调用高优先级就绪任务启动函数 OSStartHighRdy()。这个函数的任务是把任务栈中保存的任务状态参数值恢复到 CPU 寄存器中，然后执行一条中断返回指令，中断返回指令强制执行该任务代码，从而完成多任务的启动过程。OSStart()函数一般用汇编语言编写，其代码如下所示。

```
void OSStart (void)
{
    INT8U y;
    INT8U x;

    if (OSRunning == FALSE) {
        y             = OSUnMapTbl[OSRdyGrp];
        x             = OSUnMapTbl[OSRdyTbl[y]];
        OSPrioHighRdy = (INT8U)((y << 3) + x);
        OSPrioCur     = OSPrioHighRdy;
        OSTCBHighRdy  = OSTCBPrioTbl[OSPrioHighRdy];
        OSTCBCur      = OSTCBHighRdy;
        OSStartHighRdy();
    }
}
```

4.3 μC/OS-II 的任务通信和同步

4.3.1 任务互斥和同步

1. 任务之间的关系

在一个嵌入式应用系统中往往包含有多个任务，这些任务之间主要有以下几种关系。

- ✦ 相互独立：任务之间没有任何的关联关系，互不干预，互不往来。唯一的相关性就是它们都需要去竞争 CPU 资源。
- ✦ 任务互斥：除了 CPU 之外，这些任务还需要共享其他的一些硬件和软件资源，而这些资源由于种种原因，在某一时刻只允许一个或几个任务去访问。因此当这些任务在访问共享资源时可能会相互阻碍。

✦ 任务同步：任务之间存在着某种依存关系，需要协调彼此的运行速率。
✦ 任务通信：任务之间存在着协作与分工，需要相互传递各种数据和信息，才能完成各自的功能。

在嵌入式操作系统中，对于任务间的第一种关系，主要是靠调度器来进行协调。而对于其他的几种关系，操作系统必须提供一些机制，让各个任务能够相互通信、协调各自的行为，以确保系统能够顺利、正确地运行。

2．任务互斥

在多任务操作系统当中，两个或多个任务对同一个共享数据进行读写操作，最后的结果是不可预测的，它取决于各个任务的具体运行情况。我们把这种现象称为竞争条件（race condition）。解决竞争条件的办法很简单，就是在同一个时刻，只允许一个任务来访问这个共享数据。也就是说，如果当前已经有一个任务正在访问这个共享数据，那么其他的任务暂时都不能访问，只能等它先用完。这就是任务之间的互斥。

有 3 种方法可以解决任务的互斥。

（1）关闭中断法

为了实现任务之间的互斥，最简单的办法就是关中断。具体来说，当一个任务进入临界区后，首先关中断，然后就可以去访问共享资源。当它从临界区退出时，再把中断打开。

关闭中断法虽然简单有效，但也有明显的缺点。首先，中断关闭后，如果后面由于种种原因不能再及时打开，那么整个系统就有可能崩溃。其次，关闭中断后，所有的任务将被阻止，无法获得运行的机会。因此，关闭中断法不能作为一种普遍适用的互斥实现方法。它主要用在操作系统的内核当中，使内核在处理一些关键性的敏感数据时，不会受到其他任务的干扰。

（2）繁忙等待法

可以采用繁忙等待（busy waiting）的策略实现任务间互斥。其基本思想是：当一个任务要进入临界区时，首先检查一下是否允许进入，若允许，就直接进入；若不允许，就在那里循环地等待。

繁忙等待法的缺点是要不断地执行测试指令，会浪费大量的 CPU 时间。此外，这种方法只能处理单一共享资源的情形。

（3）信号量法

信号量是 1965 年由著名的荷兰计算机科学家 Dijkstra 提出的，其基本思路是使用一种新的变量类型，即信号量（semaphore）来记录当前可用资源的数量。

信号量实际上是一种约定机制，在多任务内核中将信号量用于：

✦ 控制共享资源的使用权（满足互斥条件）。
✦ 标志某事件的发生。
✦ 使两个任务的行为同步。

信号就像是一把钥匙，任务要运行下去，必须先得到这把钥匙，如果这把钥匙已被别的任务占用，该任务就只好被挂起，直到钥匙被占用者释放。只取两个值的信号量称为二进制型的信号量，该信号量只有 0 或者 1 两个值。计数器型信号量可以取 0～255 或者 0～65535 等，用于某些资源可以同时为多个任务使用。

信号量是由操作系统来维护的，任务不能直接修改它的值，只能通过初始化和两个标准原语（即 P、V 原语）来对它进行访问。在初始化时，可以指定一个非负整数，即空闲资源的总数。所谓的原语，通常由若干条语句组成，用来实现某个特定的操作，并通过一段不可分割或不可中断的程序来实现其功能。原语是操作系统内核的一个组成部分，必须在内核态下执行。原语的不可中断性是通过在其执行过程中关闭中断来实现的。

P、V 原语作为操作系统内核代码的一部分，是一种不可分割的原子操作。它们在运行时，不会被时钟中断所打断。另外，在 P、V 原语中包含有任务的阻塞和唤醒机制。因此，当任务在等待进入临界区时，会被阻塞起来，而不会去浪费 CPU 时间。

P 原语中的字母 P，是荷兰语单词测试的首字母。它的主要功能是申请一个空闲的资源，把信号量的值减 1。如果成功，就退出原语；如果失败，这个任务就会被阻塞起来。V 原语当中的字母 V，是荷兰语单词增加的首字母。它的主要功能是释放一个被占用的资源，把信号量的值加 1，如果发现有被阻塞的任务，就从中选择一个把它唤醒。

3．任务同步

一般来说，一个任务相对于另一个任务的运行速度是不确定的，也就是说，任务是在异步环境下运行的。每个任务都以各自独立的、不可预知的速率向前推进。但是在有些时候，在两个或多个任务中执行的某些代码片断之间，可能存在着某种时序关系或先后关系，因此这些任务必须协同合作、相互配合，使各个任务按一定的速度运行，以共同完成某一项工作。这就是任务间的同步。

要实现任务之间的同步，可以使用信号量机制，通过引入 P、V 操作来设定两个任务在运行时的先后顺序。例如，可以把信号量视为某个共享资源的当前个数，然后由一个任务负责生成这种资源，而另一个任务则负责消费这种资源。这样，就构成了这两个任务之间的先后顺序。在具体实现上，一般把信号量的初始值设为 N，N 大于或等于 0。然后在一个任务的内部使用 V 原语，增加资源的个数；而在另一个任务的内部使用 P 原语，减少资源的个数，实现这两个任务之间的同步关系。

4．死锁

在一组任务当中，每个任务都占用着若干个资源，同时又在等待其他任务所占用的资源，从而造成所有任务都无法进展下去的现象，这种现象称为死锁（deadlock），这一组相关的任务称为死锁任务。在死锁状态下，每个任务都动弹不得，既无法运行，也无法去释放所占用的资源，它们互为因果、相互等待。

死锁的产生有 4 个必要条件，只有当这 4 个条件同时成立时，才会出现死锁。

- 互斥条件：在任何时刻，每一个资源最多只能被一个任务所使用。
- 请求和保持条件：任务在占用若干个资源的同时又可以请求新的资源。
- 不可抢占条件：任务已经占用的资源不会被强制性拿走，而必须由该任务主动释放。

- ✦ 环路等待条件：存在一条由两个或多个任务所组成的环路链，其中每一个任务都在等待环路链中下一个任务所占用的资源。

最简单的防止发生死锁的方法是让每个任务都按下列次序操作：

- ✦ 先得到全部需要的资源，再做下一步的工作。
- ✦ 用同样的顺序去申请多个资源。
- ✦ 释放资源时使用相反的顺序。

4.3.2 任务间的通信

任务间通信（Intertask Communication）指的是任务之间为了协调工作，需要相互交换数据和控制信息。任务之间的通信可以分为两种类型。

- ✦ 低级通信：只能传递状态和整数值等控制信息。例如，用来实现任务间同步与互斥的信号量机制和信号机制都是一种低级通信方式。这种方式的优点是速度快。缺点是传送的信息量非常少，如果要传递较多信息，就要进行多次通信。
- ✦ 高级通信：能够传送任意数量的数据，主要包括共享内存和消息传递。

1. 共享内存

共享内存（shared memory）指的是各个任务共享它们地址空间当中的某些部分。在此区域，可以任意读写和使用任意的数据结构，把它看成是一个通用的缓冲区。一组任务向共享内存中写入数据，另一组任务从中读出数据，通过这种方式来实现它们之间的信息交换。

在有些嵌入式操作系统中，不区分系统空间和用户空间，整个系统只有一个地址空间，即物理内存空间，系统程序和各个任务都能直接对所有的内存单元进行访问。在这种方式下，内存数据的共享就变得更加容易了，如图 4-6 所示。

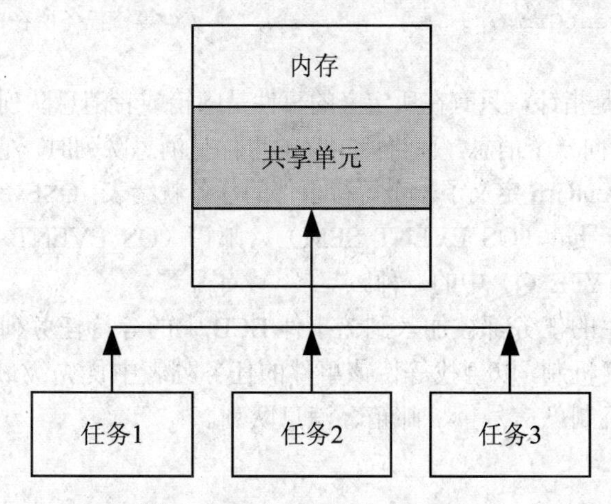

图 4-6 多个任务共享内存空间

在使用共享内存传送数据时，通常要与某种任务间互斥机制结合起来，以免发生竞争条件的现象，确保数据传送的顺利进行。

2．消息传递

消息（message）是内存空间中一段长度可变的缓冲区，其长度和内容均由用户定义。从操作系统的角度来看，所有的消息都是单纯的字节流，既没有确切的格式，也没有特定的含义。对消息内容的解释是由应用来完成的，应用根据自定义的消息格式，将消息解释成特定的含义，如某种类型的数据、数据块的指针或空。

消息传递（message passing）指的是任务与任务之间通过发送和接收消息来交换信息。

消息机制由操作系统来维护，包括定义寻址方式、认证协议、消息的数量等。一般提供两个基本的操作：send 操作，用来发送一条消息；receive 操作，用来接收一条消息。如果两个任务想要利用消息机制来进行通信，它们首先要在两者之间建立一个通信链路，然后就可以使用 send 和 receive 操作来发送和接收消息。

常用的消息传递方式包括邮箱和消息队列。

4.3.3 μC/OS-II 的任务通信机制

1．事件控制块

μC/OS-II 定义了一个事件控制块 ECB（Event Control Blocks）来进行任务间的信号传递。所有的信号都被看成是事件（Event）。事件控制块的定义如下所示。

```
struct {
    void   *OSEventPtr;                    /* 指向消息或者消息队列的指针 */
    INT8U  OSEventTbl[OS_EVENT_TBL_SIZE]; /* 等待任务列表*/
    INT16U OSEventCnt;                     /* 计数器(当事件是信号量时) */
    INT8U  OSEventType;                    /* 时间类型  */
    INT8U  OSEventGrp;                     /* 等待任务所在的组  */
} OS_EVENT;
```

其中 OSEventPtr 是指针，只有在所定义的事件是邮箱或者消息队列时才使用。当所定义的事件是邮箱时，它指向一个消息，而当所定义的事件是消息队列时，它指向一个数据结构；OSEventTbl[] 和 OSEventGrp 定义了一个等待事件的任务就绪表；OSEventType 定义了事件的具体类型。它可以是信号量（OS_EVENT_SEM）、邮箱（OS_EVENT_TYPE_MBOX）或消息队列（OS_EVENT_TYPE_Q）中的一种。

每个等待事件发生的任务都被加入到该事件 ECB 中的等待任务列表中，采用μC/OS-II 基于查表法的任务调度机制，以查找等待该事件的任务列表中优先级最高的任务。μC/OS-II 提供了 3 种任务通信机制：信号量、邮箱、消息队列。

2．信号量

μC/OS-II 中的信号量由两部分组成：一个是信号量的计数值，它是一个 16 位的无符号整数（0～65535 之间）；另一个是由等待该信号量的任务组成的等待任务表。

在使用一个信号量之前，首先要调用 OSSemCreate()函数，建立该信号量，对信号量的初始计数值赋值。该初始值为 0～65535 之间的一个数。如果信号量是用来表示一个或者多个事件的发生，那么该信号量的初始值应设为 0。如果信号量是用于对共享资源的访问，那么该信号量的初始值应设为 1（例如，把它当作二值信号量使用）。最后，如果该信号量是用来表示允许任务访问 *n* 个相同的资源，那么该初始值显然应该是 *n*，并把该信号量作为一个可计数的信号量使用。

μC/OS-II 提供了 5 个对信号量进行操作的函数：OSSemCreate()、OSSemPend()、OSSemPost()、OSSemAccept()和 OSSemQuery()函数。

如图 4-7 所示说明了任务、中断服务子程序和信号量之间的关系。图中用钥匙或者旗帜的符号来表示信号量：如果信号量用于对共享资源的访问，那么信号量就用钥匙符号。符号旁边的数字 *N* 代表可用资源数。对于二值信号量，该值就是 1；如果信号量用于表示某事件的发生，那么就用旗帜符号。这时的数字 *N* 代表事件已经发生的次数。从图 4-7 中可以看出 OSSemPost()函数可以由任务或者中断服务子程序调用，而 OSSemPend()和 OSSemQuery()函数只能由任务程序调用。

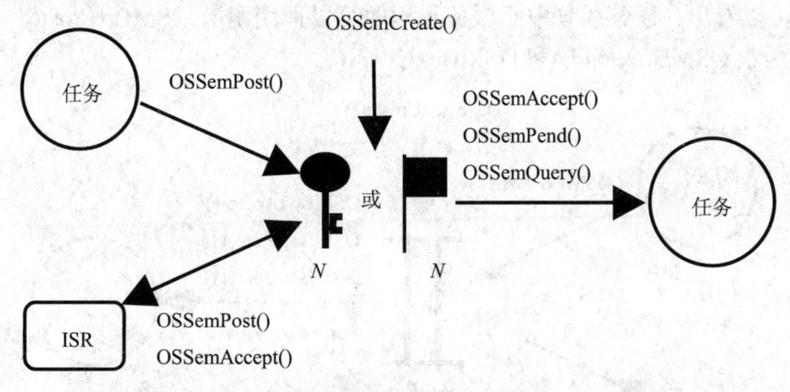

图 4-7　任务、中断服务子程序和信号量之间的关系

OSSemCreate()函数的作用是建立一个信号量，它首先从空闲的事件控制块 ECB 链表中得到一个 ECB，并把该 ECB 的事件类型设置成信号量形式，然后调用 OSEventWaitListInit()函数来初始化任务等待列表，最后返回该 ECB 的指针。

OSSemPend()函数的作用是等待一个信号量。如果信号量当前是可用的（即信号量值大于 0），就将信号量减 1，然后就直接返回。如果此时信号量无效（即信号量值为 0），则调用该函数的任务将要进入休眠态，直到该信号量被发出。系统允许我们定义一个最长的等待时间作为该函数的参数，以避免该任务无休止地等待下去。如果当前任务不再处于就绪态，该函数就要调用任务调度函数 OSSched()将下一个最高优先级任务调入运行态。

OSSemPost()函数的作用是发出一个信号量。它首先检查是否有任务在等待该信号量，如果有任务在等待该信号量，则调用 OSEventTaskRdy()函数，把其中优先级高的任务从等待的任务列表中删除并使其进入就绪态。然后调用 OSSched()任务调度函数检查该任务是否是系统中最高优先级的就绪任务。如果是则进行任务切换，否则就直接返回。如果这时没有任务在等待该信号量，该信号量的计数值就简单加 1。

OSSemAccept()函数的作用是无等待地请求一个信号量。当一个任务请求一个信号量时，如果该信号量暂时无效，也可以让该任务简单地返回而不是进入休眠态。该函数对信号量进行判断，如果大于 0，则将信号量减 1，然后将原有数值返回。有了这个返回值就可以知道该信号量当前的可用资源数了。在中断服务程序中可以调用该函数。

OSSemQuery()函数用来查询一个信号量的当前状态，调用该函数可以返回被查询该信号量的当前数据状态，也就是 ECB 数据结构中的某些值。

3．邮箱

邮箱是μC/OS-II 中另一种通信机制，它可以使一个任务或中断服务子程序向另一个任务发送一个指针型的变量。该指针指向一个包含了特定“消息”的数据结构。

μC/OS-II 提供了 5 种对邮箱的操作：OSMBoxCreate()、OSMBoxPend()、OSMBoxPost()、OSMBoxAccept()和 OSMBoxQuery()函数。图 4-8 描述了任务、中断服务子程序和邮箱之间的关系，这里用符号“I”表示邮箱。邮箱包含的内容是一个指向一条消息的指针。一个邮箱只能包含一个这样的指针（邮箱为满时），或者一个指向 NULL 的指针（邮箱为空时）。从图 4-8 中可以看出，任务或者中断服务子程序可以调用函数 OSMBoxPost()，但是只有任务可以调用函数 OSMBoxPend()和 OSMBoxQuery()。

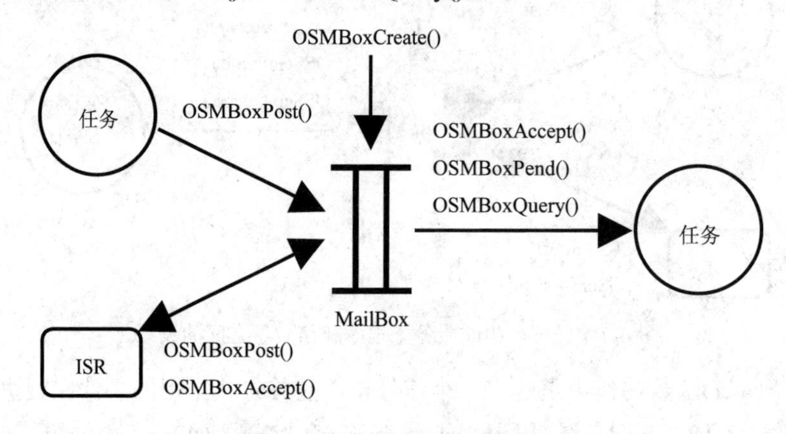

图 4-8　任务、中断服务子程序和邮箱之间的关系

OSMBoxCreate()函数用来建立一个邮箱，使用邮箱之前必须先建立邮箱，该函数指定了邮箱内消息（MSG）的指针初始值。一般情况下，这个初始值是 NULL，但也可以一开始就包含一条 MSG。如果用邮箱来通知一个事件的发生（发送一条消息），那么就初始化该邮箱为 NULL；如果用邮箱来共享某些资源，那么就初始化该邮箱为一个非 NULL 的指针。也就把邮箱当作二值信号量使用了。

OSMBoxPend()函数是等待一个邮箱中的消息，它和信号量的 OSSemPend()函数很相似。如果邮箱中有可用的消息，该函数会将该域的值复制到局部变量 msg 中，并将其返回。其他部分和信号量该函数的处理原理一样，就是针对的对象不一样而已（邮箱针对的是 MSG 指针，而信号量针对的是信号量的计数值）。

另外 3 个函数 OSMBoxPost()、OSMBoxAccept()和 OSMBoxQuery()的作用与信号量相应的 3 个函数的作用类似，这里就不一一阐述了。

4．消息队列

消息队列是 μC/OS-II 中另一种通信机制，它可以使一个任务或者中断服务子程序向另一个任务发送以指针形式定义的变量。消息队列用于给任务发消息。消息队列实际上是邮箱阵列。通过内核提供的服务、任务或中断服务子程序可以将一条消息（该消息的指针）放入消息队列。同样，一个或多个任务可以通过内核服务从消息队列中得到消息。发送和接收消息的任务约定，传递的消息实际上是传递指针指向的内容。通常，先进入消息队列的消息先传给任务，也就是说，任务先得到的是最先进入消息队列的消息，即先进先出原则（FIFO）。μC/OS-II 也允许使用后进先出方式（LIFO）。

由于具体的应用不同，每个指针指向的数据结构变量也有所不同。常数 OS_MAX_QS 表示μC/OS-II 支持的最多消息队列数。

在使用一个消息队列之前，可以通过调用 OSQCreate()函数先建立该消息队列，并定义消息队列中的单元数（消息数）。

μC/OS-II 提供了 7 个对消息队列进行操作的函数：OSQCreate()、OSQPend()、OSQPost()、OSQPostFront()、OSQAccept()、OSQFlush()和 OSQQuery()函数。图 4-9 是任务、中断服务子程序和消息队列之间的关系。其中，消息队列的符号很像多个邮箱。实际上，我们可以将消息队列看作多个邮箱组成的数组，只是它们共用一个等待任务列表。每个指针所指向的数据结构是由具体的应用程序决定的。*N* 代表了消息队列中的总单元数。当调用 OSQPend()或者 OSQAccept()之前，调用 *N* 次 OSQPost()或者 OSQPostFront()函数就会把消息队列填满。从图 4-9 中可以看出，一个任务或者中断服务子程序可以调用 OSQPost()、OSQPostFront()、OSQFlush()或者 OSQAccept()函数。但是，只有任务才可以调用 OSQPend()和 OSQQuery()函数。

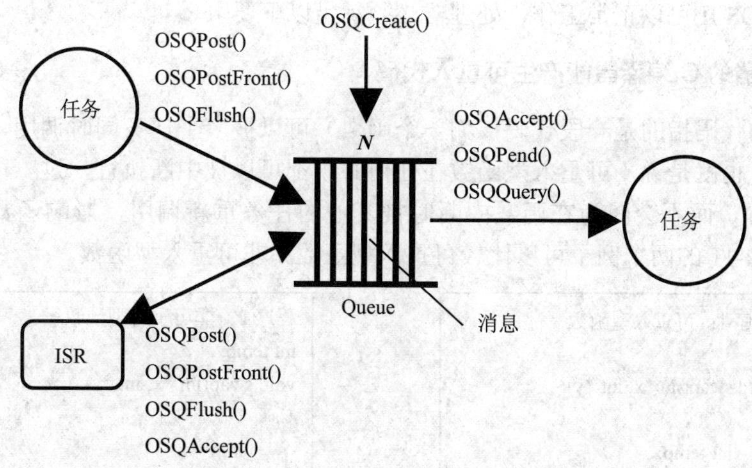

图 4-9　任务、中断服务子程序和消息队列之间的关系

与信号量及邮箱不同，建立一个消息队列不仅需要 ECB 数据结构，还需要一个队列控制块（QCB），ECB 中的 OSEventPtr 域链接到对应的 QCB。在建立一个消息队列之前，必须先定义一个含有与消息队列最大消息数相同个数的指针数组，数组的起始地址以及数

组中的元素数作为参数传递给 OSQCreate()函数，OS_MAX_QS 定义了可以使用的最大消息队列数，这个值最小应为 2。

消息队列的 7 个函数中，有 5 个函数的实现和作用都和邮箱和信号量的相应函数类似，下面只分析前面没有用到过的函数：OSQPostFront() 和 OSQFlush()。

函数 OSQPostFront 与 OSQPost()类似，后者是用先进先出（FIFO）的方式向消息队列发送一个消息，就是从队尾加入消息；而 OSQPostFront()函数使用后进先出（LIFO），就是从队列的队头加入发送的消息。值得注意的是：队头指针指向的是消息队列中已经插入的消息指针的单元，所以在插入新的消息指针前，必须先将队头指针在消息队列中前移一个单位。

OSQFlush()函数用于清空一个消息队列，该函数允许用户删除一个消息队列中的所有消息，重新开始使用。

4.4 μC/OS-II 在 S3C2410 微处理器上的移植分析

4.4.1 移植μC/OS-II 的基本要求

所谓移植，指的是一个操作系统可以在某个微处理器或者微控制器上运行。虽然 μC/OS-II 的大部分源代码是用 C 语言写成的，仍需要用 C 语言和汇编语言完成一些与处理器相关的代码。例如，μC/OS-II 在读写处理器、寄存器时只能通过汇编语言来实现。由于 μC/OS-II 在设计时就已经充分考虑了可移植性。因此，μC/OS-II 的移植还是比较容易的。

要使μC/OS-II 可以正常工作，处理器必须满足以下要求。

1．处理器的 C 编译器能产生可重入代码

可重入的代码指的是一段代码（如一个函数）可以被多个任务同时调用，而不必担心会破坏数据。也就是说，可重入型函数在任何时候都可以被中断执行，过一段时间以后又可以继续运行，而不会因为在函数中断时被其他的任务重新调用，影响函数中的数据。图 4-10 和图 4-11 的两个例子可以比较可重入型函数和非可重入型函数。

```
程序 1：可重入型函数

void swap(int *x, int *y)
{
    int temp;
    temp=*x;
    *x=*y;
    *y=temp;
```

图 4-10 可重入型函数

```
程序 2：非可重入型函数
int temp;
void swap(int *x, int *y)
{
    temp=*x;
    *x=*y;
    *y=temp;
}
```

图 4-11 非可重入型函数

程序 1 中使用局部变量 temp 作为变量。通常 C 编译器把局部变量分配在栈中。所以

多次调用同一个函数，可以保证每次的 temp 互不受影响。而程序 2 中 temp 被定义为全局变量，多次调用函数时，必然受到影响。

代码的可重入性是保证完成多任务的基础，除了在 C 程序中使用局部变量以外，还需要 C 编译器的支持。使用 ARM ADS 的集成开发环境，可以生成可重入的代码。

2．在程序中可以打开或者关闭中断

在μC/OS-II 中，可以通过 OS_ENTER_CRITICAL()或者 OS_EXIT_CRITICAL()宏来控制系统关闭或者打开中断。这需要处理器的支持，在 ARM920T 的处理器上，可以设置相应的寄存器来关闭或者打开系统的所有中断。

3．处理器支持中断，并且能产生定时中断（通常在 10～1000Hz 之间）

μC/OS-II 中通过处理器产生定时器的中断来实现多任务之间的调度。ARM920T 处理器可以产生定时器中断。

4．处理器支持能够容纳一定量数据的硬件堆栈

5．处理器有将堆栈指针和其他 CPU 寄存器存储、读出到堆栈（或者内存）的指令

μC/OS-II 中进行任务调度时，会把当前任务的 CPU 寄存器存放到此任务的堆栈中，然后，再从另一个任务的堆栈中恢复原来的工作寄存器，继续运行另一个任务。所以，寄存器的入栈和出栈是μC/OS-II 中多任务调度的基础。

如图 4-12 所示说明了μC/OS-II 中的结构以及它与硬件的关系。

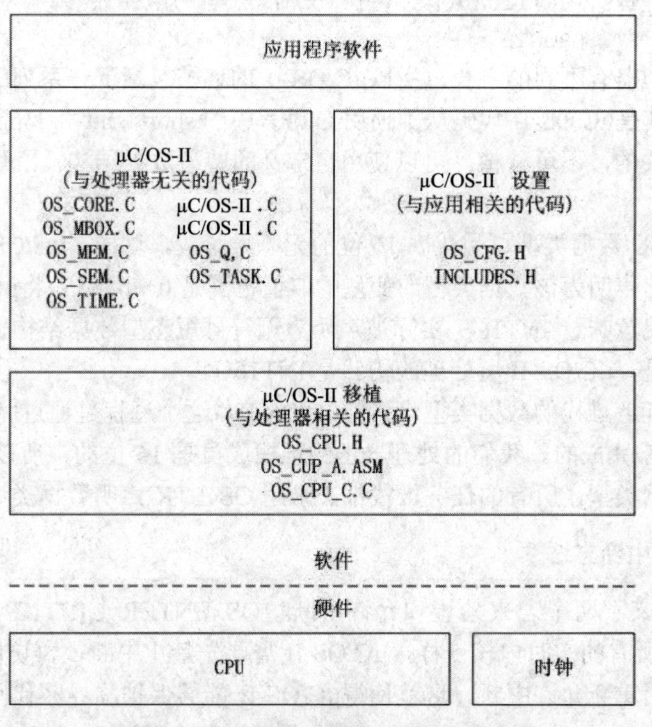

图 4-12　μC/OS-II 中硬件和软件体系结构

S3C2410X 处理器完全满足μC/OS-II 中移植的要求。接下来将介绍如何把μC/OS-II 移植到 S3C2410X 处理器上。

4.4.2 设置与处理器和编译器相关的代码

1. 设置与编译器相关的数据类型

```
typedef unsigned char  BOOLEAN;
typedef unsigned char  INT8U;
typedef signed   char  INT8S;
typedef unsigned int   INT16U;
typedef signed   int   INT16S;
typedef unsigned long  INT32U;
typedef signed   long  INT32S;
typedef float         FP32;
typedef double        FP64;
typedef unsigned int   OS_STK;
typedef unsigned int   OS_CPU_SR;
extern int  INTS_OFF(void);
extern void INTS_ON(void);
#define  OS_ENTER_CRITICAL()  { cpu_sr = INTS_OFF(); }
#define  OS_EXIT_CRITICAL()   { if(cpu_sr == 0) INTS_ON(); }
#define  OS_STK_GROWTH        1
```

不同的微处理器有不同的字长，所以μC/OS-II 的移植包括了一系列的类型定义以确保其可移植性。尤其是μC/OS-II 代码从不使用 C 语言中的 short、int 和 long 等数据类型。它们是与编译器相关的，不可移植。可以使用自定义的整型数据结构，既保证可移植性，又直观。

例如，INT16U 数据类型总是代表 16 位的无符号整数。这样，μC/OS-II 和用户的应用程序就可以估计出声明为该数据类型的变量的取值范围是 0～65535。将μC/OS-II 移植到 32 位的处理器上也就意味着 INT16U 实际被声明为无符号短整型数据结构，而不是无符号整数数据结构。但是，μC/OS-II 所处理的仍然是 INT16U。

用户必须将任务堆栈的数据类型告诉给μC/OS-II。这个过程是通过将 OS_STK 声明正确的 C 数据类型来完成的。我们的处理器上的堆栈成员是 16 位的，所以将 OS_STK 声明为无符号整型数据类型。所有的任务堆栈都必须用 OS_STK 声明数据类型。

2. 设置开关中断方法

μC/OS-II 定义了两个宏来禁止和允许中断：OS_ENTER_CRITICAL()和 OS_EXIT_CRITICAL()。与所有的实时内核一样，μC/OS-II 需要先禁止中断，再访问代码的临界区，并且在访问完毕后重新允许中断。这就使得μC/OS-II 能够保护临界区代码免受多任务或中断服务子程序（ISR）的破坏。在 S3C2410X 上是通过两个函数（OS_CPU_A.S）实现开关中断的，具体思路是先将之前的中断禁止状态保存起来，然后禁止中断。

```
INTS_OFF
        mrs   r0, cpsr              ; 备份当前 CPSR
        mov   r1, r0                ; 复制 CPSR
        orr   r1, r1, #0xC0         ; 屏蔽中断位
        msr   CPSR, r1              ; 关中断(IRQ and FIQ)
        and   r0, r0, #0x80         ; 保存初始 CPSR 的 FIQ 位
        mov   pc,lr                 ; 返回

INTS_ON
        mrs   r0, cpsr              ; 备份当前 CPSR
        bic   r0, r0, #0xC0         ; 屏蔽中断
        msr   CPSR, r0              ; 开中断 (IRQ and FIQ)
        mov   pc,lr                 ; 返回
```

3．设置堆栈增长方向

绝大多数的微处理器和微控制器的堆栈是从上往下增长的。但是某些处理器是用另外一种方式工作的。μC/OS-II 被设计成两种情况都可以处理，只要在结构常量 OS_STK_GROWTH 中指定堆栈的增长方式即可。

- OS_STK_GROWTH 为 0 表示堆栈从下往上增长。
- OS_STK_GROWTH 为 1 表示堆栈从上往下增长。

4.4.3　用 C 语言编写 6 个操作系统相关的函数

1．任务堆栈初始化函数 OSTaskStkInit

OSTaskCreate()函数和 OSTaskCreateExt()函数通过调用 OSTaskStkInit()函数来初始化任务的堆栈结构。因此，堆栈看起来就像刚发生过中断并将所有的寄存器保存到堆栈中的情形一样。图 4-13 显示了 OSTaskStkInit()函数放到正被建立的任务堆栈中的内容。这里我们定义了堆栈是从上往下增长的。

在用户建立任务时，用户传递任务的地址、pdata 指针、任务的堆栈栈顶指针和任务的优先级给 OSTaskCreate()函数和 OSTaskCreateExt()函数。一旦用户初始化了堆栈，OSTaskStkInit()函数就需要返回堆栈指针所指的地址。OSTaskCreate()函数和 OSTaskCreateExt()函数会获得该地址并将它保存到任务控制块（OS_TCB）中。

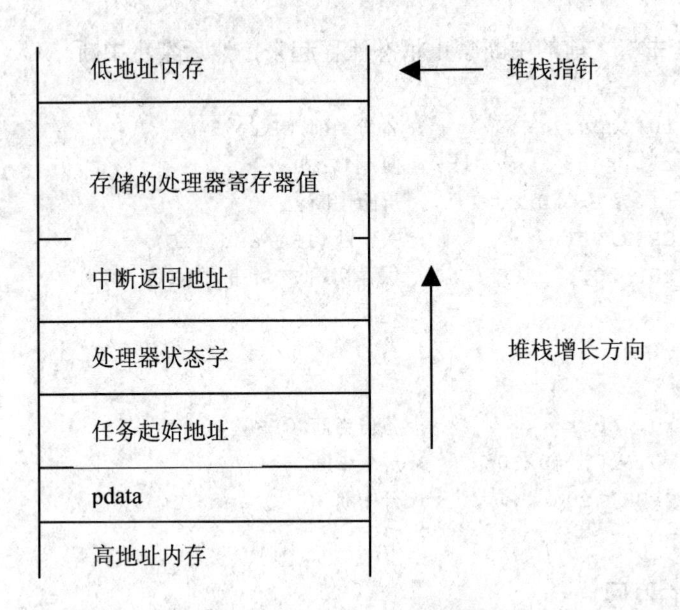

图 4-13 堆栈初始化

```
OS_STK * OSTaskStkInit (void (*task)(void *pd), void *pdata, OS_STK
*ptos,INT16U opt)
{   unsigned int * stk;
stk    = (unsigned int *)ptos;        /* 装载堆栈指针 */
    opt++;
/* 为新任务建立堆栈 */
*--stk = (unsigned int) task;        /* pc */
*--stk = (unsigned int) task;        /* lr */
*--stk = 12;                          /* r12 */
*--stk = 11;                          /* r11 */
*--stk = 10;                          /* r10 */
*--stk = 9;                           /* r9 */
*--stk = 8;                           /* r8 */
*--stk = 7;                           /* r7 */
*--stk = 6;                           /* r6 */
*--stk = 5;                           /* r5 */
*--stk = 4;                           /* r4 */
*--stk = 3;                           /* r3 */
*--stk = 2;                           /* r2 */
*--stk = 1;                           /* r1 */
*--stk = (unsigned int) pdata;        /* r0 */
*--stk = (SUPMODE);                   /* cpsr */
*--stk = (SUPMODE);                   /* spsr */
return ((OS_STK *)stk);
}
```

2. OSTaskCreateHook

当用 OSTaskCreate()函数和 OSTaskCreateExt()函数建立任务时就会调用 OSTaskCreateHook()函数。该函数允许用户或使用移植实例的用户扩展μC/OS-II 功能。当μC/OS-II 设置完了自己的内部结构后，会在调用任务调度程序之前调用 OSTaskCreateHook()函数。该函数被调用时中断是禁止的。因此用户应尽量减少该函数中的代码以缩短中断的响应时间。

当 OSTaskCreateHook()函数被调用时，它会收到指向已建立任务的 OS_TCB 的指针，这样它就可以访问所有的结构成员了。

函数原型：void OSTaskCreateHook (OS_TCB *ptcb)。

3. OSTaskDelHook

当任务被删除时就会调用 OSTaskDelHook()函数。该函数在把任务从μC/OS-II 的内部任务链表中删除之前被调用。当 OSTaskDelHook()函数被调用时，它会收到指向正被删除任务的 OS_TCB 的指针，这样它就可以访问所有的结构成员了。OSTaskDelHook()函数可以来检验 TCB 扩展是否被建立（一个非空指针）并进行一些清除操作。

函数原型：void OSTaskDelHook (OS_TCB *ptcb)。

4. OSTaskSwHook

当发生任务切换时就会调用 OSTaskSwHook()函数。OSTaskSwHook()函数可以直接访问 OSTCBCur 和 OSTCBHighRdy，因为它们是全局变量。OSTCBCur 指向被切换出任务的 OS_TCB，而 OSTCBHighRdy 指向新任务的 OS_TCB。注意在调用 OSTaskSwHook()函数期间，中断一直是被禁止的。因此用户应尽量减少该函数中的代码以缩短中断的响应时间。

函数原型：void OSTaskSwHook (void)。

5. OSTaskStatHook

OSTaskStatHook()函数每秒钟都会被 OSTaskStat()函数调用一次。用户可以用 OSTaskStatHook()函数来扩展统计功能。例如，用户可以保持并显示每个任务的执行时间，每个任务所用的 CPU 份额，以及每个任务执行的频率等。

函数原型：void OSTaskStatHook (void)。

6. OSTimeTickHook

OSTimeTickHook()函数在每个时钟节拍都会被 OSTaskTick()函数调用。实际上，OSTimeTickHook()函数是在节拍被μC/OS-II 真正处理，并通知用户的移植实例或应用程序之前被调用的。

函数原型：void OSTimeTickHook (void)。

上述后 5 个函数可以不加代码。只有当 OS_CFG.H 中的 OS_CPU_HOOKS_EN 被置为 1 时才会产生这些函数的代码。

4.4.4 用汇编语言编写 4 个与处理器相关的函数

1. 运行优先级最高的就绪任务 OSStartHighRdy ()

```
OSStartHighRdy
    LDR r4, addr_OSTCBCur          ; 得到当前任务 TCB 地址
    LDR r5, addr_OSTCBHighRdy      ; 得到最高优先级任务 TCB 地址

    LDR r5, [r5]                   ; 获得堆栈指针
    LDR sp, [r5]                   ; 转移到新的堆栈中

    STR r5, [r4]                   ; 设置新的当前任务 TCB 地址
    LDMFD   sp!, {r4}
    MSR SPSR, r4
    LDMFD   sp!, {r4}              ; 从栈顶获得新的状态
    MSR CPSR, r4                   ; CPSR 处于 SVC32Mode 模式
    LDMFD   sp!, {r0-r12, lr, pc } ; 运行新的任务
```

2. 任务级的任务切换函数 OS_TASK_SW ()

```
OS_TASK_SW
    STMFD   sp!, {lr}             ; 保存 pc
    STMFD   sp!, {lr}             ; 保存 lr
    STMFD   sp!, {r0-r12}         ; 保存寄存器和返回地址
    MRS r4, CPSR
    STMFD   sp!, {r4}             ; 保存当前的 PSR
    MRS r4, SPSR
    STMFD   sp!, {r4}             ; 保存 SPSR

    ; OSPrioCur = OSPrioHighRdy
    LDR r4, addr_OSPrioCur
    LDR r5, addr_OSPrioHighRdy
    LDRB    r6, [r5]
    STRB    r6, [r4]

    ; 得到当前任务 TCB 地址
    LDR r4, addr_OSTCBCur
    LDR r5, [r4]
```

```
    STR sp, [r5]               ; 保存 sp 在被占先的任务的 TCB

    ; 得到最高优先级任务 TCB 地址
    LDR r6, addr_OSTCBHighRdy
    LDR r6, [r6]
    LDR sp, [r6]                 ; 得到新任务堆栈指针

    ; OSTCBCur = OSTCBHighRdy
    STR r6, [r4]                 ; 设置新的当前任务的 TCB 地址

    ;保存任务方式寄存器
    LDMFD   sp!, {r4}
    MSR SPSR, r4
    LDMFD   sp!, {r4}
    MSR CPSR, r4

   ; 返回到新任务的上下文
    LDMFD   sp!, {r0-r12, lr, pc}
```

3. 中断级的任务切换函数 OSIntCtxSw()

```
OSIntCtxSw
add     r7, sp, #16          ; 保存寄存器指针
LDR     sp, =IRQStack   ;FIQ_STACK
mrs     r1, SPSR               ; 得到暂停的 PSR
orr     r1, r1, #0xC0          ; 关闭 IRQ, FIQ
msr     CPSR_cxsf, r1          ; 转换模式
ldr     r0, [r7, #52]          ; 从 IRQ 堆栈中得到 IRQ's LR 指针
sub     r0, r0, #4             ; 当前 PC 地址是(saved_LR - 4)
STMFD   sp!, {r0}              ; 保存任务 PC
STMFD   sp!, {lr}              ; 保存 LR
mov     lr, r7                 ; 得到 LR 的值
ldmfd   lr!, {r0-r12}          ; 从 FIQ 堆栈中得到保存的寄存器
STMFD   sp!, {r0-r12}          ; 在任务堆栈中保存寄存器

;在任务堆栈上保存 PSR 和任务 PSR
MRS r4, CPSR
bic   r4, r4, #0xC0              ; 使中断位处于使能态
STMFD   sp!, {r4}                ; 保存当前任务 PSR
MRS r4, SPSR
STMFD   sp!, {r4}                ; SPSR
; OSPrioCur = OSPrioHighRdy     // 改变当前程序
LDR r4, addr_OSPrioCur
```

```
LDR r5, addr_OSPrioHighRdy
LDRB    r6, [r5]
STRB    r6, [r4]
; 得到被占先的任务 TCB
LDR r4, addr_OSTCBCur
LDR r5, [r4]
STR sp, [r5]                    ; 保存 sp 在被占先的任务的 TCB
; 得到新任务 TCB 地址
LDR r6, addr_OSTCBHighRdy
LDR r6, [r6]
LDR sp, [r6]                    ; 得到新任务堆栈指针
; OSTCBCur = OSTCBHighRdy
STR r6, [r4]                    ; 设置新的当前任务的 TCB 地址
LDMFD   sp!, {r4}
MSR SPSR, r4
LDMFD   sp!, {r4}
BIC   r4, r4, #0xC0             ; 必须退出新任务通过允许中断
MSR CPSR, r4
LDMFD   sp!, {r0-r12, lr, pc}
```

4. 时钟节拍中断 OSTickISR()

多任务操作系统的任务调度是基于时钟节拍中断的，μC/OS-II 也需要处理器提供一个定时器中断来产生节拍，借以实现时间的延时和期满功能。但在本系统移植μC/OS-II 时，时钟节拍中断的服务函数并非μC/OS-II 文献中提到的 OSTickISR()函数，而直接是 C 语言编写的 OSTimeTick()函数。本系统μC/OS-II 移植时占用的时钟资源是系统定时器。

在平台初始化函数 ARMTargetInit()中，调用 uHALr_InitTimers()函数初始化定时器相关寄存器；调用 uHALr_InstallSystemTimer(void)开始系统时钟，其中通过语句 SetISR_Interrupt(IRQ_TIMER4, TimerTickHandle, NULL)将 TimerTickHandle 函数设置为定时器的中断服务函数。这些函数在文件 UHAL.C 以及 ISR.C 中。

程序中必须在开始多任务调度之后再允许时钟节拍中断，即在 OSStart()函数调用过后，μC/OS-II 运行的第一个任务中启动节拍中断。如果在调用 OSStart()函数启动多任务调度之前就启动时钟节拍中断，μC/OS-II 运行状态可能不确定而导致崩溃。

本系统是在系统任务 SYS_Task 中调用 uHALr_InstallSystemTimer()函数设置定时器的 IRQ 中断的，从而启动时钟节拍。SYS_Task()函数在文件 OSAddTask.C 中定义，用户不必创建。

完成了上述工作以后，μC/OS-II 就可以运行在 S3C2410 处理器上了。

4.4.5　移植测试

为了使μC/OS-II 可以正常运行，除了上述必须的移植工作外，硬件初始化和配置文件也是必须的。包括中断处理、时钟、串口通信等基本功能函数。

在文件 main.c 中给出了应用程序的基本框架，包括初始化和多任务的创建、启动等。任务创建方法如下。

1．在程序开头定义任务堆栈、任务函数声明和任务优先级

```
OS_STK TaskName_Stack[STACKSIZE]={0, };     //任务堆栈
void TaskName(void *Id);                    //任务函数
#define TaskName_Prio     N                 //任务优先级
```

2．在 main()函数中调用 OSStart()函数之前创建任务

```
OSTaskCreate(TaskName,(void*)0,(OS_STK*)&TaskName_Stack[STACKSIZE-1],
TaskName_Prio);
```

OSTaskCreate()函数的原型是：

```
INT8U  OSTaskCreate (void (*task)(void *pd), void *p_arg, OS_STK *ptos, INT8U
prio);
```

需要将任务函数 TaskName、任务堆栈 TaskName_Stack 和任务优先级 TaskName_Prio 3 个参数传给 OSTaskCreate()函数。根据任务函数的内容决定堆栈大小，宏 STACKSIZE 定义为 4KB，可以在此基数上倍乘。任务优先级越高，TaskName_Prio 值越小。

3．编写任务函数内容

```
void TaskName(void *Id)
{
//添入任务初始化语句
     for(;;)
{ //添入任务循环内容
         OSTimeDly(SusPendTime);//挂起一定时间，以使其他任务可以占用 CPU
     }
}
```

μC/OS-II 至少要有一个任务，这里已经创建一个系统任务 SYS_Task，启动系统时钟和多任务切换。

为了验证μC/OS-II 多任务切换的进行，再编写两个简单的任务，分别在超级终端上输出 run task1 和 run task2。可以参考 main.c 的结构创建多个不同功能的任务，观察各个任务的切换。

练习题

1．简述μC/OS-II 实时内核中任务调度器的原理。

2．简要描述μC/OS-II 操作系统的中断处理过程。

3．说明退出中断函数 OSIntExit()的功能。

4．试说明延时函数 OSTimeDly()的作用。

5．试说明如何使用信号量机制实现两个任务之间的同步。

6．试说明在μC/OS-II 移植时，中断级的任务切换函数 OSIntCtxSw()的实现过程及其注意事项。

第 5 章　嵌入式系统硬件平台与接口设计

第 4 章介绍了μC/OS-II 的实时内核、中断处理、任务间的通信及移植等内容。RTOS 建立以后，需要运行在目标硬件平台上。本章主要介绍基于 ARM9 微处理器的嵌入式硬件平台的设计，包括硬件平台的体系结构、存储器系统设计、I/O 接口设计、人机交互接口设计、网络接口设计和调试接口设计等内容。

5.1　基于 S3C2410A 微处理器的硬件平台体系结构

5.1.1　S3C2410A 微处理器简介

三星公司推出的 16/32 位 RISC 处理器 S3C2410A 为手持设备和一般类型应用提供了低价格、低功耗、高性能小型微控制器的解决方案。S3C2410A 基于 ARM920T 内核，0.18μm 工艺的 CMOS 标准宏单元和存储器单元，采用了高级微控制器总线（Advanced Microcontroller Bus Architecture，AMBA）的新型总线结构，提供了丰富的片上资源，特别适用于对成本和功耗敏感的应用。

S3C2410A 提供了以下片上功能：

- 1.8V/2.0V 内核供电、3.3V 存储器供电、3.3V 外部 I/O 供电。
- 带有 6KB 指令缓存和 16KB 数据缓存的内存管理单元（MMU）。
- 外部存储控制器（SDRAM 控制和片选逻辑）。
- LCD 控制器（最大支持 4K 色 STN 和 256K 色 TFT）提供 1 通道 LCD 专用 DMA。
- 4 通道 DMA，并带有外部请求引脚。
- 3 通道 UART 接口。
- 2 通道 SPI 接口。
- 1 通道多主 IIC 总线接口/1 通道 IIS 总线接口。
- 兼容 1.0 版本协议的 SD 主接口和兼容 2.11 版本协议的 MMC 卡接口。
- 两个 USB 主机接口/1 个 USB 设备接口（1.1 版）。
- 4 通道 PWM 定时器和 1 通道内部定时器。
- 看门狗定时器。
- 117 个通用 I/O 口和 24 通道外部中断源。
- 功耗控制模式：具有正常、慢速、空闲和掉电模式。
- 8 通道 10 位 ADC 和触摸屏接口。

✦　带有日历功能的实时时钟 RTC。
✦　带有 PLL 片上时钟发生器。

5.1.2　基于 S3C2410A 微处理器的硬件平台结构

S3C2410A 的体系结构框图如图 5-1 所示。

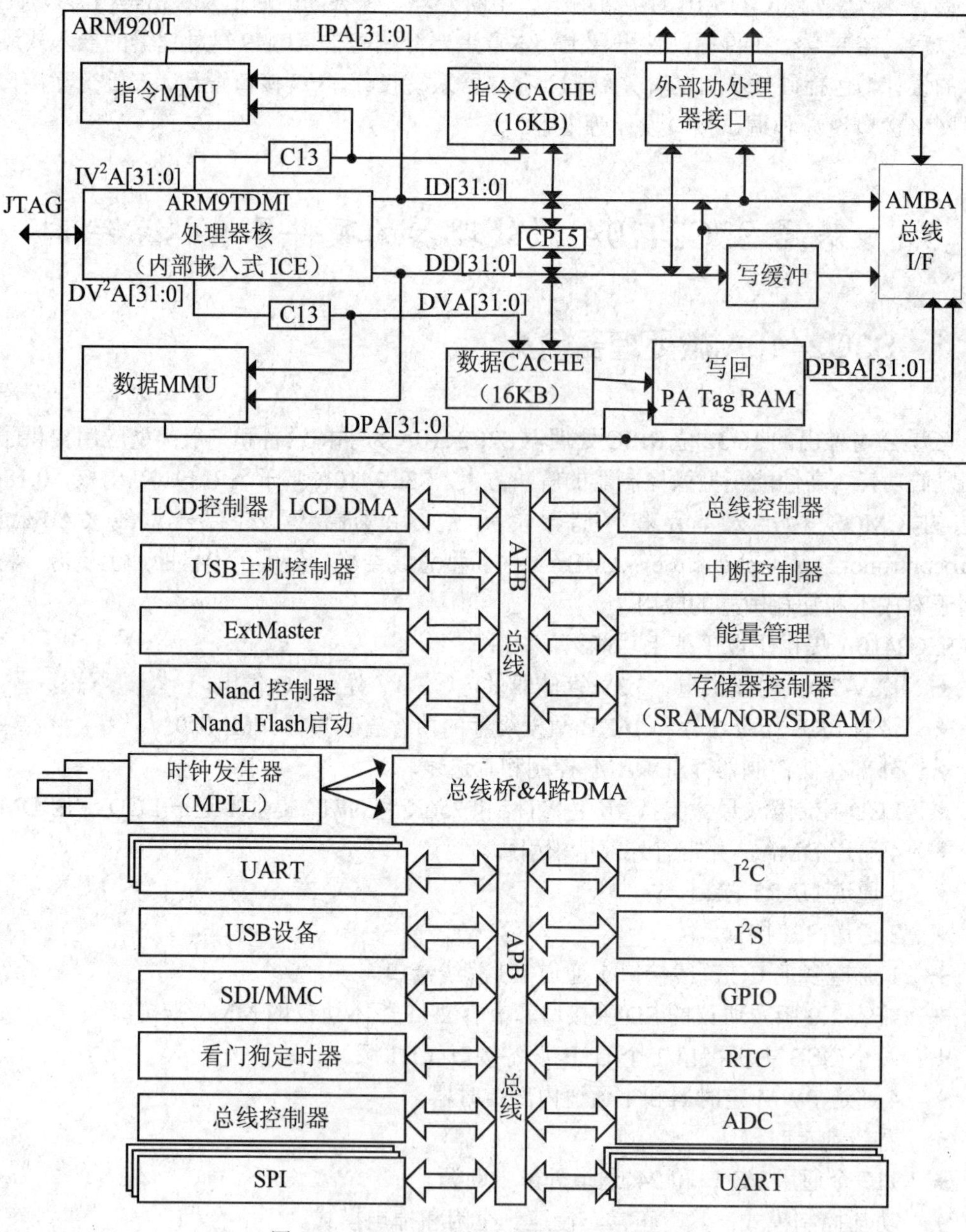

图 5-1　S3C2410A 微处理器体系结构框图

基于 S3C2410A 微处理器的嵌入式硬件平台，其系统框图如图 5-2 所示。主要包括以下几个方面的内容。

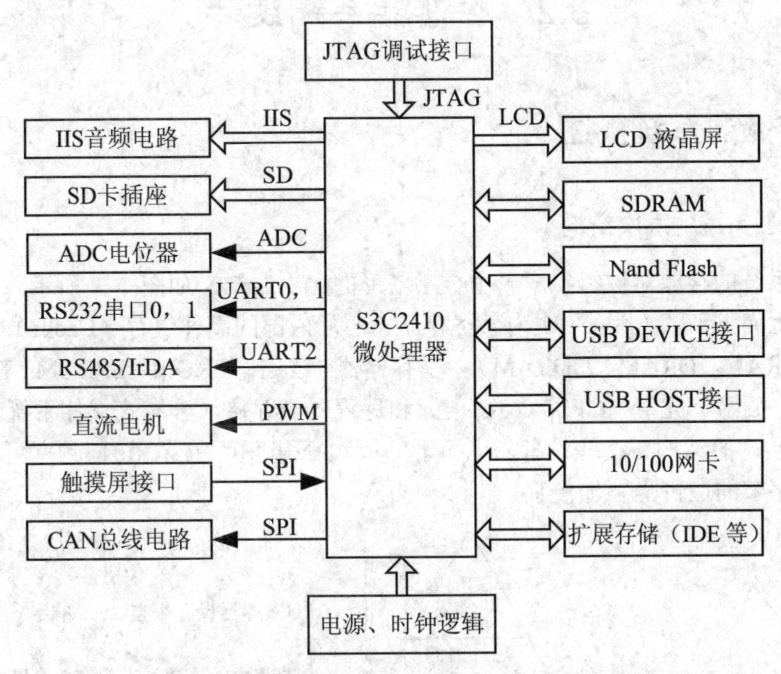

图 5-2　基于 ARM9 微处理器的嵌入式硬件平台体系结构

- 存储器系统部分：包括 Nand Flash 和 SDRAM，其中 Nand Flash 用作系统的程序存储器，负责系统启动，同时作为系统的数据存储器；SDRAM 作为系统内存。
- 人机交互接口部分：主要包括液晶显示接口、键盘接口和触摸屏接口等。
- I/O 接口部分：主要包括 GPIO 接口、A/D、D/A 接口等。
- 总线通信接口：主要包括 RS232 串口、USB 接口、IIS 音频接口等。

S3C2410A 微处理器的启动采用两级引导的方式。

第一级引导是在系统复位时，CPU 判断引脚 OM[1:0]的状态，如果 OM[1:0]配置为 00，那么 CPU 通过片内 Nand Flash 控制器将 Nand Flash 的前 4K 字节数据复制到芯片内部的 SRAM 中，并跳转到 SRAM 中去执行。

第二级引导在 Nand Flash 中的前 4K 字节地址中一般存放着操作系统的 Boot loader，当这段程序启动后，将初始化 SDRAM 及 Nand Flash 控制器，配置系统总线和其他接口。随后将位于其他位置的操作系统的 Boot loader 复制到 SDRAM 中，随后跳转到 SDRAM，执行 Boot loader，引导操作系统及运行其他应用程序。

由于一般操作系统的 Boot loader 功能都比较复杂，很难精简到 4KB 大小。因此上述两级引导的方式即可将操作系统顺利地在 S3C2410A 处理器上运行起来。

5.2 存储器系统设计

5.2.1 存储器系统概述

1．存储器系统的层次结构

计算机系统的存储器被组织成一个金字塔形的层次结构，如图 5-3 所示。在这个层次结构中，自上而下，依次为 CPU 内部寄存器、芯片内部的高速缓存（Cache）、芯片外的高速缓存（SRAM、DRAM、DDRAM）、主存储器（Flash、PROM、EPROM、E2PROM）、外部存储器（磁盘、光盘、CF 卡、SD 卡）和远程二级存储（分布式文件系统、Web 服务器）这 6 个层次的结构。这些设备从上而下，依次变得速度更慢、访问频率更小、容量更大，并且每字节的造价也更加便宜。

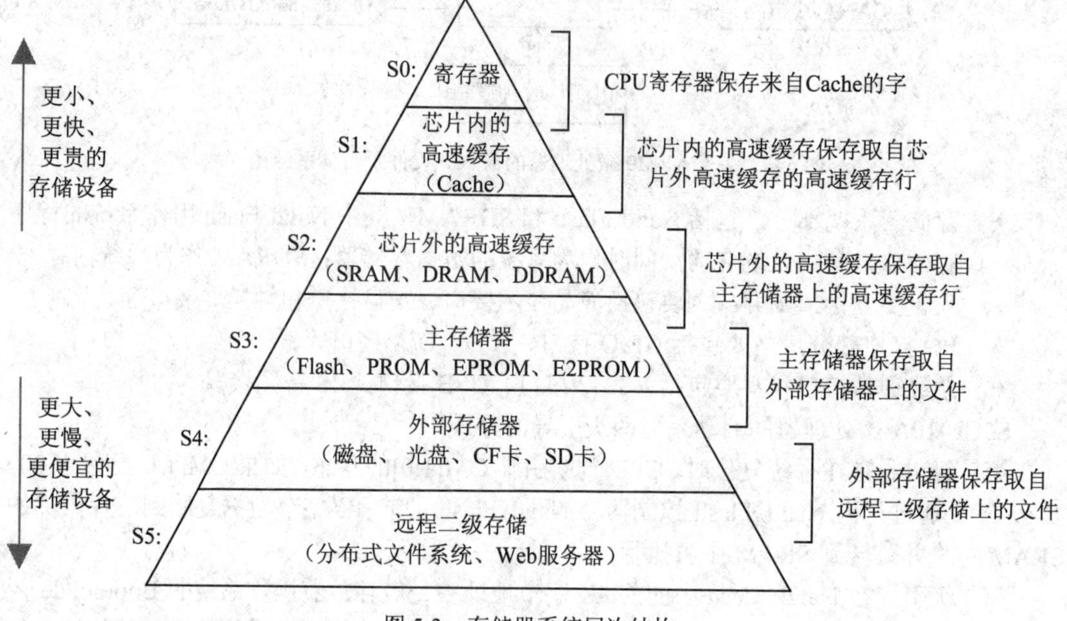

图 5-3 存储器系统层次结构

CPU 内部寄存器位于整个层次结构的最顶部（S0 层），高速缓存（S1 层）保存了 CPU 经常用到的数据，要求在速度上能跟得上 CPU 运算器和控制器的要求，其容量较小，成本较高。下面依次为内存（S2 层）、主存储器（S3 层）、外部存储器（S4 层）和远程存储（S5 层）。

在这种存储器分层结构中，上面一层的存储器作为下一层存储器的高速缓存。CPU 寄存器就是 Cache 的高速缓存，寄存器保存来自 Cache 的字；Cache 又是内存层的高速缓存，从内存中提取数据送给 CPU 进行处理，并将 CPU 的处理结果返回到内存中；内存又是主存储器的高速缓存，它将经常用到的数据从 Flash 等主存储器中提取出来，放到内存中，从而加快了 CPU 的运行效率。嵌入式系统的主存储器的容量是有限的，当遇到大信息量的数据时，就需要将其保存到磁盘、光盘或 CF 卡、SD 卡等外部存储器中，并在需要时从外部存储器中提取调用数据。在某些带有分布式文件系统的嵌入式网络系统中，外部存储器就作为网络上其他系统中被存储数据的高速缓存。

2．高速缓存（Cache）

为了提高存储器系统的性能，在主存储器和 CPU 之间采用高速缓冲存储器（Cache）。高速缓存被广泛用来提高内存系统性能。许多微处理器都把它作为其内部结构的一部分。如果正确使用，高速缓存能够减少内存平均访问时间。高速缓存提高了内存访问的可变性，即对高速缓存中的数据访问速度最快，而访问不在高速缓存中的数据会慢一些。

在 Cache 存储系统当中，把主存储器和 Cache 都划分成相同大小的块。主存地址可以由块号 M 和块内地址 N 两部分组成。同样，Cache 的地址也由块号 m 和块内地址 n 组成。工作原理图如图 5-4 所示。

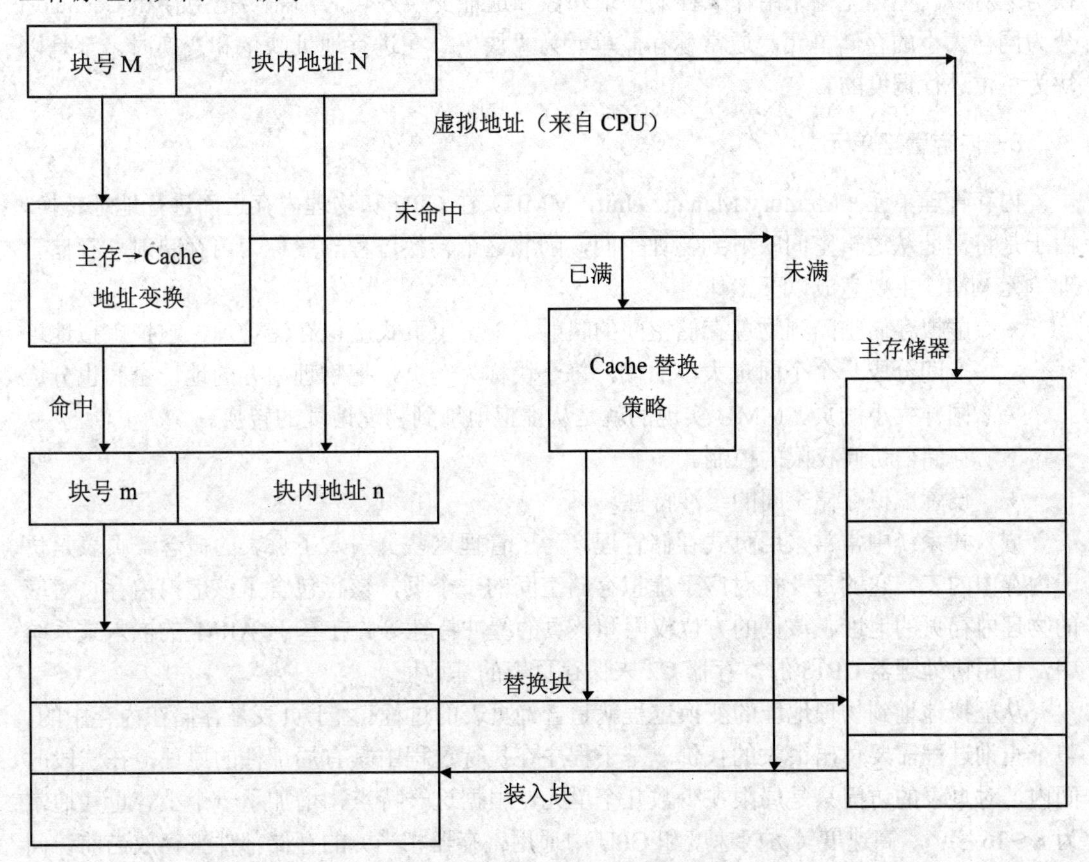

图 5-4　Cache 工作原理图

当 CPU 要访问 Cache 时，CPU 送来主存地址，放到主存地址寄存器中。然后通过地址变换部件把主存地址中的块号 M 变成 Cache 的块号 m，并放到 Cache 地址寄存器当中。

同时将主存地址中的块内地址N直接作为Cache的块内地址n装入到Cache地址寄存器中。如果地址变换成功（通常称为Cache命中），就用得到的Cache地址去访问Cache，从Cache中取出数据送到CPU中。如果地址变换不成功，则产生Cache失效信息，并且接着使用主存地址直接去访问主存储器。从主存储器中读出一个字送到CPU，同时，将从主存储器中读出来的数据装入到Cache中去。此时，如果Cache已经满了，则需要采用某种Cache替换策略（如FIFO策略、LRU策略等）把不常用的块先调出到主存储器中相应的块中，以便腾出空间来存放新调入的块。由于程序具有局部性特点，每次发生失效时都把新的块调入到Cache中，能够提高Cache的命中率。

在Cache当中，地址映像是指把主存地址空间映像到Cache地址空间。也就是说，把存放在主存中的程序或数据按照某种规则装入到Cache中，并建立主存地址到Cache地址之间的对应关系。地址变换是指当程序或数据已经装入到Cache后，在实际运行过程当中，把主存地址如何变成Cache地址。

地址映像和地址变换是密切相关的。采用什么样的地址映像就必然会有相应的地址变换与之对应。但是无论采用什么样的地址映像和地址变换方式，都需要把主存和Cache划分为同样大小的存储单元，通常称存储单元为“块”。在进行地址映像和变换时，都是以块为单位进行调度的。

3．内存管理单元

内存管理单元（Memory Manage Unit，MMU）在CPU和物理内存之间进行地址转换。由于是将地址从逻辑空间映射到物理空间，因此这个转换过程一般称为内存映射。存储管理单元MMU主要完成以下工作：

- ✦ 虚拟存储空间到物理存储空间的映射。采用了页式虚拟存储管理，它把虚拟地址空间分成一个个固定大小的块，每一块称为一页，把物理内存的地址空间也分成同样大小的页。MMU实现的就是从虚拟地址到物理地址的转换。
- ✦ 存储器访问权限的控制。
- ✦ 设置虚拟存储空间的缓冲特性。

嵌入式系统中常常采用页式存储管理。为了管理这些页引入了页表的概念。页表是位于内存中的表。它的每一行对应于虚拟存储空间的一个页，该行包含了该虚拟内存页对应的物理内存页的地址、该页的方位权限和该页的缓冲特性等。在基于ARM的嵌入式系统中，使用协处理器CP15的寄存器C2来保存页表的基地址。

从虚拟地址到物理地址的变换过程就是查询页表的过程。由于页表是存储在内存中的，整个查询过程需要付出很大的代价。基于程序在执行过程中具有局部性的原理，在一段时间内，对页表的访问只是局限在少数几个单元。根据这一特点，增加了一个小容量（通常为8～16字）、高速度（访问速度和CPU中通用寄存器相当）的存储部件来存放当前访问需要的地址变换条目，这个存储部件称为地址转换后备缓冲器（Translation Lookaside Buffer，TLB）。

当 CPU 访问内存时，首先在 TLB 中查找需要的地址变换条目，如果该条目不存在，CPU 再从位于内存中的页表中查询，并把相应的结果添加到 TLB 中，更新它的内容。这样做的好处是，如果 CPU 下一次又需要该地址变换条目时，可以从 TLB 中直接得到，从而使地址变换的速度大大加快。当内存中的页表内容改变，或者通过修改系统控制协处理器 CP15 的寄存器 C2 使用新的页表时，TLB 中的内容需要全部清除。MMU 提供了相关的硬件支持这种操作。系统控制协处理器 CP15 的寄存器 C8 用来控制清除 TLB 内容的相关操作。

MMU 可以将某些地址变换条目锁定在 TLB 中，从而使得进行与该地址变换条目相关的地址变换速度保持很快。在 MMU 中寄存器 C10 用于控制 TLB 内容的锁定。MMU 可以将整个存储空间分成最多 16 个域，每个域对应一定的内存区域，该区域具有相同的访问控制属性。MMU 中寄存器 C3 用于控制与域相关的属性配置。当存储访问失效时，MMU 提供了相应的机制来处理这种情况。MMU 中寄存器 C5 和寄存器 C6 用于支持这些机制。

5.2.2　S3C2410A 的存储系统设计

1. S3C2410A 存储系统的特征

S3C2410A 的存储系统具有以下一些主要特性：

- ✦ 支持数据存储的大/小端选择（通过外部引脚进行选择）。
- ✦ 地址空间：具有 8 个存储体，每个存储体可达 128MB，总共可达 1GB。
- ✦ 对所有存储体的访问大小均可进行改变（8 位/16 位/32 位）。
- ✦ 8 个存储体中，Bank0～Bank5 可支持 ROM、SRAM；Bank6、Bank7 可支持 ROM、SRAM 和 FP/EDO/SDRAM 等。
- ✦ 7 个存储体的起始地址固定，一个存储体的起始地址可变。

如图 5-5 所示是复位后的 S3C2410A 的存储器映射表，Bank6/Bank7 存储体的地址表如表 5-1 所示。

2. 存储器的大/小端模式

ENDIAN 定义存储器的大/小端模式，当 nRESET 为 L 时，则使用大端模式。

根据 OM[1:0]配置的不同，系统采用不同的启动方式，也对应了存储器的映射方式，如表 5-2 所示。BANK0 之外的存储体的总线宽度只能在系统复位后由程序进行设定，由特殊寄存器 BWSCON 的相应位决定。

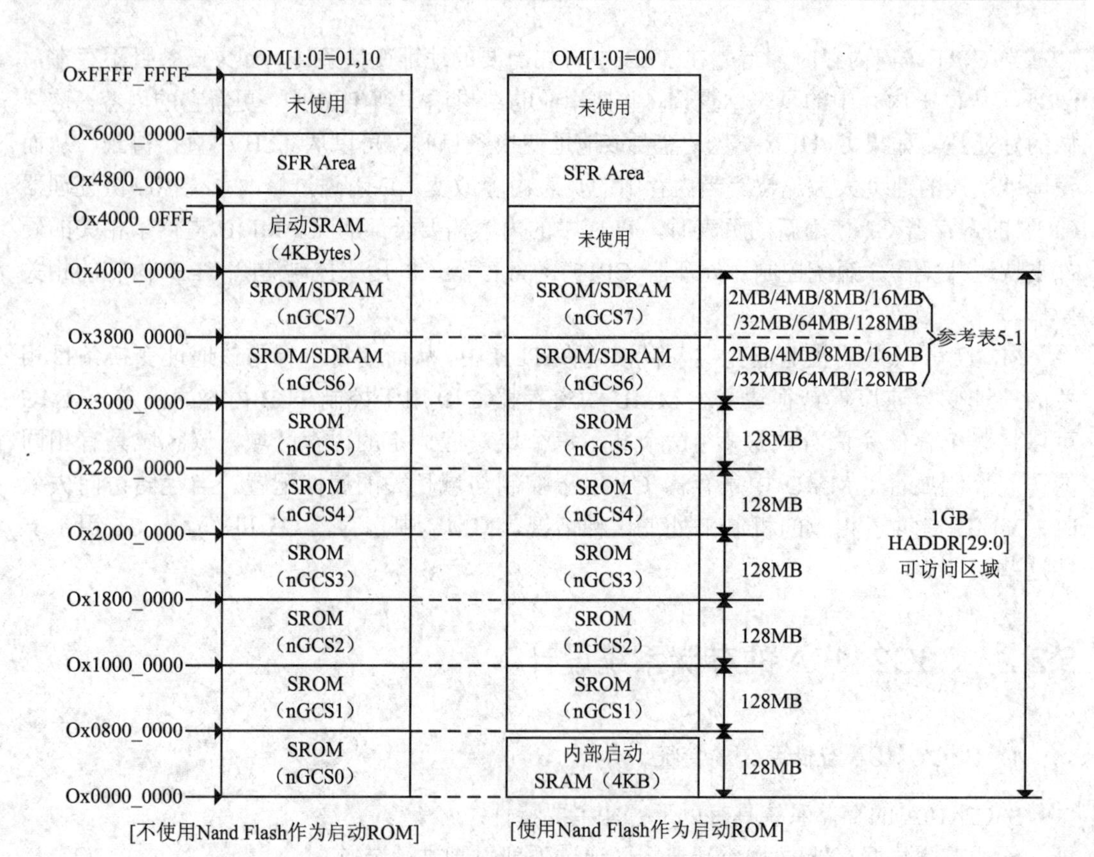

图 5-5 复位后的 S3C2410A 的存储器映射表

说明：SROM 表示 ROM 或 SRAM 类型的存储器

表 5-1 Bank 6/ Bank 7 的地址表

地 址	2MB	4MB	8MB	16MB	32MB
Bank6					
起始地址	0xc00 0000	0xc00 0000	0xc00 0000	0xc00 0000	0xc00 0000
结束地址	0xc1f ffff	0xc3f ffff	0xc7f ffff	0xcff ffff	0xdff ffff
Bank7					
起始地址	0xc20 0000	0xc40 0000	0xc80 0000	0xd00 0000	0xe00 0000
结束地址	0xc3f ffff	0xc7f ffff	0xcff ffff	0xdff ffff	0xfff ffff

说明：Bank6 和 Bank7 上的存储器大小必须相同。

表 5-2 启动方式和总线宽度

OM1	OM0	启动方式数据宽度
0	0	Nand Flash 启动
0	1	16 位
1	0	32 位
1	1	测试模式

3. 存储器（SROM/DRAM/SDRAM）地址引脚连接

存储器地址引脚连接如表 5-3 所示。

表 5-3　存储器地址引脚连接

存储器地址引脚	8 位数据总线下的 S3C2410A 地址	16 位数据总线下的 S3C2410A 地址	32 位数据总线下的 S3C2410A 地址
A0	A0	A1	A2
A1	A1	A2	A3
A2	A2	A3	A4
A3	A3	A4	A5
…	…	…	…

由于使用 16 位数据总线，所以将存储器的 A0 与 S3C2410A 的 A1 对应连接在一起。

4. 典型系统中存储体的分配情况

典型系统中存储体的分配情况如表 5-4 所示。

表 5-4　典型系统中存储体分配

存　储　体	与存储体的接口
Bank0	NOR Flash
Bank1	网络控制器
Bank2	保留
Bank3	保留
Bank4	保留
Bank5	保留
Bank6	系统内存 SDRAM
Bank7	保留

只需要将 CPU 上的相应 Bank 连线接到外设芯片的片选引脚上，便可以根据相应的地址进行存储器或外设操作。

在本系统中，存储器的配置如下：

- ✦ 将 Nand Flash 连接到微处理器的 Nand Flash 控制器上，当作系统数据处理器使用，可以构造文件系统，存放海量数据。
- ✦ 系统上电后从 Nand Flash，自动将 Nand Flash 的前 4K 字节数据读入到内部的 SRAM 中。
- ✦ 用 SDRAM 当做系统内存，只有 Bank6/Bank7 能支持 SDRAM，所以将 SDRAM 接在 Bank6 上。如果同时使用 Bank6/Bank7，则要求连接相同容量的存储，而且其地址空间在物理上是连续的。

5.3 串行接口设计

5.3.1 串行通信的基本概念

1. 通信的基本模式

数据通信涉及两台数字设备之间进行传输数据的问题。常用的数据通信方式有并行通信和串行通信两种。当距离较近而且要求传输速率较高时，通常采用并行通信的方式，计算机系统的内部总线结构就是并行方式。当设备距离较远时，数据往往以串行方式传输。如图 5-6 所示列出了 3 种基本的通信模式。

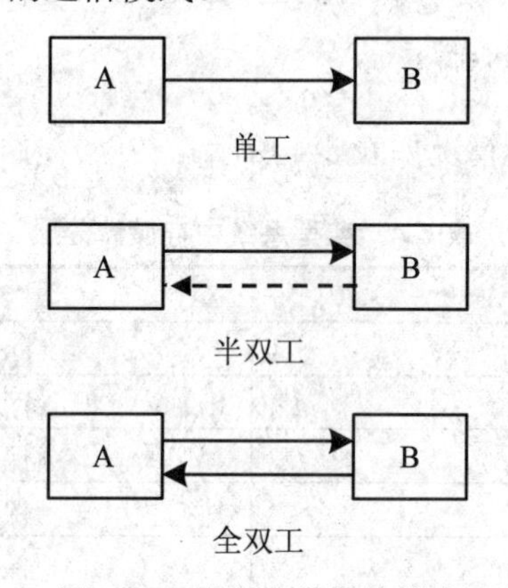

图 5-6 3 种基本的通信模式

（1）单工通信：数据仅能沿着从 A 到 B 的单一方向传播。

（2）半双工通信：数据可以从 A 到 B，也可以从 B 到 A，但不能在同一时刻传播。

（3）全双工通信：数据在同一时刻可以从 A 到 B，或从 B 到 A 进行双向传播。

2. 异步通信

在异步通信系统的数据传输过程中，接收器时钟与发送器时钟不是同步的。一般而言，异步传输表示数据是以独立字节方式传输的。每个字节前有一个起始信号，终止于一个或多个终止信号。为了保证同步，接收器使用起始至终止信号。通常传输线在标记位置（二进制 1）时处于空闲状态。当每个字节开始传输时，它的前面有一个起始位。起始位是从标记到空白（二进制 0）的一个迁移。这个迁移表明一个字节开始传输，接收装置检测到起始位和组成字节的数据位，在字节传输的最后，利用一个或多个停止位使传输线回到标记状态。这时，发送方准备发送下一个字节。起始位和终止允许接收装置与发送方保持字节同步。字节从最低有效位开始传输，同时，要传输的数据中的每个字节要求至少 2 比特用于保证同步，因此同步的比特数增加了超过 20%的开销。

假定接收端了解每一比特传输速率（该传输速率又称作波特率），只要发送端与接收端采用一致的波特率，实际用到的速率就显得比较次要了。但工业上有标准的波特率，如表 5-5 所示。

表 5-5　标准波特率

波 特 率	比特时间（微秒）	字节数/秒[①]	字节之间的时间（微秒）
300	3333.3	30	33333
600	1666.6	60	16667
1200	833.3	120	8333
2400	4166.7	240	4167
4800	208.3	480	2083
9600	104.2	960	1042
19200	52.1	1920	521
38400	26.0	3840	260
56000	17.9	5600	179

注：① 假定有 1 个起始位、8 个数据位和 1 个停止位。

异步通信在通用异步收发器（Universal Asynchronous Receiver and Transmitter，UART）上几乎是透明地运行。为了收发数据，程序只需简单地在 UART 上执行读写操作。UART 一般能在同一时刻收发数据，即支持全双工通信。相对于微处理器，一台 UART 是作为一个甚至多个存储点（或 I/O 端口）。UART 一般包括一个或多个状态寄存器，用于验证数据传输和接收时的状态、进程。微处理器能够获悉何时已收到一个字节、何时已发送一个字节、是否产生通信错误等。UART 可以通过一个或多个控制寄存器进行配置，其配置包括波特率的设置、终止位数量的设置以及在发送字节时产生中断等。

最普及的 UART 是国家半导体公司的 NS16550 型。市场上还有许多其他 UART，其中比较流行的有 AMD Z8530、Motorola 6850、ACIA、Zilog Z-80 STO 等。NS16550 包括了收发字符所需的全部功能，同时它还安装了内部波特率发生器，因此很容易与大多数微处理器接口。

由于 UART 收发的数据包括由 8（或更少）位或者多个 8 位所代表的一切数据，因此可以用于发送二进制数据、ASCII 字符、SBCDIC、BCD（二进制编码）数等。在使用英语的国家最重要的字符集是 ASCII，它是一种 7 比特编码。表 5-6 列出了 ASCII 码所映射的 7 比特二进制的值。在 C 语言中，ASCII 字符代表字符串，如字符串“HELLO”由以下的 ASCII 码表示。

表 5-6　ASCII 码与二进制的对应表

ASCII	H	E	L	L	O	\0
Binary	0x48	0x45	0x4c	0x4c	0x4F	0x00

ASCII 表包括两列“特殊”字符。对 C 程序员而言，其中一些是已知的：NULL（Null 字符，0x00）、BEL（Bell，0x07）、BS（Back Space，0x08）、LF（Line Feed，0x0A）、CR（Carriage Return，0x0C）、FF（Form Feed，0x0F）、ESC（Escape，0x1b）和 SP（Space，

0x20）。前两列也包括了在数据通信协议中使用的字符编码。

3．RS-232-C

目前RS-232是PC机与通信工业中应用最广泛的一种串行接口。RS-232被定义为一种在低速率串行通信中增加通信距离的单端标准。RS-232遵循RS-232-C标准，RS-232-C标准是在保证计算机硬件和软件有着同样可移植性的基础上发展起来的。所以，理论上计算机设备可以方便地和其他 RS-232-C 设备之间进行通信。美国电子工业协会（Electronic Industries Association，EIA）把RS-232-C定义为："在数据终端设备和数据通信设备之间使用串行二进制数据交换的接口"。RS-232-C标准是一种硬件协议，用于连接DTE（Data Terminal Equipment，数据终端设备）和DCE（Data Communications Equipment，数据通信设备）两种设备。RS-232-C定义包括以下几个方面：

✦ 接口的机械特性。
✦ 电气信号特性。
✦ 交换功能特性。

RS-232-C采用25针连接器，阳极（插头）接DTE，阴极（插座）接DCE。虽然该标准没有规定连接器的实际类型，但工业上对D-25类型的连接器实行了标准化。

在电气方面，RS-232-C做了以下规定：

✦ 驱动器上的负载电容不超过2500pF。
✦ 驱动器上的负载电阻在3000～7000Ω之间。
✦ 在指定负载下，数据信号传输率（或波特率）低于2000bps。
✦ 相对于信号地线，RS-232-C线的最高电压不超过15V。
✦ 驱动器能产生+5～+15V（逻辑1）和−5～−15V（逻辑0）的电压。
✦ 输入端能接收+5～+15V（逻辑1）和−5～−15V（逻辑0）的信号。

将RS-232-C标准建议信号的传输速度控制在20000bps内，在高速传输时，建议电缆长度不超过 50 英尺。简单的计算公式为：25 英尺（半负载量）时数据信号传输率增加到40000bps、12.5 英尺时数据信号传输率增加到 80000bps、6 英尺时数据信号传输率增加到160000bps。事实上，许多通信包能使两台计算机之间的数据信号传输率达到115200 bps。注意，RS-232-C标准并没有定义"标准"波特率。RS-232-C标准允许数据在同一时刻收发，也就是全双工通信方式。

RS-232-C标准定义的25针实际上仅用了其中9针。因此，为了节省开销，IBM在20世纪80年代中期推广IBM PC/AT时开始采用RS-232-C通信的9针连接器。RS-232-C通信所保留的9针如表5-7所示。注意，PC机上的通信端口一般是作为DTE连接（即阳性连接器）。

表5-7 RS-232-C设备连接

说 明	编写词	DTE DB-25M 针脚号	DTE DB-9M 针脚号	方 向	DCE DB-9F 针脚号	DCE DB-25 F 针脚号
发送	TxD	2	3	→	3	3
接收	Data	RxD	3	←	2	2

续表

说　明	编 写 词	DTE DB-25M 针脚号	DTE DB-9M 针脚号	方　向	DCE DB-9F 针脚号	DCE DB-25 F 针脚号
发送请求	RTS	4	7	→	8	5
清除发送	CTS	5	8	←	7	4
数据设置准备好	DSR	6	6	←	4	20
数据载波准备好	DCD	8	1	←	1	8
数据终端准备好	DTR	20	4	→	6	6
振铃检测	Indicator	RL	22	←	9	9
信号地	Ground	SG	7		5	5

RS-232-C 通信端口一般包括 UART、EIA 驱动程序/接收程序。EIA 驱动程序/接收程序用于将微处理器级（特征电压为 0～5V）转换成 RS-232-C 兼容级：-3～-15V（逻辑 0）到+3～+15V（逻辑 1）。如图 5-7 所示列出了使用 RS-232-C 数据终端设备（DTE），使用反相器是由于电流的原因。为方便读者，在图 5-7 中还列出了 DB25 和 DB9 两种连接器的引线（在 DB25 和 DB9 中，“M”代表阳性），实际应用中只需采用其中一种连接器。

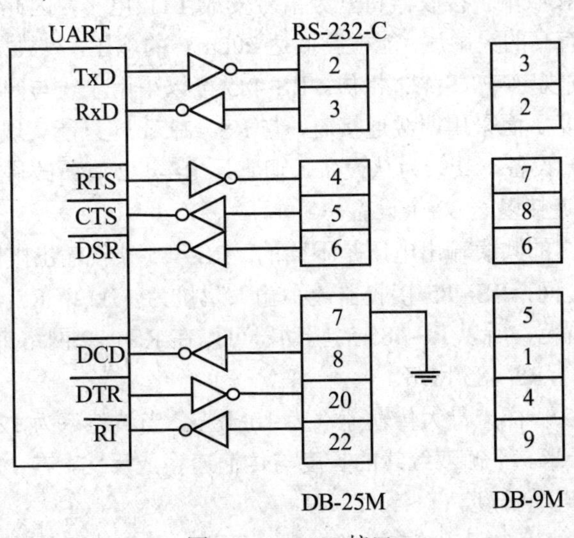

图 5-7　RS-232 接口

在实际的应用中，利用 RS-232-C 的通信通常只使用其中的 3 根线，即 RxD、TxD 和 GND。

4．RS-422 总线接口

RS-422 由 RS-232 发展而来。为改进 RS-232 通信距离短、速度低的缺点，RS-422 定义了一种平衡通信接口，将传输速率提高到 10Mbps，允许在一条平衡总线上连接最多 10 个接收器。RS-422 是一种单机发送、多机接收的单向、平衡传输规范。RS-422 的数据信号采用差分传输方式，也称作平衡传输。它使用一对双绞线进行数据传输。

RS-422 标准全称是“平衡电压数字接口电路的电气特性”。由于接收器采用高输入阻抗并且发送驱动器具有比 RS-232 更强的驱动能力，故允许在相同传输线上连接多个接收节点，最多可接 10 个节点，即一个主设备（Master），其余为从设备（Salve）。从设备之间不能通信，所以 RS-422 支持点对多的双向通信。RS-422 四线接口由于采用单独的发送和接收通道，因此不必控制数据方向，各装置之间任何必须的信号交换均可以按软件方式（XON/XOFF 握手）或硬件方式（一对单独的双绞线）实现。

RS-422 的最大传输距离为 4000 英尺（约 1219 米），最大传输速率为 10Mbps。其平衡双绞线的长度与传输速率成反比，在 100Kbps 速率以下，才可能达到最大传输距离。只有在很短的距离下才能获得最高传输速率。一般 100 米长的双绞线上所能获得的最大传输速率仅为 1Mb/s。

RS-422 需要一终接电阻，要求其阻值约等于传输电缆的特性阻抗。在短距离传输时可不需终接电阻，即一般在 300 米以下不需终接电阻。终接电阻接在传输电缆的最远端。

5．RS-485 串行总线接口

为扩展应用范围，EIA 在 RS-422 的基础上制定了 RS-485 标准，增加了多点、双向通信能力，通常在要求通信距离为几十米至上千米时，广泛采用 RS-485 收发器。

RS-485 收发器采用平衡发送和差分接收，即在发送端，驱动器将 TTL 电平信号转换成差分信号输出；在接收端，接收器将差分信号变成 TTL 电平，因此具有抑制共模干扰的能力，加上接收器具有高的灵敏度，能检测低达 200mV 的电压，故数据传输可达千米以外。

RS-485 许多电气规定与 RS-422 相仿。RS-485 可以采用二线与四线方式，二线制可实现真正的多点双向通信。而采用四线连接时，与 RS-422 一样只能实现点对多的通信，即只能有一个主（Master）设备，其余为从设备，但它比 RS-422 有所改进。无论四线还是二线连接方式总线上都可连接多达 32 个设备。

RS-485 与 RS-422 的共模输出电压是不同的。RS-485 共模输出电压在-7～+12V 之间，RS-422 在-7～+7V 之间，RS-485 接收器最小输入阻抗为 12kΩ；RS-422 是 4kΩ；RS-485 满足所有 RS-422 的规范，所以 RS-485 的驱动器可以在 RS-422 网络中应用，但 RS-422 的驱动器并不完全适用于 RS-485 网络。

RS-485 与 RS-422 一样，最大传输速率为 10Mb/s。当波特率为 1200bps 时，最大传输距离理论上可达 15 千米。平衡双绞线的长度与传输速率成反比，在 100Kb/s 速率以下，才可能使用规定最长的电缆长度。

RS-485 需要两个终接电阻，接在传输总线的两端，其阻值要求等于传输电缆的特性阻抗。在短距离传输时可不需终接电阻，即一般在 300 米以下不需终接电阻。

表 5-8 给出了 RS-232、RS-422 和 RS-485 之间的性能比较。

表 5-8　RS-232 /422/485 接口电路特性比较

规　　定	RS-232	RS-422	RS-485
工作方式	单端	差分	差分
节点数	1 收、1 发	1 发 10 收	1 发 32 收
最大传输电缆长度	50 英尺	400 英尺	400 英尺
最大传输速率	20Kb/s	10Mb/s	10Mb/s
最大驱动输出电压	+/-25V	-0.25～+6V	-7～+12V
驱动器输出信号电平（负载最小值）	+/-5～+/-15V	+/-2.0V	+/-1.5V
驱动器输出信号电平（空载最大值）	+/-25V	+/-6V	+/-6V
驱动器负载阻抗（Ω）	3～7k	100	54
摆率（最大值）	30V/μs	N/A	N/A
接收器输入电压范围	+/-15V	-10～+10V	-7～+12V
接收器输入门限	+/-3V	+/-200mV	+/-200mV
接收器输入电阻（Ω）	3～7k	4k（最小）	≥12k
驱动器共模电压		-3～+3V	-1～+3V
接收器共模电压		-7～+7V	-7～+12V

5.3.2　通用异步收发器（UART）

S3C2410A 的 UART 单元提供 3 个独立的异步串行 I/O 接口，都可以运行于中断模式或 DMA 模式。也就是说，UART 可以产生中断请求或 DMA 请求，以便在 CPU 和 UART 之间传递数据。它最高可支持 115200bps 的传输率。如图 5-8 所示，S3C2410A 中每个 UART 通道包含两个用于接收或发送数据的 16 位 FIFOs 队列。

S3C2410A UART 还支持可编程波特率、红外收发，1～2 位停止位，5 位、6 位、7 位或 8 位的数据宽度及奇偶校验位。每个 UART 包括一个如图 5-8 所示的波特率发生器、数据发送器、数据接收器及控制单元，其特点如下：

- ✦ 基于 DMA 或者中断操作的 RxD0、TxD0、RxD1、TxD1、RxD2 和 TxD2。
- ✦ 包括 IrDA 1.0 和 16 字节 FIFO 的 UART 通道 0、1、2。
- ✦ 包括 nRTS0、nCTS0、nRTS1 和 nCTS1 的 UART 通道。
- ✦ 支持握手方式的接收/发送。

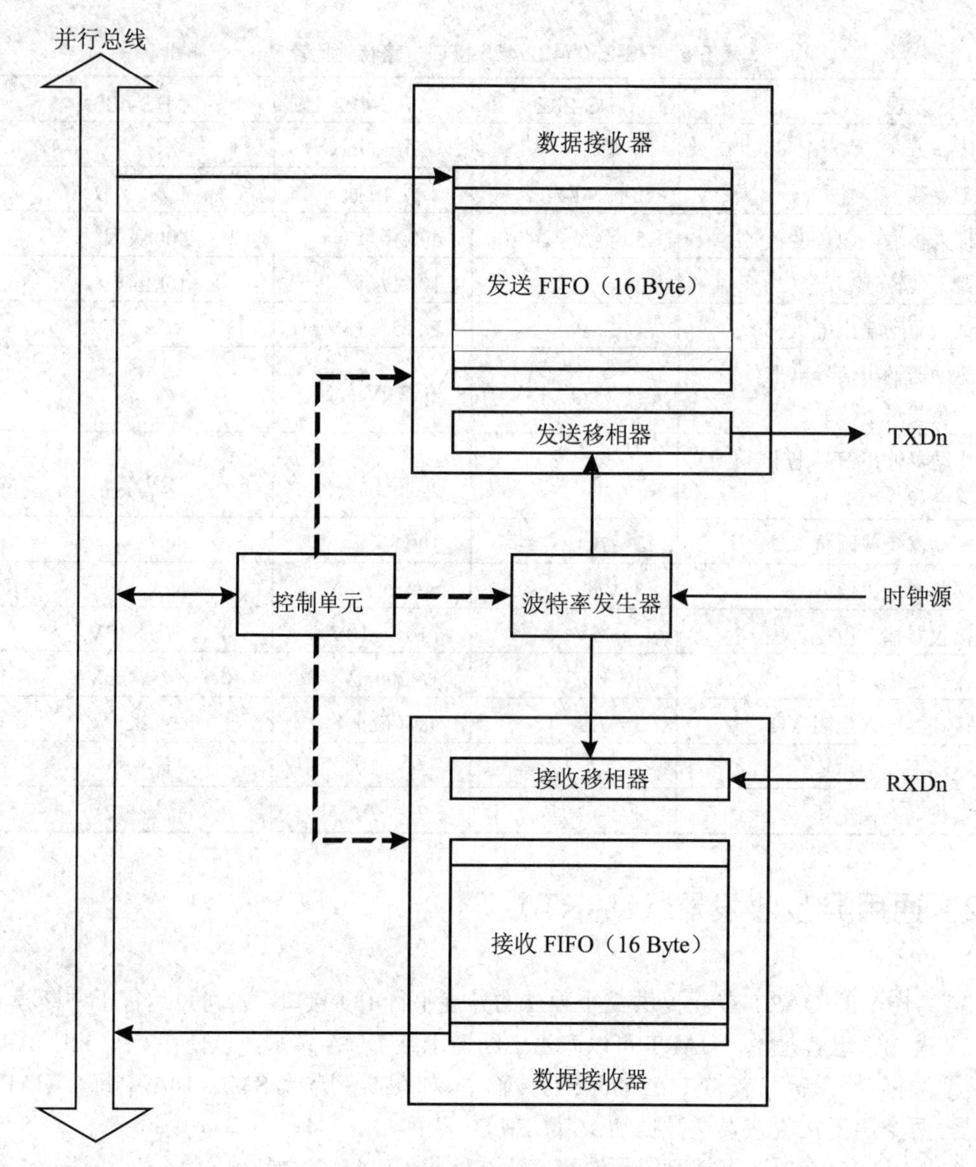

图 5-8　通用异步收发器（UATR）的结构

内部数据通过并行总线到达发送单元后，进入 FIFO 队列，然后再通过发送移相器通过 TXDn 引脚发送出去。但是为了与计算机通用串行口兼容，还需要使用 MAX3232 芯片将 3.3V 的 TTL/CMOS 电平转换成与普通串行口兼容的信号，然后用于与外设进行通信。数据接收的过程刚好相反，外部串口信号需先经 MAX3232 作电平转换，然后由 RxDn 进入接收移相器，经过转换后放到接收 FIFO 队列中，最后到达数据总线，由 CPU 进行处理或直接送到存储器中（DMA 方式下）。

与 UART 有关的寄存器主要有以下几个：

- ✦ UART 线控制寄存器。包括 ULCON0、ULCON1 和 ULCON2，主要用来选择每帧数据位数、停止位数、奇偶校验模式及是否使用红外模式。

- ✦ UART 控制寄存器。包括 UCON0、UCON1 和 UCON2，主要用来选择时钟、接收和发送中断类型（即电平还是脉冲触发类型）、接收超时使能、接收错误状态中断使能、回环模式、发送接收模式等。
- ✦ UART 错误状态寄存器。包括 UERSTAT0、UERSTAT1 和 UERSTAT2，此状态寄存器的相关位表明是否有帧错误或溢出错误发生。
- ✦ 其他还有 UART 接收/发送状态寄存器。包括 UTRSTAT0、UTRSTAT1 和 UTRSTAT2，UART 发送缓冲寄存器，包括 UTXH0、UTXH1 和 UTXH2，UART 接收缓冲寄存器，包括 URXH0、URXH1 和 URXH2 等。
- ✦ UART 波特率因子寄存器 UBRDIV0、UBRDIV1 和 UBRDIV2，存储在波特率因子寄存器（UBRDIVn）中的值决定串口发送和接收的时钟数率（波特率），计算公式如下：

$$UBRDIVn = (int)(PCLK / (bps \times 16)) - 1$$

或

$$UBRDIVn = (int)(UCLK / (bps \times 16)) - 1$$

例如，如果波特率是 115200、PCLK 或 UCLK 是 40 MHz，那么

$$UBRDIVn = (int)(40000000 / (115200 \times 16)) - 1 = (int)(21.7) - 1 = 20$$

嵌入式开发系统的串行口使用的是 S3C2410A 上的 UART 接口，通过电平转换芯片（如 Max3233），把 3.3V 的逻辑电平转换为 RS-232-C 的逻辑电平，进行传输。此串行接口使用了 RS-232-C 的 3 根线进行通信。接口为 D 型的 9 针阳性的插头，其各个管脚的定义如表 5-9 所示。

表 5-9　管脚串行口的定义

管 脚 号	定　义	英 文 缩 写	方　向
2	数据接收	RXD	输入
3	数据发送	TXD	输出
5	地线	GND	

按照上述管脚定义，嵌入式开发系统和 PC 机的通信电缆可以按照如图 5-9 所示的方式连接。

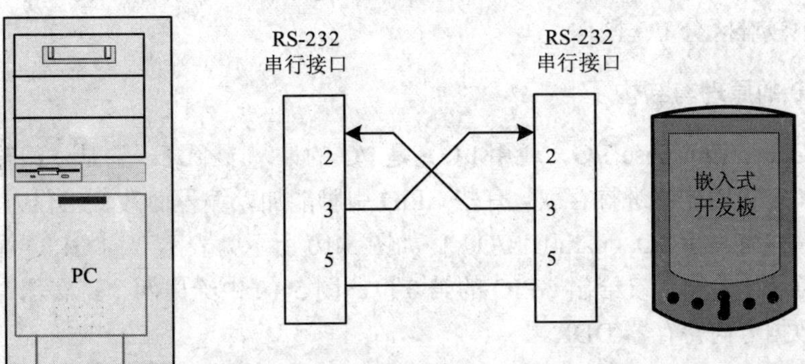

图 5-9　嵌入式开发系统和 PC 机的通信

5.4 I/O 接口设计

5.4.1 GPIO 接口设计

1. I/O 接口

I/O 接口电路也简称接口电路。它是主机和外围设备之间交换信息的连接部件（电路）。它在主机和外围设备之间的信息交换中起着桥梁和纽带作用。

设置接口电路的必要性：

- ✦ 解决主机 CPU 和外围设备之间的时序配合和通信联络问题。
- ✦ 解决 CPU 和外围设备之间的数据格式转换和匹配问题。
- ✦ 解决 CPU 的负载能力和外围设备端口选择问题。

2. I/O 接口的编址方式

- ✦ I/O 接口独立编址：这种编址方式是将存储器地址空间和 I/O 接口地址空间分开设置，互不影响。设有专门的输入指令（IN）和输出指令（OUT）来完成 I/O 操作。
- ✦ I/O 接口与存储器统一编址方式：这种编址方式不区分存储器地址空间和 I/O 接口地址空间，把所有的 I/O 接口的端口都当作是存储器的一个单元对待，每个接口芯片都安排一个或几个与存储器统一编号的地址号。也不设专门的输入/输出指令，所有传送和访问存储器的指令都可用来对 I/O 接口操作。

两种编址方式有各自的优缺点，独立编址方式的主要优点是内存地址空间与 I/O 接口地址空间分开，互不影响，译码电路较简单，并设有专门的 I/O 指令，所以编程序易于区分，且执行时间短、快速性好。其缺点是只用 I/O 指令访问 I/O 端口，功能有限且要采用专用 I/O 周期和专用 I/O 控制线，使微处理器复杂化。统一编制方式的主要优点是访问内存的指令都可用于 I/O 操作，数据处理功能强；同时 I/O 接口可与存储器部分共用译码和控制电路。其缺点一是 I/O 接口要占用存储器地址空间的一部分；二是因不用专门的 I/O 指令，程序中较难区分 I/O 操作。

3. GPIO 的原理与结构

GPIO（General Purpose I/O，通用 I/O）是 I/O 的最基本形式。它是一组输入引脚或输出引脚，CPU 对它们能够进行存取。有些 GPIO 引脚能加以编程而改变工作方向。GPIO 的另一传统术语称为并行 I/O（parallel I/O）。如图 5-10 所示为表示双向 GPIO 端口的简化功能逻辑图。为简化起见，仅给出 GPIO 的第 0 位。图 5-10 中给出两个寄存器，即数据寄存器 PORT 和数据方向寄存器 DDR。

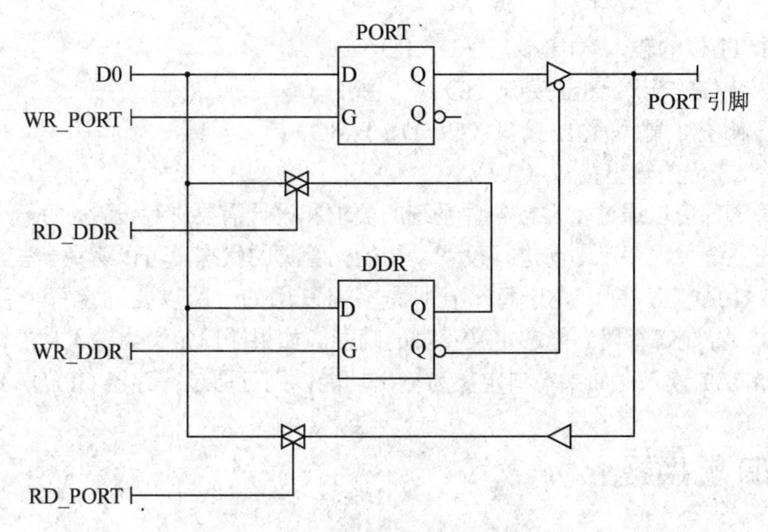

图 5-10　双向 GPIO 功能逻辑图

数据方向寄存器 DDR（Data Direction Register）设定端口的方向。若该寄存器的输出为 1，则端口为输出；若该寄存器的输出为零，则端口为输入。DDR 状态能够用写入该 DDR 的方法加以改变。DDR 在微控制器地址空间中是一个映射单元。这种情况下，若要改变 DDR，则需要将恰当的值置于数据总线的第 0 位即 D_0，同时激活 WR_DDR 信号。读取 DDR 单元，就能得到 DDR 的状态，同时激活 RD_DDR 信号。

若将 PORT 引脚置为输出，则 PORT 寄存器控制着该引脚状态。若将 PORT 引脚设置为输入，则此输入引脚的状态由引脚上的逻辑电路层来实现对它的控制。对 PORT 寄存器的写入，将激活 WR_PORT 信号。PORT 寄存器也映射到微控制器的地址空间。需指出，即使当端口设置为输入时，若对 PORT 寄存器进行写入，并不会对该引脚发生影响。但从 PORT 寄存器的读出，不管端口是什么方向，总会影响该引脚的状态。下面为对 PORTP 第 0 位进行设置的典型配置。

```
bset  PORTP, BIT0        ;预置 PORTP 数据
bset  DDRP, BIT0         ;预置 PORTP 第 0 位为输出
```

在上面的配置中，首先配置 PORTP 的第 0 位。这看起来好像顺序颠倒了，因为尚未将 PP0 配置为输出就先设置 PORTP；但这样先预置数据寄存器，可以避免输出端瞬间偶发信号的干扰。然后，再将 1 写入数据方向寄存器 DDRP 的第 0 位，用以使 PP0 配置成输出。一旦端口设置成输出，预置的端口数据就会连接到输出引脚上。

4．S3C2410A 的 I/O 接口

ARM 系统完成 I/O 功能的标准方法是使用存储器映射 I/O。这种方法使用特定的存储器地址。当从这些地址加载或向这些地址存储时，它们提供 I/O 功能。典型情况下，从存储器映射 I/O 地址加载用于输入，而向存储器映射 I/O 地址存储用于输出。

S3C2410A 有 117 个多功能输入\输出管脚，构成了 8 个 I/O 接口。

✦ 两个 11 位的输入/输出接口（B、H）。
✦ 一个 8 位的输入/输出接口（F）。
✦ 4 个 16 位的输入/输出接口（C、D、E、G）。
✦ 一个 23 位的输出接口（A）。

每一个管脚都可以通过软件按各种系统的要求和设计需要进行设置。每一个要用到的管脚的功能要在系统主程序启动前进行设置。初始化管脚的状态，可以避免一些潜在的错误。

在 S3C2410A 芯片中，由于每个管脚是多路复用的，所以要确定每个管脚的功能。GPnCON（端口控制寄存器）能够定义管脚的功能。如果端口定义为输入功能，则输入的数据可以从 GPnDAT 读入；如果端口定义为输出功能，则可通过寄存器 GPnDAT 输出数据。

5.4.2 A/D 转换器

所谓 A/D 转换器就是把电模拟量转换成为数字量的电路。A/D 转换器是模拟信号源和 CPU 之间联系的接口，它的任务是将连续变化的模拟信号转换为数字信号，以便计算机和数字系统进行处理、存储、控制和显示。在工业控制和数据采集及其他领域中，A/D 转换是不可缺少的。

1. A/D 转换器的分类

A/D 转换器有以下类型：逐位比较型、积分型、计数型、并行比较型、电压—频率型，主要应根据使用场合的具体要求，按照转换速度、精度、价格、功能以及接口条件等因素来决定选择何种类型。常用的有以下两种。

（1）双积分型的 A/D 转换器

双积分型也称二重积分式，其实质是测量和比较两个积分的时间，一个是对模拟输入电压积分的时间 T，此时间往往是固定的；另一个是以充电后的电压为初值，对参考电源 V_{ncf} 反向积分，积分电容被放电至零所需的时间 T（或 T_0）。模拟输入电压 V_i 与参考电压 V_{Ref} 之比，等于上述两个时间之比。由于 V_{Ref} 和 T_0 固定，而放电时间 T_i 可以测出，因而可计算出模拟输入电压的大小（V_{Ref} 与 V_i 符号相反）。

由于 T_0、V_{Ref} 为已知的固定常数，因此反向积分时间 T_1 与输入模拟电压 V_i 在 T_0 时间内的平均值成正比。输入电压 V_i 愈高，V_A 愈大，T_1 就愈长。在 T_1 开始时刻，控制逻辑同时打开计数器的控制门开始计数，直到积分器恢复到零电平时，计数停止。则计数器所计出的数字即正比于输入电压 V_i 在 T_0 时间内的平均值，于是完成了一次 A/D 转换。

由于双积分型 A/D 转换是测量输入电压 V_i 在 T_0 时间内的平均值，所以对常态干扰（串模干扰）有很强的抑制作用，尤其对正负波形对称的干扰信号，抑制效果更好。

双积分型的 A/D 转换器电路简单，抗干扰能力强，精度高，这是突出的优点。但转换速度比较慢，常用的 A/D 转换芯片的转换时间为毫秒级。例如，12 位的积分型 A/D 芯片 ADCETl2BC，其转换时间为 lms。因此适用于模拟信号变化缓慢，采样速率要求较低，而对精度要求较高，或现场干扰较严重的场合。例如在数字电压表中常被采用。

（2）逐次逼近型的 A/D 转换器

逐次逼近型（也称逐位比较式）的 A/D 转换器，应用比积分型更为广泛，其原理框图如图 5-11（a）所示，主要由逐次逼近寄存器 SAR、D/A 转换器、比较器以及时序和控制逻辑等部分组成。它的实质是逐次把设定的 SAR 寄存器中的数字量经 D/A 转换后得到电压 V_c，与待转换模拟电压 V_0 进行比较。比较时，先从 SAR 的最高位开始，逐次确定各位应是“1”还是“0”，其工作过程如下：

转换前，先将 SAR 寄存器各位清零。转换开始时，控制逻辑电路先设定 SAR 寄存器的最高位为 1，其余位为 0，此试探值经 D/A 转换成电压 V_c，然后将 V_c 与模拟输入电压 V_x 比较。如果 $V_x \geqslant V_c$，说明 SAR 最高位的 1 应予保留；如果 $V_x < V_c$，说明 SAR 该位应予清零。然后再对 SAR 寄存器的次高位置 1，依上述方法进行 D/A 转换和比较。如此重复上述过程，直至确定 SAR 寄存器的最低位为止。过程结束后，状态线改变状态，表明已完成一次转换。最后，逐次逼近寄存器 SAR 中的内容就是与输入模拟量 V_0 相对应的二进制数字量。显然 A/D 转换器的位数 N 决定于 SAR 的位数和 D/A 的位数。图 5-11（b）表示 4 位 A/D 转换器的逐次逼近过程。转换结果能否准确逼近模拟信号，主要取决于 SAR 和 D/A 的位数。位数越多，越能准确逼近模拟量，但转换所需的时间也越长。

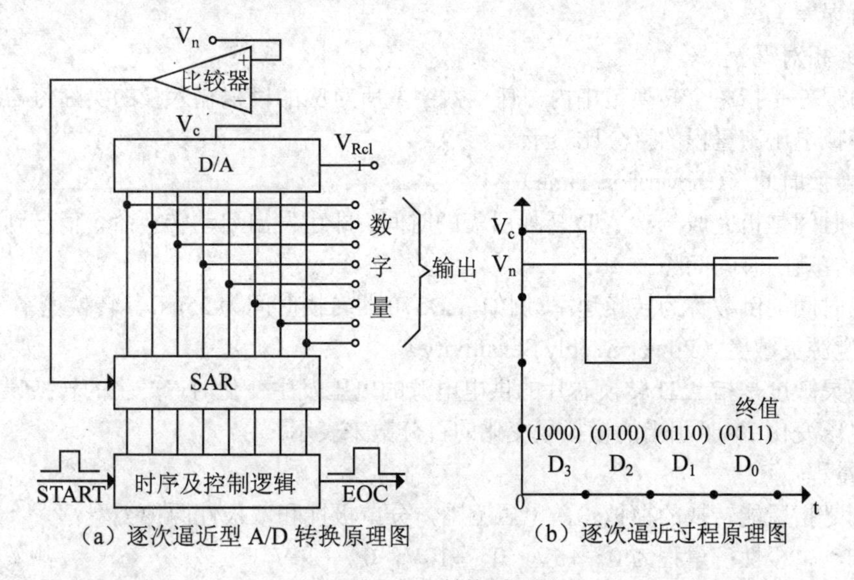

（a）逐次逼近型 A/D 转换原理图　　（b）逐次逼近过程原理图

图 5-11　A/D 转换原理图

逐次逼近型的 A/D 转换器的主要特点是转换速度较快，在 1～100/μs 以内，分辨率可以达 18 位，特别适用于工业控制系统。转换时间固定，不随输入信号的变化而变化。但抗干扰能力相对积分型的差。例如，对模拟输入信号采样过程中，若在采样时刻有一个干扰脉冲迭加在模拟信号上，则采样时，包括干扰信号在内，都被采样和转换为数字量，这就会造成较大的误差，所以有必要采取适当的滤波措施。

2．A/D 转换器的重要指标

1）分辨率（Resolution）

分辨率反映 A/D 转换器对输入微小变化响应的能力，通常用数字输出最低位（LSB）所对应的模拟输入的电平值表示。n 位 A/D 能反应 $1/2^n$ 满量程的输入电平。由于分辨率直接与转换器的位数有关，所以一般也可简单地用数字量的位数来表示分辨率，即 n 位二进制数，最低位所具有的权值，就是它的分辨率。

值得注意的是：分辨率与精度是两个不同的概念，不要把两者相混淆。即使分辨率很高，也可能由于温度漂移、线性度等原因，而使其精度不够高。

2）精度（Accuracy）

精度有绝对精度（Absolute Accuracy）和相对精度（Relative Accuracy）两种表示方法。

（1）绝对误差

在一个转换器中，对应于一个数字量的实际模拟输入电压和理想的模拟输入电压之差并非是一个常数。我们把它们之间的差的最大值定义为“绝对误差”。通常以数字量的最小有效位（LSB）的分数值来表示绝对误差，例如，±1LSB 等。绝对误差包括量化误差和其他所有误差。

（2）相对误差

相对误差是指整个转换范围内，任一数字量所对应的模拟输入量的实际值与理论值之差，用模拟电压满量程的百分比表示。

3）转换时间（Conversion Time）

转换时间是指完成一次 A/D 转换所需的时间，即由发出启动转换命令信号到转换结束信号开始有效的时间间隔。

转换时间的倒数称为转换速率。例如，AD570 的转换时间为 25μs，其转换速率为 40kHz。

4）电源灵敏度（Power Supply Sensitivity）

电源灵敏度是指 A/D 转换芯片的供电电源的电压发生变化时，产生的转换误差。一般用电源电压变化 1%时相当的模拟量变化的百分数来表示。

5）量程

量程是指所能转换的模拟输入电压范围，分单极性和双极性两种类型。

例如，单极性：量程为 0～+5V，0～+10V，0～+20V。

双极性：量程为-5～+5V，-10～+10V。

6）输出逻辑电平

多数 A/D 转换器的输出逻辑电平与 TTL 电平兼容。在考虑数字量输出与微处理器的数据总线接口时，应注意是否要三态逻辑输出，是否要对数据进行锁存等。

7）工作温度范围

由于温度会对比较器、运算放大器、电阻网络等产生影响，故只在一定的温度范围内才能保证额定精度指标。一般 A/D 转换器的工作温度范围为（0℃～70℃），军用品的工作温度范围为（-55℃～+125℃）。

3．ARM 自带的 10 位 A/D 转换器

ARM S3C2410A 芯片自带一个 8 路 10 位 A/D 转换器（如图 5-12 所示），最大转换率为 500KSPS，非线性度为正负 1.5 位，其转换时间可以通过下式计算。如果 A/D 使用的时钟为 50MHz，预定标器的值为 49，那么：

A/D 转换频率=50MHz/(49+1)=1MHz

转换时间=1/（1MHz/5 时钟周期）=1/200kHz=5μs

注意：因为 A/D 转换器的最高时钟频率是 2.5MHz，所以转换速率可达 500KSPS。

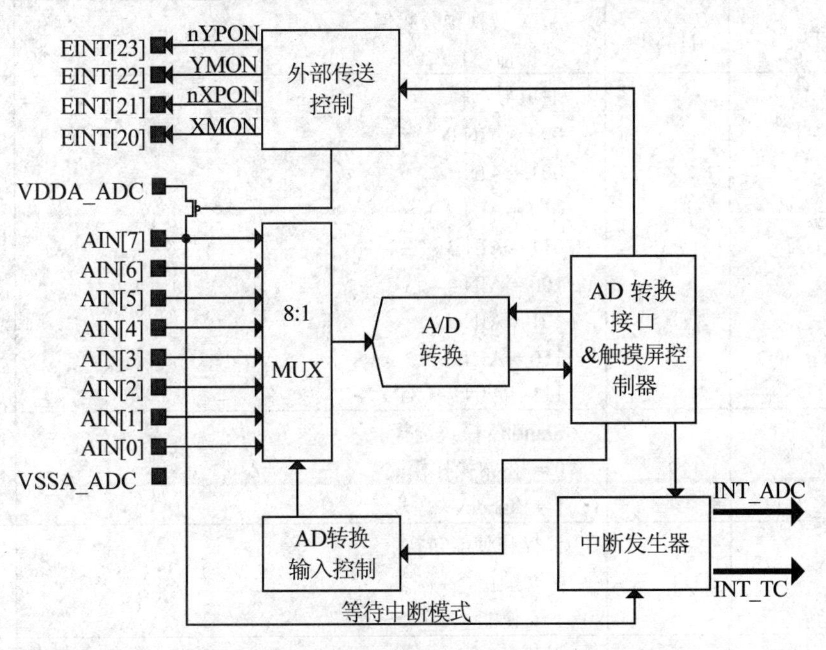

图 5-12　A/D 转换和触摸屏接口功能框图

A/D 转换的数据可以通过中断或查询的方式来访问，如果是用中断方式，全部的转换时间（从 A/D 转换的开始到数据读出）要更长。如果是查询，则要检测 ADCCON[15]（转换结束标志位）来确定从 ADCDAT 寄存器读取的数据是否是最新的转换数据。

A/D 转换开始的另一种方式是将 ADCCON[1]置为 1，这时只要有读转换数据的信号，A/D 转换才会同步开始。

与 AD 相关的寄存器主要有 A/D 转换控制寄存器 ADCCON 和 AD 转换数据寄存器 ADCDAT0。A/D 转换控制寄存器 ADCCON 的地址和意义如表 5-10 和表 5-11 所示。

表 5-10　A/D 转换控制寄存器的地址

寄 存 器	地　址	R/W	描　述	复 位 值
ADCCON	0x58000000	R/W	ADC 控制寄存器	0x3FC4

表 5-11　A/D 转换控制寄存器的各位的意义

ADCCON	位	描　述	复位值
ECFLG	[15]	转换标志位（只读） 0 = A/D 转换 1 = A/D 转换结束	0
PRSCEN	[14]	A/D 转换预分频使能 0 = 禁止 1 = 允许	0
PRSCVL	[13:6]	A/D 转换预分频值 数据值：1～255	0xFF
SEL_MUX	[5:3]	通道号选择 000 = AIN 0 001 = AIN 1 010 = AIN 2 011 = AIN 3 100 = AIN 4 101 = AIN 5 110 = AIN 6 111 = AIN 7（XP）	0
STDBM	[2]	Standby 模式选择 0 = 正常操作模式 1 = Standby 模式	1
READ_START	[1]	读操作使能转换 0 = 禁止 1 = 使能	0
ENABLE_START	[0]	转换使能位 如果 READ_START 开启，则此位失效 0=无操作 1=A/D 转换开始，在开始后此位自动清零	0

ADCCON 寄存器的第 15 位是转换结束标志位，为 1 时表示转换结束。第 14 位表示 A/D 转换预定标器使能位，1 表示该预定标器开启。第 13～6 位表示预定标器的数值，需要注意的是如果这里的值是 N，则除数因式是（N+1）。第 5～3 位表示模拟输入通道选择位。第 2 位表示待用模式选择位。第 1 位是读使能 A/D 转换开始位，第 0 位置 1 则 A/D 转换开始（如果第 1 位置 1，则此位是无效的）。

ADCDAT0 是 A/D 转换结果数据寄存器，其地址如表 5-12 所示。该寄存器的前 10 位（[9:0]）表示转换后的结果，全为 1（0x3FF）时为满量程 3.3V。

表 5-12　A/D 转换数据寄存器

寄存器	地　址	R/W	描　述	复位值
ADCDAT0	0x5800000C	R	AD 转换数据寄存器	—

5.5　人机交互接口

为了使嵌入式系统具有友好的人机接口，需要给嵌入式系统配置显示装置，如 LED 显示器、LCD 显示器以及必要的音响提示等。另外，要进行人机交互，还得有输入装置，使用户可以对嵌入式控制器发出命令，或输入必要的控制参数等。这里就最常见的显示设备——LCD 及键盘输入设备进行介绍。

5.5.1　LCD 和触摸屏接口设计

1. 液晶显示器基本知识

液晶显示是一种被动的显示，它不能发光，只能使用周围环境的光。它显示图案或字符只需很小能量。由于低功耗和小型化的特点使 LCD 成为常用的显示设备。

液晶显示所用的液晶材料是一种兼有液态和固体双重性质的有机物，它的棒状结构在液晶盒内一般平行排列，但在电场作用下能改变其排列方向。

对于正性 TN-LCD，当未加电压到电极时，LCD 处于 OFF 态，光能透过 LCD 呈白态；当在电极上加上电压 LCD 处于 ON 态，液晶分子长轴方向沿电场方向排列，光不能透过 LCD，呈黑态。有选择地在电极上施加电压，就可以显示出不同的图案。

对于 STN-LCD，液晶的扭曲角更大，所以对比度更好、视角更宽。STN-LCD 是基于双折射原理进行显示，它的基色一般为黄绿色，字体蓝色，成为黄绿模。当使用紫色偏光片时，基色会变成灰色成为灰模。当使用带补偿膜的偏光片，基色会变成接近白色，此时 STN 成为黑白模，即 FSTN，以上 3 种模式的偏光片转 90°，即变成了蓝模，效果会更佳。

如图 5-13 所示是一个反射式 TN 型液晶显示器的结构图。

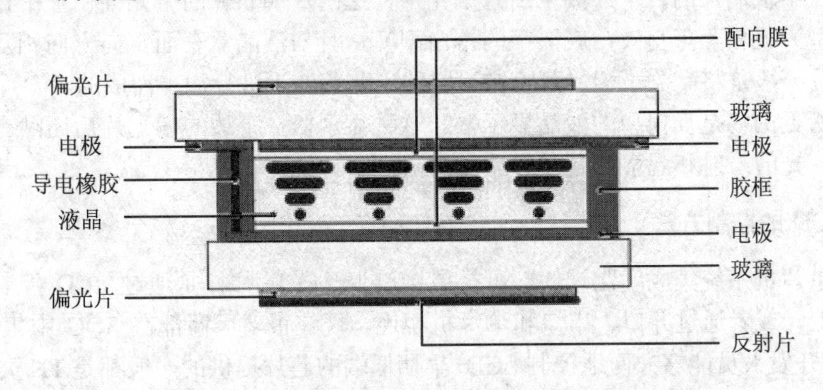

图 5-13　反射式 TN 型液晶显示器的结构图

注：（引自 www.china-LCD.com）

从图 5-13 中可以看出，液晶显示器是一个由上下两片导电玻璃制成的液晶盒，盒内充有液晶，四周用密封材料——胶框（一般为环氧树脂）密封，盒的两个外侧贴有偏光片。

液晶盒中上下玻璃片之间的间隔，即通常所说的盒厚，一般为几个微米。上下玻璃片内侧，对应显示图形部分，镀有透明的 ITO 导电薄膜，即显示电极。电极的作用主要是使外部电信号通过其加到液晶上去。

液晶盒中玻璃片内侧的整个显示区覆盖着一层定向层。定向层的作用是使液晶分子按特定的方向排列，这个定向层通常是一薄层高分子有机物，并经摩擦处理；也可以通过在玻璃表面以一定角度用真空蒸镀氧化硅薄膜来制备。

在 TN 型液晶显示器中充有正性向列型液晶。液晶分子的定向就是使长棒型的液晶分子平行于玻璃表面沿一个固定方向排列，分子长轴的方向沿着定向处理的方向。上下玻璃表面的定向方向是相互垂直的。这样，在垂直于玻璃片表面的方向，盒内液晶分子的取向逐渐扭曲，从上玻璃片到下玻璃片扭曲了 90°（如图 5-14 所示），这就是扭曲向列型液晶显示器名称的由来。

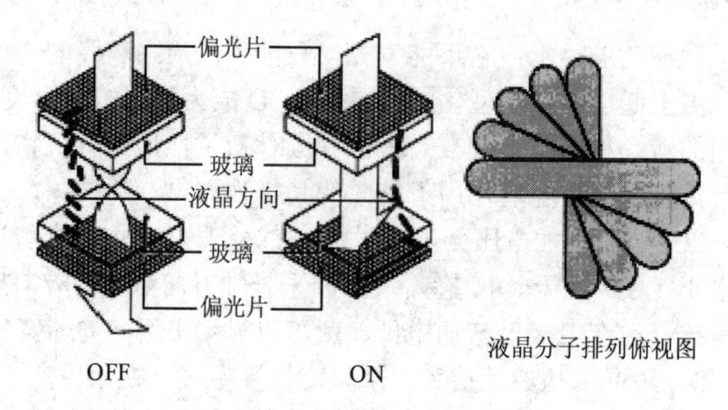

图 5-14 扭曲向列型液晶显示器

实际上，靠近玻璃表面的液晶分子并不完全平行于玻璃表面，而是与其成一定的角度，这个角度称为预倾角，一般为 1°～2°。

液晶盒中玻璃片的两个外侧分别有偏光片，这两片偏光片的偏光轴相互平行（黑底白字的常黑型）或相互正交（白底黑字的常白型），且与液晶盒表面定向方向相互平行或垂直。偏光片一般是将高分子塑料薄膜在一定的工艺条件下进行加工而成的。

通常所见的多是反向型的液晶显示器。这种显示器在下边的偏光片后还贴有一片反光片。这样，光的入射和观察都是在液晶盒的同一侧。

2. LCD 的控制方法

早期单片机系统集成度比较低，可扩展接口少，LCD 往往是通过 LCD 控制器连在单片机总线上，或者通过并口、串口和单片机相连。现在很多厂商都在 SOC 中集成了 LCD 控制器，使开发人员能够方便地控制 LCD。早期低端的芯片提供的一般都是 TN 类型的 LCD 控制器，目前已经有越来越多的芯片提供度 TFT 型显示器的支持。集成了 LCD 控制器的嵌入式处理器（片上系统）的结构如图 5-15 所示。

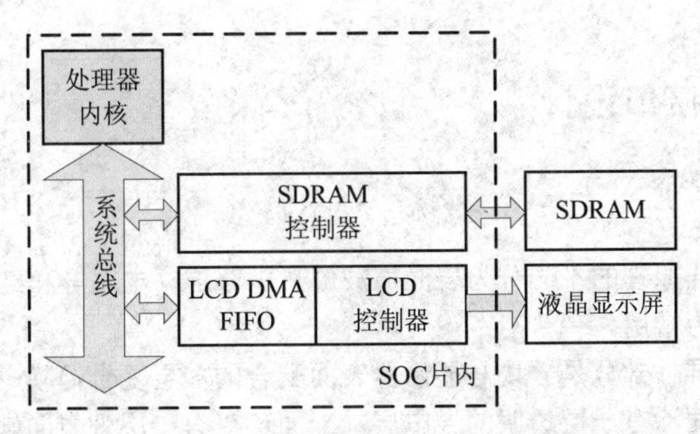

图 5-15　集成了 LCD 控制器的嵌入式微处理器结构

处理器内核是整个片上系统的核心。例如，ARM 的内核、MIPS 的内核等。系统总线是指处理内部的总线，例如 ARM 的 AMBA 总线，其他片上系统的外设都通过总线和处理器连接。LCD 控制器工作时，通过 DMA 请求占用系统总线，直接通过 SDRAM 控制器读取 SDRAM 中指定地址（显示缓冲区）的数据。此数据经过 LCD 控制器转换成液晶屏扫描数据的格式，直接驱动液晶屏显示。

目前市面上出售的 LCD 模块有两种类型：一种是带有驱动电路的 LCD 显示模块，这种 LCD 可以方便地与各种低端单片机进行接口，如 8051 系列单片机，但是由于硬件驱动电路的存在，体积比较大。这种模式常常使用总线方式来驱动；另一种是 LCD 显示屏，没有驱动电路，需要与驱动电路配合使用。特点是体积小，但却需要另外的驱动芯片。也可以使用带有 LCD 驱动能力的高端微处理器驱动，如 S3C2410A 微处理器。

（1）总线驱动方式

一般带有驱动模块的 LCD 显示屏使用这种驱动方式，由于 LCD 已经带有驱动硬件电路，因此模块给出的是总线接口，便于与单片机的总线进行接口。驱动模块具有 8 位数据总线，外加一些电源接口和控制信号，而且自带显示缓存，只需要将要显示的内容送到显示缓存中就可以实现内容的显示。由于只有 8 条数据线，因此常通过引脚信号来实现地址与数据线复用，以达到把相应数据送到相应显示缓存的目的。

（2）控制器扫描方式

以 S3C2410A 微处理器为例，S3C2410A 具有内置的 LCD 控制器，它具有将显示缓存（在系统存储器中）中的 LCD 图像数据传输到外部 LCD 驱动电路的逻辑功能。支持 DSTN（被动矩阵或叫无源矩阵）和 TFT（主动矩阵或叫有源矩阵）两种 LCD 屏，并支持黑白和彩色显示。

在灰度 LCD 上，使用基于时间的抖动算法（Time-Based Dithering Algorithm，TBDA）和帧率控制（Frame Rate Control，FRC）方法，可以支持单色、2 级、4 级和 8 级灰度模式的灰度 LCD。 在彩色 LCD 上，可以支持 16777216 色（24 位）。有 7 路 DMA 通道，可支持两个 LCD 屏。对于不同尺寸的 LCD，具有不同数量的垂直和水平像素、数据接口的数据宽度、接口时间及刷新率，而 LCD 控制器可以进行编程控制相应的寄存器值，以适应不同的 LCD 显示板。

5.5.2 触摸屏接口设计

1．触摸屏原理

触摸屏按其工作原理的不同分为表面声波屏、电容屏、电阻屏和红外屏 4 种。而其中又数电阻触摸屏最为常用。

电阻触摸屏的屏体部分是一块与显示器表面配合的多层复合薄膜，由一层玻璃或有机玻璃作为基层，表面涂有一层透明的导电层，上面还盖有一层外表面硬化处理、光滑防刮的塑料层。它的内表面也涂有一层透明导电层，在两层导电层之间有许多细小（小于千分之一英寸）的透明隔离点把它们隔开绝缘。

如图 5-16 所示，当手指或笔触摸屏幕时（如图 5-16（c）所示），平常相互绝缘的两层导电层就在触摸点位置有了一个接触，因其中一面导电层（顶层）接通 X 轴方向的 5V 均匀电压场（如图 5-16（a）所示），使得检测层（底层）的电压由零变为非零，控制器侦测到这个接通后，进行 A/D 转换，并将得到的电压值与 5V 相比即可得触摸点的 X 轴坐标为（原点在靠近接地点的那端）：

$X_i=L_x*V_i/V$（即分压原理）

同理可以得出 Y 轴的坐标。

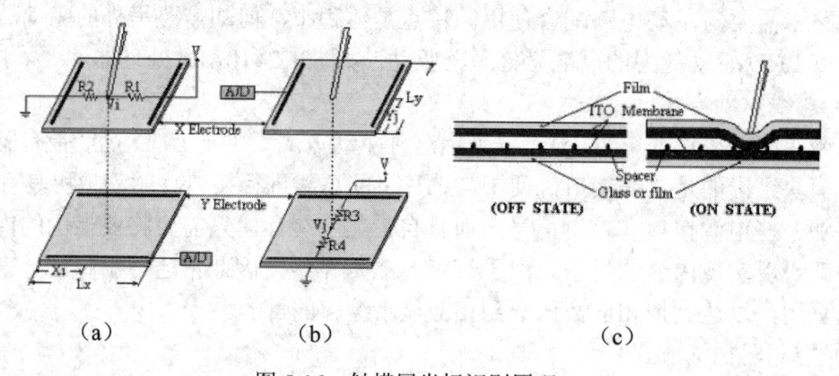

（a） （b） （c）

图 5-16 触摸屏坐标识别原理

2．触摸屏的控制

如图 5-17 所示，触摸屏的控制采用专用芯片 ADS7843，专门处理是否有笔或手指按下触摸屏，并在按下时分别给两组电极通电，然后将其对应位置的模拟电压信号经过 A/D 转换送回处理器。

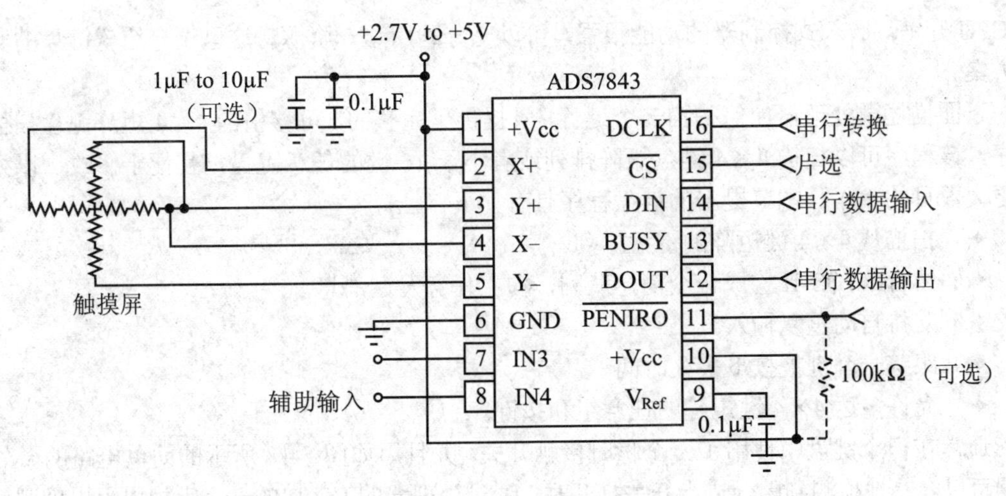

图 5-17　触摸屏控制方法

3. 触摸屏与显示器的配合

ADS7843 送回控制器的 X 与 Y 值仅是对当前触摸点的电压值的 A/D 转换值，不具有实用价值。这个值的大小不但与触摸屏的分辨率有关，而且也与触摸屏和 LCD 贴合的情况有关。而且，LCD 分辨率与触摸屏的分辨率一般来说是不一样，坐标也不一样。因此，如果想得到体现 LCD 坐标的触摸屏位置，还需要在程序中进行转换。假设 LCD 分辨率是 320×240，坐标原点在左上角；触摸屏分辨率是 900×900，坐标原点在左上角，则转换公式如下：

xLCD=[320×(x−x2)/(x1−x2)]

yLCD=[240×(y−y2)/(y1−y2)]

如果坐标原点不一致，例如 LCD 坐标原点在右下角，而触摸屏原点在左上角，则还可以进行如下转换：

xLCD=320−[320×(x−x2)/(x1−x2)]

yLCD=240−[240×(y−y2)/(y1−y2)]

最后得到的值，便可以尽可能地使 LCD 坐标与触摸屏坐标一致。这样，更具有实际意义。

5.5.3　键盘接口设计

键盘是标准的输入设备。大量的嵌入式产品，例如微波炉、传真机、复印机、激光打印机、销售点（POS）终端、可编程逻辑控制器（PLC）等，依赖键盘或者小键盘接口用于用户的输入。键盘可能用来输入数字型数据或者选择控制设备的操作模式。

实现键盘有两种方案：一是采用现有的一些芯片实现键盘扫描，二是用软件实现键盘扫描。作为一个嵌入式系统设计人员，总是会关心产品成本。目前有很多芯片可以用来实现键盘扫描。键盘扫描的软件实现方法有助于缩减一个系统的重复开发成本，只需要很少的 CPU 开销。嵌入式控制器的功能很强，可以充分利用这一资源，这里仅介绍软键盘的实现方案。

下面描述微处理器如何扫描一个键盘，且提供了完整的、可移植的 4×4 矩阵键盘扫描程序。该程序可以扫描 4×4 键盘矩阵排列或者小于 16 键的任意键盘，且便于修改，以处理更大数目的输入。本节提出的键盘程序具有如下特征：

✦ 扫描从 4×4 键矩阵的键盘排列。
✦ 结合μC/OS-II 构成一个消息队列，向主任务发送消息。
✦ 支持自动重复输入。
✦ 跟踪一个键被按下多久时间。
✦ 允许多达 4×4 键矩阵的任意组和按键。

通常在一个键盘中使用了一个瞬时接触开关，并且用如图 5-18 所示的简单电路的微处理器可以容易地检测到闭合。当开关打开时，通过处理器的 I/O 口的一个上拉电阻提供逻辑 1；当开关闭合时，处理器的 I/O 口的输入将被拉低得到逻辑 0。可遗憾的是，开关并不完善，因为当它们被按下或者被释放时，并不能够产生一个明确的 1 或者 0。尽管触点可能看起来稳定而且很快地闭合，但与微处理器快速的运行速度相比，这种动作是比较慢的。当触点闭合时，其弹起就像一个球。弹起效果将产生如图 5-19 所示的几个脉冲。弹起的持续时间通常将维持在 5～30ms 之间。如果需要多个键，则可以将每个开关连接到微处理器上它自己的输入端口。然而，当开关的数目增加时，这种方法将很快使用完所有的输入端口。

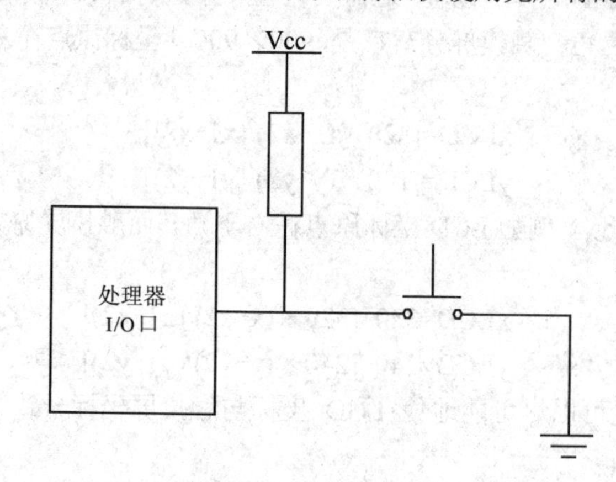

图 5-18　简单键盘电路

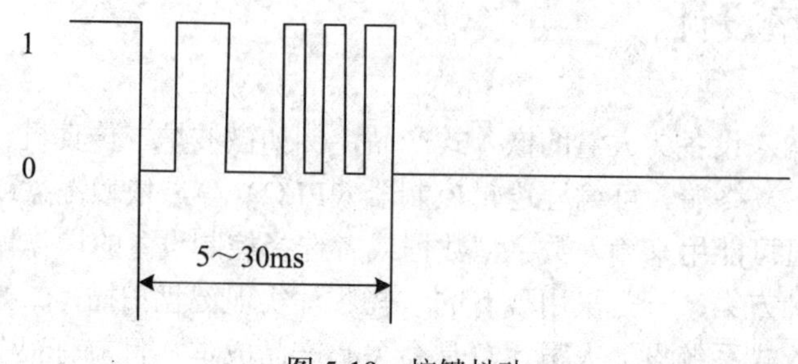

图 5-19　按键抖动

键盘上阵列这些开关最有效的方法（当需要 5 个以上的键时）就形成了一个如图 5-20 所示的二维矩阵。当行和列的数目一样多时，也就是方型的矩阵，将产生一个最优化的布列方式（I/O 端被连接时）。一个瞬时接触开关（按钮）放置在每一行与每一列的交叉点。矩阵所需按键的数目根据应用程序而不同。每一行由一个输出端口的一位驱动，而每一列由一个电阻器上拉，并供给输入端口一位。

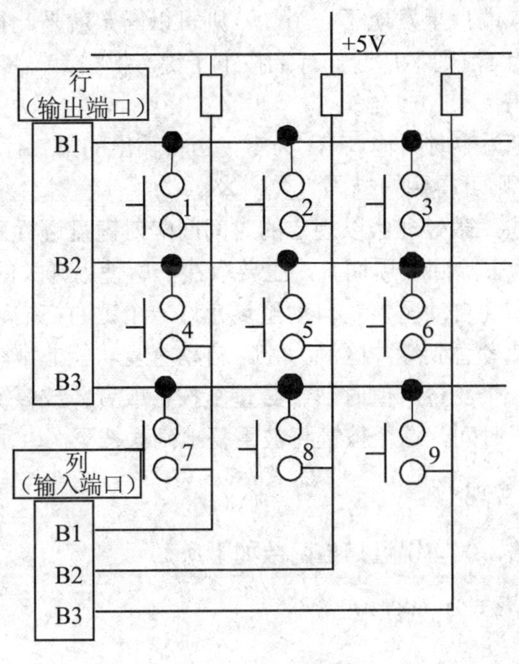

图 5-20　矩阵键盘

键盘扫描过程就是让微处理器按有规律的时间间隔查看键盘矩阵，以确定是否有键被按下。一旦处理器判定有一个键按下，键盘扫描软件将过滤掉抖动并且判定哪个键被按下。每个键被分配一个称为扫描码的唯一标识符。应用程序利用该扫描码，根据按下的键来判定应该采取什么行动。换句话说，扫描码将告诉应用程序按下哪个键。

某一时刻按下多个键（意外地或者故意地）的情况被称为转滚。能够正确识别一个新键被按下（即使 n-1 个键已经被按下）的任何算法被称为具有 n 键转滚的能力。本章提出的矩阵键盘系统设计，在这种系统中用户输入可能发生相继按键。这些系统通常不需要具有像终端或者计算机系统上键盘的全部特征那样的键盘。

1．矩阵键盘扫描算法

在初始化阶段，所有的行（输出端口）被强行设置为低电平，在没有任何键按下时，所有的列（输入端口）将读到高电平。任何键的闭合将造成其中的一列变为低电平。为了查看是否有一个键已经被按下，微处理器仅需要查看任一列的值是否变成低电平。一旦微处理器检测到有键被按下，就需要找出是哪一个键。过程很简单，微处理器只需在其中一列上输出一个低电平。如果它在输入端口上发现一个 0 值，该微处理器就知道在所选择行上产生了键的闭合。相反，如果输入端口全是高电平，则被按下的键就不在那一行，微处理器将选择下一行，并重复该过程直到它发现了该行为止。一旦该行被识别出来，则被按下键的具体的列可以通过锁定输入端口上唯一的低电位来确定。微处理器执行这些步骤所需要的时间与最小的状态闭合时间相比是非常短的，因此它假设该键在这个时间间隔中将维持按下的状态。

例如，当发现某列变为低电平时，此时微处理器仅在某一行上输出低电平。再查看列的状态，如果此时在输入端口上发现了一个 0，则可以断定就是此行上的键被按下了；反之，如果输入端口上全为 1，则不是这一行上按下了键。根据第一步和第二步中得到的值，便可以得到相应的扫描码。

例如，第一步中行全为零时列输入 B1 为零，当将输出的第二行 B2 置为零时，如果此时的列输入 B1 仍为零，则可得到扫描码为×××。

为了过滤回弹的问题，微处理器以规定的时间间隔对键盘进行采样，这个间隔通常在 20～100ms 之间（被称为去除回弹周期），主要取决于所使用开关的回弹特征。

另一个特点就是所谓的自动重复。自动重复允许一个键的扫描码可以重复地被插入缓冲区，只要按着这个键或者直到缓冲区满为止。自动重复功能非常有用。当打算递增或者递减一个参数（也就是一个变量）值时，不必重复按下或者释放该键。如果该键被按住的时间超过自动重复的延迟时间，这个按键将被重复地确认按下。

2．键盘扫描程序的实现

按照前面介绍的思路，编写键盘扫描函数如下：

```
//得到按键的扫描码，格式为 0xXYZW
U16 GetScanKey()
{
    U16 key;
    U8 i,temp;
    for(i=1;i<0x10;i<<=1){
        //I/O 口送出数据
        rPDATD|=0xf;
        rPDATD&=~i;
        key<<=4;
        OSTimeDly(1);//操作系统延时
        temp=rPDATD;
        key|=(temp>>4);
    }
    return key;
}
```

此函数分 4 次向 I/O 口送出二进制数据——1110、1101、1011、0111，然后依次从 I/O 口中读取数据。每次扫描读到的数据都存放在变量 key 中。这样，就得到了键盘扫描码 key。可见，key 中可以包含 4×4 键矩阵的所有的按键组合。

下面给出键盘扫描的全部程序：

```
U16 FunctionKey=0xffff;//功能键扫描码,0 有效
U32 GetKey()
{
    int i;
    U16 key,tempkey=1;
    static U16 oldkey=0xffff;
    static U8 keystatus=0;
    U8 keycnt=0;
    U32 temp;
    while(1){
        key=0xffff;
        while(1){
            key=GetScanKey();
            if((key&FunctionKey)!=FunctionKey)
                //有非功能键的按键按下，退出循环
                break;
            OSTimeDly(20);//延时 20 毫秒
            oldkey=0xffff;
        }
        OSTimeDly(50); //延时 50 毫秒
        if(key!=GetScanKey()){
            //重新读取键盘扫描码，如果和第一次读取的扫描码不同，
            //则表示抖动，继续等待按键
            continue;
        }

        if(oldkey!=key){
            keystatus=0;
        }
        if(keystatus==0){   //第一次按下此键
            keycnt=0;
            keystatus=1;
        }
        else if(keystatus==1){  //第二次重复此键
            keycnt++;
            if(keycnt==20)
                keystatus=2;
            else
                continue;
        }

        oldkey=key;
        break;
```

```
    }

    for(i=15;i>=0;i--){ //查找按键，不包括功能键
        if((key&tempkey)==0 && (FunctionKey&tempkey)!=0)
            break;
        tempkey<<=1;
    }
    temp=~(key|FunctionKey);
    return (temp<<16)|i;
}
```

在程序中，包括对消除抖动和自动重复按键的特殊处理。消除抖动的延时是50毫秒，自动重复按键的第一次和第二次之间的延时为1秒种，以后的重复速度为50毫秒。

5.6 嵌入式系统的网络接口设计

以太网（Ethernet）和TCP/IP协议已经成为使用最广泛的通信协议。它的高速、可靠、分层以及可扩充性使得它在各个领域的应用越来越普遍。本章将以以太网和TCP/IP协议为例，着重介绍嵌入式系统的网络接口的设计方法。

5.6.1 以太网接口的基本知识

本节以10Mbps的以太网协议为例，说明以太网传输的物理层和Mac层的协议。对于100Mbps或者1000Mbps的以太网的协议，和10Mbps的区别不大，读者可以对照参考相关资料。

最常用的以太网协议是IEEE802.3标准。现代的操作系统均能同时支持这种类型的协议格式。因此对嵌入式的应用来说，我们只需要做到这一种就够了，因为系统的精简，除非有特殊需要，否则没有必要支持太多的协议格式。

1. 传输编码

在802.3版本的标准中，没有采用直接的二进制编码（即用0V表示0，用5V表示1），因为这样做将产生歧义。如果某个以太网控制器发送了串行数据 0001000，接收方可能认为是1000000或者0100000，因为它们不能区分无发送（0V）和比特0（0V）。所以，要求在没有同步时钟的情况下，接收方能够明确地定位比特的开始和结束。曼彻斯特编码（Manchester encoding）与差分曼彻斯特编码（differential Manchester encoding）就是实行这种功能的两种解决方案。

各种编码的时序如图5-21所示。

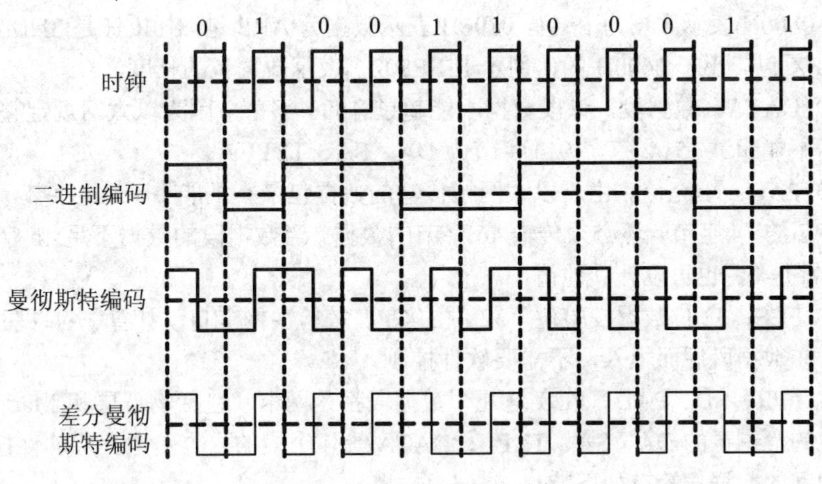

图 5-21　网络传输编码的时序

曼彻斯特编码的规律是：每位中间有一个电平跳变，从高到低的跳变表示 0，从低到高的跳变表示 1。

差分曼彻斯特编码的规律是：每位的中间也有一个电平跳变，但不用这个跳变来表示数据，而是利用每个码元开始时有无跳变来表示 0 或 1，有跳变表示 0，无跳变表示 1。

曼彻斯特编码和差分曼彻斯特编码相比，前者编码简单，后者能提供更好的噪声抑制性能。在所有的 802.3 系统中，都采用曼彻斯特编码，其高电平信号为+0.85V，低电平信号为-0.85V，这样指令信号电压仍然是 0V。

2．802.3Mac 层的帧

802.3 Mac 层的以太网的物理传输帧如表 5-13 所示。

表 5-13　802.3 帧的格式

PR	SD	DA	SA	TYPE	DATA	PAD	FCS
56 位	8 位	48 位	48 位	16 位	不超过 1500 字节	可选	32 位

（1）PR：同步位，用于收发双方的时钟同步，同时也指明了传输的速率（10Mbps 和 100Mbps 的时钟频率不一样，所以 100Mbps 网卡可以兼容 10Mbps 网卡），是 56 位的二进制数 101010101010……。

（2）SD：分隔位，表示下面跟着的是真正的数据而不是同步时钟，为 8 位的 10101011，和同步位不同的是最后两位是 11 而不是 10。

（3）DA：目的地址，以太网的地址为 48 位（6 个字节）二进制地址，表明该帧传输给哪个网卡。如果为 FFFFFFFFFFFF，则是广播地址，广播地址的数据可以被任何网卡接收到。

（4）SA：源地址 48 位，表明该帧的数据是哪个网卡发的，即发送端的网卡地址，同样是 6 个字节。

（5）TYPE：类型字段，表明该帧的数据是什么类型的数据，不同的协议的类型字段不同。如 0800H 表示数据为 IP 包，0806H 表示数据为 ARP 包，814CH 是 SNMP 包，8137H 为 IPX/SPX 包。小于 0600H 的值用于 IEEE802，表示数据包的长度。

（6）DATA：数据段，该段数据不能超过 1500 字节。因为以太网规定整个传输包的最大长度不能超过 1514 字节（14 字节为 DA、SA、TYPE）。

（7）PAD：填充位。由于以太网帧传输的数据包最小不能小于 60 字节，除去 DA、SA、TYPE 的 14 字节，还必须传输 46 字节的数据，当数据段的数据不足 46 字节时，后面补 0（通常是 0，也可以补其他值）。

（8）FCS：32 位数据校验位。32 位的 CRC 校验由网卡自动计算、自动生成、自动校验、自动在数据段后面填入，不需要软件控制。

通常，PR、SD、PAD、FCS 这几个数据段都是网卡（包括物理层和 Mac 层的处理）自动产生的，剩下的 DA、SA、TYPE、DATA 等 4 个段的内容是由上层软件控制的。

以太网的数据传输有如下特点：

- ✦ 所有数据位的传输由低位开始，传输的位流采用曼彻斯特编码。
- ✦ 以太网是基于冲突检测的总线复用方法，由于篇幅所限，冲突退避算法这里不再介绍，它是由硬件自动执行的。读者可以参考相关的资料。
- ✦ 以太网传输的数据段长度如 DA+SA+TYPE+DATA+PAD，最小为 60 字节，最大为 1514 字节。
- ✦ 通常的以太网卡可以接收 3 种地址的数据，一种是广播地址，一种是多播地址（或者叫做组播地址，在嵌入式系统中很少用到），一种是它自己的地址。但有时，用于网络分析和监控，网卡也可以设置为接收任何数据包。
- ✦ 任何两个网卡的物理地址都是不一样的，是世界上唯一的，网卡地址由专门机构分配。不同厂家使用不同地址段，同一厂家的任何两个网卡的地址也是唯一的。根据网卡的地址段（网卡地址的前 3 个字节），可以知道网卡的生产厂家。

3．在嵌入式系统中主要处理的以太网协议

TCP/IP 是一个分层的协议。每一层实现一个明确的功能，对应一个或者几个传输协议。每层相对于它的下层都作为一个独立的数据包来实现。典型的分层和每层上的协议如表 5-14 所示。

表 5-14　TCP/IP 协议的典型分层和协议

分　层	每层上的协议
应用层（Application）	BSD 套接字（BSD Sockets）
传输层（Transport）	TCP、UDP
网络层（Network）	IP、ARP、ICMP、IGMP
数据链路层（Data Link）	IEEE802.3 Ethernet MAC
物理层（Physical）	

（1）ARP（Address Resolation Protocol）地址解析协议

网络层用 32 位的地址来标识不同的主机（这就是我们熟知的 IP 地址），而链路层使

用 48 位的物理（MAC）地址来标识不同的以太网或令牌环网络接口。只知道目的主机的 IP 地址并不能发送数据帧给它，必须知道目的主机网络接口的 MAC 地址才能发送数据帧。

ARP 的功能就是实现从 IP 地址到对应物理地址的转换。源主机发送一份包含目的主机 IP 地址的 ARP 请求数据帧给网上的每个主机，称作 ARP 广播。目的主机的 ARP 收到这份广播报文后，识别出这是发送端在寻问它的 IP 地址，于是发送一个包含目的主机 IP 地址及对应的 MAC 地址的 ARP 回答给源主机。

为了加快 ARP 协议解析的数据，每台主机上都有一个 ARP 高速缓存，存放最近的 IP 地址到硬件地址之间的映射记录。其中每一项的生存时间一般为 20 分钟。这样当在 ARP 的生存时间之内连续进行 ARP 解析时，不需要反复发送 ARP 请求。

（2）ICMP（Internet Control Messages Protocol）网络控制报文协议

ICMP 是 IP 层的附属协议，IP 层用它来与其他主机或路由器交换错误报文和其他重要控制信息。ICMP 报文是在 IP 数据包内部被传输的。在 Linux 或者 Windows 中，两个常用的网络诊断工具 ping 和 traceroute（Windows 下是 Tracert），其实就是 ICMP 协议。

（3）IP（Internet Protocol） 网际协议

IP 工作在网络层，是 TCP/IP 协议族中最为核心的协议。所有的 TCP、UDP、ICMP 以及 IGMP 数据都以 IP 数据包格式传输（IP 封装在 IP 数据包中）。IP 数据包最长可达 65535 字节，其中报头占 32 位的数目。还包含各 32 位的源 IP 地址和 32 位的目的 IP 地址。

TTL（Time-To-Live）生存时间字段，指定了 IP 数据包的生存时间（数据包可以经过的最多路由器数）。TTL 的初始值由源主机设置，一旦经过一个处理它的路由器，它的值就减去 1。当该字段的值为 0 时，数据包就被丢弃，并发送 ICMP 报文通知源主机重发。

IP 提供不可靠、无连接的数据包传送服务。

不可靠（unreliable）的意思是它不能保证 IP 数据包成功地到达目的地。如果发生某种错误，IP 有一个简单的错误处理算法：丢弃该数据包，然后发送 ICMP 消息报给信源端。任何要求的可靠性必须由上层来提供（如 TCP）。

无连接（connectionless）的意思是 IP 并不维护任何关于后续数据包的状态信息。每个数据包的处理是相互独立的。IP 数据包可以不按发送顺序接收。如果一信源向相同的信宿发送两个连续的数据包（先是 A，然后是 B），每个数据包都是独立地进行路由选择，可能选择不同的路线，因此 B 可能在 A 到达之前先到达。

IP 的路由选择：源主机 IP 接收本地 TCP、UDP、ICMP、IGMP 的数据，生成 IP 数据包，如果目的主机与源主机在同一个共享网络上，那么 IP 数据包就直接送到目的主机上。否则就把数据包发往一默认的路由器上，由路由器来转发该数据包。最终经过数次转发到达目的主机。IP 路由选择是逐跳地（hop-by-hop）进行的。所有的 IP 路由选择只为数据包传输提供下一站路由器的 IP 地址。

（4）TCP（Transfer Control Protocol）传输控制协议

TCP 协议是为人所熟知的协议。它是一个面向连接的可靠的传输层协议。TCP 为两台主机提供高可靠性的端到端数据通信。它所做的工作包括：

- ✦ 发送方把应用程序交给它的数据分成合适的小块，并添加附加信息（TCP 头），包括顺序号，源、目的端口，控制、纠错信息等字段，称为 TCP 数据包，并将

TCP 数据包交给下面的网络层处理。

✦ 接收方确认接收到的 TCP 数据包，重组并将数据送往高层。

（5）UDP（User Datagram Protocol）用户数据包协议

UDP 协议是一种无连接、不可靠的传输层协议。它只是把应用程序传来的数据加上 UDP 头（包括端口号，段长等字段），作为 UDP 数据包发送出去，但是并不保证它们能到达目的地。可靠性由应用层来提供。就像发送一封写有地址的一般信件，却不保证它能到达。

因为协议开销少，和 TCP 协议相比，UDP 更适用于应用在低端的嵌入式领域中。很多场合如网络管理 SNMP、域名解析 DNS、简单文件传输协议 TFTP，大都使用 UDP 协议。

关于端口

TCP 和 UDP 采用 16 位的端口号来识别上层的 TCP 用户，即上层应用协议如 FTP，Telnet 等。常见的 TCP/IP 服务都用众所周知的 1～255 之间的端口号。例如 FTP 服务的 TCP 端口号都是 21，Telnet 服务的 TCP 端口号都是 23。TFTP（简单文件传输协议）服务的 UDP 端口号都是 69。256～1023 之间的端口号通常都提供一些特定的 UNIX 服务。TCP/IP 临时端口分配 1024～5000 之间的端口号。

4. 网络编程接口

BSD 套接字（BSD Sockets）是使用最为广泛的网络程序编程方法，主要用于应用程序的编写，用于网络上主机与主机之间的相互通信。

很多操作系统都支持 BSD 套接字编程。例如，UNIX、Linux、VxWorks，还有 Windows 的 Winsock 基本上是来自 BSD Sockets。

套接字（Sockets）分为流 Sockets 和数据 Sockets，其中：

✦ 流 Sockets 是可靠性的双向数据传输，对应使用 TCP 协议传输数据。

✦ 数据 Sockets 是不可靠连接，对应使用 UDP 协议传输数据。

下面给出一个使用套接字接口的 UDP 通信的流程。UDP 服务器端和一个 UDP 客户端通信的程序过程如下：

✦ 创建一个 Sockets。

```
sFd =socket (AF_INET, SOCK_DGRAM, 0)
```

✦ 把 Sockets 和本机的 IP、UDP 口绑定。

```
bind (sFd, (struct sockaddr *) &serverAddr,  sockAddrSize)
```

✦ 循环等待、接收（recvfrom）或者发送（sendfrom）信息。

✦ 关闭 Sockets，通信终止。

```
close (sFd)
```

5.6.2 嵌入式以太网接口的实现

在嵌入式系统中增加以太网接口，通常有如下两种方法实现：

✦ 嵌入式处理器+网卡芯片（例如，RTL8019AS、CS8900 等）。

这种方法对嵌入式处理器没有特殊要求，只要把以太网芯片连接到嵌入式处理器的总线上即可。此方法通用性强，不受处理器的限制。但是，处理器和网络数据交换通过外部总线（通常是并行总线）交换数据、速度慢、可靠性不高、电路板布线复杂。

✦　带有以太网接口的嵌入式处理器。

这种方法要求嵌入式处理器有通用的网络接口（例如 MII 接口）。通常这种处理器是面向网络应用而设计的。处理器和网络数据交换通过内部总线，速度快。

关于 MII 接口

MII（Media Independent Interface）是介质无关接口，40 针。MII 类似于 10Mbps 以太网的连接单元接口（AUI）。MII 层定义了在 100BASE-T MAC 和各种物理层之间的标准电气和机械接口，这种标准接口类似于经典以太网中的 AUI，允许制造厂家制造与介质和布线无关的产品，利用外接 MAU 去连接实际的物理电缆。

MII 和 AUI 的电气信号是不同的，AUI 信号具有较强的、能驱动 50 米电缆的能力，而 MII 的信号是数字型的，只能驱动 0.5 米电缆。MII 采用一个类似于 SCSI 连接器的 40 芯小型连接器。

5.6.3　基于 ARM 的 RTL8019AS 网络接口芯片的设计

本节以 S3C2410A 处理器加 RTL8019AS 芯片为例，说明如何在一个通用的嵌入式处理器上扩展以太网接口。

S3C2410A 处理器和 RTL8019AS 连接的结构如图 5-22 所示。RTL8019AS 通过总线和 S3C2410A 处理器相连接，中断也通过 S3C2410A 的外部中断接管。

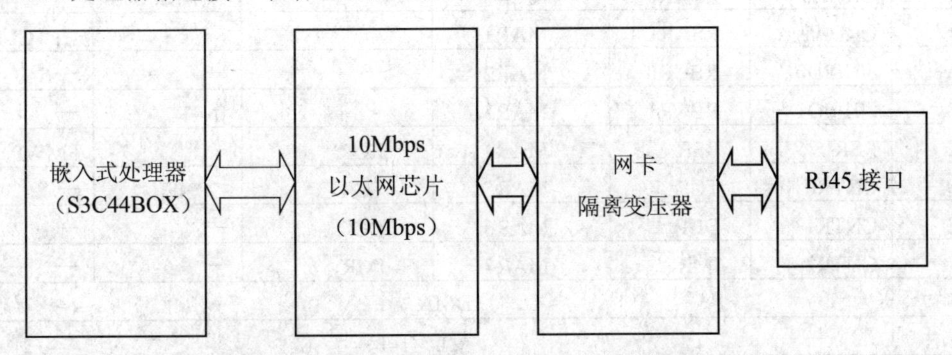

图 5-22　嵌入式处理器和 RTL8019AS 连接的结构

RTL8019 是 NE2000 兼容的网卡，软件设计时，可以参考一些开放源码的驱动程序。例如，Linux 相关的驱动程序。

与常规的网卡设计思路不同的是，在嵌入式系统中，系统的精简一直是个主要的原则。RTL8019AS 用于网卡设计时，需要一片 EEPROM 作为配置存储器来确定通信的端口地址、中断地址、网卡的物理地址、工作模式和制造厂商等信息；而在嵌入式系统中，可以使用 RTL8019AS 的默认配置和一些管脚作为网卡的初始化方法。这样可以节省配置存储器，减小嵌入式硬件平台的体积。

下面将以 RTL8019 为例，详细介绍和 NE2000 兼容的以太网芯片的使用方法。

1. RTL8019AS 的初始化

RTL8019 支持即插即用模式和非即插即用模式。在嵌入式系统中，网卡的外设通常是不经常插拔的。所以，为了系统的精简，配置 RTL8019 为非即插即用模式，有着固定的中断、固定的端口地址，假设端口是 0x300（这里的端口是相对于 ISA 总线而言，对于 ARM 的总线，需要重新计算地址）。这些配置可以通过 RTL8019 的外部管脚，在系统上电复位时，自动配置起来。

如表 5-15 所示，RTL8019 的内部的寄存器是分页的，每个寄存器均是 8 位。在不同的页面下，同一个端口对应着不同的寄存器。页面通过 CR 寄存器的第 6 位和第 7 位来选择。

表 5-15　RTL8019 的寄存器

No(Hex)	Page0		Page1	Page2	Page3	
	[R]	[W]	[R/W]	[R]	[R]	[R/W]
00	CR	CR	CR	CR	CR	CR
01	CLDA0	PSTART	PAR0	PSTART	9346CR	9346CR
02	CLDA1	PSTOP	PAR1	PSTOP	BPAGE	BPATGE
03	BNRY	BNRY	PAR2	—	CONFIG0	—
04	TSR	TSR	PAR3	TPSR	CONFIG1	CONFIG1
05	NCR	TBCR0	PAR4	—	CONFIG2	CONFIG2
06	FIFO	TBCR1	PAR5	—	CONFIG3	CONFIG3
07	ISR	ISR	CURR	—	—	TEST
08	CRDA0	RSAR0	MAR0	—	CSNSAV	—
09	CRDA1	RSAR1	MAR1	—	—	HLTCLK
0A	8019ID0	RBCR0	MAR2	—	—	—
0B	8019ID1	RBCR1	MAR3	—	INTR	—
0C	RSR	RSR	MAR4	RCR	—	FMWP
0D	CNTR0	TCR	MAR5	TCR	CONFIG4	—
0E	CNTR1	DCR	MAR6	DCR	—	—
0F	CNTR2	IMR	MAR7	IMR	—	—
10-17	DMA 端口					
19-1F	复位端口					

下面的代码可以实现 RTL8019 中页面的切换。

```
void EtherSetRegPage(char pagenumber)
{
    pagenumber<<=6;
    Ethernet_Reg00=0x22| pagenumber;
}
```

RTL8019 的初始化代码如下所示。

```
    Ethernet_Reg00=0x21;    //CR=0x21;  //STOP|NO_DMA
```

```
    Ethernet_Reg0e=0xc9;    //DCR 数据配置寄存器 16 位远端数据 dma

    temp=Ethernet_Reset_Reg;
    Delay(1);
    Ethernet_Reset_Reg=temp;    //复位 8019
    Delay(100);

//关闭对于配置存储器的支持
    Ethernet_Reg00=0xe1;    //选中第 3 页
    Ethernet_Reg01=0xc0;    //9346CR EEM1=EEM0=1
    Ethernet_Reg04=0x80;    //Config1 set IRQ bit
    Ethernet_Reg01=0x0;     //9346CR EEM1=EEM0=0

//////////////停止 8019////////////////
    Ethernet_Reg00=0x21;    //CR=0x21;  //STOP|NO_DMA
    Ethernet_Reg0b=0;       //清除远程 DMA 计数器的 MSB
    Ethernet_Reg0a=0;       //清除远程 DMA 计数器的 LSB
    //读取 ISR，等待 ISR&ISR_RESET，1.6m
    for(i=0;i<0xfff;i++){
        temp=Ethernet_Reg07;
        if(temp&RTL8019_ISR_RST){
            Ethernet_Reg07=temp;
            break;
        }
        Delay(200);
    }
//如果超时没有收到 8019 的复位信号，表示 8019 芯片有硬件问题
    if(i==0xfff){
        Uart_Printf("Reset RTL8019 Fail.
                Please check your hardware.\n");
        return;
    }
    Ethernet_Reg0d=0xe2;        //TCR＝0x02；开启回环模式
    Ethernet_Reg00=0x22;        //CR=0x22;  //START|NO_DMA
    Delay(20000);               //延时
///////////配置 8019////////////////
    Ethernet_Reg00=0x21;//选择页 0 的寄存器，网卡停止运行，因为还没有初始化
    temp=Ethernet_Reg00;
//测试 8019 的寄存器能否工作
    if((temp&0x21)!=0x21){
        Uart_Printf("Write RTL8019 Fail.
                Please check your hardware.\n");
```

```
        return;
    }
//配置 8019 的寄存器
    Ethernet_Reg0e=0x49;     //DCR 数据配置寄存器 16 位数据 dma
    Ethernet_Reg0b=0;        //清除远程 DMA 计数器的 MSB
    Ethernet_Reg0a=0;        //清除远程 DMA 计数器的 LSB
    Ethernet_Reg0c=0x04;     //RCR
    Ethernet_Reg0d=0x02;     //TCR=0x02 回环模式

    Ethernet_Reg03=0x4c;     //BNRY
    Ethernet_Reg01=0x4c;     //寄存器 Pstart
    Ethernet_Reg02=0x80;     //Pstop

    Ethernet_Reg07=0xff;     //ISR
    Ethernet_Reg0f=0x1;      //IMR open rx interrupt interrupt 1 == IRQ2/9
    Ethernet_Reg04=0x45;     //TPSR

    Ethernet_Reg00=0x61;     //CR_STOP | CR_NO_DMA | CR_PAGE1
//选择页 1 的寄存器

    //初始化物理地址
    EtherGetMac(mac);
    EtherSetMac(mac);
    //初始化组播地址
    EtherInitMar();
    Ethernet_Reg07=0x4d;     //CURR

    Ethernet_Reg00=0x21;     //move back to page 0
    Ethernet_Reg00=0x22;     //选择页 0 寄存器，网卡执行命令

    Ethernet_Reg0d=0x00;     //TCR_NO_LOOPBACK
//  Ethernet_Reg07=0xff;     //ISR
//////////配置结束//////////

    EtherNetOpenInterrupt();//设置中断
    EtherSetRegPage(0);//选择页面 0
```

上述代码中主要设置了与 RTL8019 接收相关的寄存器。

- PSTART：接收缓冲区的起始页地址。
- PSTOP：接收缓冲区的结束页地址（该页不用于接收）。
- BNRY：指向最后一个已经读取的页（读指针）。
- CURR：当前的接收结束页地址（写指针）。

关于 RTL8019 的 RAM

RTL8019 含有 16K 字节的 RAM，地址为 0x4000～0x7fff（指的是 RTL8019 内部的存储地址，而不是 ISA 总线的地址，是 RTL8019 工作用的存储器，可以通过远程 DMA 访问），每 256 个字节称为一页，共有 64 页。页的地址就是地址的高 8 位，页地址为 0x40～0x7f。这 16K 字节的 RAM 的一部分用来存放接收的数据包，一部分用来存储待发送的数据包（其实，也可以用来存放用户数据，不过没有这个必要）。

在上述程序中设置 0x40～0x4B 为网卡的发送缓冲区，共 12 页，刚好可以存储两个最大的以太网包。使用 0x4c～0x7f 为网卡的接收缓冲区（设置 PSTART=0x4c、PSTOP=0x80），共 52 页。刚开始，网卡没有接收到任何数据包，所以，BNRY 设置为指向第一个接收缓冲区的页 0x4c。

2. 通过 RTL8019AS 发送数据

作为一个集成的以太网芯片，数据的发送校验、总线数据包的碰撞检测与回避是由芯片自己完成的。我们只需要配置发送数据物理层地址的源地址、目的地址、数据包类型以及发送的数据即可。

下面的子函数用于 RTL8019 发送数据。

```
/*发送 Mac 层数据包,PkData 是一个指向数据包结构的指针,包含了要发送的数据和长度*/
void SendPackage(PMacHeader machd, PackageData PkData[],int nPkdata)
{

    static U16 ptrBuffer=0x40; //静态变量，记录发送的缓冲区的位置
    U16 traddress,totalbyte,temptype;
    int i;

    traddress=ptrBuffer<<8; //发送缓冲区地址

    if(machd){  //发送 Mac 层的数据包头，包括源物理地址和目的物理地址，数据包类型
        temptype=(machd->type>>8)|(machd->type<<8);

        EtherDMAWrite16(traddress, machd->des,6);//远程 DMA 写入
        traddress+=6;
        EtherDMAWrite16(traddress, machd->source,6); //远程 DMA 写入
        traddress+=6;
        EtherDMAWrite16(traddress, &temptype,2); //远程 DMA 写入
        traddress+=2;

        totalbyte=14;
    }
    else{
        totalbyte=0;
    }
```

```
//发送数据，可以是多个数据包的组合
    for(i=0;i<nPkdata;i++){
        EtherDMAWrite16(traddress,
                 (U16*)PkData[i].data,PkData[i].datalength);
        totalbyte+=PkData[i].datalength;
        traddress+=PkData[i].datalength;
    }
    if(totalbyte<60)                   //如果发送数据不够 60 字节，则补足 60 字节
        totalbyte=60;

    while(Ethernet_Reg00&0x04);        //等待上一次发送的结束
//设置发送寄存器
    EtherSetRegPage(0);
    Ethernet_Reg06=totalbyte>>8;       //TBCR1
    Ethernet_Reg05=totalbyte;          //TBCR0
    Ethernet_Reg04=ptrBuffer;          //TPSR

    Ethernet_Reg00=0x06;               //set TXP bit，开始发送
//更新并记录发送缓冲区的位置
    if(ptrBuffer==0x40)
        ptrBuffer=0x46;
    else
        ptrBuffer=0x40;
}
```

3. 通过 RTL8019AS 接收数据

在 RTL8019 的初始化程序中已经设置好了接收缓冲区的位置，并且配置好了中断的模式。当有一个正确的数据包到达时，RTL8019 会产生一个中断信号，在 ARM 中断处理程序中接收数据。

数据的接收比较简单，即通过远端 DMA 把数据从 TRL8019 的 RAM 空间读回 ARM 中处理。

5.7 嵌入式系统的调试接口 ARM JTAG 的设计

本节主要介绍 JTAG 的基本知识。描述 ARM 的 JTAG 调试结构、控制方法、ARM 微处理器 JTAG 链的组成以及通过 JTAG 调试 ARM 内核的基本方法。

5.7.1 ARM 的 JTAG 调试接口

1. ARM 的 JTAG 调试结构

一个典型的 ARM 基于 JTAG 调试结构如图 5-23 所示。

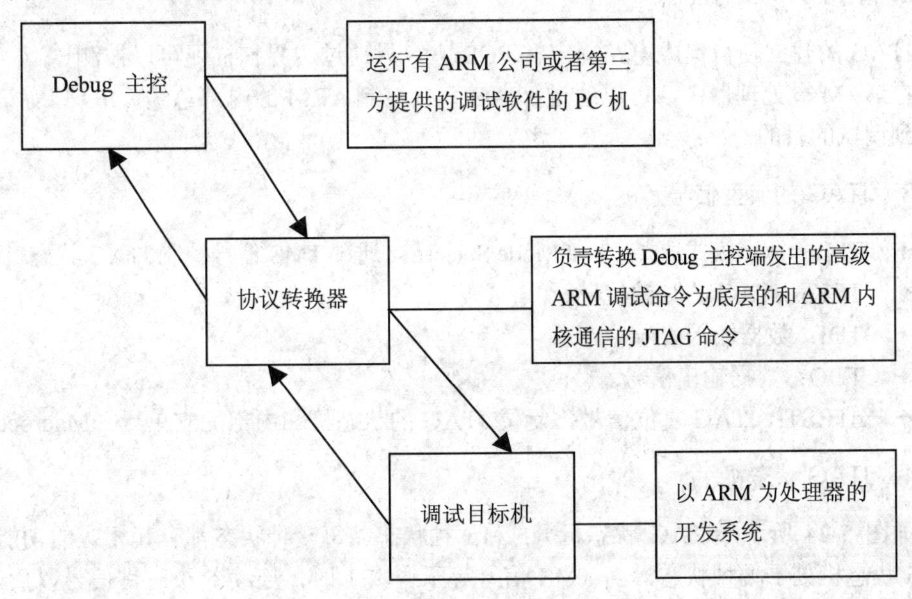

图 5-23　ARM 的 JTAG 调试结构

Debug 主控（Host）通常是运行有 ARM 公司或者第三方提供的调试软件的 PC 机，常用的调试软件有 ARM ADS 下的 AXD、Linux 下的 arm-elf-gdb 等。通过这些调试软件，可以发送高级的 ARM 调试命令。例如，设置断点、读写存储器、单步跟踪、全速运行等。

协议转换器（Protocol converter）负责转换 Debug 主控端发出的高级 ARM 调试命令为底层的和 ARM 内核通信的 JTAG 命令。Debug 主控端和协议转换器之间的介质可以有很多种。例如，以太网、USB、RS-232、并口等。Debug 主控端和协议转换器之间的通信协议最典型的就是 ARM 公司提供的 Angel 标准，也可以是第三方厂家自己定义的标准。关于 Angel 的协议，读者可参考 ARM ADS 的相关文档。典型的协议转换器有：ARM 公司的 Multi-ICE、Abatron 公司的 BDI、aiji 公司的 OpenICE32、EPI 公司的 Jeeni 等。

2. JTAG 与 AngelJTAG 调试：协议转换器解释上位机传送过来的命令，通过 JTAG 控制 ARM 微处理器执行

Angel 调试：协议转换器可以直接作为目标板 Firmware 的一部分，直接执行从宿主机传送过来的调试命令，并回送相应的数据。

Angel 可以节省专门的 JTAG 仿真器，但是它需要软件，或者是嵌入式操作系统的支持，做不到完全的实时仿真。而 JTAG 仿真是通过硬件和控制 ARM 的 EmbeddedICE 实现的，可以做到实时仿真。

5.7.2 JTAG 的基本知识

1. 什么是 JTAG

JTAG 是 Joint Test Action Group 的缩写，是 IEEE1149.1 的标准。

2. 使用 JTAG 的优点

JTAG 的建立使得集成电路固定在 PCB 上，只通过边界扫描便可以被测试。

在 ARM 微处理器中，可以通过 JTAG 直接控制 ARM 的内部总线、I/O 口等信息，从而达到调试的目的。

3. JTAG 的典型信号

- ✦ TMS：测试模式选择（Test Mode Select），通过 TMS 信号控制 JTAG 状态机的状态。
- ✦ TCK：JTAG 的时钟信号。
- ✦ TDI：数据输入信号。
- ✦ TDO：数据输出信号。
- ✦ nTRST：JTAG 复位信号，复位 JTAG 的状态机和内部的宏单元（Macrocell）。

4. JTAG 状态机

如图 5-24 所示，JTAG 状态机分成 15 种状态。每一种状态都有其相应的功能。不管 JTAG 状态机处于哪种状态，当 TMS 信号等于逻辑 1 时，连续 5 个时钟信号以后，JTAG 状态机必然回到 Test-logic Reset 状态。这也是 JTAG 状态机复位时的状态。

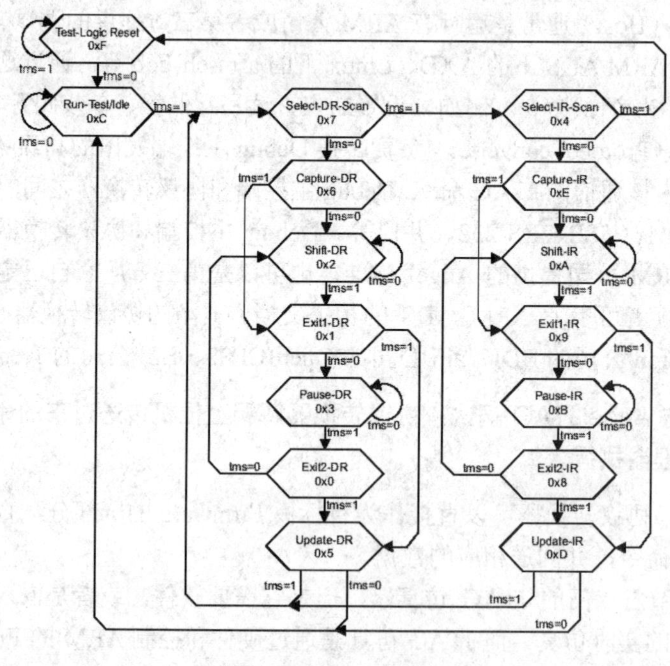

图 5-24 JTAG 状态机

5．JTAG 链的组成

如图 5-25 所示，每一条 JTAG 链是由若干个 JTAG 的扫描单元串连组成的。每一个扫描单元都可以配置成捕获外部信号的输入单元或者对外的输出单元。依靠移位寄存器，通过 JTAG 的 TDO 和 TDI 信号线，可以使数据串行地输出到每一个 JTAG 扫描单元上，或者读出每一个扫描单元的数据。

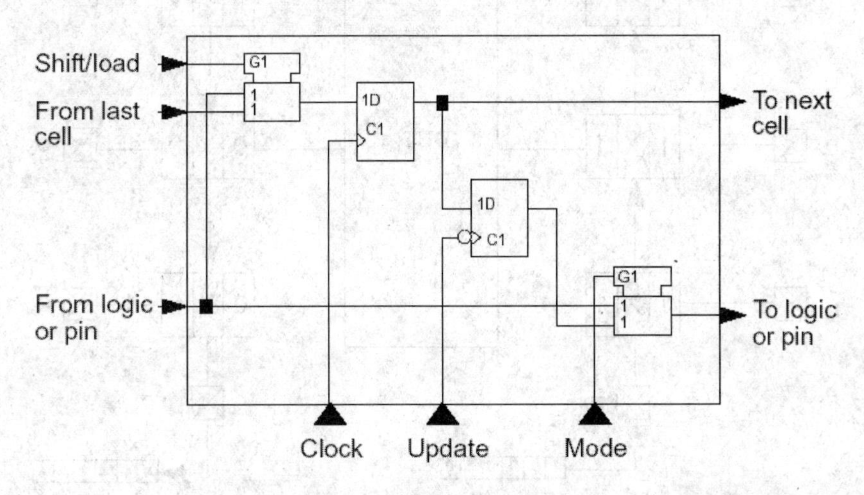

图 5-25　JTAG 的扫描单元

一个典型的 JTAG 链如图 5-26 所示。通过控制 JTAG 状态机，可以对 JTAG 扫描单元进行串行访问。

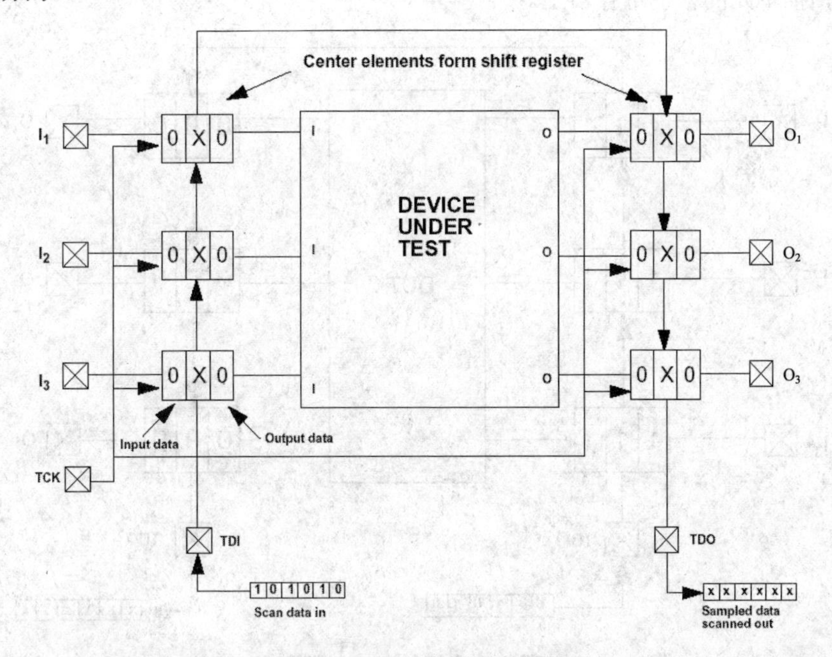

图 5-26　JTAG 扫描链的组成

6．JTAG 链的工作过程

步骤一：如图 5-27 所示，JTAG 处于挂起状态，JTAG 的扫描单元并不影响设备信号的输入输出。

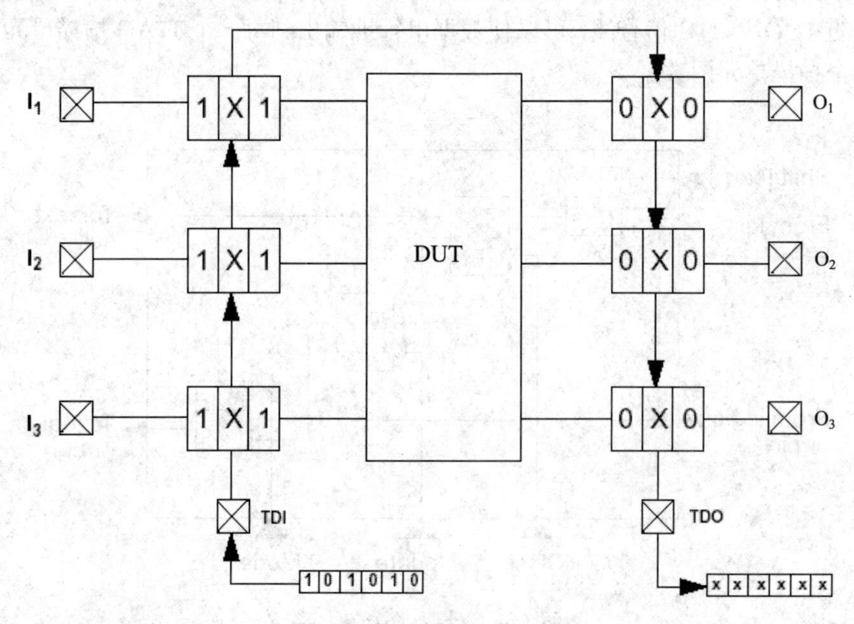

图 5-27　JTAG 处于挂起状态

步骤二：如图 5-28 所示，在 JTAG 状态机的 Capture-DR 状态，把 I/O 口上的数据捕获到 JTAG 扫描单元的移位寄存器上。

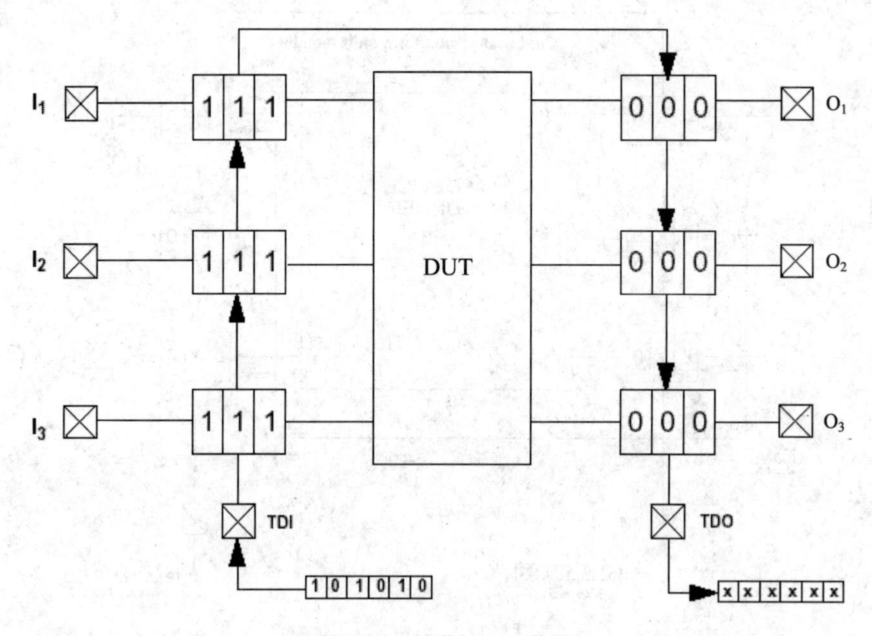

图 5-28　捕获 JTAG 数据

步骤三：如图 5-29 所示，在 JTAG 状态机的 Shift-DR 状态，TCK 的一次跳变，把数据从 TDI 移位到 JTAG 移位寄存器的高位上，并从 TDO 输出移位寄存器的低位（就是 O_3 的数据）。

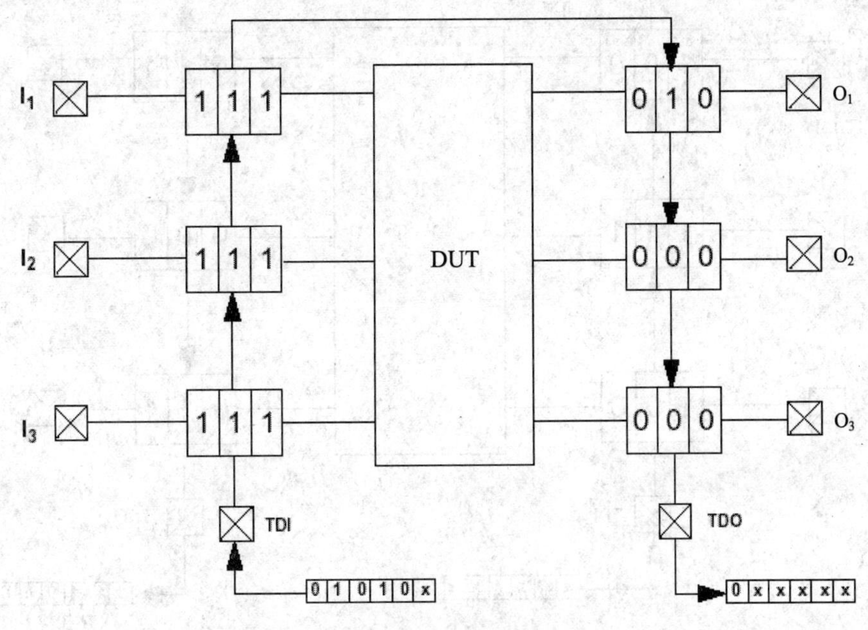

图 5-29　移位数据

步骤四：如图 5-30 所示，经过 6 个 TCK 时钟，可以把整个捕获到的 JTAG 链的移位寄存器上的数据移出，并且把新的数据移入 JTAG 链。

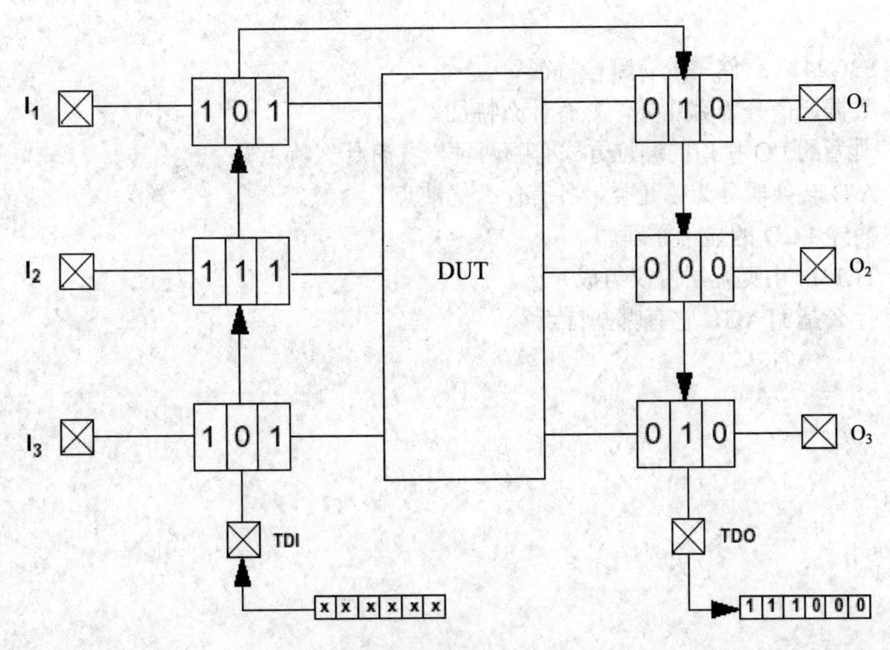

图 5-30　移位结束

步骤五：如图 5-31 所示，在 JTAG 状态机的 Update-DR 状态，可以把新的数据锁定到设备的输入或者输出 IO 口上，从而完成了一次 JTAG 的数据更新。

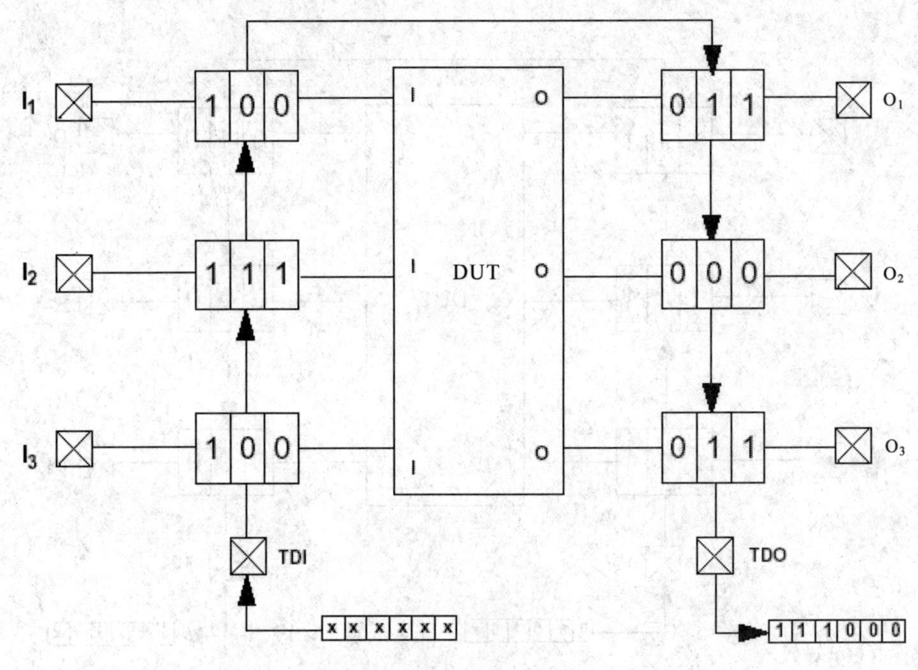

图 5-31 数据更新

练习题

1．S3C2410 存储系统有哪些特征？

2．数据通信分为哪几类，各有什么特征？

3．典型的 I/O 接口的编址方式有哪两种，各有什么特点？

4．A/D 转换器分为哪几类，各有什么优缺点？

5．简述 LCD 的显示原理。

6．TCP/IP 由哪几层协议组成？

7．什么是 JTAG，它有哪些特点？

第 6 章　基于μC/OS-II 的软件体系结构设计

μC/OS-II 提供的仅是一个任务调度的内核，要想实现一个相对完整、实用的嵌入式实时多任务操作系统（RTOS），还需要相当多扩展性的工作。主要包括建立文件系统、创建图形用户接口（GUI）函数、创建基本绘图函数、建立基于 ARM 和μC/OS-II 的 TCP/IP 协议、建立其他实用的应用程序接口（API）函数等。本章将介绍如何在μC/OS-II 的基础上进行应用软件的编程设计。

通过本章的学习，读者可以了解以下的知识。

✦　文件系统的建立方法
✦　外设及驱动程序的实现
✦　基于 Unicode 汉字库的实现方法
✦　基本绘图函数的实现
✦　其他实用 API 函数

6.1　基于μC/OS-II 扩展 RTOS 的体系结构

本节将介绍如何在μC/OS-II 的基础上扩展成实用的操作系统。

将μC/OS-II 移植到 ARM 微处理器上以后，接下来的工作就是对操作系统本身的扩充。如图 6-1 所示，本节建立了基于μC/OS-II 内核扩展的 RTOS 的软件体系。

针对每一部分所需要完成的任务，软件体系可划分成如下模块。

1．系统外围设备的硬件部分

系统外围设备的硬件部分包括液晶显示屏（LCD）、键盘、海量 Flash 存储器、系统的时钟和日历。外围设备的硬件部分是保证系统实现指定任务的最底层的部件。

2．驱动程序模块

驱动程序是连接底层的硬件和上层的 API 函数的纽带，有了驱动程序模块，就可以把操作系统的 API 函数和底层的硬件分离开来。任何一个硬件的改变、删除或者添加，只需要随之改变、删除或者添加提供给操作系统相应的驱动程序就可以了，并不会影响到 API 函数的功能，更不会影响到用户的应用程序。

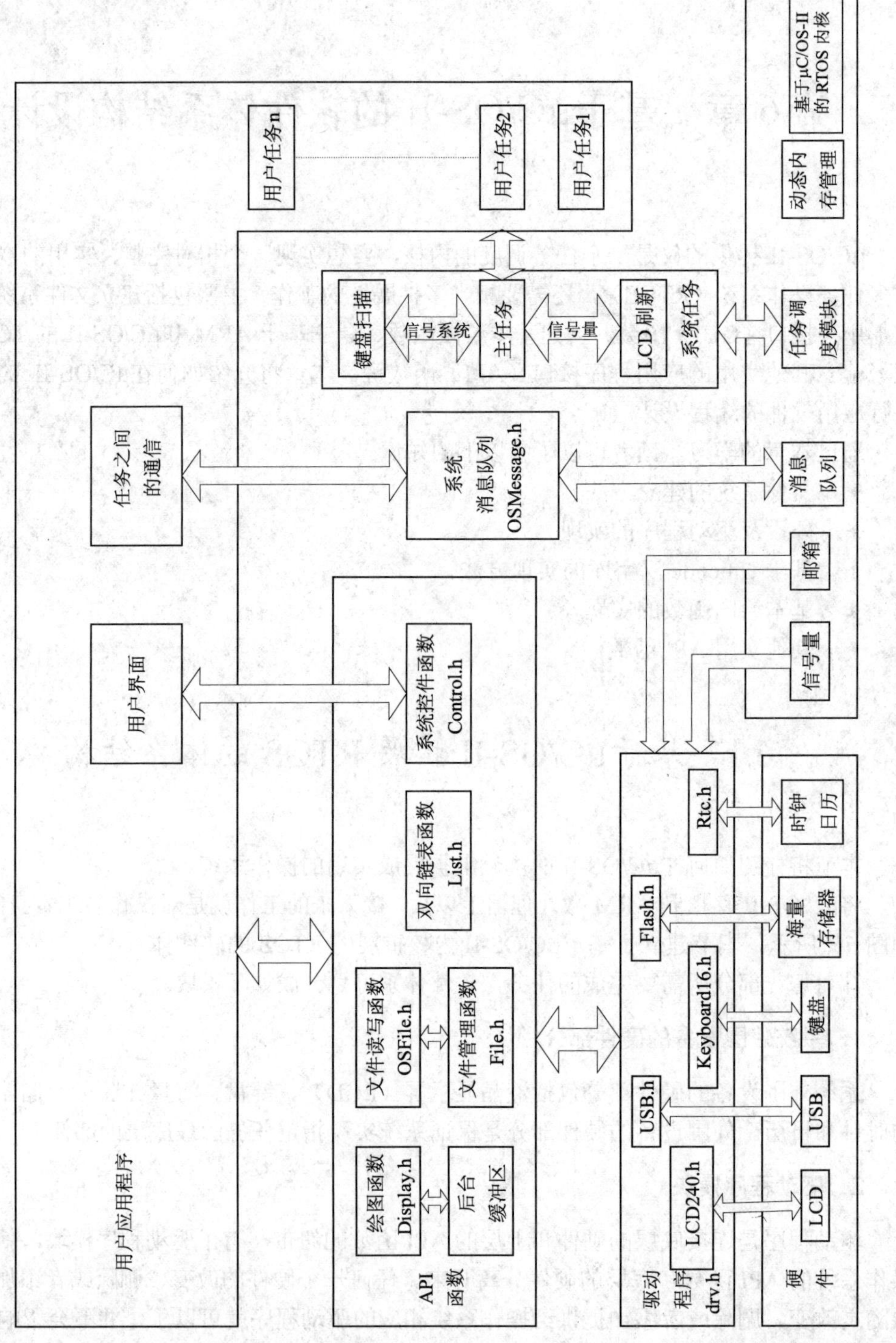

图 6-1 基于μC/OS-II扩展的RTOS的总体框图

同时，为了保证在实时多任务操作系统中对硬件访问的唯一性，系统的驱动程序要受控于相应的操作系统的多任务之间的同步机制。在μC/OS-II中使用信号量、邮箱等机制进行任务之间的通信和同步。

3．操作系统的 API 函数

在操作系统中提供标准的应用程序接口（API）函数，可以加速用户应用程序的开发，同时也给操作系统版本的升级带来了方便。在 API 函数中，提供了大量的常用软件模块，可以大大简化用户应用程序的编写。

4．实时操作系统的多任务管理

μC/OS-II 作为操作系统的内核，主要任务就是完成多任务之间的调度和同步。

5．系统的消息队列

这里所说的系统的消息队列是以μC/OS-II 的消息队列派生出来的系统消息传递机制，用来实现系统的各个任务之间、用户应用程序的各个任务之间以及用户应用程序和系统的各个任务之间的通信。

6．系统任务

在本系统中，系统任务主要包括液晶显示屏（LCD）的刷新任务、系统键盘扫描任务。这两个任务是操作系统的基本任务，随着操作系统的启动而运行。

7．用户应用程序

用户的应用程序建立在系统的主任务（Main_Task）基础之上。用户应用程序主要通过调用系统的 API 函数对系统进行操作，完成用户的要求。在用户的应用程序中也可以创建用户自己的任务。任务之间的协调主要依赖于系统的消息队列。

6.2　建立文件系统

μC/OS-II 本身不提供文件系统。针对嵌入式的应用，参考 FAT16 文件系统的格式，本节建立起了一套简单的文件系统。

6.2.1　文件系统简介

所谓文件系统，它是操作系统中组织、存储和命名文件的结构。常用的文件系统有很多，FAT（File Allocation Table）——文件分配表系统是最常用的文件系统之一，最早于 1982 年开始应用于 MS-DOS 中。FAT 文件系统主要的优点就是它可以允许多种操作系统访问。

MS-DOS 和 Windows 3.x 使用 FAT16 文件系统，默认情况下 Windows 98 也使用 FAT16，Windows 98 和 Windows Me 可以同时支持 FAT16、FAT32 两种文件系统，Windows NT 则支持 FAT16、NTFS 两种文件系统，Windows 2000 可以支持 FAT16、FAT32、NTFS 3 种文

件系统，Linux 则可以支持多种文件系统，如 FAT16、FAT32、NTFS、Minix、ext、ext2、xiafs、HPFS、VFAT 等，不过 Linux 一般都使用 ext2 文件系统。

为了与 PC 机文件系统兼容，在嵌入式系统设计中一般使用标准的 FAT12/16/32 文件系统。

1. FAT 文件系统结构

一个 FAT（FAT12/FAT16/FAT32）文件系统卷（卷可以理解为是一张软盘、一个硬盘或是一个 Flash 电子盘）由 4 个部分组成。

（1）保留区（Reserved Region）

FAT 分区的保留区（Reserved Region）中的第一个扇区必须是 BPB（BIOS Parameter Block），此扇区有时也称作“引导扇区”、“保留扇区”或是“零扇区”，因为它含有对文件系统进行识别的关键信息，因此十分重要。表 6-1 是保留区的结构。

表 6-1 扇区结构

名　称	偏	长	典 型 值	说　明
BS_jmpBoot	0	3	EB 03 90	jmpBoot[0] = 0xEB, jmpBoot[1] = 0x??, jmpBoot[2] = 0x90 和 jmpBoot[0] = 0xE9, jmpBoot[1] = 0x??, jmpBoot[2] = 0x??0x??表示此处可以为任意字节，任一种选择都可以
BS_OEMName	3	8		Microsoft 的操作系统并不关心此域，对一些 FAT 驱动比较重要，推荐使用“MSWIN4.1”字符串
BPB_BytsPerSec	11	2		每扇区字节数。只能是：512，1024，2048 或 4096。对于一些老的系统，只能使用 512，DOS 下均为 512，建议采用 512。三星的 Flash 的每个 Page 的大小为 512，较方便作为电子盘使用
BPB_SecPerClus	13	1		每簇扇区数。此值不能为零，且必须是 2 的整数次方。如 1、2、4、8、16、32、64 及 128。但是此值不要使用 BPB_BytsPerSec*BPB_SecPerClus>32K（32 * 1024），即每簇不要超过 32K 字节
BPB_RsvdSecCnt	14	2		保留区域中的保留扇区数。保留扇区从第 1 个扇区开始，对于 FAT12 和 FAT16，这时必须填 1。对于 FAT32，此处为 32
BPB_NumFATs	16	1		此卷中 FAT 结构的份数。必须为 2
BPB_RootEntCnt	17	2		对于 FAT12 和 FAT16 卷，此域中为根目录项数（每个项长度为 32 字节），对于 FAT32，此域为零。此值乘上 32 后必须为 BPB_BytsPerSec 的整数倍。为了达到最好的兼容性，FAT16 卷应使用 512

续表

名　称	偏	长	典 型 值	说　明
BPB_TotSec16	19	2		此域为存储卷上的扇区总数。包括 FAT 表的 4 个区域的所有扇区数。此域可以为零，当为零时，BPB_TotSec32 必须非零。对于 FAT32，此域必须为零。对于 FAT12 或 FAT16，此域为扇区总数，如果总扇区数小于 0x10000，则 BPB_TotSec32 为零
BPB_Media	21	1		对于固定存储介质，使用 0xF8，对于可移动存储介质，使用 F0。0xF0、0xF8、0xF9、0xFA、0xFB、0xFC、0xFD、0xFE 和 0xFF 都是合法的值，但是在 FAT 表中的 FAT[0] 的低位必须与之一致
BPB_FATSz16	22	2		FAT12/FAT16 每个分区表所占的扇区数。对于 FAT32，此域为 0。在 BPB_FATSz32 中包含 FAT32 的分区数
BPB_SecPerTrk	24	2		每道扇区数。对于非磁头、柱面、扇区结构的介质，此域可为零
BPB_NumHeads	26	2		磁头数。对于非磁头、柱面、扇区结构的介质，此域可为零
BPB_HiddSec	28	4		此 FAT 表所在的分区前面的隐藏扇区数。对于非分区的介质，此值可为零，与操作系统有关
BPB_TotSec32	32	4		对于 FAT32，此域非零；对于 FAT12/FAT16，如果扇区总数超过 0x10000，则此域为扇区总数
BS_DrvNum	36	1		操作系统有关参数，软盘使用 0x00，硬盘使用 0x80
BS_Reserved1	37	1		保留（供 NT 使用），必须为 0
BS_BootSig	38	1		扩展引导标记（0x29）。此标记用来指示其后的 3 个域可用
BS_VolID	39	4		卷的序列号。此域与 BS_VolLab 一起可支持对可移动磁盘的跟踪，用来判断是否是正确的磁盘。FAT 文件系统可据此判断是否将错误的软盘插到了软驱中。此域常用当前日期和时间来组成
BS_VolLab	43	11		11 个字节长的卷标，此域需要与目录中的卷标一致
BS_FilSysType	54	8		FAT12、FAT16 或 FAT 之一。此域仅是一个标志，操作系统并不关心它，也不用它来确定文件系统的类型
Executable Code	62			如果是引导分区，它接过系统控制权后，可以执行一列引导操作
Executable Marker	510			55 AA

（2）FAT 区

操作系统是按簇来分配磁盘空间的。因此，文件占用磁盘空间时，基本单位不是字节而是簇，即使某个文件只有一个字节，操作系统也会给它分配一个最小单元——一个簇。为了可以将磁盘空间有序地分配给相应的文件，而读取文件时又可以从相应的地址读出文件，我们把整个磁盘空间分成 32K 字节长的簇来管理，每个簇在 FAT 表中占据着一个 16 位的位置，称为一个表项。

对于大文件，需要分配多个簇。同一个文件的数据并不一定完整地存放在磁盘的一个连续的区域内，而往往会分成若干段，像一条链子一样存放。这种存储方式称为文件的链式存储。为了实现文件的链式存储，硬盘上必须准确地记录哪些簇已经被文件占用，还必须为每个已经占用的簇指明存储后续内容的下一个簇的簇号，对一个文件的最后一簇，则要指明本簇无后续簇。这些都是由FAT表来保存的，FAT表的对应表项中记录着它所代表的簇的有关信息：如是否空、是否是坏簇、是否已经是某个文件的尾簇等。FAT区的结构如表6-2所示。

表6-2 FAT区结构

表项	代码示例	含义
0	FFF8	磁盘标识字，必须为FFF8，注意高位在后
1	FFFF	第一簇已经被占用
2	0003	0000h 可用簇
3	0004	0002h-FFEFh 已占用，代码代表存放文件的簇链中的下一个簇的簇号
4	0005	FFF0h-FFF6h 保留簇
5	FFFF	FFF7h 坏簇
6	0000	FFF8h-FFFF 文件的最后一簇

FAT的项数与硬盘上的总簇数相关（因为每一个项要代表一个簇，簇越多当然需要的FAT表项越多），每一项占用的字节数也与总簇数有关（因为其中需要存放簇号，簇号越大每项占用的字节数就大）。FAT的格式有多种，最为常见是FAT16和FAT32，其中FAT16是指文件分配表使用16位，由于16位分配表最多能管理65536（即2的16次方）个簇，又由于每个簇的存储空间最大只有32KB，所以在使用FAT16管理硬盘时，每个分区的最大存储容量只有（65536×32KB）即2048MB，也就是我们常说的2GB。现在的硬盘容量是越来越大，由于FAT16对硬盘分区的容量限制，所以当硬盘容量超过2GB之后，一般情况下用户只能将硬盘划分成多个2GB的分区后才能正常使用。

由于FAT对于文件管理的重要性，所以FAT有一个备份，即在原FAT的后面再建一个同样的FAT。

（3）根目录区（Root Directory Region）

紧接着第二个FAT表的后面一个扇区，就是根目录区了。根目录区中存放目录项，每个目录项为32个字节，记录一个文件或目录的信息（长文件名例外）。如表6-3所示是目录项的结构。

目录项所占的扇区数与有多少个目录项有关，它将占用（目录项×32/512）个扇区。

（4）文件和目录数据区

目录项所占最后一个扇区之后，便是真正存放文件数据或是目录的位置了。

表 6-3　目录项结构

<table>
<tr><th>偏　移</th><th>长度 / 字节</th><th>说　明</th><th colspan="8">格　式</th><th>备　注</th></tr>
<tr><td>00H</td><td>8</td><td>文件名</td><td colspan="8">ASCII 字符，当首字母如下时为特殊代码：
00H=未用名称
05H=当文件的第一个字符为 E5H 时，必须换成 05H，因为 E5H 在首字母时另有含义
E5H=文件已使用，但已经删除
2EH=本项为目录</td><td>不足 8 个字节时，必须以空格填满</td></tr>
<tr><td>08H</td><td>3</td><td>文件类型(扩展名)</td><td colspan="8">ASCII 字符</td><td>不足 3 个字节时必须填满</td></tr>
<tr><td rowspan="2">0BH</td><td rowspan="2">1</td><td rowspan="2">文件属性</td><td>7</td><td>6</td><td>5</td><td>4</td><td>3</td><td>2</td><td>1</td><td>0</td><td rowspan="2"></td></tr>
<tr><td>未定义</td><td>未定义</td><td>存档</td><td>目录</td><td>卷标</td><td>系统</td><td>隐藏</td><td>只读</td></tr>
<tr><td>0CH</td><td>10</td><td>保留</td><td colspan="8"></td><td></td></tr>
<tr><td>16H</td><td>2</td><td>上次更新时间</td><td colspan="8">须经编码：(unsigned 16 bit-bit integer)
time=Hr*2048+Min*32+Sec÷2</td><td>*：高位在后，低位在前 LSB</td></tr>
<tr><td>18H</td><td>2</td><td>上次更新日期</td><td colspan="8">须经编码：(unsigned 16 bit-bit integer)
time=（Yr−1980）*512+Mon*32+Day</td><td>*：高位在后，低位在前 LSB</td></tr>
<tr><td>1AH</td><td>2</td><td>起始簇号</td><td colspan="8">此文件开始的簇号，如果文件有多簇，根据 FAT 中与此对应项的信息可得下一簇簇号</td><td></td></tr>
<tr><td>1CH</td><td>4</td><td>文件大小</td><td colspan="8">文件长度</td><td></td></tr>
</table>

2. 硬盘结构

FAT 结构是所有按照 FAT 文件系统来组织存储单元的介质都必须遵守的一种文件系统格式，而对于不同的介质，其结构又有些差异，下面介绍文件系统格式为 FAT 硬盘的结构。

如表 6-4 所示，硬盘上的数据按照其不同的特点和作用大致可分为 5 部分，即 MBR 区、DBR 区、FAT 区、DIR 区和 DATA 区。下面分别介绍。

表 6-4　硬盘上的数据结构

位　置	数 据 结 构
0 磁道 0 柱面 1 扇区	MBR 区（主引导记录区）
0 磁道 1 柱面 1 扇区	DBR 区（操作系统引导记录区）

续表

位　置	数据结构
0 磁道 1 柱面 2 扇区～ 0 磁道 1 柱面 2+i−1 扇区	FAT 区（文件分配表区） 视磁盘容量而定，其占用的扇区数为 i 磁盘总空间/32K＝总簇数，对于 FAT16，则所占扇区数 i=（总簇数×2 / 512），每扇区字节数为 512 字节
0 磁道 1 柱面 2+i 扇区～ 0 磁道 1 柱面 2+2i−1 扇区	第二个 FAT 区，内容与第一个 FAT 区一样
0 磁道 1 柱面 2+2i 扇区～ 0 磁道 1 柱面 2+2i+−1 扇区	DIR 区（根目录区） 视磁盘根目录项而定，其占用扇区数为 j
0 磁道 1 柱面 2+2i+j 扇区	DATA 区（数据区） 文件数据真正开始存放的地方

（1）MBR（Main Boot Record）区

如表 6-5 所示，MBR 位于整个硬盘的 0 磁道 0 柱面 1 扇区。不过，在总共 512 字节的主引导扇区中，MBR 只占用了其中的 446 个字节（偏移 0～1BDH），另外的 64 个字节（偏移 1BEH～1FDH）交给了 DPT（Disk Partition Table，硬盘分区表），最后两个字节“55，AA”（偏移 1FEH～1FFH）是分区的结束标志，从而构成了硬盘的主引导扇区。大致的结构如表 6-5 所示。

表 6-5　MBR 区的结构

偏　移	信　息
0000～01BD	MBR 主引导记录（446 字节）
01BE～01FD	4 个分区信息表，每个分区信息表占 16 字节，总共 64 字节
01FE～01FF	55，AA

主引导记录中包含了硬盘的一系列参数和一段引导程序。其中的硬盘引导程序的主要作用是检查分区表是否正确，并且在系统硬件完成自检以后，引导具有激活标志的分区上的操作系统，并将控制权交给启动程序。MBR 是由分区程序所产生的，它不依赖任何操作系统，而且硬盘引导程序也是可以改变的，从而实现多系统共存。

MBR 中可以定义 4 个分区信息表，每个分区信息表的 16 个字节定义如表 6-6 所示。

表 6-6　分区信息表结构

偏　移	长　度	意　义
0	字节	分区状态：如 0→非活动分区，80→活动分区
1	字节	该分区起始头（HEAD）
2	字	该分区起始扇区和起始柱面
4	字节	该分区类型：如 82→Linux 本地分区，83→Linux 交换分区
5	字节	该分区终止头
6	字	该分区终止扇区和终止柱面
8	双字	该分区起始绝对分区
c	双字	该分区扇区数

例如，以一个实例来介绍分区信息表中的内容：80 01 01 00 0B FE BF FC 3F 00 00 00 7E 86 BB 00。

最前面的“80”是一个分区的激活标志，表示系统可引导；“01 01 00”表示分区开始的磁头号为 01，开始的扇区号为 01，开始的柱面号为 00；“0B”表示分区的系统类型是 FAT32，其他比较常用的有 04（FAT16）、07（NTFS）；“FE BF FC”表示分区结束的磁头号为 254，分区结束的扇区号为 63、分区结束的柱面号为 764；“3F 00 00 00”表示首扇区的相对扇区号为 63；“7E 86 BB 00”表示总扇区数为 12289622。

（2）DBR 区

DBR（DOS Boot Record，DOS 引导记录）是操作系统引导记录区的意思。它通常位于硬盘的 0 磁道 1 柱面 1 扇区，是操作系统可以直接访问的第一个扇区，它包括一个引导程序和一个被称为 BPB（Bios Parameter Block）的本分区的参数记录表。引导程序的主要任务是当 MBR 将系统控制权交给它时，判断本分区根目录前两个文件是不是操作系统的引导文件（以 DOS 为例，即是 IO.sys 和 MSDOS.sys）。如果确定存在，就把其读入内存，并把控制权交给该文件。BPB 参数块记录着本分区的起始扇区、结束扇区、文件存储格式、硬盘介质描述符、根目录大小、FAT 个数和分配单元的大小等重要参数，像在 FAT 结构中所介绍的那样。

（3）FAT 区

在 DBR 之后的即是 FAT 区，负责给文件分配空间。

以簇为单位的存储方法存在着必然的缺陷，即总是无法占满整簇的空间，存在着空闲的空间。簇的大小与磁盘的规格有关，一般情况下，软盘每簇是 1 个扇区，硬盘每簇的扇区数与硬盘的总容量大小有关，可能是 4、8、16、32、64 等。

（4）DIR 区

DIR（Directory）是根目录区，紧接着第二个 FAT 表（即备份的 FAT 表）之后，记录着根目录下每个文件（目录）的起始单元、文件的属性等。定位文件位置时，操作系统根据 DIR 中的起始单元，结合 FAT 表就可以知道文件在硬盘中的具体位置和大小了。

（5）数据（DATA）区

数据区是真正意义上数据存储的地方，位于 DIR 区之后，占据硬盘上的大部分数据空间。

3. Flash 盘的 FAT 结构

在嵌入式系统开发中，经常使用 Flash 作为存储介质。Flash 硬盘与普通的磁头、柱面式介质不一样，它有其特定的结构特点。

如图 6-2 所示，以 16M 字节的三星 K9F2808U0A-YCB0 Flash 存储芯片为例，它有 1024 个 Block（块），每个 Block 有 32 个 Page（页），每个 Page 有 512+16＝528 个字节。

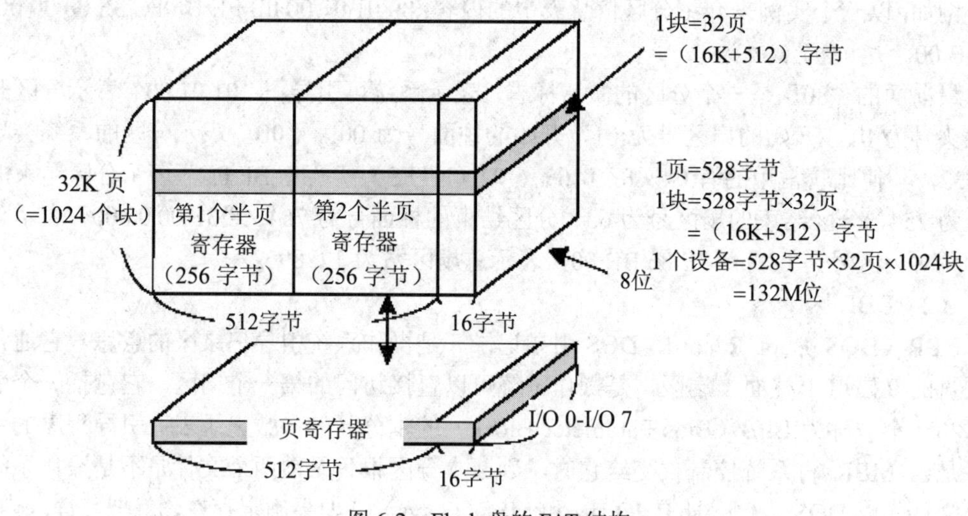

图 6-2　Flash 盘的 FAT 结构

Flash 的读写有其自身特点：（1）必须以页为单位进行读写；（2）写之前必须先擦除原有内容；（3）擦除操作必须对块进行，即一次至少擦除一个块的内容。

针对这种情况，将 Flash 的一个页定为一个扇区，将其两个块、64 个扇区定为一个簇，这样，簇的容量刚好为 512×64=32K，满足 FAT16 对簇大小的要求。

FAT 分配空间时，是按簇来分配的，但是其给出的地址却是 LBA（Logical Block Address），即它只给出一个扇区号。例如对此 Flash 而言，若给出 LBA 为 0x40，则代表簇 1 的扇区 1。因此需要将 Logical Block Address 转换为物理地址，这样才可以对数据进行存取操作。根据我们定义的结构，转换公式为：

Flash 的块＝ Logical Block Address / 0x20

Flash 的页＝ Logical Block Address %0x20

实际上，最好定义每个簇为 32 个扇区，因为这样物理结构和逻辑结构刚好一致。不管 Logical Block Address 给出什么值。只要按上述公式，总可以得到物理上正确的块和页再使用 Flash 的读写命令读取对应的块和页就可以了，读的问题复杂一些，在后面介绍。

因此簇和扇区的概念在 BPB 中给出存储介质信息时通知系统即可，我们只需要做好 LBA 与物理地址间的转换。

由于作为 U 盘的 Flash 不要求启动，因此可以没有 MBR 区，只包含 DBR、FAT、DIR 和 DATA 4 个区。

因此，Flash 的前两个块的内容如表 6-7 所示。

表 6-7　Flash 的前两个块

LBA	块（Block）/ 页（Page）	长　度	内 容 说 明
0	0/0	512 字节	MBR＝BPB+可执行代码+55AA（查看内容）
1~2	0/1~0/2	1024 字节	FAT 区（第一份 FAT）
3~4	0/3~0/4	1024 字节	FAT 区备份（第二份 FAT）
5~39H	0/5~1/31	30K 字节	目录区（在 BPB 中调整目录项数，使其刚好占满本簇）
40H	1/32	512 字节	数据区（因目录区占尽一个簇，故数据区始于新簇首扇）

当主机发出 Read 命令后，Flash 读写操作即告开始，Host 首先读取 MBR，得到有关存储介质的有关信息，诸如扇区长度、每簇扇区数以及总扇区数等内容，以便知道此 Flash 有多大。如果读取正确，会接着读取文件分配表，借以在 PC 机上的可移动盘符中显示文件目录，并可以复制、删除或是创建文件。系统自动将这些命令都转换成 Read 或 Write 两种命令，通过 USB 的 Read 或 Write 命令块描述符从 Flash 中的相应扇区读取数据，或是将特定长度的数据写入 Flash 相应簇中。

6.2.2　文件系统的实现过程

在系统中如果使用文件系统，首先必须通过 initOSFile 函数初始化操作系统的文件系统，为操作系统的文件缓冲区分配存储空间。函数 initOSFile 的代码如下：

```
    INT8U err;

    pFileMem=OSMemCreate(FileMemPart,10, sizeof(FILE), &err);
    if(pFileMem==NULL){
        Uart_Printf("Failed to Create File");
        LCD_printf("Failed to Create File");
    }
```

上述代码中函数 initOSFile 通过使用 OSMemCreate 函数为操作系统分配了 10 个文件缓冲区。其中，FILE 是一个文件的相关的结构体。它的定义如下：

```
typedef struct{
    U8 Buffer[BLOCK_SIZE];        //文件缓冲区
    U32 fileblock;                //文件当前的簇的位置
    U32 filemode;                 //打开文件的模式
    U32 filebufnum;               //文件缓冲区中已经读取/写入的字节数
    U32 fileCurpos;               //读写的当前位置
    U32 filesize;                 //文件的大小
}FILE;
```

可见，在 FILE 结构中包括了文件的缓冲区和其他的相关信息。因为在大容量电子盘（Flash 存储器）中，数据是按照整块（Block）存储的。所以，在文件缓冲区中，以一个块（Block）的大小为单位，来开辟文件缓冲区，便于管理。

函数 OpenOSFile 用来打开系统中指定的文件，并且指定文件的打开模式（读取或者写入）。OpenOSFile 的工作流程如图 6-3 所示。

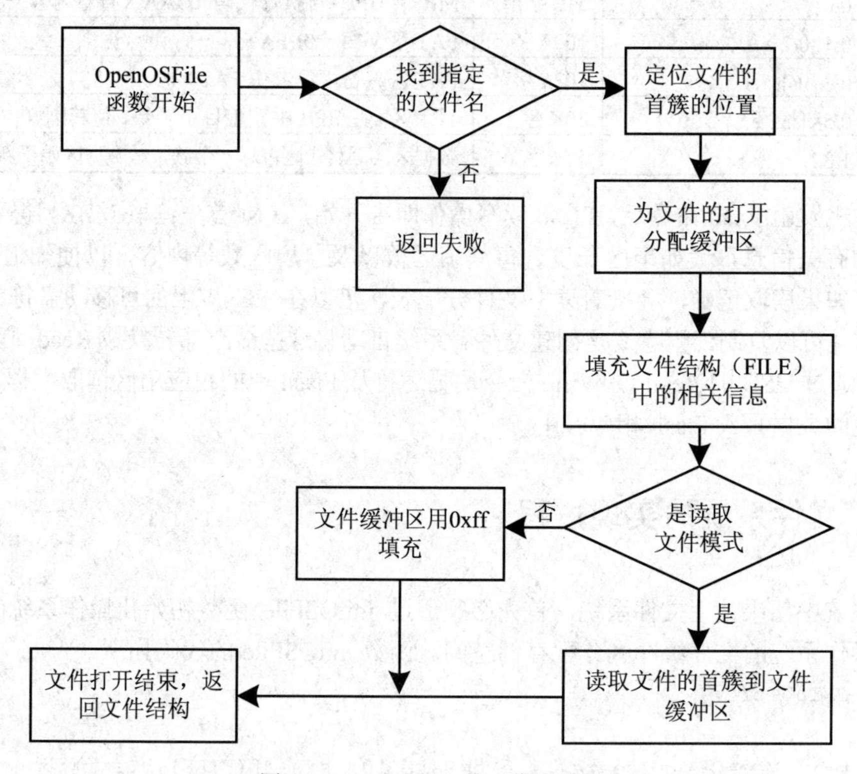

图 6-3　OpenOSFile 的工作流程图

读取文件时，直接读取文件缓冲区中的数据。如果文件缓冲区中的数据为空，则访问文件的分配表（FAT），读取下一个簇的数据到文件缓冲区中。这就是 ReadOSFile 函数的功能，其具体的程序流程图如图 6-4 所示。

与文件读出的过程相反，文件写入的过程是先把数据写入文件的缓冲区，当缓冲区满（达到了一个簇的大小）时，则自动把数据写入电子盘（Flash 海量存储器）。WriteOSFile 是写入文件的函数，其具体的流程图如图 6-5 所示。

读者很容易看出来，按照上述方法，会留下一个“隐患”。也就是说，如果最后一次写入没有正好填满一个缓冲区的大小时，最后写入缓冲区中的数据将没有机会写入文件。所以，就需要在文件关闭、释放掉文件缓冲区之前，把数据写入电子盘。因此，CloseOSFile 的函数流程如图 6-6 所示。

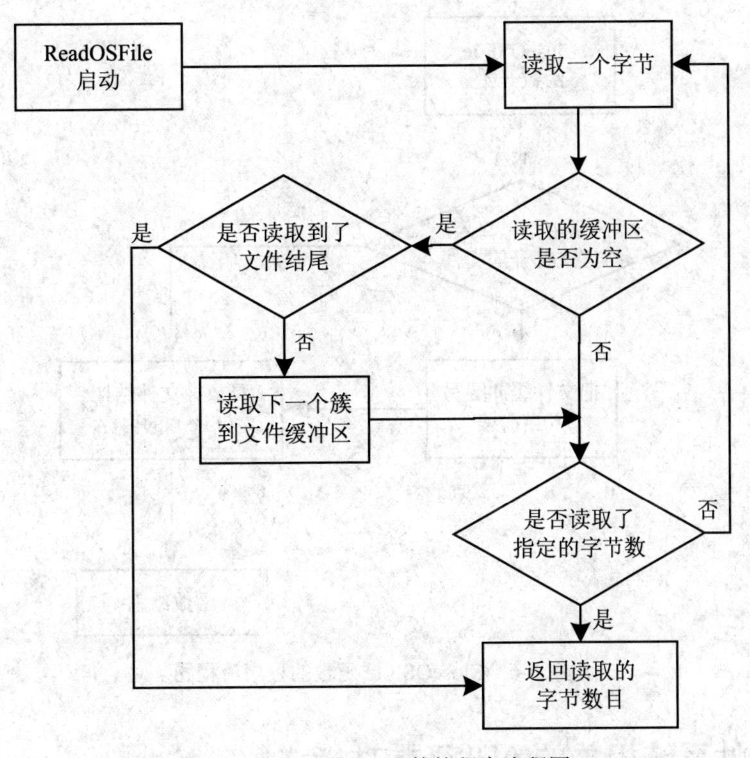

图 6-4　ReadOSFile 函数的程序流程图

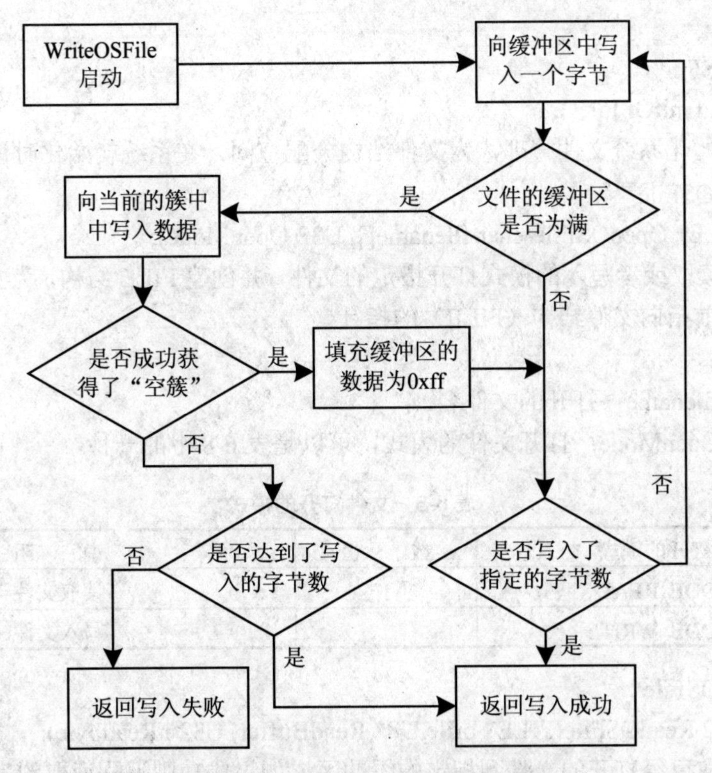

图 6-5　WriteOSFile 函数的程序流程图

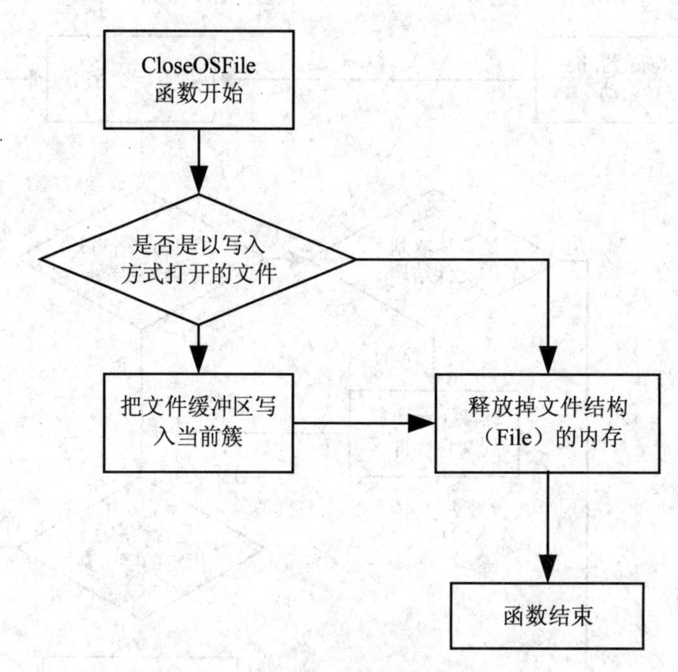

图 6-6　CloseOSFile 函数的程序流程图

6.2.3　文件系统相关的 API 函数功能详解

✦　initOSFile

定义：void initOSFile();

功能：初始化系统文件管理，为文件结构分配空间，在系统初始化时调用此函数。

✦　OpenOSFile

定义：FILE* OpenOSFile(char filename[], U32 OpenMode);

功能：以读取或者写入的模式打开指定的文件，并创建 FILE 结构，为文件读取分配缓冲区，返回当前指向文件结构（FILE）的指针。

参数说明：

- filename：打开的文件名。
- OpenMode：打开文件的模式，可以是表 6-8 中的一种。

表 6-8　文件打开的模式

文件打开的模式	数　值	说　明
FILEMODE_READ	1	读取文件
FILEMODE_WRITE	2	写入文件

✦　ReadOSFile

定义：U32 ReadOSFile(FILE* pfile,U8* ReadBuffer, U32 nReadbyte);

功能：读取已经打开的文件到指定的缓冲区，如果成功则返回读取的字节数。

参数说明：

- pfile：指向打开文件的指针。
- ReadBuffer：读文件的目的缓冲区。
- nReadbyte：读取文件的字节数。

✦ LineReadOSFile

定义：U32 LineReadOSFile(FILE* pfile, char str[]);

功能：读取指定文件的一行，返回读取文件的字节数。

参数说明：

- pfile：指向打开文件的指针。
- str：读取的字符串数组。

✦ WriteOSFile

定义：U8 WriteOSFile(FILE* pfile,U8* WriteBuffer, U32 nReadbyte);

功能：把缓冲区写入指定的文件，如果成功则返回 TRUE；否则，返回 FALSE。

参数说明：

- pfile：指向打开文件的指针。
- WriteBuffer：写入文件的源缓冲区。
- nReadbyte：写入文件的字节数。

✦ CloseOSFile

定义：void CloseOSFile(FILE* pfile);

功能：关闭打开的文件，释放文件缓冲区。

参数说明：

- pfile：指向打开文件的指针。

✦ GetNextFileName

定义：U8 GetNextFileName(U32 *filepos,char filename[]);

功能：得到文件目录分配表中指定位置的文件名（包括扩展名），文件位置自动下移。如果文件有效则返回 TRUE；否则，返回 FALSE。

参数说明：

- filepos：文件的位置，范围为 0～511。
- filename：返回的文件名。

✦ ListNextFileName

定义：U8 ListNextFileName(U32 *filepos, char FileExName[],char filename[]);

功能：列出当前位置开始第一个指定扩展名的文件，如果没有，则返回 FALSE。

参数说明：

- filepos：文件的位置，范围为 0～511。
- FileExName：指定的文件扩展名。
- filename：返回的文件名。

6.3 外设及驱动程序

外设驱动程序可以对系统提供访问外围设备的接口，把操作系统（软件）和外围设备（硬件）分离开。当外围设备改变时，只需更换相应的驱动程序，不必修改操作系统的内核以及运行在操作系统中的软件。本节将建立几种典型外设的驱动程序标准接口。

6.3.1 串行口

串行口符合 RS-232 标准，通信的最高速度可以达到 115200bps。串行口的接口函数如下。

✦ Uart_Init

定义：void Uart_Init(int Uartnum, int mclk, int band);

功能：初始化串行口，设置串行口通信的波特率。

参数说明：

- Uartnum：所设定的串行口号。
- mclk：系统的主时钟频率。如果为 0，则为默认值 60。
- band：所设定的串行口通信的波特率。

✦ Uart_Printf

定义：void Uart_Printf(char *fmt,...);

功能：输出字符串到串口 0。

参数说明：

- fmt：输出到串行口的字符串。

✦ Uart_Getch

定义：char Uart_Getch(char* Revdata, int Uartnum, int timeout);

功能：接收指定串口的数据，收到数据时返回 TRUE；否则，返回 FALSE。

参数说明：

- Revdata：输入缓冲区。
- Uartnum：所设定的串行口号。
- timeout：等待超时时间。

✦ Uart_SendByte

定义：void Uart_SendByte(int Uartnum, U8 data);

功能：向指定的串口发送数据。

参数说明：

- Uartnum：所设定的串行口号。
- data：发送的数据。

6.3.2　液晶显示驱动程序

1．液晶模块

在系统的内存中开辟一块内存作为液晶屏显示的后台缓冲区 LCDBuffer，其定义如下：

U32 LCDBuffer[LCDHEIGHT][LCDWIDTH];

其中，LCDBuffer 为按双字映射存储的缓冲区（即每 4 个字节表示一个点），写入时调用液晶屏的 void LCD_Refresh()函数，可以把缓冲区的内容显示在液晶屏上。

因为缓冲区是按双字存储的，所以 LCDBuffer[y][x]对应的是屏幕点(x,y)的像素值，每一个点用一个 32 位的整数表示，可以满足实现 32 位真彩色图片的显示，保证不同的液晶屏的兼容性。不同的液晶屏只需要更新 LCD3200.c 和 LCD320.h 文件中的驱动程序即可。

2．液晶模块的控制

液晶模块有两种工作模式，即图形方式和文本方式。在图形方式下，模块上的缓冲区映射的是液晶屏上显示的图形点阵；在文本方式下，模块上的缓冲区对应的是液晶屏上显示的文本字符，包括英文字符和英文标点符号。因为汉字字库没有包含在液晶模块之中，所以液晶屏在文本方式下，只能显示英文，不能显示汉字。液晶屏的操作主要包括初始化、设置液晶屏的工作模式（文本或者图形）、更新显示、开启（或者关闭）背光。

3．液晶显示驱动程序接口

液晶驱动程序的接口函数如下。

✦　LCD_Cls

定义：void LCD_Cls();

功能：在 LCD 的文本模式下输出字符串，屏幕自动滚动。

✦　LCD_Init

定义：void LCD_Init(void);

功能：初始化 LCD，在系统启动时此函数被调用。

✦　LCD_printf

定义：void LCD_printf(char * format, ...);

功能：在 LCD 的文本模式下输出字符串，屏幕自动滚动。

参数说明：

- format：所输出的字符串。

✦　LCD_ChangeMode

定义：void LCD_ChangeMode(U8 mode);

功能：改变 LCD 的显示模式。

参数说明：

- mode：设定 LCD 显示模式，可以是如表 6-9 中的一种。

表 6-9　LCD 的显示模式

显 示 模 式	数　值	说　明
DspTxtMode	0	文本模式
DspGraMode	1	图形模式

✦　LCD_Refresh

定义：void LCD_Refresh();

功能：更新 LCD 的显示，把后台缓冲区 LCDBuffer[][]的内容更新到 LCD 的显示屏上，LCDBuffer 中每一个点用一个 32 位的整数表示。

✦　LCDBkLight

定义：void LCDBkLight(U8 isOpen);

功能：打开或者关闭 LCD 的背光。

参数说明：

- isOpen：设定打开或者关闭 LCD 的背光，可以是 TRUE 或者 FALSE。

✦　LCDDisplayOpen

定义：void LCDDisplayOpen(U8 isOpen);

功能：打开或者关闭 LCD 显示。

参数说明：

- isOpen：设定打开或者关闭 LCD 的显示，可以是 TRUE 或者 FALSE。

4．触摸屏驱动程序接口

✦　TchScr_init

定义：void TchScr_init();

功能：初始化设置触摸屏，系统启动初始化硬件时调用，包括触摸屏的读写芯片和接口。

✦　TchScr_GetScrXY

定义：void TchScr_GetScrXY(int *x, int *y);

功能：获得触摸屏的坐标。

参数说明：

- x,y：触摸屏的坐标的指针。

触摸屏可以分辨出如表 6-17 中的动作。

6.3.3　键盘驱动程序

键盘的相关驱动函数如下：

✦　GetKey

定义：U32 GetKey();

功能：低 16 位为键盘号码，高 16 位对应功能键扫描码，1 有效。此函数为死锁函数，调用以后，除非有按键按下；否则，函数不会返回。

✦　SetFunctionKey

定义：void SetFunctionKey(U16 Fnkey);

功能：设定功能键扫描码，1 有效。类似计算机上的 Ctrl 或 Alt 键的功能，可以提供组合按键。

✦　GetNoTaskKey

定义：U32 GetNoTaskKey();

功能：低 16 位为键盘号码，高 16 位对应功能键扫描码，1 有效。此函数为死锁函数，调用以后，除非有键按下；否则，函数不会返回。与 GetKey()的区别是，此函数不会释放此任务的控制权，除非有更高级的任务运行。

6.4　网络通信协议

6.4.1　基于 ARM 和μC/OS-II 的 TCP/IP 协议

μC/OS-II 操作系统的内核中没有集成 TCP/IP 的协议栈，但是，TCP/IP 协议的特点决定了它需要有多任务操作系统的支持。在嵌入式应用的领域中，μC/OS-II 也是一个很好的选择。

现在有很多外挂的 TCP/IP 协议栈可以移植到μC/OS-II 和 ARM 的操作系统中。μC/OS-II 本身也有一个外挂的 TCP/IP 协议栈。

移植 TCP/IP 协议栈不是一件很难的事情。但是，在 ARM 上移植 TCP/IP 协议栈，需要注意一个问题，就是在协议栈中的 4 字节对齐的问题。

ARM 是一个 32 位处理器，通常，如果没有特殊的要求，C 语言中的结构体（struct）要求 4 字节对齐。但是，在 TCP/IP 协议中，很多时候要求多个数据是紧缩在一个 4 字节中；有时有的 4 字节的数据从以太网的物理层接收以后，在内存中并不是 4 字节对齐存储的。

当然，对于第一种情况，可以使用 32 位的移位和与或运算来实现，对于后一种情况可以用标准 C 函数 memcpy 把想要处理的数据复制出来。但是，这样就必然降低了 TCP/IP 协议栈的效率。最理想的解析 TCP/IP 的方法就是每一层之间利用指针的移动来传递数据（而不是复制数据）。这就是 TCP/IP 协议栈中的“零拷贝”技术，已经被大多数复杂的 TCP/IP 所支持。

通过使用紧缩数据相关的关键字，可以让 C 语言的结构体以紧缩的方式存储（并不是每个结构体成员都是 4 字节对齐），例如在 ARM ADS 中，使用_packed 关键字定义的结构体（struct）编译时，就可以生成紧缩的数据段。

现在，比较在 ARM ADS 中 C 代码的两段结构体的定义。

代码 A：

```
struct _A
```

```
{
unsigned char time;
unsigned int data;
}A;
```

代码 B:

```
_packed struct _B
{
unsigned char time;
unsigned int data;
}B;
```

结构体 A 是成员 4 字节的存储方式（sizeof(struct A)==8），结构体 B 是成员非 4 字节的存储方式（sizeof(struct B)==5）。在内存中的存储结构，如图 6-7 所示。

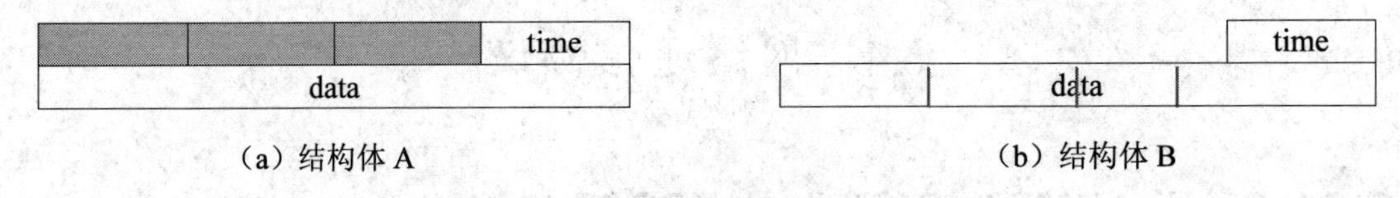

(a) 结构体 A　　(b) 结构体 B

图 6-7　结构体

大多数 TCP/IP 协议栈中，都可以看到一个（或者多个）和紧缩结构体相关的宏。这就是要求在编译时，要定义紧缩的结构体。然而，作为 32 位处理器，和 x86 不同的是，ARM 不支持非对齐字节的数据传输。就是说，在 C 语言中，一旦使用了 32 位的指针操作一个非 4 字节对齐的数据，ARM 就会陷入一个异常。这个问题将会给 TCP/IP（或者其他软件）的移植带来很多麻烦。一定要小心处理这些问题。

6.4.2 网络编程接口

嵌入式开发系统同时也支持网络连接。在μC/OS-II 中，加入了 TCP/IP 的协议栈，使得嵌入式开发系统可以支持以太网。TCP/IP 的协议栈是μC/OS-II 的扩展部分，可以根据实际需要随时裁剪。

网络相关结构:

```
struct in_addr {
  u32_t s_addr;
};

struct sockaddr {
  u8_t sa_len;
  u8_t sa_family;             /* 地址族， AF_xxx */
  char sa_data[14];           /* 14 字节的协议地址 */
} ;
```

```
struct sockaddr_in {
  u8_t sin_len;
  u8_t sin_family;            /* 地址族 */
  u16_t sin_port;             /* 端口号 */
  struct in_addr sin_addr;    /* IP 地址 */
  char sin_zero[8];           /* 填充 0 以保持与 struct sockaddr 同样大小 */
};
```

网络相关函数：

✦ initOSNet

定义：void initOSNet(U32 ipaddr32,U32 ipmaskaddr32,U32 ipgateaddr32, U8 Mac[]);

功能：初始化网络配置。

参数说明：

- ipaddr32：IP 地址。
- ipmaskaddr32：子网掩码。
- ipgateaddr32：网关。
- Mac[]：物理层地址。

✦ socket

定义：int socket(int domain, int type, int protocol);

功能：建立 socket，返回一个整型 socket 描述符。

参数说明：

- domain：指明所使用的协议族，通常为 PF_INET，表示互联网协议族（TCP/IP 协议族）。
- type：参数指定 socket 的类型（SOCK_STREAM 或 SOCK_DGRAM），socket 接口还定义了原始 socket（SOCK_RAW），允许程序使用低层协议。
- protocol：通常赋值 0。

✦ bind

定义：int bind(int s, struct sockaddr *name, int namelen);

功能：配置 socket，将 socket 与本机上的一个端口相关联。该函数在成功被调用时返回 0；出现错误时返回-1，并将 errno 置为相应的错误号。需要注意的是，在调用 bind 函数时一般不要将端口号置为小于 1024 的值，因为 1～1024 是保留端口号，可以选择大于 1024 中的任何一个没有被占用的端口号。

参数说明：

- s：是调用 socket 函数返回的 socket 描述符。
- name：是一个指向包含有本机 IP 地址及端口号等信息的 sockaddr 类型的指针。
- namelen：常被设置为 sizeof(struct sockaddr)。

✦ sendto

定义：int sendto(int s, void *dataptr, int size, unsigned int flags,struct sockaddr *to, int tolen);

功能：发送数据，返回实际发送的数据字节长度或在出现发送错误时返回-1。

参数说明：

- s：传输数据的 socket 描述符。
- dataptr：是一个指向要发送数据的指针。
- size：是以字节为单位的数据长度。
- flags：一般情况下置为 0（关于该参数的用法可参照 man 手册）。
- to：表示目的机的 IP 地址和端口号信息。
- tolen：常被赋值为 sizeof (struct sockaddr)。

✦ recvfrom

定义：int recvfrom(int s, void *mem, int len, unsigned int flags,struct sockaddr *from, int *fromlen);

功能：接收数据，返回接收到的字节数或当出现错误时返回-1，并置相应的 errno。

参数说明：

- s：接收数据的 socket 描述符。
- mem：是存放接收数据的缓冲区。
- len：是缓冲的长度。
- flags：也被置为 0。
- from：保存源机的 IP 地址及端口号。
- fromlen：常置为 sizeof (struct sockaddr)。当 recvfrom()返回时，fromlen 包含实际存入 from 中的数据字节数。

✦ close

定义：close(sockfd);

功能：结束传输，释放该 socket，从而停止在该 socket 上的任何数据操作。

参数说明：

- sockfd 是需要关闭的 socket 的描述符。

✦ htons

定义：u16_t htons(u16_t n);

功能：把 16 位值从主机字节序转换成网络字节序。

参数说明：

- n：需要转换的值。

✦ htonl

定义：u32_t htonl(u32_t n);

功能：把 32 位值从主机字节序转换成网络字节序。

参数说明：

- n：需要转换的值。

6.5　图形用户接口（GUI）函数

基于 32 位嵌入式处理器的硬件平台，有着较高的运算速度和大容量的内存，为人机交互建立 GUI 无疑为最首选的方式。本节将针对常用的图形界面的应用建立相应的 API 函数，主要包括基于 Unicode 的汉字字库、典型的控件和基本绘图函数等。

6.5.1　基于 Unicode 的汉字字库

1．什么是 Unicode

众所周知，计算机是以处理数字为基础，如果要处理文字就需要规定一个编码系统用不同的数字来表示相应的字符。世界上常用的编码系统有数百种之多，一般较为熟悉的有 GB、GBK、BIG5、ASCII 等。但所有的这些编码系统，没有哪一个能有足够的字符可以适用于多种语言文本。例如单就欧共体来说，就需要几种不同的编码来包括所需的语言。即便是单一的语言，例如英语，也没有哪一个编码系统能包含其所有的字母、标点符号和常用技术符号。

由于编码不统一，这些编码系统之间经常相互冲突。事实上，两种编码可能使用相同的数字代表两个不同的字符；或者使用不同的数字代表相同的字符。数据在不同的编码系统或平台之间转换时，往往不能正确地表达，甚至有损坏的危险。

Unicode 的出现改变了这一切。Unicode 给每个字符提供了一个唯一的数字，不论是什么平台，不论是什么程序，不论什么语言。Unicode 标准已经被工业界所采用，例如 Apple、HP、IBM、JustSystem、Microsoft、Oracle、SAP、Sun、Sybase、Unisys 和其他许多公司。最新的标准都需要 Unicode，例如 XML、Java、ECMAScript（JavaScript）、LDAP、CORBA 3.0、WML 等，并且 Unicode 是实现 ISO/IEC 10646 的正规方式，许多操作系统、所有最新的浏览器和许多其他产品都支持它。Unicode 标准的出现和支持它的工具，是近年来全球软件技术最重要的发展趋势。

将 Unicode 与客户服务器或多层应用程序和网站结合，比使用传统字符集节省费用。Unicode 使单一软件产品或单一网站能够贯穿多个平台、语言和国家，而不需要重建。它可将数据传输到许多不同的系统，而无损坏。

在 Unicode 的双字节版本中（UTF-16）使用的是 16 位编码方式，可提供 65000 多个字符代码指针。其编码容量可涵盖世界上几乎所有的语言，不仅包括拉丁语、希腊语、斯拉夫语、希伯来语、阿拉伯语、亚美尼亚语，还包括中文、日文和韩文这样的象形文字，以及平假名、片假名、孟加拉语、泰米尔语、泰国语、老挝语等。目前还有大约 8000 个代码指针未用，可供扩展。

2．使用 Unicode 的优点

Unicode 与传统字符编码集相比，具有明显的优势。

首先，使用 Unicode 避免了乱码的产生，使得国际间文本数据交换成为可能。如在浏览网上信息时，经常会遇到页面上出现乱码的情况。这是因为该信息所使用的编码系统与浏览器所指定的编码系统不符。这时就需要不断调整“编码”选项，以使页面显示正常。但一般情况下，我们并不能知道该页面信息究竟是用什么编码的，只能凭猜测不断试验。如果使用 Unicode 标准对文本数据进行编码，就可以避免这些问题，保证数据平滑、无阻碍地交换。

其次，解决了多语言文本同平面共存的问题。在传统的字符编码系统中，不可能实现在同一个版面上显示多种语言文字，因为传统字符编码集往往只针对一种语言，对多语言文本根本无法进行编码，也就更谈不上显示和处理了。Unicode 却依靠它强大的编码容量，和全球编码的统一性可以轻而易举地做到这一点。

最后，实现了软件的全球化，避免了软件产品在贯穿多个平台、语言和国家时的重建。例如，不同的平台或不同的语言系统往往使用不同的编码系统。不同的编码系统有不同的编码规范和方法，使用固定或变长的编码单元。例如，ASCII 使用 7 位的编码单元，而 GB 使用 16 位和 8 位变长度的编码单元。这都给软件在各个语言版本之间的编译带来了麻烦。而在 Unicode 的双字节版本中，无论是英文字母还是汉字或者其他字符，使用的都是 16 位的编码方式，这无疑给软件的编写带来了极大的方便。

3．字符的存储方式

在图形操作系统中，字符（包括中文、英文）通常有两种存储方式。一种方式存储的是字符的图形点阵。这种方式存储的是字符的图片。例如，用 16×16 大小的图片表示一个全角字符；用 8×16 大小的图片表示一个半角字符；在数据中，用 0 或者 1 来区分汉字的笔画。另一种方式是存储汉字的矢量图形。例如，用样条的方式，拟合一个字符的所有笔画轮廓，存储样条的关键点来实现字符的存储。这两种方式各有优缺点，图形点阵字库因为是图形子库，以图片方式存储，显示很容易，而且每个相同大小的字符存储所用空间是固定的，便于管理。但是，图形点阵字库不能任意地放大，在放大时边缘会产生锯齿，影响整个字符的美观。矢量字库不存在放大以后失真的问题，而且因为存储的是笔画样条，对于字符做旋转、缩放，甚至三维拉伸都不会产生失真。但是，矢量字库因为存储的样条，在字符显示时，需要计算样条曲线，增加了计算量不便于快速显示。

以上两种字库，在实际中都有应用。例如，在 Windows 字库中，所谓的 TT 字体（TrueType）就是矢量字库；非 TT 字体（NoneTrueType）就是点阵字库。

在嵌入式处理中，因为处理器的性能和嵌入式系统资源还不如 PC 机，而且一般只针对专用系统设计，基本上没有必要使用矢量字库。所以，在本嵌入式开发板的系统中，使用的是图形点阵字库。为了进一步加快处理速度，在操作系统中，保存有 12×12、16×16 和 24×24 3 种分辨率的点阵字库。

4．编写 Unicode 的程序

Windows NT 和 Windows 2000 及其以后的系统版本，默认的字符处理方式是 Unicode。即使用户写了一个非 Unicode 的程序，系统在执行时仍然会对程序的字符进行一次转换，这样无疑浪费了 CPU 时间。使用 Unicode 可以有效提高程序的运行效率。

在 Windows NT 和 Windows 2000 及其以后的版本平台上，有大量丰富的字符资源：又有 Unicode 的支持。所以，在 Windows NT 和 Windows 2000 及其以后的系统版本中，提取 Unicode 字符点阵无疑成了最好的选择。

笔者的 Unicode 字符的提取软件是使用 Microsoft Visual C++ 6.0 编写的。在 VC 中如何使用 Unicode 呢？

（1）首先推荐的类型是 TCHAR（通用字符类型）。当在 VC 中定义了_UNICODE 宏时，TCHAR 就是 WCHAR，当没有定义这个宏时，TCHAR 就是 CHAR。下面是 TCHAR 的定义。

```
#ifdef UNICODE // r_winnt
typedef WCHAR TCHAR, *PTCHAR;
#else /* UNICODE */ // r_winnt
typedef char TCHAR, *PTCHAR;
#endif /* !_TCHAR_DEFINED */
```

可见，通过 TCHAR 只需要这样一段代码：

```
TCHAR tStr[] = _T("t code");
MessageBox(tStr);
```

就可以支持 Uniocde 和 MULTIBYTE 两种版本。

提示：_T 宏的作用就是转换成 TCHAR。

（2）关于其他的处理。首先是常用的 Cstring，其本身就支持 Unicode。下面的例子说明其用法。

```
CString *pFileName = new CString("c:\\tmpfile.txt");
#ifdef _UNICODE

m_hFile = CreateFile(pFileName->AllocSysString(),
GENERIC_READ | GENERIC_WRITE,
FILE_SHARE_READ,NULL,
OPEN_EXISTING,FILE_ATTRIBUTE_NORMAL, NULL);
#else
m_hFile = CreateFile(pFileName->GetBuffer(pFileName->GetLength()),
GENERIC_READ | GENERIC_WRITE,
FILE_SHARE_READ,NULL,
OPEN_EXISTING,
FILE_ATTRIBUTE_NORMAL,
NULL);
#endif
```

（3）当在 Unicode 方式中需要为一个字串常量赋值时可以使用 L 宏。例如：

```
BSTR wcsStr = L"unicode";
```

这样的赋值很简便，但是，经过 L 宏处理后的字串一定是 Unicode。如果把它赋给一个 Multibyte 的字串，字符将可能会被截断。

另外，VC 还提供了一些函数如 WideCharToMultiByte 和 MultiByteToWideChar，及另外的一些宏来支持转换，可以参见 MSDN。

在 C 编译器中，要想编译 Unicode 的应用程序，还要进行如下的设置。

首先，需要在 Project Settings 的 C/C++的属性页中的 Preprocessor definitions 中写入 _UNICODE，如图 6-8 所示。

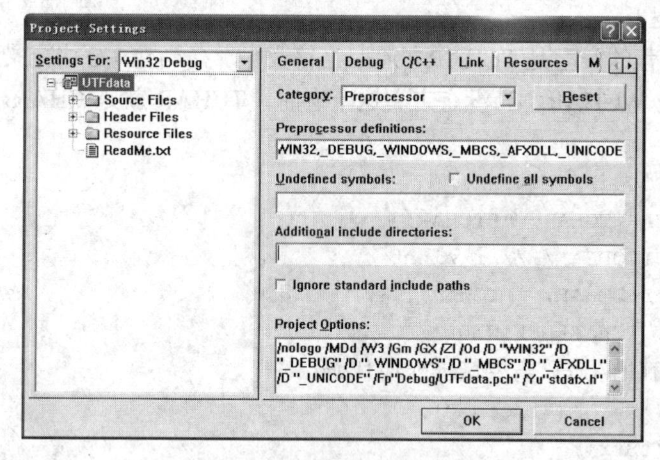

图 6-8 设置 C/C++属性页

然后在 Link 属性页中的 Category 下拉列表中选择 Output 选项，在 Entry-Point symbol 文本框中添加 wWinMainCRTStartup，如图 6-9 所示。

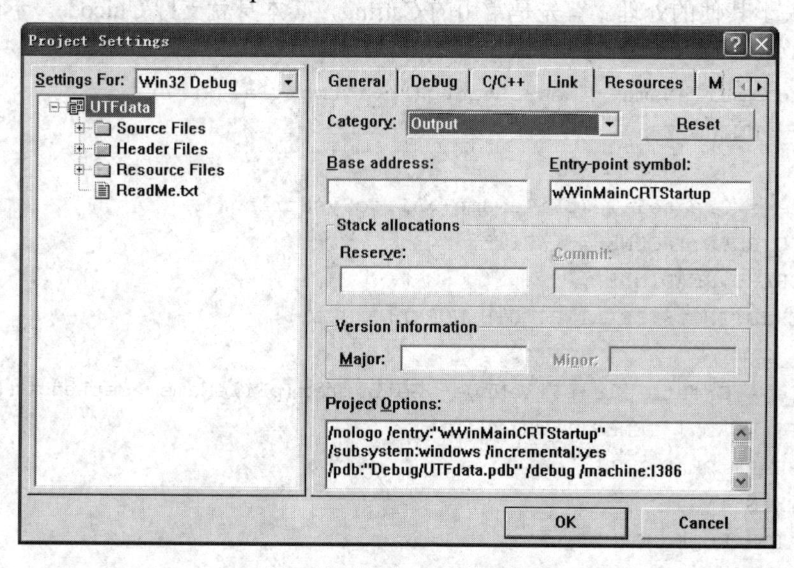

图 6-9 设置 Link 属性页

按照上述方法设置完成以后，VC 就可以编译 Unicode 的应用程序了。

5. Unicode 字模的提取

构造了基于 Unicode 的应用程序以后，就可以很容易地提取字符的点阵图形了。在 Visual C++中，可以使用内存绘图设备上下文（Memory DC）在内存中绘图来获取字符的点阵图形。下面的代码用来提取 Unicode 0～255 代码的字模。

```
CDC MemDC;
CBitmap Membmp;
CFont font;
CSize szMemdc,szFont;    //内存 DC 和字模的大小
CClientDC dc(this);
BYTE *Bmpbuf;
TCHAR ch=0x41;           //0x4e00;

UpdateData();
if(m_sFileName.IsEmpty())
    return;
switch(m_txtmode){
case 0:                  //12×12
    szMemdc=CSize(16,12);
    szFont=CSize(12,12);
    break;
case 1:                  //16×16
    szMemdc=CSize(16,16);
    szFont=CSize(16,16);
    break;
case 2: //24×24
    szMemdc=CSize(32,24);
    szFont=CSize(24,24);
}

int membmp_buf_len=szMemdc.cx*szMemdc.cy/8;
CFontData fontdata(szMemdc,szFont,m_rotation);
Bmpbuf=(BYTE*)malloc(membmp_buf_len);

CFile fontfile(m_sFileName,CFile::modeWrite|CFile::modeCreate);

MemDC.CreateCompatibleDC(&dc);
Membmp.CreateBitmap(szMemdc.cx,szMemdc.cy,1,1,NULL);
font.CreateFont(szFont.cy,szFont.cx/2,0,0,FW_NORMAL,        //创建字体
    FALSE,FALSE,0,DEFAULT_CHARSET,OUT_TT_PRECIS,CLIP_TT_ALWAYS,
    PROOF_QUALITY,DEFAULT_PITCH,_T("宋体"));
```

```
    MemDC.SelectObject(&font);
    MemDC.SelectObject(&Membmp);

    ///////////////0x0000-0x00ff//////////////////////
    m_progress.SetRange32(0,256);
    for(ch=0;ch<256;ch++){
        MemDC.FillSolidRect(0,0,szMemdc.cx,szMemdc.cy,RGB(255,255,255));
        MemDC.TextOut(0,0,&ch,1);
        dc.BitBlt(160,150,szFont.cx,szFont.cy,&MemDC,0,0,SRCCOPY);

        Membmp.GetBitmapBits(membmp_buf_len,Bmpbuf);   //获得字模
        fontdata.UpdataBuffer(ch,Bmpbuf);               //字模转换
        fontdata.WritetoFile(fontfile);
    }
```

上述代码在内存中绘制所需大小的宋体字符。通过 CBitmap::GetBitmapBits()函数，把位图中的图形存储到数组中，进行进一步处理。其中，类实例 fontdata 是一个字符处理的类，负责把内存位图中的图形字符转换成所需的格式。

6.5.2 Unicode 字库的显示及相关函数

本系统中编码采用双字节版本的 Unicode 格式，收集了 ASCII 字符（0x0000-0x00ff）256 个；特殊图形符号（0x2600-0x267f 和 0x2700-0x27bf）320 个；中文字符（0x4e00-0x9fff）20992 个。

提供了如下的相关 API 函数。

✦ Int2Unicode

定义：void Int2Unicode(int number, U16 str[]);

功能：从 int 型变量到 Unicode 字符串的转换。

参数说明：

- number：被转换的整型数字。
- str：转换成的 Unicode 字符串。

✦ Unicode2Int

定义：int Unicode2Int(U16 str[]);

功能：Unicode 字符串到 int 型的转换，遇到字符串结束符“\0”或者非数字字符时返回，返回值是转换的结果——int 型整数。

参数说明：

- str：被转换的 Unicode 字符串。

✦ strChar2Unicode

定义：void strChar2Unicode(U16 ch2[], const char ch1[]);

功能：char 类型（包括 GB 编码）到 Unicode 的编码转换。如果有 GB 编码，则自动进行 GB 到 Unicode 的转换。

参数说明：

- ch1：转换成的 Unicode 字符串。
- ch2：被转换的 char 字符串。

✦ UstrCpy

定义：void UstrCpy(U16 ch1[],U16 ch2[]);

功能：字符串复制。

参数说明：

- ch1：目标字符串。
- ch2：源字符串。

6.5.3 基本绘图函数

绘图是操作系统图形界面的基础，本系统为图形界面提供了丰富的绘图函数。在多任务操作系统中，绘图设备上下文（DC）是绘图的关键。绘图设备上下文（DC）保存了每一个绘图对象的相关参数（如绘图画笔的宽度、绘图的原点坐标等）。在多任务操作系统中，通过绘图设备上下文（DC）来绘图，可以保证在不同的任务中绘图的参数是相互独立的，不会互相影响。

系统绘图的相关函数详细情况如下：

```
typedef struct{
    int DrawPointx;
    int DrawPointy;            //绘图所使用的坐标点
    int PenWidth;              //画笔宽度
    U32 PenMode;               //画笔模式
    COLORREF PenColor;         //画笔的颜色
    int DrawOrgx;              //绘图的坐标原点位置
    int DrawOrgy;
    int WndOrgx;               //绘图的窗口坐标位置
    int WndOrgy;
    int DrawRangex;            //绘图的区域范围
    int DrawRangey;
    structRECT DrawRect;       //绘图的有效范围
    U8 bUpdataBuffer;          //是否更新后台缓冲区及显示
    U32 Fontcolor;             //字符颜色
}DC,*PDC

typedef struct {
    int left;
```

```
    int top;
    int right;
    int bottom;
}structRECT
```

✦ initOSDC

定义：void initOSDC();

功能：初始化系统的绘图设备上下文（DC），为 DC 的动态分配开辟内存空间。

✦ CreateDC

定义：PDC CreateDC();

功能：创建一个绘图设备上下文（DC），返回指向 DC 的指针。

✦ DestoryDC

定义：void DestoryDC(PDC pdc);

功能：删除绘图设备上下文（DC），释放相应的资源。

参数说明：

- pdc：指向绘图设备上下文（DC）的指针。

✦ SetPixel

定义：void SetPixel(PDC pdc, int x, int y, COLORREF color);

功能：设置指定点的像素颜色到 LCD 的后台缓冲区，LCD 范围以外的点将被忽略。

参数说明：

- pdc：指向绘图设备上下文（DC）的指针。
- x,y：指定的像素坐标。
- color：指定的像素颜色，高 8 位为空，接下来的 24 位分别对应 RGB 颜色的 8 位码。

✦ SetPixelOR

定义：void SetPixelOR(PDC pdc, int x, int y, COLORREF color);

功能：设置指定点的像素颜色和 LCD 后台缓冲区的对应点或运算，LCD 范围以外的点将被忽略。

参数说明：

- pdc：指向绘图设备上下文（DC）的指针。
- x,y：指定的像素坐标。
- color：指定的像素颜色。

✦ SetPixelAND

定义：void SetPixelAND(PDC pdc, int x, int y, COLORREF color);

功能：设置指定点的像素颜色和 LCD 后台缓冲区的对应点与运算，LCD 范围以外的点将被忽略。

参数说明：

- pdc：指向绘图设备上下文（DC）的指针。
- x,y：指定的像素坐标。

- color：指定的像素颜色。

✦ SetPixelXOR

定义：void SetPixelXOR(PDC pdc, int x, int y, COLORREF color);

功能：设置指定点的像素颜色和 LCD 后台缓冲区的对应点异或运算，LCD 范围以外的点将被忽略。

参数说明：

- pdc：指向绘图设备上下文（DC）的指针。
- x,y：指定的像素坐标。
- color：指定的像素颜色。

✦ GetFontHeight

定义：int GetFontHeight(U8 fnt);

功能：返回指定字体的高度。

参数说明：

- fnt：输出字体的大小型号，可以是如表 6-10 所示数值中的一种。

表 6-10　输出文本模式

字体的型号	数　值	说　明
FONTSIZE_SMALL	1	小字体模式，12×12 字符
FONTSIZE_MIDDLE	2	中字体模式，16×16 字符
FONTSIZE_BIG	3	大字体模式，24×24 字符

✦ TextOut

定义：void TextOut(PDC pdc, int x, int y, U16 *ch, U8 bunicode, U8 fnt);

功能：在 LCD 屏幕上显示文字。

参数说明：

- pdc：指向绘图设备上下文（DC）的指针。
- x,y：所输出文字左上角的屏幕坐标。
- ch：指向输出文字字符串的指针。
- bunicode：是否为 Unicode 编码，如果是 TRUE，表示 ch 指向的字符串为 Unicode 字符集；如果是 FALSE，表示 ch 指向的字符串为 GB 字符集。
- fnt：指定字体的大小型号，可以是如表 6-10 和表 6-11 所示数值中的一种。

表 6-11　文本显示模式

显 示 模 式	数　值	说　明
FONT_NORMAL	0	正常显示
FONT_TRANSPARENT	4	透明背景
FONT_BLACKBK	8	黑底白字

✦ TextOutRect

定义：void TextOutRect(PDC pdc, structRECT* prect, U16* ch, U8 bunicode, U8 fnt, U32 outmode);

功能：在指定矩形的范围内显示文字，超出的部分将被裁剪。

参数说明：

- pdc：指向绘图设备上下文（DC）的指针。
- prect：所输出文字的矩形范围。
- ch：指向输出文字字符串的指针。
- bunicode：是否为 Unicode 编码，如果是 TRUE，表示 ch 指向的字符串为 Unicode 字符集；如果是 FALSE，表示 ch 指向的字符串为 GB 字符集。
- fnt：指定字体的大小型号，可以是表 6-10 和表 6-11 数值中的一种。
- outmode：指定矩形中文字的对齐方式，可以是表 6-12 中的数值。

表 6-12 文字对齐方式

对齐方式	数值	说明
TEXTOUT_LEFT_UP	0	文字从左上角开始
TEXTOUT_MID_X	1	水平居中
TEXTOUT_MID_Y	2	垂直居中

✦ MoveTo

定义：void MoveTo(PDC pdc, int x, int y);

功能：把绘图点移动到指定的坐标。

参数说明：

- pdc：指向绘图设备上下文（DC）的指针。
- x,y：移动画笔到绘图点的屏幕坐标。

✦ LineTo

定义：void LineTo(PDC pdc, int x, int y);

功能：在屏幕上画线。从当前画笔的位置画直线到指定的坐标位置，并使画笔停留在当前指定的位置。

参数说明：

- pdc：指向绘图设备上下文（DC）的指针。
- x,y：直线绘图目的点的屏幕坐标。

✦ DrawRectFrame

定义：void DrawRectFrame(PDC pdc, int left,int top ,int right, int bottom);

功能：在屏幕上绘制指定大小的矩形方框。

参数说明：

- pdc：指向绘图设备上下文（DC）的指针。
- left：绘制矩形的左边框位置。

- top：绘制矩形的上边框位置。
- right：绘制矩形的右边框位置。
- bottom：绘制矩形的下边框位置。

✦ DrawRectFrame2

定义：void DrawRectFrame2(PDC pdc, structRECT *rect);

功能：在屏幕上绘制指定大小的矩形方框。

参数说明：

- pdc：指向绘图设备上下文（DC）的指针。
- rect：绘制矩形的位置及大小。

✦ FillRect

定义：void FillRect(PDC pdc, int left,int top ,int right, int bottom,U32 DrawMode, COLORREF color);

功能：在屏幕上填充指定大小的矩形。

参数说明：

- pdc：指向绘图设备上下文（DC）的指针。
- left：绘制矩形的左边框位置。
- right：绘制矩形的右边框位置。
- top：绘制矩形的上边框位置。
- bottom：绘制矩形的下边框位置。
- DrawMode：矩形的填充模式和颜色，它的数值可以是如表 6-13 和表 6-14 所示的一种进行或运算的结果。
- color：填充的颜色值。

表 6-13　绘图模式

绘 图 模 式	数　值	说　明
GRAPH_MODE_NORMAL	0x00	普通绘图模式
GRAPH_MODE_OR	0x10	或绘图模式
GRAPH_MODE_AND	0x20	与绘图模式
GRAPH_MODE_XOR	0x30	异或绘图模式

表 6-14　图形显示模式

图形显示模式	数　值	说　明
GRAPH_DRAW_BLACK	1	黑色前景色
GRAPH_DRAW_WHITE	0	白色前景色

✦ FillRect2

定义：void FillRect2(PDC pdc, structRECT *rect,U32 DrawMode ,U32 color , COLORREF color);

功能：在屏幕上填充指定大小的矩形。

参数说明：

- pdc：指向绘图设备上下文（DC）的指针。
- rect：绘制矩形的位置及大小。
- DrawMode：矩形的填充模式和颜色，它的数值可以是如表 6-13 和表 6-14 所示的一种进行或运算的结果。
- color：填充的颜色值。

✦ ClearScreen

定义：void ClearScreen();

功能：清除整个屏幕的绘图缓冲区，即清空 LCDBuffer2。

✦ SetPenWidth

定义：U8 SetPenWidth(PDC pdc, U8 width);

功能：设置画笔的宽度，并返回以前的画笔宽度。

参数说明：

- pdc：指向绘图设备上下文（DC）的指针。
- width：画笔的宽度，默认值是 1，即一个像素点宽。

✦ SetPenMode

定义：void SetPenMode(PDC pdc, U32 mode);

功能：设置画笔画图的模式。

参数说明：

- pdc：指向绘图设备上下文（DC）的指针。
- mode：绘图的更新模式，可以是如表 6-13 所示数值中的一种。

✦ Circle

定义：void Circle(PDC pdc, int x0, int y0, int r);

功能：绘制指定圆心和半径的圆。

参数说明：

- pdc：指向绘图设备上下文（DC）的指针。
- x0,y0：圆心坐标。
- r：圆的半径。

✦ ArcTo

定义：void ArcTo(PDC pdc, int x1,int y1, U8 arctype, int R);

功能：绘制圆弧，从画笔的当前位置绘制指定圆心的圆弧到给定的位置。

参数说明：

- pdc：指向绘图设备上下文（DC）的指针。
- x1,y1：绘制圆弧的目的位置。
- arctype：圆弧的方向可以是如表 6-15 所示参数中的一种。
- R：圆弧的半径。

表 6-15　圆弧绘制模式

圆弧绘制模式	数　值	说　明
GRAPH_ARC_BACKWARD	0	逆时针画圆
GRAPH_ARC_FORWARD	1	顺时针画圆

✦ SetLCDUpdata

定义：U8 SetLCDUpdata(PDC pdc, U8 isUpdata);

功能：设定绘图时是否及时更新 LCD 的显示，返回以前的更新模式。

参数说明：

- pdc：指向绘图设备上下文（DC）的指针。
- isUpdata：是否更新 LCD 的显示，可以为 TRUE 或者 FALSE。如果选择及时更新则每调用一次绘图的函数都要更新 LCD 的后台缓冲区并把后台缓冲区复制到前台，虽然可以保证绘图的实时性，但从总体来讲，是降低了绘图的效率。

✦ Draw3DRect

定义：void Draw3DRect(PDC pdc, int left,int top, int right, int botton, U32 style);

功能：绘制指定大小和风格的 3D 边框的矩形。

参数说明：

- pdc：指向绘图设备上下文（DC）的指针。
- left：绘制矩形的左边框位置。
- top：绘制矩形的上边框位置。
- right：绘制矩形的右边框位置。
- bottom：绘制矩形的下边框位置。
- style：绘制矩形边框的风格。

✦ Draw3DRect2

定义：void Draw3DRect2(PDC pdc, structRECT rect, COLORREF color1,COLORREF color2);

功能：绘制指定大小和风格的 3D 边框的矩形。

参数说明：

- pdc：指向绘图设备上下文（DC）的指针。
- rect：绘制矩形的位置及大小。
- color1：左和上的边框颜色。
- color2：右和下的边框颜色。

✦ GetPenWidth

定义：U8 GetPenWidth(PDC pdc);

功能：返回当前绘图设备上下文（DC）画笔的宽度。

参数说明：

- pdc：指向绘图设备上下文（DC）的指针。

✦ GetPenMode

定义：U32 GetPenMode(PDC pdc);

功能：返回当前绘图设备上下文（DC）画笔的模式。

参数说明：

- pdc：指向绘图设备上下文（DC）的指针。

✦ SetPenColor

定义：U32 SetPenColor(PDC pdc, U32 color);

功能：设定画笔的颜色，返回当前绘图设备上下文（DC）画笔的颜色。

参数说明：

- pdc：指向绘图设备上下文（DC）的指针。
- color：画笔的颜色。

✦ GetPenColor

定义：U32 GetPenColor(PDC pdc);

功能：返回当前绘图设备上下文（DC）画笔的颜色。

参数说明：

- pdc：指向绘图设备上下文（DC）的指针。

✦ GetBmpSize

定义：void GetBmpSize(char filename[], int* Width, int* Height);

功能：取得指定位图文件位图的大小。

参数说明：

- filename[]：位图文件的文件名。
- Width：位图的宽。
- Height：位图的高。

✦ ShowBmp

定义：void ShowBmp(PDC pdc, char filename[], int x, int y);

功能：显示指定的位图（Bitmap）文件到指定的坐标。

参数说明：

- pdc：指向绘图设备上下文（DC）的指针。
- filename[]：显示的位图（Bitmap）文件名。
- x,y：显示位图的左上角坐标。

✦ SetDrawOrg

定义：void SetDrawOrg(PDC pdc, int x,int y, int* oldx, int *oldy);

功能：设置绘图设备上下文（DC）的原点。

参数说明：

- pdc：指向绘图设备上下文（DC）的指针。
- x,y：设定的新原点。
- oldx,oldy：返回的以前原点的位置。

✦ SetDrawRange

定义：void SetDrawRange(PDC pdc, int x,int y, int* oldx, int *oldy);

功能：设置绘图设备上下文（DC）的绘图范围。

参数说明：

- pdc：指向绘图设备上下文（DC）的指针。
- x,y：设定的横向、纵向绘图的范围，如果 x（或者 y）为 1，则表示 x（或者 y）方向的比例随着 y（或者 x）方向的范围按比例缩放；如果参数为 0，表示方向相反。
- oldx,oldy：返回的以前横向、纵向绘图的范围。

✦ LineToDelay

定义：void LineToDelay(PDC pdc, int x, int y, int ticks);

功能：按指定的延时时间在屏幕上画线。从当前画笔的位置画直线到指定的坐标位置，并使画笔停留在当前指定的位置。

参数说明：

- pdc：指向绘图设备上下文（DC）的指针。
- x,y：直线绘图目的点的屏幕坐标。
- ticks：指定的延时时间，系统的时间单位。

✦ ArcToDelay

定义：void ArcToDelay(PDC pdc, int x1, int y1, U8 arctype, int R, int ticks);

功能：按照指定的延时时间绘制圆弧，从画笔的当前位置绘制指定圆心的圆弧到给定的位置。

参数说明：

- pdc：指向绘图设备上下文（DC）的指针。
- x1,y1：绘制圆弧的目的位置。
- arctype：圆弧的方向可以是如表 5-15 所示参数中的一种。
- R：圆弧的半径。
- ticks：指定的延时时间，系统的时间单位。

6.5.4　典型的控件

1．什么是控件

与 Windows 操作系统类似，控件是可视化开发的基础。对于开发应用程序的用户来说，控件是一个独立的组件，有着自己的显示方式、自己的动态内存管理模式，甚至有的控件还可以向系统发送自己的消息。用户不需要掌握控件的内部究竟是如何工作的，只需通过控件提供的 API 函数，改变控件相应的属性，即可改变控件的显示方式。

控件的引入可以方便用户的开发，加速用户应用程序界面的编写速度。同时，也为运行在操作系统上的应用程序的界面提供统一的标准，方便使用。

有关控件相关的通用函数如下。

```
typedef struct typeWnd{
    U32 CtrlType;                    //控件的类型
    U32 CtrlID;
    structRECT WndRect;              //窗口的位置和大小
    structRECT ClientRect;           //客户区域
    U32 FontSize;                    //窗口的字符大小
    U32 style;                       //窗口的边框风格
    U8 bVisible;                     //是否可见
    struct typeWnd* parentWnd;       //控件的父窗口指针
    U8 (*CtrlMsgCallBk)(void*);
    PDC pdc;                         //窗口的绘图设备上下文
    U16 Caption[20];                 //窗口标题
    List ChildWndList;
    U32 FocusCtrlID;                 //子窗口焦点 ID
    U32 preParentFocusCtrlID;        //显示窗口之前的父窗口焦点 ID
    OS_EVENT* WndDC_Ctrl_mem;        //窗口 DC 控制权
}Wnd, *PWnd

typedef struct {
    U32 CtrlType;                    //控件的类型
    U32 CtrlID;
    structRECT ListCtrlRect;         //控件的位置和大小
    structRECT ClientRect;           //客户区域
    U32 FontSize;                    //控件的字符大小
    U32 style;                       //控件的边框风格
    U8 bVisible;                     //是否可见
    PWnd parentWnd;                  //控件的父窗口指针
    U8 (*CtrlMsgCallBk)(void*);
}OS_Ctrl, *POS_Ctrl

typedef struct{
    U32 CtrlType;                    //控件的类型
    U32 CtrlID;
    structRECT ListCtrlRect;         //列表框的位置和大小
    structRECT ClientRect;           //列表框列表区域
    U32 FontSize;
    U32 style;                       //列表框的风格
    U8 bVisible;                     //是否可见
    PWnd parentWnd;                  //控件的父窗口指针
    U8 (*CtrlMsgCallBk)(void*);
    U16 **pListText;                 //列表框所容纳的文本指针
```

```
    int ListMaxNum;                    //列表框所容纳的最大文本的行数
    int ListNum;                       //列表框所容纳的文本的行数
    int ListShowNum;                   //列表框所能显示的文本行数
    int CurrentHead;                   //列表的表头号
    int CurrentSel;                    //当前选中的列表项号
    structRECT ListCtrlRollRect;       //列表框滚动条方框
    structRECT RollBlockRect;          //列表框滚动条滑块方框
}ListCtrl,*PListCtrl

typedef struct{
    U32 CtrlType;                      //控件的类型
    U32 CtrlID;                        //控件的 ID
    structRECT TextCtrlRect;           //文本框的位置和大小
    structRECT ClientRect;             //客户区域
    U32 FontSize;                      //文本框的字符大小
    U32 style;                         //文本框的风格
    U8 bVisible;                       //是否可见
    PWnd parentWnd;                    //控件的父窗口指针
    U8 (*CtrlMsgCallBk)(void*);
    U8 bIsEdit;                        //文本框是否处于编辑状态
    char* KeyTable;                    //文本框的字符映射表
    U16 text[40];                      //文本框中的字符块
}TextCtrl,*PTextCtrl

typedef struct{
    U32 CtrlType;                      //控件的类型
    U32 CtrlID;
    structRECT PictureCtrlRect;        //图片框的位置和大小
    structRECT ClientRect;             //客户区域
    U32 FontSize;                      //图片框的字符大小
    U32 style;                         //图片框的风格
    U8 bVisible;                       //是否可见
    PWnd parentWnd;                    //控件的父窗口指针
    U8 (*CtrlMsgCallBk)(void*);

    char picfilename[12];              //图片文件名
}PictureCtrl,*PPictureCtrl

typedef struct {
    U32 CtrlType;                      //控件的类型
    U32 CtrlID;
    structRECT ButtonCtrlRect;         //控件的位置和大小
```

```
    structRECT ClientRect; //客户区域
    U32 FontSize;          //控件的字符大小
    U32 style;             //控件的边框风格
    U8 bVisible;           //是否可见
    PWnd parentWnd;        //控件的父窗口指针
    U8 (*CtrlMsgCallBk)(void*);
    U16 Caption[10];       //按钮标题
}ButtonCtrl, *PbuttonCtrl
```

✦ initOSCtrl

定义：void initOSCtrl();

功能：初始化系统的控件，为动态创建控件分配空间。

✦ SetWndCtrlFocus

定义：U32 SetWndCtrlFocus(PWnd pWnd, U32 CtrlID);

功能：设置窗口中控件的焦点，返回原来窗口控件焦点的 ID。

参数说明：

- pWnd：指向窗口的指针，如果是 NULL，表示没有父窗口，属于桌面。
- CtrlID：焦点控件的 ID。

✦ GetWndCtrlFocus

定义：U32 GetWndCtrlFocus(PWnd pWnd);

功能：得到窗口中焦点控件的 ID。

参数说明：

- pWnd：指向窗口的指针，如果是 NULL，表示没有父窗口，属于桌面。

✦ ReDrawOSCtrl

定义：void ReDrawOSCtrl();

功能：绘制所有操作系统可见的控件。

✦ GetCtrlfromID

定义：OS_Ctrl* GetCtrlfromID(U32 ctrlID);

功能：由指定控件的 ID 返回控件的指针，如果没有这个控件则返回 NULL。控件的 ID 是系统运行过程中唯一的，它可以用来标识控件。

参数说明：

- ctrlID：控件的 ID。

2．列表框控件相关函数

✦ CreateOSCtrl

定义：OS_Ctrl* CreateOSCtrl(U32 CtrlID, U32 CtrlType, structRECT* prect, U32 FontSize, U32 style, PWnd parentWnd);

功能：创建控件，为控件动态分配内存空间，返回指向控件的指针。

参数说明：

- CtrlID：创建控件的 ID，此控件 ID 必须是唯一的。

- CtrlType：控件的类型，可以是列表框和图片框中的一种。
- prect：指向控件大小和位置的指针。
- FontSize：控件显示文字的字体大小，可以是列表框和图片框中的一种。
- style：控件的风格，可以是如表 6-16 所示中的一种。
- parentWnd：指向控件父窗口的指针，如果是 NULL，表示没有父窗口，空间属于桌面。

表 6-16　控件的显示模式

控件的显示模式	数　值	说　明
CTRL_STYLE_DBFRAME	1	双重边框
CTRL_STYLE_FRAME	2	单边框
CTRL_STYLE_3DUPFRAME	3	突起 3D 边框
CTRL_STYLE_3DDOWNFRAME	4	凹陷 3D 无边框
CTRL_STYLE_NOFRAME	5	无边框

✦ SetCtrlMessageCallBk

定义：void SetCtrlMessageCallBk(POS_Ctrl pOSCtrl, U8(*CtrlMsgCallBk)(void*));

功能：设置控件的消息回调函数。系统收到发给此控件消息时，调用此回调函数，如果控件的消息回调函数，返回 TRUE 时，则控件本身不继续处理消息，返回 FALSE 时，消息继续发给控件本身处理。

参数说明：

- pOSCtrl：指向控件的指针。
- U8(*CtrlMsgCallBk)(void*)：控件的消息回调函数。

✦ OSOnSysMessage

定义：void OSOnSysMessage(void* pMsg);

功能：系统的消息处理函数，当收到系统消息时，调用此函数，把消息传递给各个控件。

参数说明：

- pMsg：指向消息结构的指针。

✦ ShowCtrl

定义：void ShowCtrl(OS_Ctrl *pCtrl, U8 bVisible);

功能：设定指定的控件是否可见。

参数说明：

- pCtrl：指向控件的指针。
- bVisible：控件是否可见。如果为 TRUE，则可见；如果为 FALSE，则不可见。

✦ CreateListCtrl

定义：PListCtrl CreateListCtrl(U32 CtrlID, structRECT* rect, int MaxNum, U32 FontSize, U32 style, PWnd parentWnd);

功能：创建列表框控件，返回指向列表框的指针。

参数说明：

- CtrlID：创建的列表框控件的 ID，此控件 ID 必须是唯一的。
- rect：指向控件大小和位置的指针。
- MaxNum：列表框所能列出的最大列表项目数。
- FontSize：列表框的字体大小，可以是如表 6-16 所示数值中的一种。
- style：列表框的风格，可以是如表 6-16 所示中的一种。
- parentWnd：指向控件父窗口的指针，如果是 NULL，表示没有父窗口，空间属于桌面。

✦ AddStringListCtrl

定义：U8 AddStringListCtrl(PListCtrl pListCtrl, U16 string[]);

功能：向指定的列表框中添加字符串，字符串的最大长度为 64 字符。

参数说明：

- pListCtrl：指向列表框的指针。
- string：向列表框中添加字符串的指针。

✦ ListCtrlReMoveAll

定义：void ListCtrlReMoveAll(PListCtrl pListCtrl);

功能：删除列表框中所有的文本。

参数说明：

- pListCtrl：指向列表框的指针。

✦ DrawListCtrl

定义：void DrawListCtrl(PListCtrl pListCtrl);

功能：绘制指定的列表框。

参数说明：

- pListCtrl：指向列表框的指针。

✦ ListCtrlSelMove

定义：void ListCtrlSelMove(PListCtrl pListCtrl, int moveNum, U8 Redraw);

功能：移动列表框高亮度条，正数下移，负数上移。

参数说明：

- pListCtrl：指向列表框的指针。
- moveNum：高亮度条移动的相对位置，正数下移，负数上移。
- Redraw：是否重新绘制空间，如果为 TRUE，则重绘；如果为 FALSE，则不重绘。

✦ ListCtrlOnTchScr

定义：void ListCtrlOnTchScr(PListCtrl pListCtrl, int x, int y, U32 tchaction);

功能：列表框的触摸屏响应函数，当有触摸屏消息时，系统自动调用。

参数说明：

- pListCtrl：指向列表框的指针。
- x,y：触摸屏的屏幕坐标。

● tchaction：触摸屏的消息可以是如表 6-17 所示中的一项。

表 6-17　触摸屏消息

参　　数	数　　值	说　　明
TCHSCR_ACTION_NULL	0	触摸屏空消息
TCHSCR_ACTION_CLICK	1	触摸屏单击
TCHSCR_ACTION_DBCLICK	2	触摸屏双击
TCHSCR_ACTION_DOWN	3	触摸屏按下
TCHSCR_ACTION_UP	4	触摸屏抬起
TCHSCR_ACTION_MOVE	5	触摸屏移动

✦ ReLoadListCtrl

定义：void ReLoadListCtrl(PListCtrl pListCtrl,U16* string[],int nstr);

功能：重新装载列表框中的字符串。

参数说明：

- pListCtrl：指向列表框的指针。
- string：装载的字符串指针。
- nstr：装载的字符串的个数。

3．文本框控件相关函数

✦ CreateTextCtrl

定义：PTextCtrl CreateTextCtrl(U32 CtrlID, structRECT* prect, U32 FontSize, U32 style, PWnd parentWnd);

功能：创建文本框控件，返回指向文本控件的指针。

参数说明：

- CtrlID：创建文本框控件的 ID，此控件 ID 必须是唯一的。
- prect：指向文本框控件大小和位置的指针。
- FontSize：文本框的字体大小，可以是如表 6-16 所示数值中的一种。
- style：文本框的风格，可以是如表 6-16 所示中的一种。
- parentWnd：指向控件父窗口的指针，如果是 NULL，表示没有父窗口，空间属于桌面。

✦ DestoryTextCtrl

定义：void DestoryTextCtrl(PTextCtrl pTextCtrl);

功能：删除文本框控件。

参数说明：

- pTextCtrl：指向文本框的指针。

✦ SetTextCtrlText

定义：void SetTextCtrlText(PTextCtrl pTextCtrl, U16 *pch);

功能：设置文本框的文本。

参数说明：

- pTextCtrl：指向文本框的指针。
- pch：指向文本框显示文字的字符串指针。

✦ GetTextCtrlText

定义：U16* GetTextCtrlText(PTextCtrl pTextCtrl);

功能：返回指向文本框文字的指针。

参数说明：

- pTextCtrl：指向文本框的指针。

✦ DrawTextCtrl

定义：void DrawTextCtrl(PTextCtrl pTextCtrl);

功能：绘制指定的文本框。

参数说明：

- pTextCtrl：指向文本框的指针。

✦ AppendChar2TextCtrl

定义：void AppendChar2TextCtrl(PTextCtrl pTextCtrl, U16 ch, U8 IsReDraw);

功能：在指定文本框中追加一个字符。

参数说明：

- pTextCtrl：指向文本框的指针。
- ch：增加的字符。
- IsReDraw：是否要重画。如果为 TRUE，则重绘；如果为 FALSE，则不重绘。

✦ TextCtrlDeleteChar

定义：void TextCtrlDeleteChar(PTextCtrl pTextCtrl,U8 IsReDraw);

功能：在指定文本框中删除最后一个字符。

参数说明：

- pTextCtrl：指向文本框的指针。
- IsReDraw：是否要重画。如果为 TRUE，则重绘；如果为 FALSE，则不重绘。

✦ SetTextCtrlEdit

定义：void SetTextCtrlEdit(PTextCtrl pTextCtrl, U8 bIsEdit);

功能：设置文本框是否为编辑状态。

参数说明：

- pTextCtrl：指向文本框的指针。
- bIsEidt：指定文本框是否为编辑状态。

✦ TextCtrlOnTchScr

定义：void TextCtrlOnTchScr(PTextCtrl pListCtrl, int x, int y, U32 tchaction);

功能：文本框的触摸屏响应函数，当有触摸屏消息时，系统自动调用。

参数说明：

- pTextCtrl：指向列表框的指针。
- x,y：触摸屏的屏幕坐标。
- tchaction：触摸屏的消息可以是如表 6-17 所示中的一项。

4．图片框控件相关函数

✦ CreatePictureCtrl

定义：PPictureCtrl CreatePictureCtrl(U32 CtrlID, structRECT*prect, char filename[], U32 style, PWnd parentWnd);

功能：创建图片框，返回指向图片框的指针。

参数说明：

- CtrlID：创建图片框控件的 ID，此控件 ID 必须是唯一的。
- prect：指向图片框控件大小和位置的指针。
- filename：图片框中的图片文件名。
- style：图片框的风格，可以是如表 6-16 所示中的一种。
- parentWnd：指向控件父窗口的指针，如果是 NULL，表示没有父窗口，空间属于桌面。

✦ DestoryPictureCtrl

定义：void DestoryPictureCtrl(PPictureCtrl pPictureCtrl);

功能：删除图片框控件。

参数说明：

- pPictureCtrl：指向图片框的指针。

✦ DrawPictureCtrl

定义：void DrawPictureCtrl(PPictureCtrl pPictureCtrl);

功能：绘制指定的图片框。

参数说明：

- pPictureCtrl：指向图片框的指针。

5．按钮控件相关函数

✦ CreateButton

定义：PButtonCtrl CreateButton(U32 CtrlID, structRECT* prect，U32 FontSize, U32 style, U16 Caption[], PWnd parentWnd);

功能：创建按钮控件，返回指向按钮控件的指针。

参数说明：

- CtrlID：创建按钮控件的 ID，此控件 ID 必须是唯一的。
- prect：指向按钮控件大小和位置的指针。

- FontSize：按钮控件的字体大小。
- style：按钮的风格，可以是如表 6-16 所示中的一种。
- Caption：按钮文本。
- parentWnd：指向控件父窗口的指针，如果是 NULL，表示没有父窗口，空间属于桌面。

✦ DestoryButton

定义：void DestoryButton(PButtonCtrl pButton);

功能：删除按钮控件。

参数说明：

- pButton：指向按钮控件的指针。

✦ DrawButton

定义：void DrawButton(PButtonCtrl pButton);

功能：绘制按钮控件。

参数说明：

- pButton：指向按钮控件的指针。

✦ ButtonOnTchScr

定义：void ButtonOnTchScr(PButtonCtrl pButtonCtrl, int x, int y, U32 tchaction);

功能：按钮的触摸屏响应函数，当有触摸屏消息时，系统自动调用。

参数说明：

- pButtonCtrl：指向列表框的指针。
- x,y：触摸屏的屏幕坐标。
- tchaction：触摸屏的消息可以是如表 6-17 所示中的一项。

6．窗口控件相关函数

✦ CreateWindow

定义：PWnd CreateWindow(U32 CtrlID, structRECT* prect, U32 FontSize, U32 style, U16 Caption[], PWnd parentWnd);

功能：创建窗口，返回指向窗口的指针。

参数说明：

- CtrlID：创建窗口的 ID，此窗口 ID 必须是唯一的。
- prect：指向窗口大小和位置的指针。
- FontSize：窗口的字体大小。
- style：窗口的风格，可以是如表 6-16 所示中的一种。
- Caption：窗口标题。
- parentWnd：指向控件父窗口的指针，如果是 NULL，表示没有父窗口，空间属于桌面。

✦ ShowWindow

定义：void ShowWindow(PWnd pwnd, BOOLEAN isShow);

功能：显示窗口。

参数说明：

- pwnd：指向窗口的指针。
- isShow：是否显示窗口。

✦ DrawWindow

定义：void DrawWindow(PWnd pwnd);

功能：绘制窗口。

参数说明：

- pwnd：指向窗口的指针。

✦ WndOnTchScr

定义：void WndOnTchScr(PWnd pCtrl, int x,int y, U32 tchaction);

功能：窗口的触摸屏响应函数，当有触摸屏消息时，系统自动调用。

参数说明：

- pCtrl：指向窗口的指针。
- x,y：触摸屏的屏幕坐标。
- tchaction：触摸屏的消息可以是如表 6-17 所示中的一项。

6.6 系统的消息队列

6.6.1 系统消息

在多任务操作系统中，各个任务之间、用户应用程序的各个任务之间以及用户应用程序和系统的各个任务之间通常是通过消息来传递信息和同步的。如图 6-10 所示，用户应用程序的每一个任务都有自己的消息响应队列和一个消息循环。通常，任务通过等待消息而处于挂起状态。当任务接到消息以后，则处于就绪状态；然后开始判断所接收到的这个消息是不是需要处理，如果是，再执行相应的处理函数；最后，删除所接收到的消息，继续挂起等待下一条消息。

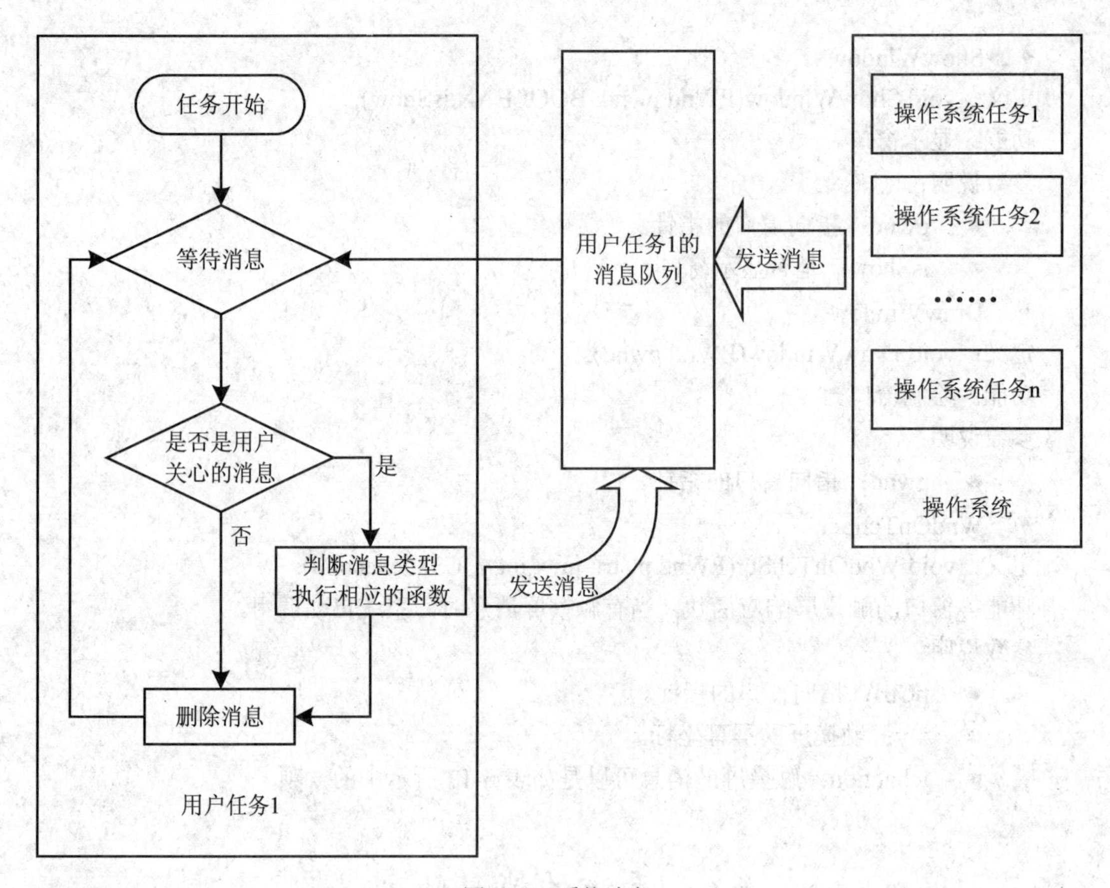

图 6-10 系统消息

6.6.2 消息相关函数

系统的消息相关函数如下。

```
typedef struct {
    POS_Ctrl pOSCtrl;    //消息所发到的窗口(控件)
    U32 Message;
    U32 WParam;
    U32 LParam;
}OSMSG, *POSMSG.
```

✦ initOSMessage

定义：void initOSMessage();

功能：在系统初始化时调用，初始化系统的消息队列。

✦ OSCreateMessage

定义：POSMSG OSCreateMessage(POS_Ctrl pOSCtrl,U32 Message, U32 wparam, U32 lparam);

功能：创建一个消息，返回指向这个消息结构的指针。

参数说明：

- pOSCtrl：指向控件的指针，为 NULL 时指桌面。
- Message：系统的消息种类，可以是如表 6-18 所示中的一种。
- wparam：随消息发送的附加参数。
- lparam：随消息发送的附加参数。

表 6-18　系统的消息种类

参　数	数　值	说　明
OSM_KEY	1	键盘消息
OSM_SERIAL	2	串口收到数据的消息
OSM_LISTCTRL_SELCHANGE	101	列表框的选择被改变的消息

✦ SendMessage

定义：U8 SendMessage(POSMSG pmsg);

功能：发送一个消息，如果成功返回 TRUE；否则，返回 FALSE。

参数说明：

- pmsg：指向所发送消息结构的指针。

✦ WaitMessage

定义：POSMSG WaitMessage(INT16U timeout);

功能：等待消息并把任务挂起，如果收到消息则返回，返回指向这个消息结构的指针。

参数说明：

- timeout：等待消息的超时时间，如果为 0 则无限时间地等待下去，直到收到消息。

✦ DeleteMessage

定义：void DeleteMessage(POSMSG pMsg);

功能：删除一个消息。

参数说明：

- pMsg：指向这个消息结构的指针。

6.7　其他实用的应用程序接口（API）函数

为了便于用户的应用开发，操作系统还提供了一些常用的 API 函数和数据结构，主要包括双向链表、系统时间函数等。

1．双向链表的相关 API 函数

```
typedef struct typeList{    //系统控件的链表
    struct typeList* pNextList;
    struct typeList* pPreList;
```

```
    void *pData;
}List,*PList
```

✦ initOSList

定义：void initOSList();

功能：初始化链表，为链表分配动态空间。

✦ AddListNode

定义：void AddListNode(PList pList, void* pNode);

功能：在指定的位置为链表增加一个节点。

参数说明：

- pList：指向链表的当前节点。
- pNode：增加的节点。

✦ DeleteListNode

定义：void DeleteListNode(PList pList);

功能：删除链表的指定节点。

参数说明：

- pList：指向链表的当前节点。

✦ GetLastList

定义：PList GetLastList(PList pList);

功能：返回链表的最后一个节点。

参数说明：

- pList：指向链表的当前节点。

2．系统的时间相关 API 函数

```
typedef struct{
    U32 year;
    U32 month;
    U32 day;
    U32 date;
    U32 hour;
    U32 minute;
    U32 second;
}structTime, *PstructTime

typedef struct{
    U32 year;
    U32 month;
    U32 day;
}structDate, *PstructDate

typedef struct{
```

```
    U32 hour;
    U32 minute;
    U32 second;
}structClock, *PstructClock
```

✦ InitRtc

定义：void InitRtc();

功能：在系统初始化时调用，为系统时间的访问创建控制权限。

✦ Get_Rtc

定义：void Get_Rtc(PstructTime time);

功能：取得系统当前的时间和日期。

参数说明：

- time：所要得到的指向系统时间和日期的结构体指针。

✦ Rtc_IsTimeChange

定义：U8 Rtc_IsTimeChange(U32 whichChange);

功能：判断所指定的某一个时间单位是否改变。

参数说明：

- whichChange：指定的时间单位，可以是如表 6-19 所示中的一种。

表 6-19　系统指定的时间单位

系统指定的时间单位	数　值	说　明
RTC_SECOND_CHANGE	1	“秒”改变
RTC_MINUTE_CHANGE	2	“分”改变
RTC_HOUR_CHANGE	3	“时”改变
RTC_DAY_CHANGE	4	“日”改变
RTC_MONTH_CHANGE	5	“月”改变
RTC_YEAR_CHANGE	6	“年”改变

✦ Set_Rtc

定义：void Set_Rtc(PstructTime time);

功能：设定系统当前的时间和日期。

参数说明：

- time：所要得到的指向系统时间和日期的结构体指针。

✦ Rtc_Format

定义：void Rtc_Format(char*fmtchar, U16* outstr);

功能：格式化得到系统的时间。

参数说明：

- fmtchar：格式化系统日期的格式，如果包含表 6-20 中的字符，则自动替换成相应的时间，ASCII 编码。
- outstr：格式化之后的系统日期，Unicode 编码。

表 6-20 系统时间对应的格式字符

格式字符	替换字符
%S	秒
%I	分
%H	时
%D	日
%M	月
%Y	年
%%	%

3. 系统的图形相关 API 函数

```
typedef struct {
    int cx;
    int cy;
}structSIZE

typedef struct {
    int x;
    int y;
}structPOINT

typedef struct {
    int left;
    int top;
    int right;
    int bottom;
}structRECT
```

✦ CopyRect

定义：void CopyRect(structRECT* prect1, structRECT* prect2);

功能：复制一个矩形。

参数说明：

- prect1：被复制目标矩形的指针。
- prect2：复制源矩形的指针。

✦ SetRect

定义：void SetRect(structRECT* prect, int left, int top, int right, int bottom);

功能：设置一个矩形的大小。

参数说明：

- prect：指向设置矩形的指针。
- left：矩形的左边框。

- top：矩形的上边框。
- right：矩形的右边框。
- bottom：矩形的下边框。

✦ InflateRect

定义：void InflateRect(structRECT* prect, int cx,int cy);

功能：以矩形的中心为基准，缩放矩形。

参数说明：

- prect：指向设置矩形的指针。
- cx：扩展矩形的水平方向。正数为扩大；负数为缩小。
- cy：扩展矩形的垂直方向。正数为扩大；负数为缩小。

✦ RectOffSet

定义：void RectOffSet(structRECT* prect, int x,int y);

功能：移动矩形。

参数说明：

- prect：指向设置矩形的指针。
- x：移动矩形水平方向的相对距离。
- y：移动矩形垂直方向的相对距离。

✦ GetRectWidth

定义：int GetRectWidth(structRECT* prect);

功能：返回矩形的宽度。

参数说明：

- prect：指向设置矩形的指针。

✦ GetRectHeight

定义：int GetRectHeight(structRECT* prect);

功能：返回矩形的高度。

参数说明：

- prect：指向设置矩形的指针。

✦ IsInRect

定义：U8 IsInRect(structRECT *prect, int x, int y);

功能：判断指定的点是否在矩形区域之内，如果是则返回 TRUE；否则，返回 FALSE。

参数说明：

- prect：指向设置矩形的指针。
- x,y：指定点的 x,y 坐标。

✦ IsInRect2

定义：U8 IsInRect2(structRECT *prect, tructPOINT*ppt);

功能：判断指定点是否在矩形区域之内，如果是则返回 TRUE；否则，返回 FALSE。

参数说明：

- prect：指向设置矩形的指针。

- ppt：指向指定点的结构指针。

4．系统启动时相关函数

✦ LoadFont

定义：U8 LoadFont();

功能：装载 12×12、16×16、24×24 字库。成功，返回 TRUE；否则，返回 FALSE。

✦ LoadConfigSys

定义：U8 LoadConfigSys();

功能：装载系统相关配置，如触摸屏位置信息，以太网的物理地址、IP 地址、子网掩码、网关。成功，返回 TRUE；否则，返回 FALSE。

5．系统附加任务相关函数

✦ OSAddTask

定义：void OSAddTask_Init();

功能：定义了 4 个系统任务：触摸屏任务，优先级为 9；键盘扫描任务，优先级为 58；系统任务，优先级为 1；LCD 刷新任务，优先级为 59。

键盘扫描任务：如果键按下，则发出消息号为 OSM_KEY 的消息，Wparam 参数中存放了键盘扫描码。

触摸屏任务：如果有触摸动作，则发出消息号为 OSM_TOUCH_SCREEN 的消息，Wparam 参数中低 16 位存放了触摸点的 x 坐标值，高 16 位存放了触摸点的 y 坐标值，LParam 参数中存放了相应的触摸动作。触摸屏可以响应表 6-17 中的触摸动作。

练习题

1．嵌入式文件系统由哪几部分组成？

2．Flash 有哪些特点？

3．什么是 Unicode，使用 Unicode 有什么优点？

4．什么是控件，使用控件有哪些优点？

5．简述多任务操作系统的消息机制。

第 7 章　嵌入式软件应用程序实例

本章将通过几个实验来着重说明在μC/OS-II 上扩展的嵌入式操作系统的部分功能，向读者介绍嵌入式系统编程的一些基本方法。在本章的最后，将给出一个综合试验，结合前面所给的内容，建立一个综合的应用程序。

通过本章的学习，读者将了解以下知识。

- ✦ 学会绘图的 API 函数的使用
- ✦ 掌握系统的消息循环
- ✦ 学习文件相关的 API 函数
- ✦ 掌握系统控件的使用方法
- ✦ 学习系统时间的相关 API 函数
- ✦ 使用信号量解决μC/OS-II 进程之间的同步问题
- ✦ 学习网络相关函数的使用

7.1　建立基于μC/OS-II 的应用程序

7.1.1　在μC/OS-II 系统上运行的应用程序的结构

下面的代码是一个典型的基于 ARM 微处理器的应用程序源代码。

```
///*****************任务定义***************///
OS_STK Main_Stack[STACKSIZE*8]={0, };  //定义Main_Task任务堆栈
void Main_Task(void *Id);              //定义Main_Task任务
#define Main_Task_Prio          12     //定义Main_Task任务优先级

/**************已经定义的OS任务*************
#define SYS_Task_Prio            1      //系统任务
#define Touch_Screen_Task_Prio  9      //触摸屏任务
#define Key_Scan_Task_Prio       58     //键盘扫描任务
#define Lcd_Fresh_prio           59     //液晶屏刷新任务

///*****************事件定义*****************///
OS_EVENT *Nand_Rw_Sem;//Nand_Flash读写控制权旗语
//and you can use it as following:
```

```
/*
Nand_Rw_Sem=OSSemCreate(1);//创建Nand-Flash读写控制权旗语,初值为1满足互斥条件
OSSemPend(Nand_Rw_Sem,0,&err);
OSSemPost(Nand_Rw_Sem);
*/

OS_EVENT *Uart_Rw_Sem;      //Uart读写控制权旗语
//and you can use it as folloeing:
/*
Uart_Rw_Sem=OSSemCreate(1);//创建Uart读写控制权旗语,初值为1满足互斥条件//
OSSemPend(Uart_Rw_Sem,0,&err);
OSSemPost(Uart_Rw_Sem);
*/

//                Main function.                //
extern U8 isConfigsysLoad;
extern U8 sysCONFIG[];
extern U32 ConfigSysdata[];

int Main(int argc, char **argv)
{
    ARMTargetInit();          //开发板初始化
    OSInit();//uC/OS-II 初始化
    uHALr_ResetMMU();         //初始化内存管理单元
    LCD_Init();               //初始化LCD模块
    LCD_printf("LCD initialization is OK\n");
    LCD_printf("320 x 240  Text Mode\n");
    LoadFont();               //调用字库
    LoadConfigSys();          //调用系统配置文件

    LCD_printf("Create task on uCOS-II...\n");
    OSTaskCreate(Main_Task,  (void *)0,  (OS_STK
*)&Main_Stack[STACKSIZE*8-1],  Main_Task_Prio);//创建Main_Task任务
    OSAddTask_Init();         //创建系统附加任务
    LCD_printf("Starting uCOS-II...\n");
    LCD_printf("Entering graph mode...\n");
    LCD_ChangeMode(DspGraMode);
    initOSGUI();              //初始化图形界面
    InitRtc();                //初始化时钟
    InitNetWork();            //初始化网络
    Nand_Rw_Sem=OSSemCreate(1);//创建Nand-Flash读写控制权旗语,初值为1满足互
斥条件
```

```
    OSStart();//启动多任务调度
    return 0;//程序不会执行到这里
}//main

void Main_Task(void *Id)//Main_Task 任务
{
    POSMSG pMsg=0;
    ClearScreen();
    LCD_ChangeMode(DspTxtMode);
    LCD_Cls();
    LCD_printf("Hello world!\n");
    LCD_printf("Hello world!tt\n");
    for(;;)
        OSTimeDly(1000);
    for(;;){//消息循环
        pMsg=WaitMessage(0);
        switch(pMsg->Message){
        case OSM_KEY:
            onKey(pMsg->WParam,pMsg->LParam);
            break;
        }
        DeleteMessage(pMsg);
    }
}
```

从上述应用程序的框架中可以分析出操作系统的启动过程，如图 7-1 所示。

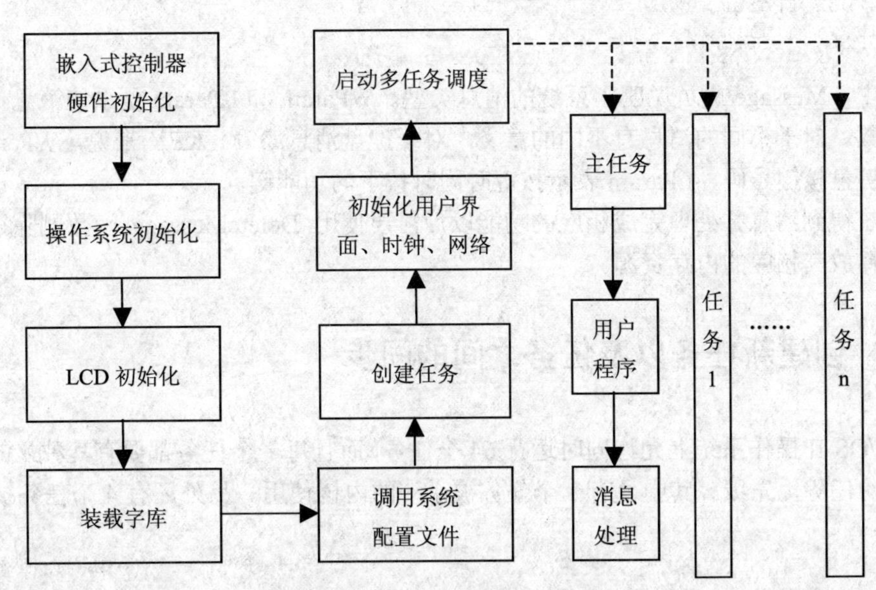

图 7-1　嵌入式系统的启动和运行过程

7.1.2 系统的消息循环

在多任务系统中，消息是系统各个任务之间通信的最常用手段。在系统的主任务中可以使用如下的代码来实现消息循环。

```
POSMSG pMsg=0;
//消息循环
for(;;){
    pMsg=WaitMessage(0); //等待消息
    switch(pMsg->Message){
    case OSM_KEY:
        onKey(pMsg->WParam,pMsg->LParam);
        break;
    }
    DeleteMessage(pMsg);//删除消息,释放资源
}
```

上述代码通过使用几个 API 函数来实现系统的消息循环。WaitMessage 函数用来等待消息。参数 0 表示等待的超时时间为无穷，即除非主任务接收到消息，否则，此函数不会返回。WaitMessage 函数返回的是一个指向系统消息结构的指针。系统的消息结构定义如下：

```
typedef struct {
    U32 Message;
    U32 WParam;
    U32 LParam;
}OSMSG, *POSMSG;
```

其中，Message 成员说明了系统的消息类型。WParam 和 LParam 是系统消息传递的相应的参数。对于不同的消息有不同的意义，对于键盘消息 OSM_KEY 来说，WParam 表示系统的键盘按键号码，LParam 表示按键时同时按下的功能键。

系统得到消息并处理完成相应的功能以后，要使用 DeleteMessage 函数删除得到的消息，以释放其相应的内存资源。

7.1.3 创建新任务以及任务之间的同步

μC/OS-II 操作系统上允许同时运行 64 个任务，而且每一个任务都要有其独立的栈空间和唯一的任务优先级。其中，有 8 个任务被系统的内核使用。另外还有 4 个任务被操作系

统使用。其资源分配的代码如下：

```
///*****************任务定义***************///
OS_STK Main_Stack[STACKSIZE*8]={0, };          //Main_Test_Task 堆栈
void Main_Task(void *Id);                      //Main_Test_Task
#define Main_Task_Prio          12

OS_STK Key_Scan_Stack[STACKSIZE]={0, };        //Key_Test_Task 堆栈
void Key_Scan_Task(void *Id);                  //Key_Test_Task
#define Key_Scan_Task_Prio      56

OS_STK Lcd_Fresh_Stack[STACKSIZE]= {0, };      //LCD 刷新任务堆栈
void Lcd_Fresh_Task(void *Id);                 //LCD 刷新任务
#define Lcd_Fresh_prio          58

OS_STK Led_Flash_Stack[STACKSIZE]= {0, };      //LED 闪烁任务堆栈
void Led_Flash_Task(void *Id);                 //LED 闪烁任务
#define Led_Flash_Prio          60
```

和上述的系统任务类似，要想在应用程序中创建一个新的任务，也必须先为任务定义自己的栈空间，选定一个系统唯一的任务优先级。下面的代码定义了一个 Rtc_Disp_Task 任务，并为任务分配了一个大小为 STACKSIZE 的栈空间，同时定义了此任务的优先级为 14。

```
OS_STK Rtc_Disp_Stack[STACKSIZE]={0, };        //Rtc_Disp_Task 堆栈
void Rtc_Disp_Task(void *Id);                  //Rtc_Disp_Task
#define Rtc_Disp_Task_Prio      14
```

STACKSIZE 是一个常量，是系统默认的任务栈的大小。如果在任务中需要分配的栈空间比较大，可以适当地增加这个栈的空间。例如在 Main_Task 任务中，栈的空间就是 STACKSIZE*8。

然后，使用如下代码创建上述 Rtc_Disp_Task 任务。

```
OSTaskCreate(Rtc_Disp_Task,  (void *)0,  (OS_STK *)
&Rtc_Disp_Stack[STACKSIZE-1],  Rtc_Disp_Task_Prio);
```

任务创建成功以后，系统就会执行 Rtc_Disp_Task 函数，运行其相应的任务。

在多任务系统中，使用信号量是协调多任务最简单的有效方法。如下代码定义了一个系统的信号量：

```
OS_EVENT *Rtc_Updata_Sem;//时钟更新控制权
```

使用 OSSemCreate 函数创建一个系统的信号量。参数 1 表示此信号量有效。例如：

```
Rtc_Updata_Sem=OSSemCreate(1);
```

在系统的任务中，使用 OSSemPend 函数等待一个信号量有效，通过 OSSemPost 函数来释放一个信号量。例如：

```
void Rtc_Disp_Task(void *Id) //时钟显示更新任务
```

```
{
    U16 strtime[10];
    INT8U err;

    for(;;){
        if(Rtc_IsTimeChange(RTC_SECOND_CHANGE)){//不需要更新显示
            OSSemPend(Rtc_Updata_Sem, 0,&err);
            Rtc_Format("%H:%I:%S",strtime);
            SetTextCtrlText(pTextCtrl, strtime,TRUE);
            OSSemPost(Rtc_Updata_Sem);
        }
        OSTimeDly(250);
    }
}
```

上述代码中，Rtc_Disp_Task 任务用来更新系统的时钟显示。更新系统时钟之前，要等待 Rtc_Updata_Sem 信号量有效并获得更新的控制权。更新完毕以后，要及时地释放掉信号量，以便供其他任务使用这个资源。

7.2 绘图 API 函数

本节实验通过使用嵌入式系统的绘图 API 函数，首先，在屏幕上绘制一个圆角矩形和一个整圆。然后，再在屏幕上无闪烁地绘制一个移动的正弦波。

读者将学习使用嵌入式系统的绘图 API 函数。理解绘图设备上下文（DC）在多任务操作系统中的作用。会使用绘图设备上下文（DC）在屏幕上绘制一个圆角矩形和一个圆。了解绘制动画防止闪烁的基本原理，可以实现无闪烁的动画。

7.2.1 绘图的 API 函数应用举例

在μC/OS-II 系统环境下，绘图必须通过使用绘图设备上下文（DC）来实现。绘图设备上下文（DC）中包括了与绘图相关的信息，例如，画笔的宽度、绘图的原点等。这样，在多任务系统中，不同的任务通过不同的绘图设备上下文（DC）绘图才不会互相影响。绘图设备上下文（DC）的结构定义如下：

```
typedef struct{
    int DrawPointx;
    int DrawPointy;        //绘图所使用的坐标点
    int PenWidth;          //画笔宽度
    U32 PenMode;           //画笔模式
```

```
    COLORREF PenColor;  //画笔的颜色
    int DrawOrgx;       //绘图的坐标原点位置
    int DrawOrgy;
    int WndOrgx;        //绘图的窗口坐标位置
    int WndOrgy;
    int DrawRangex;     //绘图的区域范围
    int DrawRangey;
    structRECT DrawRect;//绘图的有效范围
    U8 bUpdataBuffer;   //是否更新后台缓冲区及显示
    U32 Fontcolor;      //字符颜色
}DC,*PDC
```

与绘图设备上下文（DC）有关的函数有 initOSDC()用来初始化系统的 DC，为 DC 动态内存开辟空间；CreateDC()和 DestoryDC(PDC pdc)分别用来创建和删除 DC，前者返回所创建的 DC 指针，后者则释放 DC 的内存空间。

和绘图有关的函数有 TextOut()、LineTo()、FillRect()、Circle()、ShowBmp()等。

在μC/OS-II 操作系统中，液晶显示屏的刷新是通过 Lcd_Fresh_Task 任务完成的，该任务是在系统附加任务初始化函数 OSAddTask_Init()中定义的，该函数开辟了 LCD 刷新任务、触摸屏任务和键盘任务等。绘图首先是在绘图缓冲区中完成的，然后系统自动（也可以通过设置绘图设备上下文参数，不让系统自动刷新）向 Lcd_Fresh_Task 发送更新消息。其流程图如图 7-2 所示。

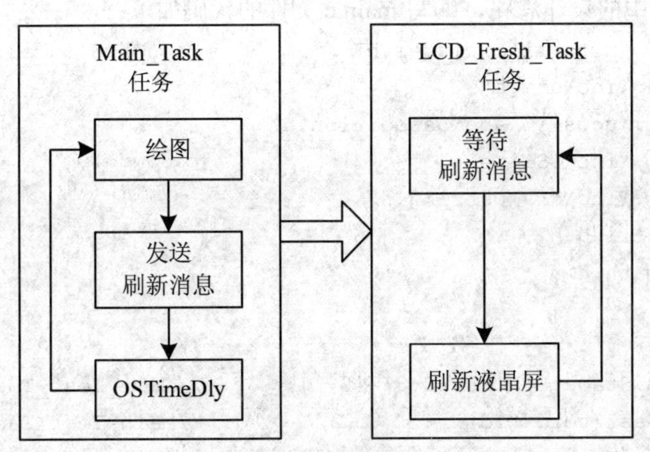

图 7-2　绘图流程

因为绘图是在后台进行的，绘制完成之后，再更新到液晶屏上。所以，在绘图时不用担心反复地擦除屏幕会引起屏幕的闪烁。这样，可以很方便地实现动画无闪烁的显示。绘制完一次图形以后，必须要使用 OSTimeDly()函数给出一定时间的延时（推荐用 200），同时使 Main_Task 任务主动让出对 CPU 的控制权，使 Lcd_Fresh_Task 任务可以完成刷新。

使用操作系统的绘图 API 函数，绘制出如图 7-3 所示的图形。

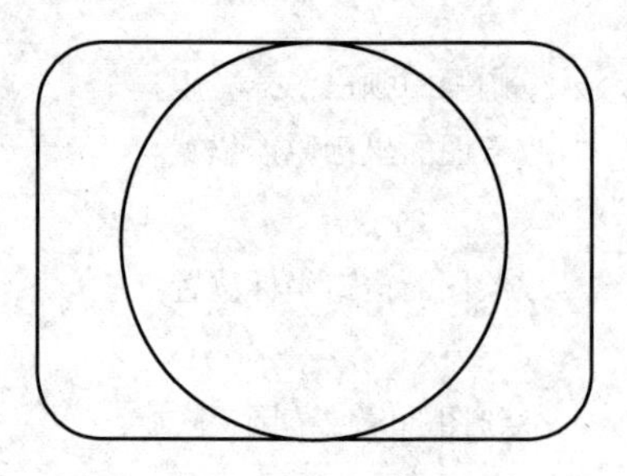

图 7-3　绘制图形

提示：（1）绘图必须通过使用绘图设备上下文（DC）来实现。绘图设备上下文（DC）中包括了与绘图相关的信息，例如，画笔的宽度、绘图的原点等。这样，在多任务系统中，不同的任务通过不同的绘图设备上下文（DC）绘图才不会互相影响。

（2）绘制整圆可以用 Circle 函数，绘制直线用 Line 函数，绘制圆弧用 ArcTo 函数。调试的过程中可以在每个绘图函数之后调用 OSTimeDly()函数，使系统更新显示，输出到液晶屏上。

（3）为方便绘图，可使用 SetDrawOrg 函数设置绘图的原点。

（4）因为本次实验不用系统的字符显示，所以，可以去掉 Main()函数中的 LoadFont()函数，以节省系统启动的时间。

7.2.2　绘图的 API 函数应用举例的源代码

按照 7.2.1 节中的设计思路，编写 main.c 文件的代码如下：

```
#include "..\ucos-ii\includes.h"               /* uC/OS interface */
#include "..\inc\drv.h"
#include "..\ucos-ii\add\osaddition.h"
#include "..\inc\OSFile.h"
#include "..\inc\drv\Ustring.h"
#include <string.h>
#include <math.h>

///******************任务定义***************///
OS_STK Main_Stack[STACKSIZE*8]={0, };          //Main_Test_Task 堆栈
void Main_Task(void *Id);                      //Main_Test_Task
#define Main_Task_Prio          12

OS_STK Key_Scan_Stack[STACKSIZE]={0, };        //Key_Test_Task 堆栈
void Key_Scan_Task(void *Id);                  //Key_Test_Task
#define Key_Scan_Task_Prio     56

OS_STK Lcd_Fresh_Stack[STACKSIZE]= {0, };      //LCD 刷新任务堆栈
void Lcd_Fresh_Task(void *Id);                 //LCD 刷新任务
```

```
#define Lcd_Fresh_prio          58

OS_STK Led_Flash_Stack[STACKSIZE]= {0, };  //LED闪烁任务堆栈
void Led_Flash_Task(void *Id);              //LED闪烁任务
#define Led_Flash_Prio          60

///*****************事件定义****************///
OS_EVENT *Lcd_Disp_Sem;                   //LCD控制权旗语
//and you can use it as folloeing:
//    Lcd_Disp_Sem=OSSemCreate(1);
      //创建LCD控制权旗语,初值为1满足互斥条件
//    OSSemPend(Lcd_Disp_Sem,0,&err);
//    OSSemPost(Lcd_Disp_Sem);

OS_EVENT *Nand_Rw_Sem;                    //Nand_Flash读写控制权旗语
//你可以像下面这样使用
//    Nand_Rw_Sem=OSSemCreate(1);
      //创建Nand-Flash读写控制权旗语,初值为1满足互斥条件//
//    OSSemPend(Nand_Rw_Sem,0,&err);
//    OSSemPost(Nand_Rw_Sem);

OS_EVENT *Uart_Rw_Sem;                    //Uart读写控制权旗语
//and you can use it as folloeing:
//    Uart_Rw_Sem=OSSemCreate(1);
      //创建Uart读写控制权旗语,初值为1满足互斥条件
//    OSSemPend(Uart_Rw_Sem,0,&err);
//    OSSemPost(Uart_Rw_Sem);

OS_EVENT *LCDFresh_MBox;                  //LCD刷新邮箱

////////////////////////////////////////////////////////
char
KeyTable[]={'?','1','2','3','?','4','5','6','?','7','8','9','?','.','0',
'#','?'};

/////////////////////////////////////////////////////////
void onKey(int nkey, int fnkey);

/////////////////////////////////////////////////////////
void Lcd_Fresh_Task(void *Id)
{
    INT8U err;
```

```
    Uart_Printf(0,"\n11");
    for (;;)
    {
        OSMboxPend(LCDFresh_MBox,0,&err);
        LCD_Refresh();
        OSTimeDly(250);
    }
}//Lcd_Fresh_Task


void Led_Flash_Task(void *Id)//指示 RTOS 处于正常工作中
{
  unsigned char led_state;
  Uart_Printf(0,"\n10");
  for (;;)
  {
    Led_Display(led_state);
    led_state=~led_state;
    OSTimeDly(250);
  }
}//Led_Flash_Task

void Key_Scan_Task(void *Id)//指示 RTOS 处于正常工作中
{
    U32 key;
    POSMSG pmsg;
    Uart_Printf(0,"key\n");
    for (;;){
        key=GetKey();
        pmsg=OSCreateMessage(OSM_KEY,(key+1)&0xffff,key>>16);
        if(pmsg)
            SendMessage(pmsg);
    }
}//Led_Flash_Task

void initOSGUI()                //初始化操作系统的图形界面
{
    initOSMessage();
    initOSList();
    initOSCtrl();
    initOSDC();
    initOSFile();
```

```
}
////////////////////////////////////////////////////
//                Main function.               //
////////////////////////////////////////////////////
int Main(int argc, char **argv)
{
    ARMTargetInit();
// do target (uHAL based ARM system) initialisation //

    OSInit();              // needed by uC/OS-II //
    uHALr_ResetMMU();

    LCD_Init();            //初始化 LCD 模块
    LCD_printf("LCD initialization is OK\n");
    LCD_printf("240 x 128  Text Mode\n");

//  LoadFont();

    //创建系统的任务
    LCD_printf("Create task on uCOS-II...\n");
    OSTaskCreate(Main_Task,  (void *)0,  (OS_STK*)
&Main_Stack[STACKSIZE*8-1],  Main_Task_Prio);        // 1
    OSTaskCreate(Led_Flash_Task,  (void *)0,  (OS_STK*)
&Led_Flash_Stack[STACKSIZE-1],  Led_Flash_Prio  );    // 10
    OSTaskCreate(Lcd_Fresh_Task,  (void *)0,  (OS_STK*)
&Lcd_Fresh_Stack[STACKSIZE-1],  Lcd_Fresh_prio  );    // 11
    OSTaskCreate(Key_Scan_Task,  (void *)0,  (OS_STK*)
&Key_Scan_Stack[STACKSIZE-1],  Key_Scan_Task_Prio  ); // 11

    LCD_printf("Starting uCOS-II...\n");
    LCD_printf("Entering graph mode...\n");
    LCD_ChangeMode(DspGraMode);

    initOSGUI();
    InitRtc();

    LCDFresh_MBox=OSMboxCreate(NULL);
//创建 LCD 刷新邮箱

    Lcd_Disp_Sem=OSSemCreate(1);
//创建 LCD 缓冲区控制权旗语,初值为 1 满足互斥条件//
```

```
    Nand_Rw_Sem=OSSemCreate(1);
//创建 Nand-Flash 读写控制权旗语,初值为 1 满足互斥条件//


    ARMTargetStart();      //Start the (uHAL based ARM system) system
running //

    OSStart();           // start the game //

    // never reached //
    return 0;
}//main


////////////////////////////////////////////////////////////////////////
//////////////////////////////////////////
void Main_Task(void *Id)           //Main_Test_Task
{
    POSMSG pMsg=0;
    int oldx,oldy;
    PDC pdc;
    int x,y;
    double offset;

    ClearScreen();


    pdc=CreateDC();

    SetDrawOrg(pdc, LCDWIDTH/2,LCDHEIGHT/2, &oldx, & oldy);
//设置绘图原点为屏幕中心

    Circle(pdc,0, 0, 50);

    MoveTo(pdc, -50, -50);
    LineTo(pdc, 50, -50);
    ArcTo(pdc, 80, -20, TRUE, 30);
    LineTo(pdc, 80, 20);
    ArcTo(pdc, 50, 50, TRUE, 30);
    LineTo(pdc, -50, 50);
    ArcTo(pdc, -80, 20, TRUE, 30);
    LineTo(pdc, -80, -20);
```

```
    ArcTo(pdc, -50, -50, TRUE, 30);

    OSTimeDly(3000);
    ClearScreen();

    SetDrawOrg(pdc, 0, LCDHEIGHT/2, &oldx,&oldy);//设置绘图原点为屏幕左边中部
    for(;;){
        MoveTo(pdc, 0, 0);
        for(x=0;x<LCDWIDTH;x++){
            y=(int)(50*sin(((double)x)/20.0+offset));
            LineTo(pdc, x, y);
        }
        offset+=1;
        if(offset>=2*3.14)
            offset=0;
        OSTimeDly(200);
        ClearScreen();
    }

    DestoryDC(pdc);

}
```

7.3 系统的消息循环

通常在多任务操作系统中，任务之间的通信是通过任务之间发送消息来实现的。在本操作系统的 Main_Task 任务中，定义了一个消息队列。

本次实验读者将学习使用系统的消息循环。掌握如何通过系统的消息循环来响应键盘的消息，同时学会使用图形模式下的液晶屏文字显示函数。最终实现按不同的键，在屏幕上显示不同的文字；同时，把键盘的按键号码输出到 PC 机的终端显示。

7.3.1 使用系统的消息循环

通常在多任务操作系统中，任务之间的通信是通过发送消息来实现的。消息队列是μC/OS-II 操作系统的一种通信机制，它可以使一个任务或者中断服务程序向另一个任务发送以指针方式定义的变量。μC/OS-II 操作系统提供了若干对消息队列进行操作的函数，例如 OSQCreate()、OSQPend()和 OSQPost()等，都定义在 OS_Q.C 中。但是，在将μC/OS-II

移植到 ARM 嵌入式开发平台时，对消息队列相关函数又作了扩展，使得程序中对消息队列的使用变得更加简单易行。开发平台的消息队列相关函数定义在 OSMessage.h 中。程序中可以用 OSCreateMessage()函数为某个控件创建消息，用 SendMessage()函数将该消息发送到消息队列中，用 WaitMessage()函数等待消息，用 DeleteMessage()函数删除消息。

消息的数据结构定义如下：

```
typedef struct {
        POS_Ctrl pOSCtrl;   //消息所发到的窗口(控件)，为 NULL 时指桌面
        U32 Message;        //消息类型
        U32 WParam;         //消息参数
        U32 LParam;         //消息参数
}OSMSG, *POSMSG;
```

下面是平台的基本消息类型定义：

```
#define OSM_KEY                          1       //键盘消息
#define OSM_TOUCH_SCREEN                 2       //触摸屏消息
#define OSM_SERIAL                       100     //串口收到数据的消息
#define OSM_LISTCTRL_SELCHANGE           1001    //列表框的选择被改变的消息
#define OSM_LISTCTRL_SELDBCLICK          1002    //列表框的选择双击消息
#define OSM_BUTTON_CLICK                 1003    //单击按钮消息
```

表 7-1 是各基本消息类型的参数说明。

表 7-1 各基本消息类型的参数说明

Message	WParam	LParam
OSM_KEY	键盘扫描码	
OSM_TOUCH_SCREEN	低 16 位=触摸点 x 坐标值 高 16 位=触摸点 y 坐标值	触摸动作
OSM_LISTCTRL_SELCHANGE	CtrlID	CurrentSel
OSM_LISTCTRL_SELDBCLICK	CtrlID	CurrentSel
OSM_BUTTON_CLICK	CtrlID	

对于键盘消息来说其类型为 pMsg->Message=OSM_KEY，参数 pMsg->WParam 则是按键的键码（pMsg 是指向该消息结构体的指针）。键盘消息是由键盘扫描任务（void Key_Scan_Task(void *Id)）创建并发送到系统的消息队列。如果键盘扫描模块和微处理器之间采用 I^2C 总线进行通信，则键盘扫描任务用函数 KeyBoard_Read()从 I^2C 的数据收发移位寄存器中获得键盘扫描码，这个扫描码是由键盘扫描控制器当有按键按下时发送到 I^2C 的数据收发移位寄存器的。主任务由消息队列中得到消息。

```
static void Key_Scan_Task(void *Id)
{
    U32 key;
    INT8U err;
    POSMSG pmsg;
```

```
        printk("begin key task \n");

        for (;;){
            OS_FLAGS flag;

          flag=OSFlagPend(Input_Flag, UCOS2_KBINPUT, OS_FLAG_WAIT_SET_ANY, 0,
&err);
            OSFlagPost(Input_Flag, flag, OS_FLAG_CLR, &err);
            key=KeyBoard_Read(0,FALSE);
            if(key==-1)
                continue;

            pmsg=OSCreateMessage(NULL, OSM_KEY,key,0);
            if(pmsg)
                SendMessage(pmsg);
        }
    }
```

所谓的系统消息循环如图 7-4 所示。

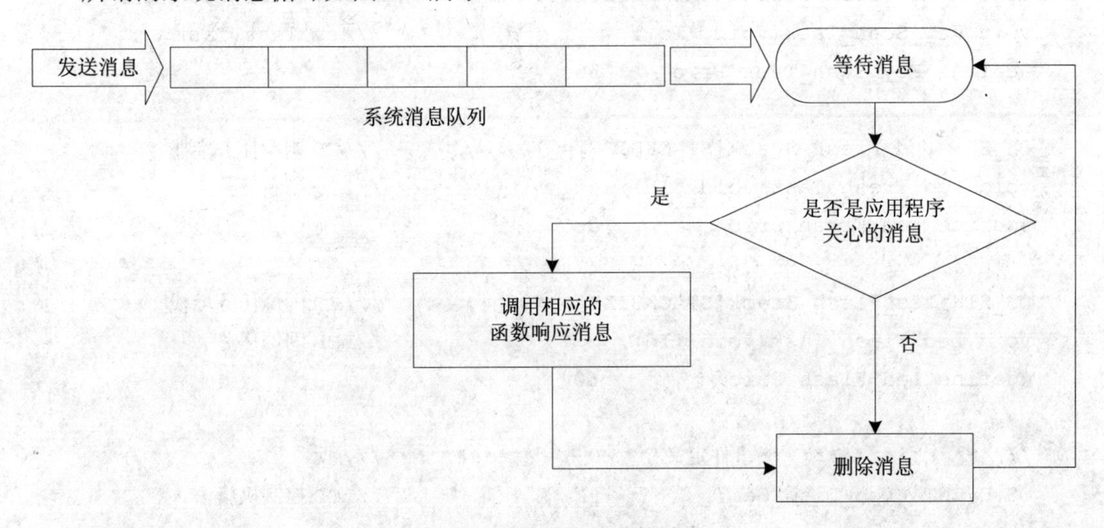

图 7-4　系统消息处理的过程

应用程序在 Main_Task 任务中等待消息，并对该消息进行判断和处理，如果是键盘消息则提取出键码，变换为对应字符，然后将其显示到液晶屏上。在图形模式下，液晶屏的文字输出函数是 TextOut()，实际是通过在图形方式下绘图完成文字显示的。此函数输出的字符数组必须是基于双字节 Unicode 编码的。在程序中可以使用 Int2Unicode()和 strChar2Unicode()两个函数分别将整形数或 ASCII 字符转换为 Unicode 字符串。这部分内容在 Ustring.h 中定义。

7.3.2 系统消息循环使用的源代码

按照 7.3.1 节中的设计思路，编写 main.c 文件的代码如下：

```
#include "..\ucos-ii\includes.h"                    /* uC/OS interface */
#include "..\inc\drv.h"
#include "..\ucos-ii\add\osaddition.h"
#include "..\inc\OSFile.h"
#include "..\inc\drv\Ustring.h"
#include <string.h>

///******************任务定义******************///
OS_STK Main_Stack[STACKSIZE*8]={0, };              //Main_Test_Task 堆栈
void Main_Task(void *Id);                          //Main_Test_Task
#define Main_Task_Prio          12

OS_STK Key_Scan_Stack[STACKSIZE]={0, };            //Key_Test_Task 堆栈
void Key_Scan_Task(void *Id);                      //Key_Test_Task
#define Key_Scan_Task_Prio      56

OS_STK Lcd_Fresh_Stack[STACKSIZE]= {0, };          //LCD 刷新任务堆栈
void Lcd_Fresh_Task(void *Id);                     //LCD 刷新任务
#define Lcd_Fresh_prio          58

OS_STK Led_Flash_Stack[STACKSIZE]= {0, };          //LED 闪烁任务堆栈
void Led_Flash_Task(void *Id);                     //LED 闪烁任务
#define Led_Flash_Prio          60

///*****************事件定义*******************///
OS_EVENT *Lcd_Disp_Sem;                            //LCD 控制权旗语
//and you can use it as folloeing:
//    Lcd_Disp_Sem=OSSemCreate(1);
//创建 LCD 控制权旗语,初值为 1 满足互斥条件//
//    OSSemPend(Lcd_Disp_Sem,0,&err);
//    OSSemPost(Lcd_Disp_Sem);

OS_EVENT *Nand_Rw_Sem;                             //Nand_Flash 读写控制权旗语
//and you can use it as folloeing:
//    Nand_Rw_Sem=OSSemCreate(1);
```

```
//创建 Nand-Flash 读写控制权旗语,初值为 1 满足互斥条件//
//    OSSemPend(Nand_Rw_Sem,0,&err);
//    OSSemPost(Nand_Rw_Sem);

OS_EVENT *Uart_Rw_Sem;                          //Uart 读写控制权旗语
//and you can use it as folloeing:
//    Uart_Rw_Sem=OSSemCreate(1);
//创建 Uart 读写控制权旗语,初值为 1 满足互斥条件//
//    OSSemPend(Uart_Rw_Sem,0,&err);
//    OSSemPost(Uart_Rw_Sem);

OS_EVENT *LCDFresh_MBox;                        //LCD 刷新邮箱

/////////////////////////////////////////////////////////
char
KeyTable[]={'?','1','2','3','?','4','5','6','?','7','8','9','?','.','0',
'#','?'};

/////////////////////////////////////////////////////////
void onKey(int nkey, int fnkey);

/////////////////////////////////////////////////////////
void Lcd_Fresh_Task(void *Id)
{
    INT8U err;
    Uart_Printf(0,"\n11");
    for (;;)
    {
        OSMboxPend(LCDFresh_MBox,0,&err);
        LCD_Refresh();
        OSTimeDly(250);
    }
}//Lcd_Fresh_Task

void Led_Flash_Task(void *Id)//指示 RTOS 处于正常工作中
{
  unsigned char led_state;
  Uart_Printf(0,"\n10");
  for (;;)
  {
```

```
        Led_Display(led_state);
        led_state=~led_state;
        OSTimeDly(250);
      }
    }//Led_Flash_Task

    void Key_Scan_Task(void *Id)
    {
        U32 key;
        POSMSG pmsg;

        for (;;){
            key=GetKey();
            pmsg=OSCreateMessage(OSM_KEY,(key+1)&0xffff,key>>16);
            if(pmsg)
                SendMessage(pmsg);
        }
    }

    void initOSGUI()          //初始化操作系统的图形界面
    {
        initOSMessage();
        initOSList();
        initOSCtrl();
        initOSDC();
        initOSFile();

    }
    ////////////////////////////////////////////////////
    //                 Main function.                //
    ///////////////////////////////////////////////////
    int Main(int argc, char **argv)
    {
        ARMTargetInit();
    // do target (uHAL based ARM system) initialisation //

        OSInit();              // needed by uC/OS-II //
        uHALr_ResetMMU();
```

```
    LCD_Init();          //初始化LCD模块
    LCD_printf("LCD initialization is OK\n");
    LCD_printf("240 x 128  Text Mode\n");

    LoadFont();
    //创建系统的任务
    LCD_printf("Create task on uCOS-II...\n");
    OSTaskCreate(Main_Task, (void *)0, (OS_STK*)
&Main_Stack[STACKSIZE*8-1], Main_Task_Prio);// 1
    OSTaskCreate(Led_Flash_Task, (void *)0, (OS_STK *)
&Led_Flash_Stack[STACKSIZE-1], Led_Flash_Prio );// 10
    OSTaskCreate(Lcd_Fresh_Task, (void *)0, (OS_STK*)
&Lcd_Fresh_Stack[STACKSIZE-1], Lcd_Fresh_prio );// 11
    OSTaskCreate(Key_Scan_Task, (void *)0, (OS_STK*)
&Key_Scan_Stack[STACKSIZE-1], Key_Scan_Task_Prio );// 11

    LCD_printf("Starting uCOS-II...\n");
    LCD_printf("Entering graph mode...\n");
    LCD_ChangeMode(DspGraMode);

    initOSGUI();
    InitRtc();

    LCDFresh_MBox=OSMboxCreate(NULL);//创建LCD刷新邮箱

    Lcd_Disp_Sem=OSSemCreate(1);
//创建LCD缓冲区控制权旗语,初值为1满足互斥条件//
    Nand_Rw_Sem=OSSemCreate(1);
//创建Nand-Flash读写控制权旗语,初值为1满足互斥条件//


    ARMTargetStart();      //Start the (uHAL based ARM system) system
running //

    OSStart();           // start the game //

    // never reached //
    return 0;
}//main
////////////////////////////////////////////////////////////////////////////
/////////////////////////////////////////////
```

```
void Main_Task(void *Id)            //Main_Test_Task
{
    POSMSG pMsg=0;

    ClearScreen();
    //消息循环
    for(;;){
        pMsg=WaitMessage(0); //等待消息
        switch(pMsg->Message){
        case OSM_KEY:
            onKey(pMsg->WParam,pMsg->LParam);
            break;
        }
        DeleteMessage(pMsg);//删除消息,释放资源
    }
}

void onKey(int nkey, int fnkey)
{
    PDC pdc;
    U16 ch[2];
    Uart_SendByte(0,nkey+'1'-1);
    ClearScreen();
    pdc=CreateDC();
    Int2Unicode(nkey, ch);
    TextOut(pdc, 100, 50, ch, TRUE, FONTSIZE_MIDDLE);
    DestoryDC(pdc);
    }
```

7.4 文件的使用

本次实验通过使用系统提供的 API 函数打开一个英文的文本文件，并把文件的内容输出显示在液晶屏上。

在嵌入式开发平台中，文件是存储在 Flash 存储器中的。系统自动以文件的形式组织管理 Flash 存储器的存储。用户只需要通过系统文件的相关 API 函数打开、读写、关闭文件即可。

7.4.1 文件的读取应用举例

μC/OS-II 操作系统本身并没有文件系统，不支持文件相关的管理功能。在将μC/OS-II 操作系统移植到 ARM 嵌入式开发平台时，参考 YAFFS（Yet Another Flash File System）文件系统，为该系统扩展了一个简单的文件系统，可以满足实际嵌入式产品开发的需要。开发平台的硬件中有一片容量至少 64MB 的 Nand Flash 存储芯片作为嵌入式设备的固态数据存储器，或称为电子硬盘。该存储器由文件系统管理，在文件系统的功能函数与 Flash 芯片之间有相关驱动程序实现高层系统功能和底层具体硬件的数据交换。

Nand Flash 设备驱动经常使用 FAT 格式的文件系统。FAT 文件系统不那么“健壮”，也不适用于 Flash。块驱动提供逻辑层到物理层的映射来模拟可重写的磁盘扇区。与所有的 FAT 文件系统类似，它们容易崩溃。

JFFS 和 JFFS2 文件系统对 NOR Flash 存储器的支持很好。它们都是基于日志文件系统的，因此更为“健壮”。这对嵌入式系统来说很重要。JFFS 文件系统的缺点是引导的 Flash 检测时间较长，文件系统对 RAM 的占用较多。YAFFS 文件系统克服了以上缺点。YAFFS 是一个专为 Nand Flash 存储器设计的文件系统，系统健壮、节省 RAM、启动时间快。

YAFFS 文件描述的文件单位是 Chunks，相当于页。每个页都提供了文件 ID 和 Chunk 号。这些标记保存在 Flash 的带外空间。当文件中的数据被重写时，相应的 Chunks 就会被新的具有相同 tag 标记的内容所替代。而原有的 tag 就会标记为“过期”。

文件头单独保存为一页，标识与数据页不同。每个页还具有一个短的（2 位的）串行号，当页内容进行转移时，串行号也自增。当掉电、系统崩溃以及其他的意外发生时，可能同时存在两个标记相同的页，这时需要使用串行号来判断哪个是过期的页。

因为只需要读取外部空间的数据，YAFFS 的启动时间较快。对 128MB 容量的 Flash 存储器进行扫描，只需要大约 3 秒钟（而 JFFS 需要 20 秒左右）的时间。所以，YAFFS 是非常简单的文件系统，与 JFFS 文件系统类似，也是日志文件系统。

本实验用到的对 YAFFS 文件系统操作的函数有如下几个。

- ✦ Fopen()函数：用以指定模式打开文件。
- ✦ fRead ()函数：读取已打开文件数据到指定缓冲区。
- ✦ fWrite()函数：将指定缓冲区的数据写入到文件。
- ✦ readline ()函数：读取文本文件的一行字符；
- ✦ fClose()函数：关闭文件，释放文件缓冲区。

读取文件程序流程图如图 7-5 所示。

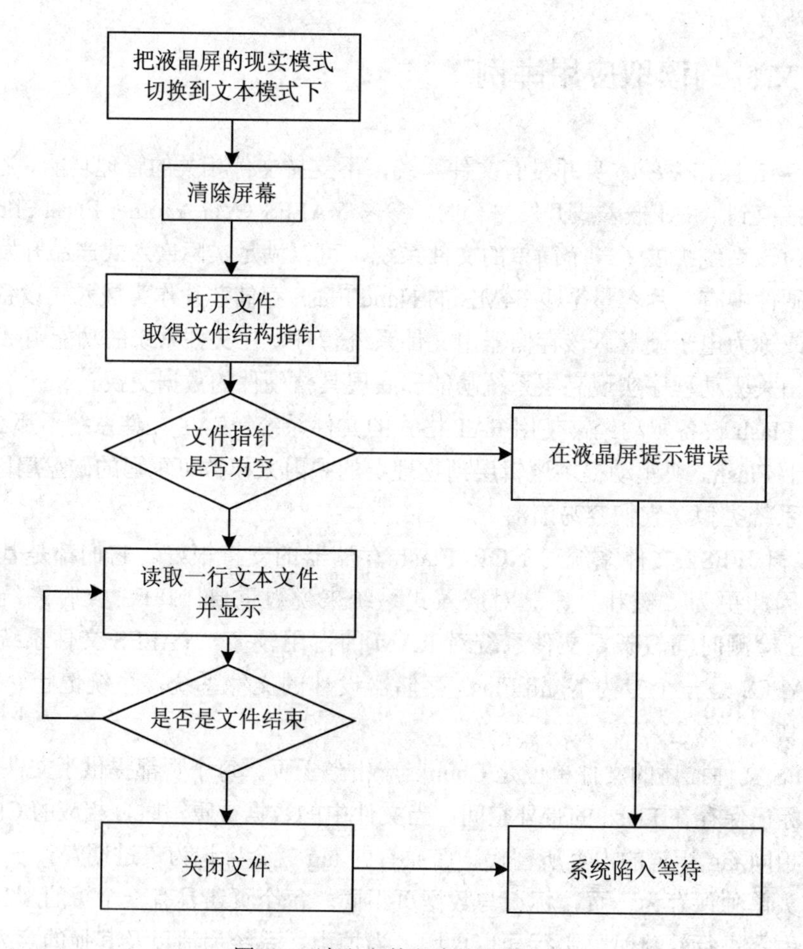

图 7-5 读取文件程序流程图

提示：（1）使用 OpenOSFile 函数以只读方式（FILEMODE_READ）打开文件。

（2）通过 LineReadOSFile 函数逐行读取文本文件，并在液晶屏上显示出来。LineReadOSFile 函数的返回值是读取该行的字节数（包括回车和换行符），可以根据 LineReadOSFile 函数的返回值判断是否读到文件的结尾。

（3）文件读取完毕以后，一定要用 CloseOSFile 函数关闭文件，释放文件缓冲区中的内存空间。

7.4.2 文件的读取实现的源代码

按照 7.4.1 节中的设计思路，编写 main.c 文件的代码。下面提供了 Main_Task 及其相关函数的代码。

```
char TextFilename[]={'T','E','S','T',' ',' ',' ',' ','T','X','T',0};

void Main_Task(void *Id)            //Main_Test_Task
{
    POSMSG pMsg=0;
    char str[256];

    FILE* pfile;
    ClearScreen();
    LCD_ChangeMode(DspTxtMode);    //改变显示模式
    LCD_Cls();
    pfile=OpenOSFile(TextFilename,FILEMODE_READ);

    if(pfile==NULL){
        LCD_printf("Can't Open file!\n");
        for(;;)
            OSTimeDly(1000);
    }

    while(LineReadOSFile(pfile, str)>2){
        str[strlen(str)-2]='\n';
        str[strlen(str)-1]=0;
        LCD_printf(str);
    }

    CloseOSFile(pfile);

    for(;;)
        OSTimeDly(1000);
}
```

7.5　列表框控件的使用

本例中通过使用几个操作系统中系统文件相关的 API 函数，列出系统中 Flash 存储器中指定扩展名的文件（例如，*.bmp 位图文件）。使用列表框控件把文件列出来，同时，可以控制位图文件的显示。

学习列表框控件的使用。继续学习操作系统的文件相关 API 函数，通过几个文件的 API 函数，把指定扩展名（*.bmp）的位图文件名显示在列表框中。可以通过键盘选择文件，并把位图绘制出来。

7.5.1 列表框控件的使用举例

控件是可视化编程的基础，每个控件是一个相对独立的组件，有其自有的显示方式、动态内存管理模式以及与系统通信的方法。对于应用程序开发人员来说，并不需要掌握控件内部究竟是怎样工作，只需要使用控件提供的 API 函数设置控件的属性，即可改变控件的显示结果。开发平台的μC/OS-II 操作系统提供了列表框、文本框、图片框、按钮和窗口等几种简单的控件及其 API 函数。

在使用系统控件之前需要通过 initOSCtrl()函数初始化系统的控件，为动态创建控件分配空间。与系统控件有关的 API 函数如下。

- SetWndCtrlFocus()函数：设置窗口中指定 ID 的控件为焦点控件，返回原来焦点控件的 ID。
- GetWndCtrlFocus()函数：获取当前焦点控件的 ID。
- ReDrawOSCtrl()函数：重画所有的系统可见控件，当由于某原因清屏后必须重画控件。
- GetCtrlfromID()函数：从指定的 ID 控件获取该控件的指针。
- SetCtrlMessageCallBk()函数：设置指定控件的消息回调函数，程序中收到发给该控件的消息后可以调用其消息回调函数。
- OSOnSysMessage()函数：是系统的消息处理函数，程序中收到消息后可以用该函数将其传送给控件。

下面是列表框控件的结构定义：

```
typedef struct{
U32 CtrlType;                        //控件的类型
U32 CtrlID;                          //列表框控件的 ID
structRECT ListCtrlRect;             //列表框的位置和大小
structRECT ClientRect;               //列表框列表区域
U32 FontSize;                        //列表框字体大小
U32 style;                           //列表框的风格
U8 bVisible;                         //是否可见
PWnd parentWnd;                      //控件的父窗口指针
U8 (*CtrlMsgCallBk)(void*);          //列表框控件的消息回调函数
U16 **pListText;                     //列表框所容纳的文本指针
int ListMaxNum;                      //列表框所容纳的最大文本的行数
int ListNum;                         //列表框所容纳的文本的行数
int ListShowNum;                     //列表框所能显示的文本行数
int CurrentHead;                     //列表的表头号
int CurrentSel;                      //当前选中的列表项号
```

```
    structRECT ListCtrlRollRect;          //列表框滚动条方框
    structRECT RollBlockRect;             //列表框滚动条滑块方框
}ListCtrl,*PListCtrl
```

在程序中可以使用 CreateListCtrl()函数来创建列表框控件，该函数返回指向列表框的指针，并用 SetWndCtrlFocus()函数将焦点转移到该控件上。注意在系统中每个控件具有唯一的 ID，用它来标识控件。然后可以使用 AddStringListCtrl ()函数向该列表框中添加表项。

在 Main_Task 任务中添加键盘消息响应函数，定义按键，使列表框的高亮度条可以向上或向下滚动，单击“确定”按钮可以绘制相应的图片。程序的流程图如图 7-6 所示。

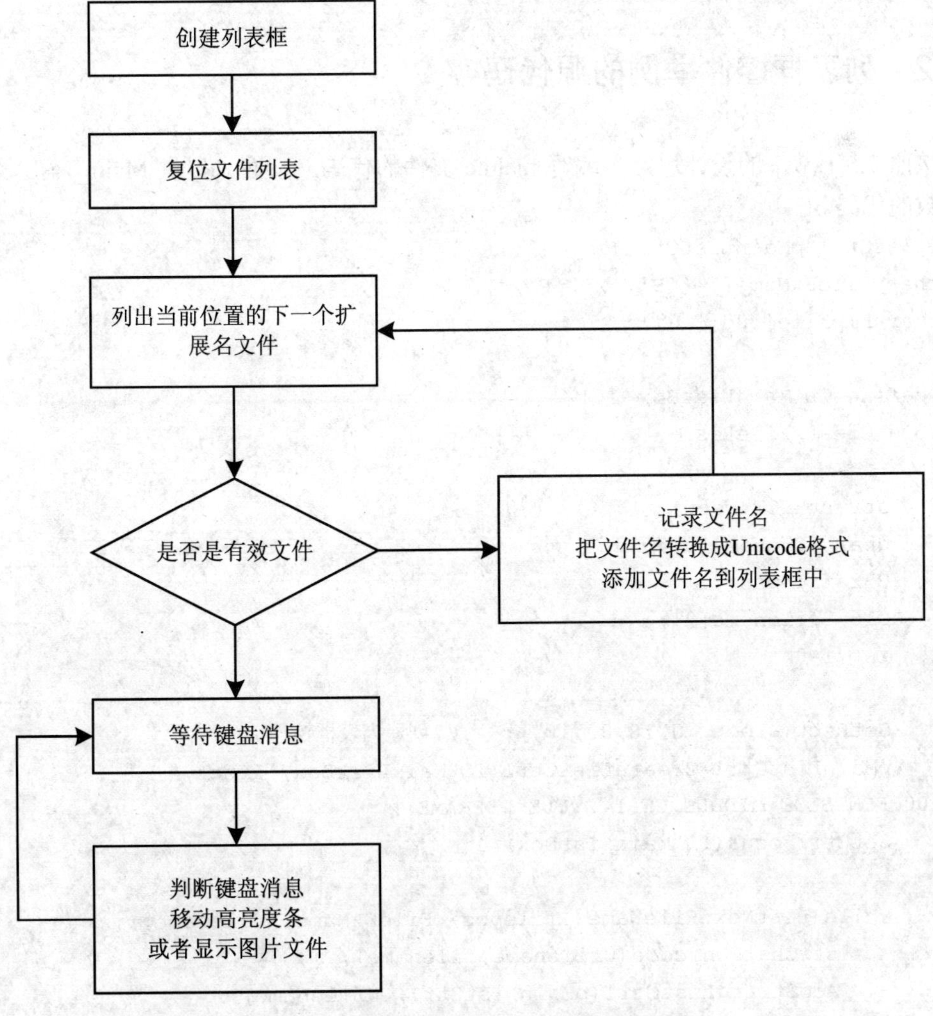

图 7-6　列表框以及显示图片的程序流程图

提示：（1）用 CreateListCtrl 函数创建列表框。

（2）使用 ListNextFileName 函数列出当前的目录位置以后的第一个符合扩展名的文件名。同时，当前目录的位置指针自动下移。如果成功则返回 TRUE；如果没有适合的文件则返回 FALSE。

（3）因为 ListNextFileName 函数得到的文件名不是 Unicode 字符串，所以要通过 strChar2Unicode 函数转换成 Unicode 字符串，才可以添加到列表框中显示出来。同时，为了以后方便得到文件名字符串的非 Unicode 格式，建议在一个数组中记录 ListNextFileName 返回的 char 型字符串，以便以后打开相应的文件。

（4）通过 ListCtrlSelMove 函数改变列表框的高亮度条的位置。

（5）使用 ShowBmp 函数可以显示指定文件名的真彩色的位图图片。

7.5.2 列表框控件举例的源代码

按照 7.5.1 节中的设计思路，编写 main.c 文件的代码。下面只提供 Main_Task 及其相关函数的代码。

```
PListCtrl pMainListCtrl;
char FileExName[]={'B','M','P',0};
char BmpFile[100][12];

#define ID_MainListBox 101
void CreateFileList()
{
    structRECT rect;
    char filename[9];
    U32 filepos=0;
    U16 Ufilename[9];
    int i=0;

    SetRect(&rect, 0,18,80,107);    //创建列表框控件
    pMainListCtrl=CreateListCtrl(ID_MainListBox, &rect,
100,FONTSIZE_MIDDLE,CTRL_STYLE_DBFRAME);
    SetCtrlFocus(ID_MainListBox);

    while(ListNextFileName(&filepos, FileExName, filename)){
        strChar2Unicode(Ufilename,filename);
        AddStringListCtrl(pMainListCtrl, Ufilename);
        strcpy(BmpFile[i],filename);
        strncat(BmpFile[i++],FileExName,3);
    }
```

```
    ReDrawOSCtrl();
}

void Main_Task(void *Id)            //Main_Test_Task
{
    POSMSG pMsg=0;

    ClearScreen();
    CreateFileList();               //创建文件列表框

    //消息循环
    for(;;){
        pMsg=WaitMessage(0);        //等待消息
        switch(pMsg->Message){
        case OSM_KEY:
            onKey(pMsg->WParam,pMsg->LParam);
            break;
        }
        DeleteMessage(pMsg);        //删除消息,释放资源
    }
}

void onKey(int nkey, int fnkey)
{
    PDC pdc;

    switch(nkey){
    case 4: //向上移动
        ListCtrlSelMove(pMainListCtrl,-1,TRUE);
        break;
    case 8://向下移动
        ListCtrlSelMove(pMainListCtrl,1,TRUE);
        break;
    case 12://OK
        ClearScreen();

        pdc=CreateDC();
        ShowBmp(pdc, BmpFile[pMainListCtrl->CurrentSel], 100, 20);

        ReDrawOSCtrl();
```

```
        DestoryDC(pdc);
        break;
    }
}
```

7.6　文本框控件的使用

本节将介绍文本框控件的使用。把一个二进制文件中数字的内容在文本框中显示出来，并编辑文本框。可以改变文本框的内容，并可以保存到文件中，系统断电以后，文件内容不丢失。

读者将掌握以二进制形式打开并读取文件的方法；把一个二进制文件中数字的内容在文本框中显示出来；响应键盘消息，实现文本框的编辑；掌握如何写入二进制文件把文本框修改的结果写入文件。

7.6.1　文本框控件的使用举例

文本框控件也是系统的一个基本控件，其结构定义如下：

```
typedef struct{
    U32 CtrlType;                        //控件的类型
    U32 CtrlID;                          //控件的 ID
    structRECT TextCtrlRect;             //文本框的位置和大小
    structRECT ClientRect;               //客户区域
    U32 FontSize;                        //文本框的字符大小
    U32 style;                           //文本框的风格
    U8 bVisible;                         //是否可见
    PWnd parentWnd;                      //控件的父窗口指针
    U8 (*CtrlMsgCallBk)(void*);          //文本框控件的消息回调函数
    U8 bIsEdit;                          //文本框是否处于编辑状态
    char* KeyTable;                      //文本框的字符映射表
    U16 text[40];                        //文本框中的字符块
}TextCtrl,*PtextCtrl
```

对文本框控件的使用和列表框相似，这里可以使用 CreateTextCtrl()函数来创建文本框控件，同样必须指定文本框的唯一 ID；用 SetTextCtrlText()函数即可将 Unicode 文本添加到文本框中，而 GetTextCtrlText()函数用来获取文本框中字符串的指针；用 AppendChar2TextCtrl()函数和 TextCtrlDeleteChar()函数分别在文本框中追加一个字符或删除最后一个字符；也可以用 SetTextCtrlEdit()函数设置文本框为编辑状态，使文本框可以响应键盘消息，通过键盘输入文字。

打开 Main.c 文件，在 Main_Task 任务中添加代码，使系统启动时，创建一个文本框。打开文件，以二进制的形式读取文件，把数字转换成字符串并显示出来。可以通过键盘修改文本框的内容，最后，可以保存文本框的数字到文件中。具体的程序流程图如图 7-7 所示。

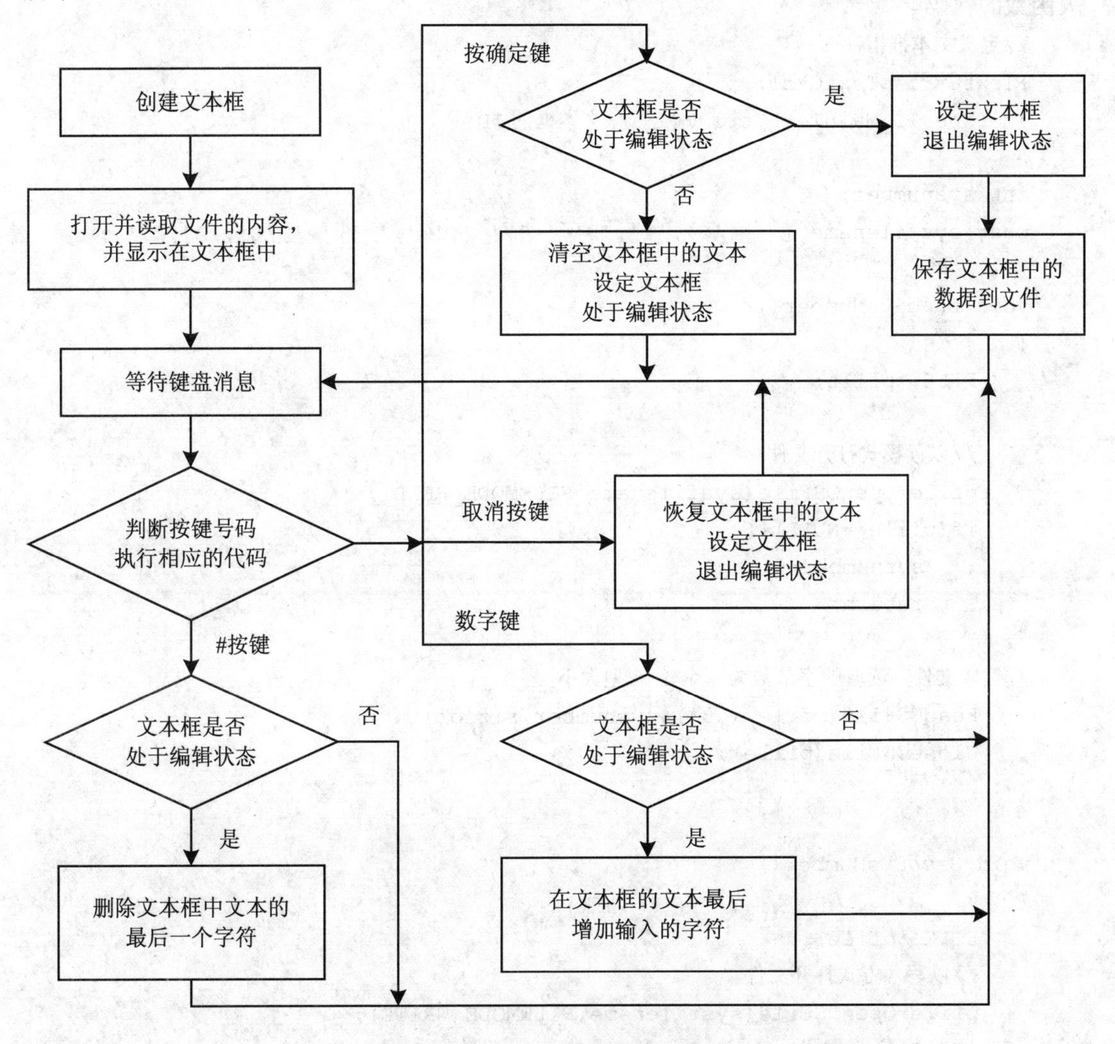

图 7-7　文本框的使用程序流程图

提示：（1）使用 OpenOSFile 函数以只读方式（FILEMODE_READ）打开文件。

（2）通过 ReadOSFile 函数读取二进制文件。用 Int2Unicode 函数实现整数到 Unicode 字符串的转换，以便显示在文本框中。

（3）用 CreateTextCtrl 函数创建文本框，用 SetTextCtrlText 函数设置文本框中的内容。

（4）通过 SetTextCtrlEdit 函数设置文本框是否处于编辑状态，使用 TextCtrlDeleteChar 和 AppendChar2TextCtrl 函数在文本框中删除和追加字符。

7.6.2 文本框控件的举例源代码

按照 7.6.1 节中的设计思路，编写 main.c 文件的代码。下面提供了 Main_Task 及其相关函数的代码。

```
//定义文本框指针
PTextCtrl pTextCtrl;
#define ID_MainTextCtrl 101  //文本框的ID

int sysnumber;
char sysfilename [ ]={'S','Y','S',' ',' ',' ',' ',' ','D','A','T'};

void LoadSysNumber()
{
    FILE *pfile;

    //以读模式打开文件
    pfile=OpenOSFile(sysfilename,FILEMODE_READ);
    if(pfile==NULL){
        sysnumber=0;
        return;
    }
//读取文件，读取的字节数为一个int型大小
    ReadOSFile(pfile,(U8*)&sysnumber,sizeof(int));
    CloseOSFile(pfile);
}

void SaveSysNumber()
{
    FILE *pfile;
    //以写入方式打开文件
    pfile=OpenOSFile(sysfilename,FILEMODE_WRITE);
    if(pfile==NULL){
        return;
    }
//写入文件，写入的内容是sysnumber
    WriteOSFile(pfile,(U8*)&sysnumber,sizeof(int));
    CloseOSFile(pfile);
}

void CreateText()
```

```
{
    structRECT rect;
    int i=0;
    U16 str[20];

    LoadSysNumber();

    //设置文本框的大小
    SetRect(&rect, 100,30,160,50);
//创建一个文本框
    pTextCtrl=CreateTextCtrl(ID_MainTextCtrl, &rect, FONTSIZE_MIDDLE,
CTRL_STYLE_FRAME);

//把 int 型变量转换为整型变量
    Int2Unicode(sysnumber,str);
//设置系统空间的焦点为文本框
    SetCtrlFocus(ID_MainTextCtrl);

    SetTextCtrlText(pTextCtrl, str,TRUE);

}

void Main_Task(void *Id)            //Main_Test_Task
{
    POSMSG pMsg=0;

    ClearScreen();
    CreateText(); //创建文本框

    //消息循环
    for(;;){
        pMsg=WaitMessage(0); //等待消息
        switch(pMsg->Message){
        case OSM_KEY:
            //得到键盘消息
            onKey(pMsg->WParam,pMsg->LParam);
            break;
        }
        //删除消息,释放资源
        DeleteMessage(pMsg);
    }
}
```

```
void OnChar(char charactor)
{
    if(charactor=='#')
        //如果是'#'则相当于退格（backspace）
        TextCtrlDeleteChar(pTextCtrl, TRUE);
    else
        //增加字符
        AppendChar2TextCtrl(pTextCtrl,charactor,TRUE);
}

//处理键盘消息
void onKey(int nkey, int fnkey)
{
    PDC pdc;
    U16 str[20];
    static U8 input=FALSE;

    switch(nkey){
    case 12:
            //相当于确定键
        if(!input){
            //没有处于文本框输入状态，则切换到文本框输入状态下
            pTextCtrl->text[0]=0;  //清空文本框
            //设置文本框的状态为输入状态
            SetTextCtrlEdit(pTextCtrl, TRUE);
            //重绘文本框，更新显示
            DrawTextCtrl(pTextCtrl);
            //记录当前状态为输入状态
            input=TRUE;
        }
        else{
            //文本框处于输入状态，则确认输入，把结果写回文件
            sysnumber=Unicode2Int(pTextCtrl->text);
            //设置文本框的状态退出输入状态
            SetTextCtrlEdit(pTextCtrl, FALSE);
            //重绘文本框，更新显示
            DrawTextCtrl(pTextCtrl);
            //保存输入的内容
            SaveSysNumber();
            //记录当前状态为非输入状态
            input=FALSE;
```

```
        }
        break;
    case 16:
        //相当于取消键
        //设置文本框退出输入状态
        SetTextCtrlEdit(pTextCtrl, FALSE);
        Int2Unicode(sysnumber,str);
        SetTextCtrlText(pTextCtrl, str,TRUE);
        input=FALSE;

        break;
    default:
        if(input)
            OnChar(KeyTable[nkey]);
        break;
    }
}
```

7.7 系统的多任务和系统时钟

本次实验在用户的 Main_Task 任务中创建一个新任务，来实现系统时钟的显示和更新。同时，通过在 Main_Task 任务中响应键盘消息，可以对系统的时钟进行更改。使用 μC/OS-II 多任务系统中的信号量保证多个任务同时对系统的一个资源访问而不产生冲突。

读者将学习系统时间相关 API 函数和使用信号量解决μC/OS-II 任务之间的同步问题，把系统时间显示在一个文本框中，并可以通过键盘设置修改。

7.7.1 系统的多任务和系统时钟应用举例

在 Main_Task 任务中添加代码，使系统启动时，创建一个文本框。启动消息循环，使用户通过键盘可以编辑系统时间。在 Main_Task 任务中再创建一个新的任务，此任务负责更新显示系统的时间。定义一个信号量，保证系统多个任务访问更新系统时钟文本框时，不产生冲突。Main_Task 任务具体的程序流程图如图 7-8 所示。

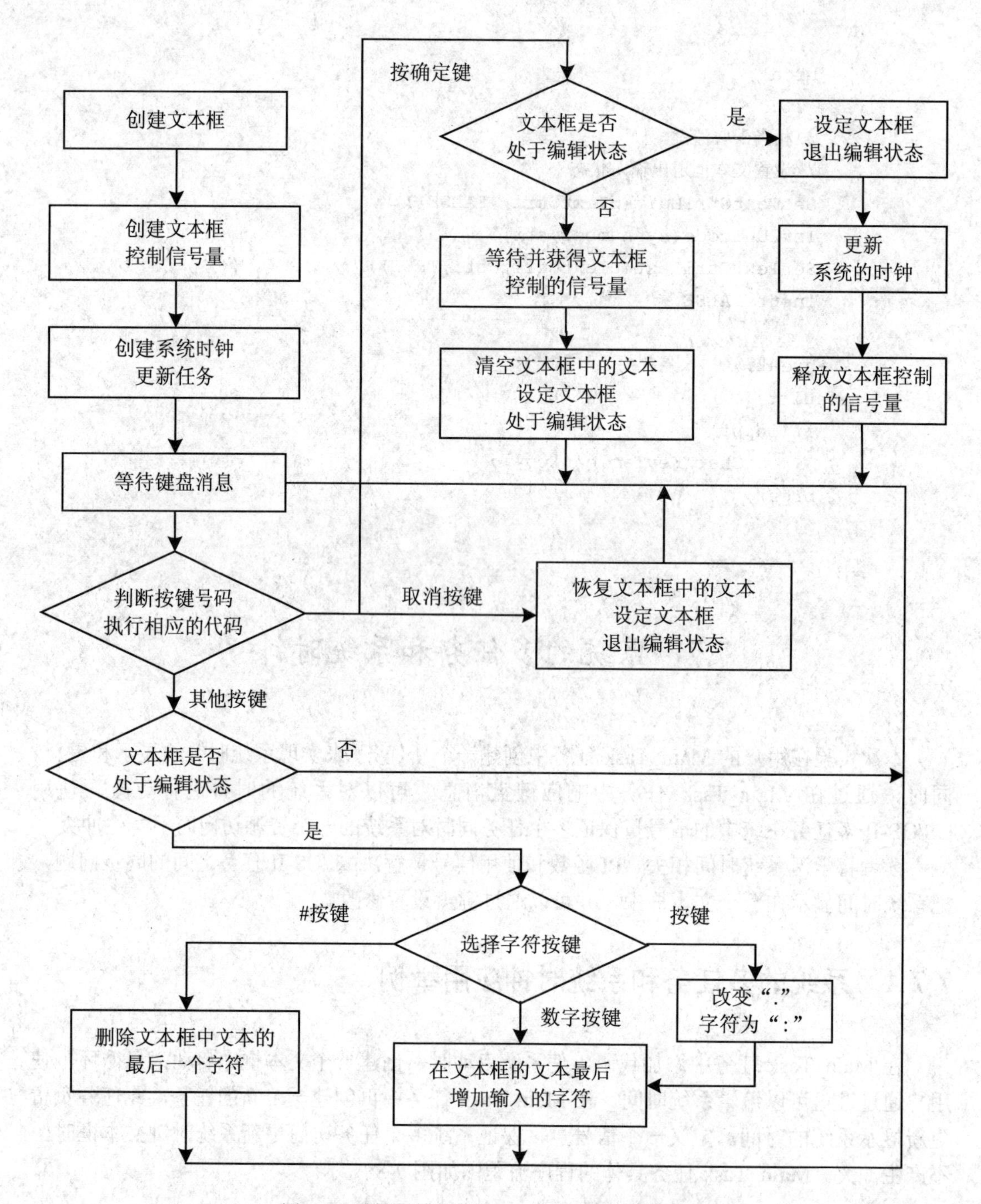

图 7-8　时钟更新任务 Main_Task 的程序流程图

编辑时钟更新任务的代码，此任务具体的程序流程如图 7-9 所示。

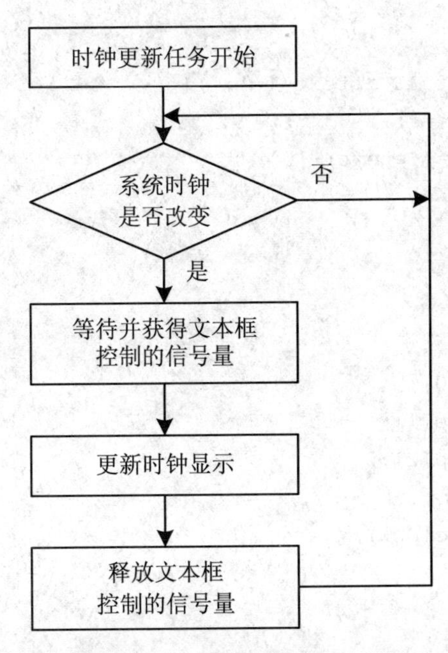

图 7-9　时钟更新任务程序流程图

提示：（1）用 CreateTextCtrl 函数创建文本框，用 SetTextCtrlText 函数设置文本框中的内容。

（2）通过 SetTextCtrlEdit 函数设置文本框是否处于编辑状态，使用 TextCtrlDelete Char 和 AppendChar2TextCtrl 函数在文本框中删除和追加字符。

（3）通过 OSSemCreate 函数创建文本框控制的信号量。OSSemPend 函数等待并获得文本框控制的信号量；OSSemPost 函数释放文本框控制的信号量。

（4）使用 Rtc_IsTimeChange 函数判断系统的时钟对应的某一位是否改变。用 Rtc_Format 函数格式化系统的时钟格式得到 Unicode 字符串，可以方便地显示到文本框控件中。

7.7.2　系统的多任务和系统时钟举例源代码

按照 7.7.1 节中的设计思路，编写 main.c 文件的代码。下面提供了 Main_Task 及其相关函数的代码。

```
PTextCtrl pTextCtrl;
#define ID_MainTextCtrl 101

void SetSysTime()
{
    U16* ptext=pTextCtrl->text;
    U32 tmp[3],i;
    structClock clock;

    for(i=0;i<3;i++){
```

```
        tmp[i]=0;
        while(*ptext && *ptext !=':'){
            tmp[i]<<=4;
            tmp[i]|=(*ptext)-'0';
            ptext++;
        }
        ptext++;
    }

    clock.hour=tmp[0];
    clock.minute=tmp[1];
    clock.second=tmp[2];

    Set_Rtc_Clock(&clock);
}


void CreateText()
{
    structRECT rect;
    int i=0;
    U16 str[20];

    SetRect(&rect, 80,30,160,50);  //设置文本框
    pTextCtrl=CreateTextCtrl(ID_MainTextCtrl, &rect, FONTSIZE_MIDDLE,
CTRL_STYLE_FRAME);

    SetCtrlFocus(ID_MainTextCtrl);

    DrawTextCtrl(pTextCtrl);

}

void Main_Task(void *Id)            //Main_Test_Task
{
    POSMSG pMsg=0;

    ClearScreen();
    CreateText(); //创建文本框

    Rtc_Updata_Sem=OSSemCreate(1);
    OSTaskCreate(Rtc_Disp_Task,  (void *)0,  (OS_STK*)
```

```
&Rtc_Disp_Stack[STACKSIZE-1], Rtc_Disp_Task_Prio);    //5


    //消息循环
    for(;;){
        pMsg=WaitMessage(0); //等待消息
        switch(pMsg->Message){
        case OSM_KEY:
            onKey(pMsg->WParam,pMsg->LParam);
            break;
        }
        DeleteMessage(pMsg);//删除消息,释放资源
    }
}

void OnChar(char charactor)
{
    switch(charactor){
    case '#':
        TextCtrlDeleteChar(pTextCtrl, TRUE);
        break;
    case '.':
        charactor=':';
    case '1':
    case '2':
    case '3':
    case '4':
    case '5':
    case '6':
    case '7':
    case '8':
    case '9':
    case '0':
        AppendChar2TextCtrl(pTextCtrl,charactor,TRUE);
        break;
    }
}

void onKey(int nkey, int fnkey)
{
    PDC pdc;
    U16 str[20];
```

```
    static U8 input=FALSE;
    INT8U err;

    switch(nkey){
    case 12://OK
        if(!input){
            OSSemPend(Rtc_Updata_Sem, 0,&err);
            pTextCtrl->text[0]=0;  //清空文本框
            SetTextCtrlEdit(pTextCtrl, TRUE);
            DrawTextCtrl(pTextCtrl);
            input=TRUE;
        }
        else{
            SetTextCtrlEdit(pTextCtrl, FALSE);
            DrawTextCtrl(pTextCtrl);
            SetSysTime();
            input=FALSE;
            OSSemPost(Rtc_Updata_Sem);
        }
        break;
    case 16://Cancel
        if(input){
            SetTextCtrlEdit(pTextCtrl, FALSE);

            input=FALSE;

            OSSemPost(Rtc_Updata_Sem);
        }
        break;
    default:
        if(input)
            OnChar(KeyTable[nkey]);
        break;
    }
}

///////////////////////////////////////////////////////////////////
void Rtc_Disp_Task(void *Id) //时钟显示更新任务
{
    U16 strtime[10];
    INT8U err;
```

```
    for(;;){
        if(Rtc_IsTimeChange(RTC_SECOND_CHANGE)){//不需要更新显示
            OSSemPend(Rtc_Updata_Sem, 0,&err);
            Rtc_Format("%H:%I:%S",strtime);
            SetTextCtrlText(pTextCtrl, strtime,TRUE);
            OSSemPost(Rtc_Updata_Sem);
        }
        OSTimeDly(250);
    }
}
```

7.8　UDP 通信实验

本次实验的内容是通过触摸屏进行画图，使其在液晶屏上显示，同时通过网络传输数据，使其在计算机屏幕上显示；由计算机控制清除屏幕上的图形。读者将学习 UDP 通信原理，并掌握 Socket 的编程方法。

7.8.1　UDP 协议简介

1. UDP 协议简介

UDP（User Datagram Protocol）用户数据报协议，主要用来支持那些需要在计算机之间传输数据的网络应用。包括网络视频会议系统在内的众多客户/服务器模式的网络应用都需要使用 UDP 协议。

与我们所熟知的 TCP（传输控制协议）协议一样，UDP 协议直接位于 IP（网际协议）协议的顶层。根据 OSI（开放系统互连）参考模型，UDP 和 TCP 都属于传输层协议。

UDP 协议的主要作用是将网络数据流量压缩成数据报的形式。一个典型的数据报就是一个二进制数据的传输单位。每一个数据报的前 8 个字节用来包含报头信息，剩余字节则用来包含具体的传输数据。UDP 报头由 4 个域组成，其中每个域各占用 2 个字节，如图 7-10 所示。

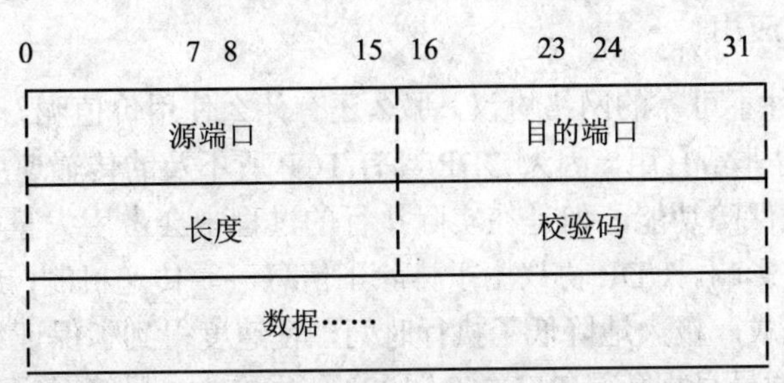

图 7-10　用户数据报格式

UDP 协议使用端口号为不同的应用保留其各自的数据传输通道。UDP 和 TCP 协议正是采用这一机制，实现对同一时刻内多项应用同时发送和接收数据的支持。数据发送方（可以是客户端或服务器端）将 UDP 数据报通过源端口发送出去，而数据接收方则通过目标端口接收数据。有的网络应用只能使用预先为其预留或注册的静态端口；而另外一些网络应用则可以使用未被注册的动态端口。因为 UDP 报头使用两个字节存放端口号，所以端口号的有效范围是 0～65535。一般来说，大于 49151 的端口号都代表动态端口。

数据报的长度是指包括报头和数据部分在内的总的字节数。因为报头的长度是固定的，所以该域主要被用来计算可变长度的数据部分（又称为数据负载）。数据报的最大长度根据工作环境的不同而各异。从理论上说，包含报头在内的数据报的最大长度为 65535 字节。不过，一些实际应用往往会限制数据报的大小，有时会降低到 8192 字节。

UDP 协议使用报头中的校验值来保证数据的安全。校验值首先在数据发送方通过特殊的算法计算得出，在传递到接收方之后，还需要再重新计算。如果某个数据报在传输过程中被第三方修改或者由于线路噪声等原因受到损坏，发送和接收方的校验计算值将不会相符，由此 UDP 协议可以检测是否出错。UDP 协议中校验功能是可选的，关闭校验功能可以提升系统性能。这与 TCP 协议不同，后者要求必须具有校验值。

2. UDP 和 TCP 协议的主要区别

UDP 和 TCP 协议的主要区别在于两者如何实现信息的可靠传递。TCP 协议中包含了专门的传递保证机制，当数据接收方收到发送方传来的信息时，会自动向发送方发出确认消息；发送方只有在接收到该确认消息之后，才继续传送其他信息。否则将一直等待，直到收到确认信息为止。

与 TCP 不同，UDP 协议并不提供数据传送的保证机制。如果在从发送方到接收方的传递过程中出现数据报的丢失，协议本身并不能做出任何检测或提示。因此，通常人们把 UDP 称为不可靠的传输协议。

相对于 TCP 协议，UDP 协议另一个特点是如何接收突发性的多个数据报。不同于 TCP，UDP 并不能确保数据的发送和接收顺序。例如，一个位于客户端的应用程序向服务器发出了以下 4 个数据报：D1、D22、D333、D4444。但是 UDP 有可能按照以下顺序将所接收的数据提交到服务端的应用：D333、D1、D4444、D22。

事实上，UDP 协议的这种乱序性基本上很少出现，通常只会在网络非常拥挤的情况下才有可能发生。

3. UDP 协议的应用

既然 UDP 是一种不可靠的网络协议，那么还有什么使用价值呢？其实，在有些情况下 UDP 协议可能会变得非常有用。因为 UDP 具有 TCP 所不及的传输速度优势。虽然 TCP 协议中植入了各种安全保障功能，但是在实际执行的过程中会占用大量的系统开销，无疑使传输速度受到严重的影响。UDP 协议由于排除了信息可靠传递机制，将安全和排序等功能移交给上层应用来完成，极大地降低了执行时间，使速度得到了保证。

关于 UDP 协议的最早规范是 RFC768，1980 年发布的。尽管时间已经很长，但是 UDP

协议仍然继续在主流应用中发挥着作用。包括视频电话会议系统在内的许多应用都证明了UDP 协议的存在价值。因为相对于可靠性来说，这些应用更加注重实际性能，所以为了获得更好的使用效果（例如更高的画面帧刷新速率）往往可以牺牲一定的可靠性（例如画面质量）。这就是 UDP 和 TCP 两种协议的权衡之处。根据不同的环境和特点，两种传输协议都将在今后的网络世界中发挥更加重要的作用。

7.8.2 socket 简介

1. 什么是 socket

socket 接口是 TCP/IP 网络的 API，socket 接口定义了许多函数或例程，程序员可以用它们来开发 TCP/IP 网络上的应用程序。要学习 Internet 上的 TCP/IP 网络编程，必须理解 socket 接口。

socket 接口设计者最先将接口放在 UNIX 操作系统中。如果了解 UNIX 系统的输入和输出，就很容易理解 socket。网络的 socket 数据传输是一种特殊的 I/O，socket 也是一种文件描述符。socket 也具有一个类似于打开文件的函数调用 socket()，该函数返回一个整型的 socket 描述符，随后的连接建立、数据传输等操作都是通过该 socket 实现的。常用的 socket 类型有两种，即流式 socket（SOCK_STREAM）和数据报式 socket（SOCK_DGRAM）。流式是一种面向连接的 socket，针对于面向连接的 TCP 服务应用；数据报式 socket 是一种无连接的 socket，对应于无连接的 UDP 服务应用。

2. socket 建立

为了建立 socket，程序可以调用 socket 函数，该函数返回一个类似于文件描述符的句柄。socket 函数原型为：

```
int socket(int domain, int type, int protocol);
```

domain 指明所使用的协议族，通常为 PF_INET，表示互联网协议族（TCP/IP 协议族）；type 参数指定 socket 的类型：SOCK_STREAM 或 SOCK_DGRAM，socket 接口还定义了原始 socket（SOCK_RAW），允许程序使用低层协议；protocol 通常赋值“0”。socket() 调用返回一个整型 socket 描述符，可以在后面的调用中使用它。

socket 描述符是一个指向内部数据结构的指针，它指向描述符表入口。调用 socket 函数时，socket 执行体将建立一个 socket。实际上，“建立一个 socket”意味着为一个 socket 数据结构分配存储空间。socket 执行体用于管理描述符表。

两个网络程序之间的一个网络连接包括 5 种信息：通信协议、本地协议地址、本地主机端口、远端主机地址和远端协议端口。socket 数据结构中包含这 5 种信息。

3. socket 配置

通过 socket 调用返回一个 socket 描述符后，在使用 socket 进行网络传输之前，必须配置该 socket。面向连接的 socket 客户端通过调用 Connect 函数在 socket 数据结构中保存本地和远端信息。无连接socket的客户端和服务端以及面向连接socket的服务端通过调用bind函数来配置本地信息。

bind 函数将 socket 与本机上的一个端口相关联，随后就可以在该端口监听服务请求。bind 函数原型为：

```
int bind(int sockfd,struct sockaddr *my_addr, int addrlen);
```

sockfd 是调用 socket 函数返回的 socket 描述符，my_addr 是一个指向包含有本机 IP 地址及端口号等信息的 sockaddr 类型的指针；addrlen 常被设置为 sizeof(struct sockaddr)。

struct sockaddr 结构类型是用来保存 socket 信息的：

```
struct sockaddr {
unsigned short sa_family; /* 地址族， AF_xxx */
char sa_data[14]; /* 14 字节的协议地址 */
};
```

sa_family 一般为 AF_INET，代表 Internet（TCP/IP）地址族；sa_data 则包含该 socket 的 IP 地址和端口号。

另外还有一种结构类型：

```
struct sockaddr_in {
short int sin_family; /* 地址族 */
unsigned short int sin_port; /* 端口号 */
struct in_addr sin_addr; /* IP 地址 */
unsigned char sin_zero[8]; /* 填充 0 以保持与 struct sockaddr 同样大小 */
};
```

这个结构更方便使用。sin_zero 用来将 sockaddr_in 结构填充到与 struct sockaddr 同样的长度，可以用 bzero()或 memset()函数将其置为零。指向 sockaddr_in 的指针和指向 sockaddr 的指针可以相互转换。这意味着如果一个函数所需参数类型是 sockaddr 时，可以在函数调用时将一个指向 sockaddr_in 的指针转换为指向 sockaddr 的指针，或者相反。

使用 bind 函数时，可以用下面的赋值实现自动获得本机 IP 地址和随机获取一个没有被占用的端口号：

```
my_addr.sin_port = 0; /* 系统随机选择一个未被使用的端口号 */
my_addr.sin_addr.s_addr = INADDR_ANY; /* 填入本机 IP 地址 */
```

通过将 my_addr.sin_port 置为 0，函数会自动选择一个未占用的端口来使用。同样，通过将 my_addr.sin_addr.s_addr 置为 INADDR_ANY，系统会自动填入本机 IP 地址。

注意在使用 bind 函数时，需要将 sin_port 和 sin_addr 转换成为网络字节优先顺序；而 sin_addr 则不需要转换。

计算机数据存储有两种字节优先顺序：高位字节优先和低位字节优先。Internet 上数据以高位字节优先顺序在网络上传输，所以对于在内部是以低位字节优先方式存储数据的机器，在 Internet 上传输数据时就需要进行转换，否则就会出现数据不一致。

下面是几个字节顺序转换函数。

- ✦ htonl()：把 32 位值从主机字节序转换成网络字节序。
- ✦ htons()：把 16 位值从主机字节序转换成网络字节序。

✦ ntohl()：把 32 位值从网络字节序转换成主机字节序。

✦ ntohs()：把 16 位值从网络字节序转换成主机字节序。

bind()函数在成功被调用时返回 0；出现错误时返回-1，并将 errno 置为相应的错误号。注意在调用 bind 函数时，一般不要将端口号置为小于 1024 的值，因为 1～1024 是保留端口号，可以选择大于 1024 中的任何一个没有被占用的端口号。

4．连接建立

（1）connect 函数

面向连接的客户程序使用 connect 函数来配置 socket 并与远端服务器建立一个 TCP 连接，其函数原型为：

```
int connect(int sockfd, struct sockaddr *serv_addr,int addrlen);
```

sockfd 是 socket 函数返回的 socket 描述符；serv_addr 是包含远端主机 IP 地址和端口号的指针；addrlen 是远端地址结构的长度。connect 函数在出现错误时返回-1，并且设置 errno 为相应的错误码。进行客户端程序设计无须调用 bind()函数，因为这种情况下只需知道目的机器的 IP 地址，而客户通过哪个端口与服务器建立连接并不需要关心，socket 执行体为程序自动选择一个未被占用的端口，并通知程序数据什么时候到达端口。

connect 函数启动和远端主机的直接连接。只有面向连接的客户程序使用 socket 时才需要将此 socket 与远端主机相连。无连接协议从不建立直接连接。面向连接的服务器也从不启动一个连接，它只是被动地在协议端口监听客户的请求。

（2）Listen 函数

使 socket 处于被动的监听模式，并为该 socket 建立一个输入数据队列，将到达的服务请求保存在此队列中，直到程序处理它们。

```
int listen(int sockfd, int backlog);
```

sockfd 是 socket 系统调用返回的 socket 描述符；backlog 指定在请求队列中允许的最大请求数，进入的连接请求将在队列中等待 accept()（参考下文）。backlog 对队列中等待服务请求的数目进行了限制，大多数系统默认值为 20。如果一个服务请求到来时，输入队列已满，该 socket 将拒绝连接请求，客户将收到一个出错信息。当出现错误时 listen 函数返回-1，并置相应的 errno 错误码。

（3）accept()函数

让服务器接收客户的连接请求。在建立好输入队列后，服务器就调用 accept 函数，然后睡眠并等待客户的连接请求。

```
int accept(int sockfd, void *addr, int *addrlen);
```

sockfd 是被监听的 socket 描述符，addr 通常是一个指向 sockaddr_in 变量的指针，该变量用来存放提出连接请求服务的主机信息（某台主机从某个端口发出该请求）；addrten 通常为一个指向值为 sizeof(struct sockaddr_in)的整型指针变量。出现错误时 accept 函数返回-1 并置相应的 errno 值。

首先，当 accept 函数监视的 socket 收到连接请求时，socket 执行体将建立一个新的 socket，执行体将这个新 socket 和请求连接进程的地址联系起来，收到服务请求的初始 socket

仍可以继续在以前的 socket 上监听，同时可以在新的 socket 描述符上进行数据传输操作。

5．传输函数

send()和 recv()函数用于面向连接的 socket 上进行数据传输。

send()函数原型为：

```
int send(int sockfd, const void *msg, int len, int flags);
```

sockfd 是用来传输数据的 socket 描述符；msg 是一个指向要发送数据的指针；len 是以字节为单位的数据长度；flags 一般情况下置为 0（关于该参数的用法可参照 man 手册）。

send()函数返回实际上发送出的字节数，可能会少于希望发送的数据。在程序中应该将 send()的返回值与欲发送的字节数进行比较。当 send()返回值与 len 不匹配时，应该对这种情况进行处理。

```
char *msg = "Hello!";
int len, bytes_sent;
......
len = strlen(msg);
bytes_sent = send(sockfd, msg,len,0);
......
```

recv()函数原型为：

```
int recv(int sockfd,void *buf,int len,unsigned int flags);
```

sockfd 是接收数据的 socket 描述符；buf 是存放接收数据的缓冲区；len 是缓冲的长度。flags 也被置为 0。recv()返回实际上接收的字节数，当出现错误时，返回-1 并置相应的 errno 值。

sendto()和 recvfrom()函数用于在无连接的数据报 socket 方式下进行数据传输。由于本地 socket 并没有与远端机器建立连接，所以在发送数据时应指明目的地址。sendto()函数原型为：

```
int sendto(int sockfd, const void *msg,int len,unsigned int flags,const
struct sockaddr *to, int tolen);
```

该函数比 send()函数多了两个参数，to 表示目的机的 IP 地址和端口号信息，而 tolen 常被赋值为 sizeof (struct sockaddr)。sendto 函数也返回实际发送的数据字节长度或在出现发送错误时返回-1。

recvfrom()函数原型为：

```
int recvfrom(int sockfd,void *buf,int len,unsigned int flags,struct sockaddr
*from,int *fromlen);
```

from 是一个 struct sockaddr 类型的变量，该变量保存源机的 IP 地址及端口号。fromlen 常置为 sizeof (struct sockaddr)。当 recvfrom()返回时，fromlen 包含实际存入 from 中的数据字节数。recvfrom()函数返回接收到的字节数或当出现错误时返回-1，并置相应的 errno。如果对数据报 socket 调用了 connect()函数时，也可以利用 send()和 recv()函数进行数据传输，但该 socket 仍然是数据报 socket，并且利用传输层的 UDP 服务。但在发送或接收数据报时，内核会自动为之加上目的地址和源地址信息。

6．结束传输

当所有的数据操作结束以后，可以调用 close()函数来释放该 socket，从而停止在该 socket 上的任何数据操作：

```
close(sockfd);
```

也可以调用 shutdown()函数来关闭该 socket。该函数允许只停止在某个方向上的数据传输，而另一个方向上的数据传输继续进行。如可以关闭某 socket 的写操作而允许继续在该 socket 上接收数据，直至读入所有数据。

```
int shutdown(int sockfd,int how);
```

sockfd 是需要关闭的 socket 的描述符。参数 how 允许为 shutdown 操作选择以下几种方式。

- ✦ 0：不允许继续接收数据。
- ✦ 1：不允许继续发送数据。
- ✦ 2：不允许继续发送和接收数据，均为允许则调用 close ()函数。
- ✦ 3：shutdown 在操作成功时返回 0，在出现错误时返回-1 并置相应 errno。

7.8.3　实验步骤

1．定义计算机端套接字

```
struct sockaddr_in servaddr;
```

2．Main_Task 任务

其主要负责响应触摸屏消息，在屏幕上画图，然后将数据传输到计算机上。具体代码如下：

```
void Main_Task(void *Id)                          //Main_Test_Task
{
    POSMSG pMsg;
    PDC pdc;
    struct point{
            int x;
            int y;
        };
    int ClientSock_out;
    struct sockaddr_in cliaddr_out;               //IPv4 套接口地址定义
    struct point scrpoint;

    InitNetWork();
    ClientSock_out=socket(PF_INET,SOCK_DGRAM, 0);//创建套接字
```

```
        memset(&servaddr, 0, sizeof(servaddr));     //地址结构清零
    memset(&cliaddr_out, 0, sizeof(cliaddr_out));//地址结构清零
    //计算机终端套接字属性
    servaddr.sin_family = AF_INET;                  //IPv4 协议
    //servaddr.sin_addr.s_addr = (118<<24)|(0<<16)|(168<<8)|192;
    servaddr.sin_port = htons(5000);               //端口
    cliaddr_out.sin_family = AF_INET;              //IPv4 协议
    cliaddr_out.sin_port=htons(4999);
    cliaddr_out.sin_addr.s_addr=INADDR_ANY;
      bind(ClientSock_out, (struct sockaddr*)&cliaddr_out,
sizeof(cliaddr_out));//绑定套接字

    ClearScreen();
      pdc=CreateDC();
    for(;;){
        pMsg=WaitMessage(0);
           switch(pMsg->Message){
             case OSM_TOUCH_SCREEN://OSM_TOUCH_SCREEN:
                 switch(pMsg->LParam){
                     case TCHSCR_ACTION_DOWN:
                         scrpoint.x=-1;//表示触摸屏按下
                         //发送两遍是为了确保计算机能够收到
                         sendto(ClientSock_out, (struct point*)&scrpoint,
sizeof(struct point), 0, (struct sockaddr*)&servaddr, sizeof(servaddr));
                         sendto(ClientSock_out, (struct point*)&scrpoint,
sizeof(struct point), 0, (struct sockaddr*)&servaddr, sizeof(servaddr));
                         //获得触摸点坐标
                         scrpoint.x=pMsg->WParam&0x0000ffff;
                         scrpoint.y=pMsg->WParam>>16;
                         sendto(ClientSock_out, (struct point*)&scrpoint,
sizeof(struct point), 0, (struct sockaddr*)&servaddr, sizeof(servaddr));
                         MoveTo(pdc, scrpoint.x, scrpoint.y);
                                   break;
                     case TCHSCR_ACTION_MOVE:
                         scrpoint.x=pMsg->WParam&0x0000ffff;
                         scrpoint.y=pMsg->WParam>>16;
                             sendto(ClientSock_out, (struct point*)&scrpoint,
sizeof(struct point), 0, (struct sockaddr*)&servaddr, sizeof(servaddr));
```

```
                        LineTo(pdc, scrpoint.x, scrpoint.y);
                        break;
                }
                break;

            }

        DeleteMessage(pMsg);
            OSTimeDly(10);
    }
    DestoryDC(pdc);
    close(ClientSock_out);
}
```

3. Receive_Task

Receive_Task 主要负责接收计算机发出的决定是否清屏的数据，来执行清屏操作。具体代码如下：

```
void Receive_Task(void *Id)            //Main_Test_Task
{
    int ClientSock_in;
    struct sockaddr_in cliaddr_in;
    int iRecv;
    BOOLEAN IsClearn;
    int fromlen;
    fromlen=sizeof(cliaddr_in);
    //接收端套接口属性
    cliaddr_in.sin_family= AF_INET;
    cliaddr_in.sin_port=htons(4998);
    cliaddr_in.sin_addr.s_addr=INADDR_ANY;
    ClientSock_in=socket(PF_INET,SOCK_DGRAM, 0);
    bind(ClientSock_in, (struct sockaddr*)&cliaddr_in, sizeof(cliaddr_in));
    for(;;){
        //接收清屏命令
        iRecv=recvfrom(ClientSock_in, (BOOLEAN*)&IsClearn, sizeof(int), 0,
(struct sockaddr*)&cliaddr_in, (int*)&fromlen);
        servaddr.sin_addr.s_addr=cliaddr_in.sin_addr.s_addr;
        if(IsClearn){
            ClearScreen();
```

```
            }
          OSTimeDly(200);
          }
      close(ClientSock_in);
  }
```

对上述程序进行编译、调试后，打开 VC 程序，通过菜单设定 Arm 端 IP（只是向 Arm 端发送一个数据，使 Arm 端获得计算机的 IP 及端口）。Arm 的 IP 设定是通过 BIOS 更改 Config.sys 内容实现的。

用手指在触摸屏上轻轻地画图，在计算机端显示相应的图形。通过菜单的清屏命令可以清除计算机和触摸屏上的图形，重新绘图。

提示：（1）由于 Main_Task 任务和 Receive_Task 任务属于不同的进程所以要制定不同的端口进行通信。

（2）UDP 是无连接的传输协议，可能会出现数据丢失和数据顺序不正确的现象，所以计算机上显示的可能和液晶屏上显示的有些不同。

（3）计算机和 ARM 开发板应在同一个域中，即 IP 地址只有最后 3 位不同。

7.9 综 合 举 例

采用多任务编程方法，每个任务监视一路 AD 转换，每一路 AD 的转换结果在液晶屏上用一个条形图的长短来表示，直观地显示每路模拟输入电压的大小。可以通过文本框给每路 AD 设置警戒值，某路输入超出警戒线之后条形图中超出的部分会以闪动的方式显示。

7.9.1 综合举例的设计思路

打开 main.c 文件，编辑 Main_Task 任务中的代码。用 init_ADdevice()函数初始化处理器的 AD 转换硬件，启动消息循环。编写 OnKey()函数，响应键盘消息。

提示：（1）这里设置了两个文本框，用来输入通道编号和该通道的警戒值，在键盘消息响应函数中针对两个文本框分别作出处理，只处理回车键和取消键，其他键由控件本身处理。程序中用变量 EditNumber 指示当前要编辑的文本框控件；用变量 input 指示该文本框控件是否处于输入编辑状态。以此决定回车键应该执行的功能。

（2）当文本框控件不是编辑状态时，按回车键将使其进入编辑状态，在程序中用 SetWndCtrlFocus()函数将焦点转移到该控件并用 SetTextCtrlEdit()函数设置为编辑状态；当文本框正处于编辑状态时，按回车键将使其退出编辑状态，并将要编辑的文本框切换到另一个文本框控件，取消键的处理和这种情况类似。

（3）如果当前要编辑的文本框是警戒值输入框，在编辑状态中按回车键确定后，所输入的通道编号以及警戒值就会保存在数组 WarnningData 中。其代码如下：

```
WarnningData[ Unicode2Int(pChannelTextCtrl->text)]=Unicode2Int(pValueTex
tCtrl->text);
```

编写绘图显示任务 Display_Task，绘制文本框和条形图等，并实现文本框编辑过程中和超过警戒值后的动画显示。流程图如图 7-11 所示。

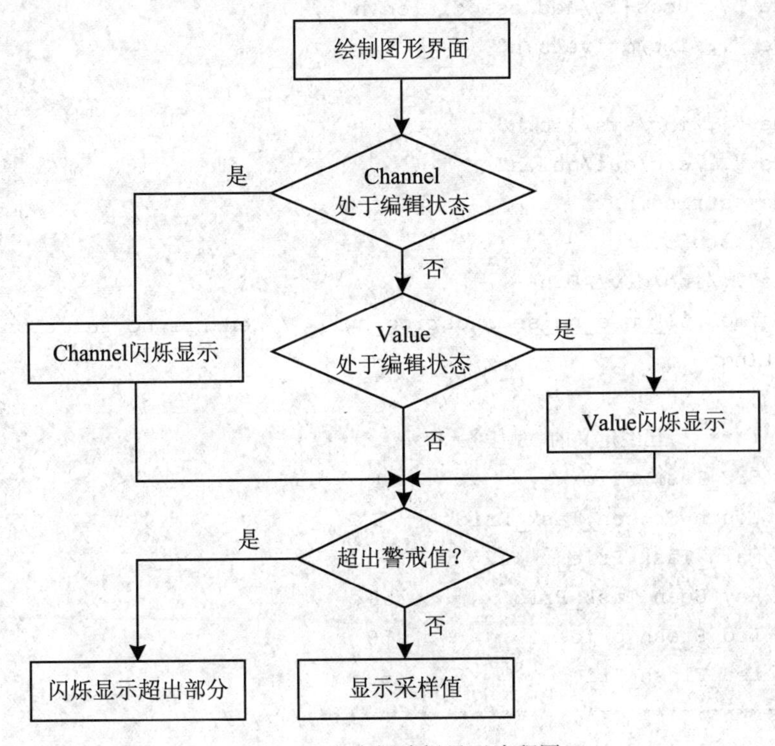

图 7-11　文本框编辑显示流程图

提示：（1）程序中用 TextOut()函数显示文本框的提示信息，用数组 edit 记录两个文本框是否处于编辑状态，用变量 IsEdit 指示提示信息是否显示。实际上，IsEdit 这个变量在显示任务循环一次就改变一次状态，当 IsEdit==1 时将提示信息擦掉，否则保持显示不变。这就是闪烁显示的原理，表示 AD 转换结果的条形图超出警戒值部分的闪烁显示也是这样实现的，随着任务的循环，隔次地改变状态。

（2）和变量 IsEdit 的作用类似，Warnning[x]是条形图闪烁的指示变量。当某路 AD 转换的结果 result_ADx 大于对应通道的警戒值 WarnningData[x]时，根据 Warnning[x]的值决定条形图的长度是和 result_ADx 对应还是和 WarnningData[x]对应，这样看起来条形图的长度是变化的，效果就是超过警戒线的那部分在闪烁。

（3）这里条形图实际上是一个实心矩形，用 FillRect()函数填充。

7.9.2　综合举例的源代码

按照 7.9.1 节中的设计思路，编写 main.c 文件的代码。下面提供了 Main_Task 及其相关函数的代码。

```
\**********************************************************************/

#include "../ucos-ii/includes.h"              /* uC/OS interface */
#include "../ucos-ii/add/osaddition.h"
#include "../inc/drivers.h"

#include "../inc/sys/lib.h"
#include "../src/gui/gui.h"
#include <string.h>
#include <stdio.h>
#include"../inc/drv/AD.h"
#pragma import(__use_no_semihosting_swi)  // ensure no functions that use
semihosting

/*************已经定义的OS任务*************
#define SYS_Task_Prio               1
#define Touch_Screen_Task_Prio      9
#define Main_Task_Prio     12
#define Key_Scan_Task_Prio          58
#define Lcd_Fresh_prio              59
#define Led_Flash_Prio              60
***************************************/////////

#define ID_ChannelTextCtrl 101
#define ID_ValueTextCtrl 102
#define Draw_Wnd_ID 104
PTextCtrl pChannelTextCtrl,pValueTextCtrl;
float r0,r1,r2;
int WarnningData[3]={33,33,33};
int edit[2]={0,0};

///*****************任务定义**************///
OS_STK Main_Stack[STACKSIZE*8]={0, };        //Main_Test_Task堆栈
void Main_Task(void *Id);                     //Main_Test_Task
#define Main_Task_Prio            12

OS_STK Display_Task_Stack[STACKSIZE]={0, }; //Main_Test_Task堆栈
void Display_Task(void *Id);                  //Main_Test_Task
#define Display_Task_Prio         20
```

```
OS_STK AD0_Task_Stack[STACKSIZE]={0, };      //Main_Test_Task 堆栈
void AD0_Task(void *Id);                     //Main_Test_Task
#define AD0_Task_Prio               21

OS_STK AD1_Task_Stack[STACKSIZE]={0, };      //Main_Test_Task 堆栈
void AD1_Task(void *Id);                     //Main_Test_Task
#define AD1_Task_Prio               22

OS_STK AD2_Task_Stack[STACKSIZE]={0, };    //Main_Test_Task 堆栈
void AD2_Task(void *Id);                   //Main_Test_Task
#define AD2_Task_Prio               23


int sysnumber;

int main(void)
{

    ARMTargetInit();        // do target (uHAL based ARM system)
initialisation //
    OSInit();               // needed by uC/OS-II //
    OSInitUart();
    initOSFile();
#if USE_MINIGUI==0
    initOSMessage();
    initOSList();
    initOSDC();
    initOSCtrl();
    LoadFont();
#endif
    loadsystemParam();
    // create the tasks in uC/OS and assign increasing //
    // priorities to them so that Task3 at the end of  //
    // the pipeline has the highest priority.          //
    LCD_printf("Create task on uCOS-II...\n");
    OSTaskCreate(Main_Task,  (void *)0,  (OS_STK
*)&Main_Stack[STACKSIZE*8-1],  Main_Task_Prio);// 创建系统任务
    OSTaskCreate(Display_Task,(void *)0,  (OS_STK
*)&Display_Task_Stack[STACKSIZE-1],  Display_Task_Prio);// 20
```

```
    OSTaskCreate(AD0_Task,(void *)0,  (OS_STK
*)&AD0_Task_Stack[STACKSIZE-1],  AD0_Task_Prio);
    OSTaskCreate(AD1_Task,(void *)0,  (OS_STK
*)&AD1_Task_Stack[STACKSIZE-1],  AD1_Task_Prio);
    OSTaskCreate(AD2_Task,(void *)0,  (OS_STK
*)&AD2_Task_Stack[STACKSIZE-1],  AD2_Task_Prio);
    OSAddTask_Init(1);//创建系统附加任务
    LCD_printf("Starting uCOS-II...\n");
    LCD_printf("Entering graph mode...\n");
    LCD_ChangeMode(DspGraMode);
    OSStart();//操作系统任务调度开始
    //不会执行到这里
    return 0;
}

/////////////////////////////////////////////////////////////////////////////
//////////////////////////////////////////////

U8 onKey(int nkey, int fnkey)
{
    U16 str[20];
    static BOOLEAN input=FALSE;
    static int EditNumber=1;
    if(EditNumber==1)
    {
        switch(nkey)
        {
        case 13://OK('\r')
            if(!input)
            {
                SetWndCtrlFocus(NULL, ID_ChannelTextCtrl);
                pChannelTextCtrl->text[0]=0;  //清空文本框
                SetTextCtrlEdit(pChannelTextCtrl, TRUE);
                DrawTextCtrl(pChannelTextCtrl);
                input=TRUE;
                edit[0]=1;
            }
            else
            {
```

```
            sysnumber=Unicode2Int(pChannelTextCtrl->text);//将文本框中
的内容由 Unicode 变为整型
            SetTextCtrlEdit(pChannelTextCtrl, FALSE);
            DrawTextCtrl(pChannelTextCtrl);
            input=FALSE;
            edit[0]=0;
            EditNumber=2;
        }
        return TRUE;
    case 46://Cancel('-')
        SetTextCtrlEdit(pChannelTextCtrl, FALSE);
        input=FALSE;
        edit[0]=0;
        EditNumber=2;
        return TRUE;
    }

}
else if(EditNumber==2)
{
    switch(nkey)
    {
    case 13://OK('\r')
        if(!input)
        {
            SetWndCtrlFocus(NULL, ID_ValueTextCtrl);
            pValueTextCtrl->text[0]=0; //清空文本框
            SetTextCtrlEdit(pValueTextCtrl, TRUE);
            DrawTextCtrl(pValueTextCtrl);
            input=TRUE;
            edit[1]=1;
        }
        else
        {
            SetTextCtrlEdit(pValueTextCtrl, FALSE);
            DrawTextCtrl(pValueTextCtrl);
            input=FALSE;
            edit[1]=0;
            EditNumber=1;
```

```
    WarnningData[sysnumber]=Unicode2Int(pValueTextCtrl->text);
                }
                return TRUE;
            case 46://Cancel('-')
                SetTextCtrlEdit(pValueTextCtrl, FALSE);
                DrawTextCtrl(pValueTextCtrl);
                input=FALSE;
                edit[1]=0;
                EditNumber=1;
                return TRUE;
            }
        }
        return FALSE;
    }

    void Main_Task(void *Id)                //Main_Test_Task
    {
        POSMSG pMsg=0;
        init_ADdevice();
        for(;;)
        {
            POS_Ctrl pCtrl;
            pMsg=WaitMessage(0);
            if(pMsg->pOSCtrl)
            {
                if(pMsg->pOSCtrl->CtrlMsgCallBk)
                    (*pMsg->pOSCtrl->CtrlMsgCallBk)(pMsg);
            }
            else
            {
                switch(pMsg->Message)
                {
                case OSM_KEY:
                    pCtrl=GetCtrlfromID(NULL, GetWndCtrlFocus(NULL));
                    if(pCtrl->CtrlType==CTRLTYPE_WINDOW)
                    {

   if((((PWnd)pCtrl)->style&WND_STYLE_MODE)==WND_STYLE_MODE)
                        {
                            //焦点有模式窗口，消息直接传递过去
```

```
                        OSOnSysMessage(pMsg);
                        break;
                    }
                }
                if(onKey(pMsg->WParam,pMsg->LParam) )
                    break;
            default:
                OSOnSysMessage(pMsg);
                break;
            }
        }
        DeleteMessage(pMsg);
        OSTimeDly(200);
    }
}

void Display_Task(void * Id)            //Main_Test_Task
{
    PDC pdc;
    structRECT ChannelTextCtrl_Rect,ValueTextCtrl_Rect,Draw_Wnd_Rect;
    char Channel_Caption_8[10]="Channel:";
    char Value_Caption_8[10]="Value:";
    char Draw_Wnd_Caption_8[]="Draw Window";
    char vol_8[]="Vol";
    char chn_8[]="Chn";
    char chn0_8[]="0";
    char chn1_8[]="1";
    char chn2_8[]="2";

    char vol_10_8[]="10";
    char vol_20_8[]="20";
    char  vol_30_8[]="30";
    U16 Channel_Caption_16[10];
    U16 Value_Caption_16[10];
    U16 Draw_Wnd_Caption_16[20];
    U16 vol_16[5];
    U16 chn_16[5];
    U16 chn0_16[2];
    U16 chn1_16[2];
    U16 chn2_16[2];
```

```
    U16 vol_10_16[3];
    U16 vol_20_16[3];
    U16 vol_30_16[3];
    Wnd Draw_Wnd;
    PWnd pDraw_Wnd;
    int warnning[3]={1,1,1};
    BOOLEAN IsEdit=0;

    pdc=CreateDC();
    pDraw_Wnd=&Draw_Wnd;
    strChar2Unicode(Draw_Wnd_Caption_16, Draw_Wnd_Caption_8);
    strChar2Unicode(Channel_Caption_16, Channel_Caption_8);
    strChar2Unicode(Value_Caption_16, Value_Caption_8);
    strChar2Unicode(chn_16, chn_8);
    strChar2Unicode(vol_16, vol_8);
    strChar2Unicode(chn0_16, chn0_8);
    strChar2Unicode(chn1_16, chn1_8);
    strChar2Unicode(chn2_16, chn2_8);
    strChar2Unicode(vol_10_16,vol_10_8);
    strChar2Unicode(vol_20_16,vol_20_8);
    strChar2Unicode(vol_30_16,vol_30_8);
    SetRect(&ChannelTextCtrl_Rect, 20,100,100,140);
    SetRect(&ValueTextCtrl_Rect, 20,260,100,300);
    SetRect(&Draw_Wnd_Rect, 139, 9, 593, 423);
    pChannelTextCtrl=CreateTextCtrl(ID_ChannelTextCtrl,
&ChannelTextCtrl_Rect, FONTSIZE_MIDDLE, CTRL_STYLE_FRAME, NULL,NULL);
    pValueTextCtrl=CreateTextCtrl(ID_ValueTextCtrl, &ValueTextCtrl_Rect,
FONTSIZE_MIDDLE, CTRL_STYLE_FRAME, NULL,NULL);
    pDraw_Wnd=CreateWindow(Draw_Wnd_ID, &Draw_Wnd_Rect,
FONTSIZE_SMALL,WND_STYLE_MODELESS, Draw_Wnd_Caption_16, NULL);
    ClearScreen();
    TextOut(pdc, 110, 10, vol_16, TRUE, FONTSIZE_MIDDLE);
    TextOut(pdc, 560, 430, chn_16, TRUE,FONTSIZE_MIDDLE);
    TextOut(pdc, 200, 430, chn0_16, TRUE, FONTSIZE_MIDDLE);
    TextOut(pdc, 350, 430, chn1_16, TRUE, FONTSIZE_MIDDLE);
    TextOut(pdc, 500, 430, chn2_16, TRUE, FONTSIZE_MIDDLE);

    TextOut(pdc, 120, (int)(415-1*400/3.3), vol_10_16, TRUE,
FONTSIZE_MIDDLE);
```

```
    TextOut(pdc, 120, (int)(415-2*400/3.3), vol_20_16, TRUE,
FONTSIZE_MIDDLE);
    TextOut(pdc, 120, (int)(415-3*400/3.3), vol_30_16, TRUE,
FONTSIZE_MIDDLE);
    DrawTextCtrl(pChannelTextCtrl);
    DrawTextCtrl(pValueTextCtrl);

    for(;;)
    {
        TextOut(pdc, 20, 75, Channel_Caption_16, TRUE, FONTSIZE_MIDDLE);
        TextOut(pdc, 20, 235, Value_Caption_16, TRUE, FONTSIZE_MIDDLE);
        if(edit[0]==1)
        {
            if(IsEdit==1)
            {
                FillRect(pdc, 20, 75, 110, 95, GRAPH_MODE_NORMAL,
COLOR_WHITE);
                IsEdit=0;
            }
            else
            {
                IsEdit=1;
            }
        }
        if(edit[1]==1)
        {
            if(IsEdit==1)
            {
                FillRect(pdc, 20, 235, 110, 255, GRAPH_MODE_NORMAL,
COLOR_WHITE);
                IsEdit=0;
            }
            else
            {
                IsEdit=1;
            }
        }
        DrawWindow(pDraw_Wnd);
        MoveTo(pdc, 140, 20);
        LineTo(pdc, 150,10);
```

```
        LineTo(pdc, 160, 20);
        MoveTo(pdc, 150 , 10);
        LineTo(pdc, 150, 420);
        LineTo(pdc, 590, 420);
        MoveTo(pdc, 580, 410);
        LineTo(pdc, 590, 420);
        LineTo(pdc, 580, 430);
        MoveTo(pdc, 150, (int)(420-1*400/3.3));
        LineTo(pdc, 590, (int)(420-1*400/3.3));
        MoveTo(pdc, 150, (int)(420-2*400/3.3));
        LineTo(pdc, 590, (int)(420-2*400/3.3));
        MoveTo(pdc, 150, (int)(420-3*400/3.3));
        LineTo(pdc, 590, (int)(420-3*400/3.3));
        if(r0<=WarnningData[0])
        {
            FillRect(pdc, 190, (int)(420-r0*40/3.3), 220,
420,GRAPH_MODE_NORMAL, COLOR_BLACK);
        }
        else
        {
            if(warnning[0]==1)
            {
                FillRect(pdc, 190, (int)(420-r0*40/3.3), 220, 420,
GRAPH_MODE_NORMAL,COLOR_BLACK);
                warnning[0]=0;
            }
            else
            {
                warnning[0]=1;
                FillRect(pdc, 190, (int)(420-WarnningData[0]*40/3.3), 220,
420, GRAPH_MODE_NORMAL,COLOR_BLACK);
            }
        }
        if(r1<=WarnningData[1])
        {
            FillRect(pdc, 340, (int)(420-r1*40/3.3), 370, 420,
GRAPH_MODE_NORMAL,COLOR_BLACK);
        }
        else
        {
```

```
            if(warnning[1]==1)
            {
                FillRect(pdc, 340, (int)(420-r1*40/3.3), 370, 420,
GRAPH_MODE_NORMAL,COLOR_BLACK);
                warnning[1]=0;
            }
            else
            {
                warnning[1]=1;
                FillRect(pdc, 340, (int)(420-WarnningData[1]*40/3.3), 370,
420, GRAPH_MODE_NORMAL,COLOR_BLACK);
            }
        }
        if(r2<=WarnningData[2])
        {
            FillRect(pdc, 490, (int)(420-r2*40/3.3), 520,
420,GRAPH_MODE_NORMAL, COLOR_BLACK);
        }
        else
        {
            if(warnning[2]==1)
            {
                FillRect(pdc, 490, (int)(420-r2*40/3.3), 520, 420,
GRAPH_MODE_NORMAL,COLOR_BLACK);
                warnning[2]=0;
            }
            else
            {
                warnning[2]=1;
                FillRect(pdc, 490, (int)(420-WarnningData[2]*40/3.3), 520,
420, GRAPH_MODE_NORMAL,COLOR_BLACK);
            }
        }
        OSTimeDly(500);
    }
}

void AD0_Task(void * Id)           //Main_Test_Task
{
    int i;
```

```
    for(;;)
    {
        for(i=0;i<=1;i++)
        {
        r0=GetADresult(0)*33/1023;
        }
        //Uart_Printf(0,"a0=%f\t",r0);
        OSTimeDly(100);
    }
}

void AD1_Task(void * Id)            //Main_Test_Task
{
    int i;
    for(;;)
    {
        for(i=0;i<=1;i++)
        {
        r1=GetADresult(1)*33/1023;
        }
        //Uart_Printf(0,"a1=%f\t",r1);
        OSTimeDly(100);
    }
}

void AD2_Task(void * Id)            //Main_Test_Task
{
    int i;
    for(;;)
    {
        for(i=0;i<=1;i++)
        {
        r2=GetADresult(2)*33/1023;
        }
        //Uart_Printf(0,"a2=%f\t",r2);
        OSTimeDly(100);
    }
}
```

练习题

1. 怎样实现动画无闪烁的显示？
2. 简述系统消息处理的过程。
3. 简述 UDP 和 TCP 协议的主要区别。
4. 什么是 socket，怎样使用？

第 8 章　嵌入式系统的应用开发案例

嵌入式系统以其小型、专用、易携带、可靠性高的特点，已经在消费电子、手持设备和工业控制领域得到了广泛的应用。随着网络技术和通信技术的发展，嵌入式系统的网络化已经成为发展趋势，从而对传统的基于微控制器的控制系统提出了更高的要求。由于嵌入式系统本身具有较强的网络和人机交互扩展能力，使得它有可能取代以往基于微控制器的控制方式。

本章介绍了嵌入式系统在机床数控系统的应用开发案例，通过本章的学习，将使读者了解实际嵌入式系统产品开发流程。

8.1　嵌入式系统的设计方法

8.1.1　嵌入式系统的设计流程

嵌入式系统的设计和开发必须将所有的硬件、软件、人力资源等集中起来，并且进行适当的组合以实现目标系统对性能和功能等各方面的需求。在嵌入式系统的开发过程当中，实时性、可靠性、功耗等都与功能一样重要，这使嵌入式系统开发关注的方面更广泛，要求的精度也更高。

嵌入式系统的设计和开发流程一般分为以下几个阶段：产品定义（即系统需求分析阶段、规格说明阶段）、硬件和软件划分、迭代与实现、详细的硬件与软件设计、硬件与软件集成、系统测试和系统维护与升级。各个阶段通常需要不断反复和修改，直到完成最终设计目标。

嵌入式系统设计的流程图如图 8-1 所示。在各阶段内部及各阶段之间会发生大量的迭代与优化，前一步的设计缺陷会直接导致后面阶段设计任务无法完成，从而必须回到起点重新进行设计，这就会造成生产成本的提高，增加产品的开发时间，造成不必要的损失。因此，前期的工作一定要精细，确保准确无误，尽量减少因前期工作所造成的损失。下面对各阶段给出具体的描述。

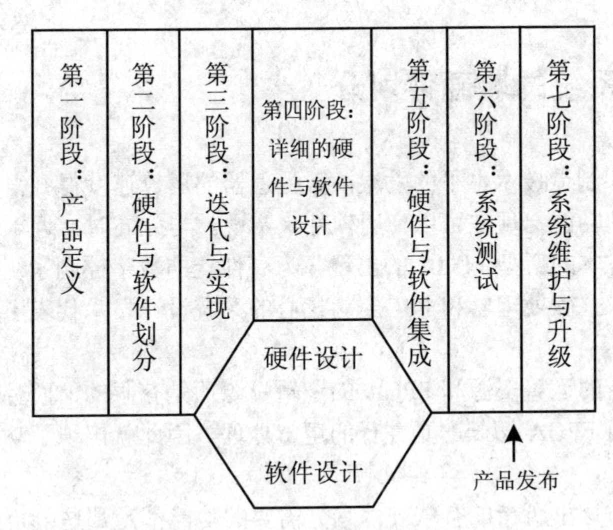

图 8-1　嵌入式系统的设计流程

✦　产品定义

产品定义相当于一般软件工程中的需求分析阶段。也即对产品需求加以分析、细化，并抽象出需要完成的功能列表，明确定义所要完成的任务。

✦　硬件与软件的划分

由于嵌入式设计分为硬件与软件设计两个部分，设计人员必须确定系统的哪些功能由硬件完成，哪些功能由软件完成，这种选择成为“划分决策”也即软件与硬件的划分。

✦　迭代与实现

迭代实现阶段是软硬件划分阶段的延续，随着软硬件被初步地划分，软硬件设计小组分别对软硬件进行建模，随着软硬件建模过程的深入，更多的设计约束被理解，此时可以移动软硬件划分的界限，实现对软硬件更为合理的划分。

✦　详细的硬件与软件设计

随着上一个阶段的完成，系统被合理地划分成了软硬件两个部分，此阶段是对系统的软硬件分别进行实现的过程。在软硬件的实现过程中分别有自己的设计方法和技巧，这将在以下几个部分加以介绍。

✦　系统测试

嵌入式系统一般具有严格的设计界限以达到成本目标，所以测试必须查明系统是否在运行时能接近最优性能。而且嵌入式系统要求在运行时具有相当高的可靠性，因此在产品发布之前必须进行产品的严格测试。

✦　系统维护与升级

在产品发布之后还要不断地对产品进行维护和升级。产品在使用过程中会发现一些在产品的设计阶段没有想到的问题，对这些问题的解决就是产品的维护。在产品应用一段时间后，用户会对产品提出更多的需求，通过对产品的升级可以实现用户不断增加的需求。

8.1.2　嵌入式系统的软硬件划分

随着芯片设计和制造技术水平的发展，微处理器的运算速度得到很大提高。很多传统上必须由硬件实现的功能，现在可以使用软件来实现。与此同时，近年来，FPGA 技术的提高和大容量、低成本的新型 FPGA 的出现，为高性能的数字控制系统提供了新的实现方法。可以说，以嵌入式微处理器和 FPGA 为核心的系统设计技术代表了现代控制系统的软件和硬件实现方法。

但是，微处理器的运算资源和 FPGA 的逻辑资源还是有限的，而且微处理器擅长的是串行的数据处理，而 FPGA 擅长的是并行的逻辑处理。因此就出现了功能实现的软硬件划分的问题。

需要注意的是，这里所指的有软硬件划分需要的功能都是那些既可以用软件实现又可以用硬件实现的功能，具体到实际的物理系统中，就是那些既可以用微处理器系统实现也可以用 FPGA 或者模拟器件实现的功能。

在嵌入式系统软硬件划分的问题上，一般遵循以下几个原则：

（1）性能原则。不管使用软件还是硬件实现特定的功能，首先要满足性能要求，这是系统设计最重要的原则之一。例如，对于所有的模拟功能，虽然有模拟 FPGA 器件的出现，但是其技术还不成熟，而数字脉冲输出结合滤波的方法在响应速度、精度上仍然无法与模拟器件相比，因此需要由模拟器件来实现。

（2）性价比原则。大容量 FPGA 理论上和实际上都可以完成嵌入式系统所要实现的全部数字功能，但是使用昂贵的 FPGA 器件来实现普通的微处理器就可以实现的功能，显然是一种浪费。同时，为了让系统的某些功能用软件实现，而选用超高速的微处理器也是一种资源浪费。因此，对于嵌入式系统设计，重要的是在满足系统功能的前提下，根据性价比原则，来选择具体的软硬件设计方案。

（3）资源利用率原则。新型的微处理器往往集成了大量的外围器件，例如串口、计数器、PWM、A/D 等，构成了片上系统（System On Chip，SOC）。SOC 在性能相同的情况下，价格往往要比采用分立元件搭建的系统低廉。因此，很多系统面临的情况是使用了 SOC 芯片以后，不但可以实现那些符合高性价比原则的功能，还会有一些剩余的资源，例如微处理器的计算资源。因此，根据系统的资源要求，选择一款合适的嵌入式微处理器或 FPGA 器件是非常重要的。FPGA 的使用特点决定了不能完全按照估计的实际逻辑资源使用量去选型，而是要选择逻辑容量比实际可能需要的最大容量还要大 30%的型号。由于微处理器所运行的控制软件的性能与微处理器的使用率有关，当使用率越低时，软件的相应速度会越快，或者可以使微处理器运行在较低速度。而数字系统的运行速度与可靠性是有直接关系的。当运行速度接近极限速度时，可靠性就会降低，因此适当保留一定的提速空间有利于提高系统的可靠性设计，同样也有利于系统将来的性能升级和维护。

三个原则之间不是相互独立的，而是互相影响的，当具体实施时要同时考虑这几个原则，从而做出最优的选择。

8.1.3　嵌入式系统软硬件协同设计

传统的嵌入式系统设计方法如图 8-2 所示，硬件和软件分为两个独立的部分，由硬件工程师和软件工程师按照拟定的设计流程分别完成。这种设计方法只能改善硬件/软件各自的性能，而有限的设计空间不可能对系统做出较好的性能综合优化。20 世纪 90 年代初，国外有些学者提出“这种传统的设计方法，只是早期计算机技术落后的产物，它不能求出适合于某个专用系统的最佳计算机应用系统的解”。因为，从理论上来说，每一个应用系统都存在一个适合于该系统的硬件、软件功能的最佳组合，如何从应用系统需求出发，依据一定的指导原则和分配算法对硬件/软件功能进行分析及合理的划分，从而使系统的整体性能、运行时间、能量耗损、存储能量达到最佳状态，已成为硬件/软件协同设计的重要研究内容之一。

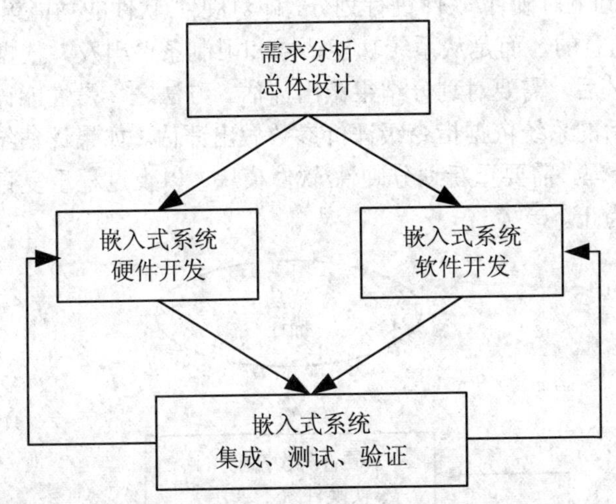

图 8-2　传统的嵌入式系统的设计方法

应用系统的多样性和复杂性，使硬件/软件的功能划分、资源调度与分配、系统优化、系统综合、模拟仿真存在许多需要研究解决的问题，因而使国际上这个领域的研究日益活跃。

系统协同设计与传统设计相比有两个显著的区别：

（1）描述硬件和软件使用统一的表示形式。

（2）硬件/软件划分可以选择多种方案，直到满足要求。

显然，这种设计方法对于具体的应用系统而言，容易获得满足综合性能指标的最佳解决方案。传统方法虽然也可改进硬件/软件性能，但由于这种改进是各自独立进行的，不一定使系统综合性能达到最佳。

传统的嵌入式系统开发采用的是软件开发与硬件开发分离的方式，其过程可描述如下。

（1）需求分析。

（2）软硬件分别设计、开发、调试、测试。

（3）系统集成：软硬件集成。

（4）集成测试。

（5）若系统正确，则结束，否则继续进行。

（6）若出现错误，需要对软硬件分别验证和修改。

（7）返回步骤（3），继续进行集成测试。

虽然在系统设计的初始阶段考虑了软硬件的接口问题，但由于软硬件分别开发，各自部分的修改和缺陷很容易导致系统集成出现错误。由于设计方法的限制，这些错误不但难于定位，而且更重要的是，对它们的修改往往会涉及整个软件结构或硬件配置的改动。显然，这是灾难性的。

为避免上述问题，一种新的开发方法应运而生——软硬件协同设计方法。一个典型的硬件/软件协同设计过程如图 8-3 所示。首先，应用独立于任何硬件和软件的功能性规格方法对系统进行描述，采用的方法包括有限态自动机（FSM）、统一化的规格语言（CSP、VHDL）或其他基于图形的表示工具，其作用是对硬件/软件统一表示，便于功能的划分和综合；然后，在此基础上对硬件/软件进行划分，即对硬件/软件的功能模块进行分配。但是，这种功能分配不是随意的，而是从系统功能要求和限制条件出发，依据算法进行的。完成硬件/软件功能划分之后，需要对划分结果做出评估。方法之一是性能评估，另一种方法是对硬件/软件综合之后的系统依据指令级评价参数做出评估。如果评估结果不满足要求，说明划分方案选择不合理，需要重新划分硬件/软件模块，以上过程重复直到系统获得一个满意的硬件/软件实现为止。

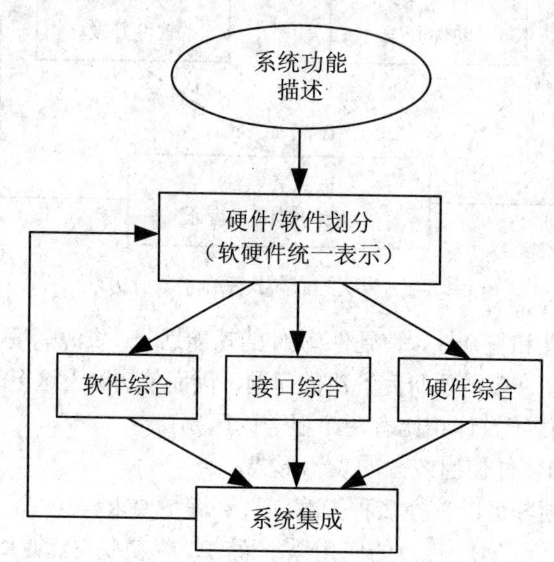

图 8-3　嵌入式系统的硬件/软件协同设计方法

软硬件协同设计过程可归纳为：

（1）需求分析。

（2）软硬件协同设计。

（3）软硬件实现。

（4）软硬件协同测试和验证。

这种方法的特点在协同设计（Co-design）、协同测试（Co-test）和协同验证（Co-verification）上，充分考虑了软硬件的关系，并在设计的每个层次上给以测试验证，使得尽早发现和解决问题，避免灾难性错误的出现。

8.1.4　系统集成和测试

在系统的硬件构件和软件构件建立起来后，将硬件构件、软件构件和执行装置集成在一起才能得到一个可以运行的系统。在系统的集成过程中，不能只是简单地把所有的东西插在一起，通常系统集成时会发现一些错误和问题，为了能够快速地找到这些错误并能够准确地定位到错误的位置，可以分阶段集成整个系统并且正确运行事先选择好的测试程序。如果每次只是对其中的一部分模块进行查错和纠错，那么就会很容易发现和识别其中简单的错误。只有在早期及时地改正这些简单的错误，才能在以后的系统集成过程当中发现那些比较复杂或是难找到的严重错误，从而降低了负担，提高了整个系统开发的效率，缩短了开发的周期。因此，必须在体系结构和各个构件的设计阶段，尽可能地按阶段集成系统和相对独立地测试各个模块的功能，确定其是否满足规格说明书中给定的功能要求。

嵌入式系统集成过程中使用的调试工具很有限，比桌面系统中可用的工具少得多，应根据实际的开发要求和实际的条件进行选择。

嵌入式系统的软件测试与通用软件的测试相似，分为单元测试和系统的集成测试。常用的有黑盒测试和白盒测试两种测试方法。黑盒测试法把程序看成一个黑盒子，完全不考虑程序的内部结构和处理过程。黑盒测试是在程序接口进行的测试，它只检查程序功能是否能按照规格说明书的规定正常使用，程序是否能适当地接收输入数据产生正确的输出信息，并且保持外部信息的完整，黑盒测试又称为功能测试；白盒测试的前提是可以把程序看成装在一个透明的白盒子里，也就是完全了解程序的结构和处理过程。这种方法按照程序内部的逻辑测试程序，检验程序中的每条通路是否都能按预定要求正确工作，白盒测试又称为结构测试。黑盒测试发现程序中所有错误的可能性不大，但它和白盒测试结合起来使用时，会产生一个非常好的测试集，因为黑盒能找到那些从代码结构中抽象出来的测试方法不能发现的错误。

8.2　嵌入式数控系统设计开发实例

8.2.1　数控系统简介

数控系统是一种自动阅读输入载体上事先给定的数据，并将其译码，从而完成机床移动和零件加工的控制系统。数控机床的整套控制装置由程序、输入输出设备、计算机数字控制装置、可编程逻辑控制器（Programmble Logic Controller，PLC）、主轴驱动装置和进给驱动装置等组成，习惯上称为 CNC 系统，如图 8-4 所示是 CNC 系统构成框图，描述了系统内部的数据交换，其核心是计算机数字控制装置。从 20 世纪 50 年代数控机床问世至今，由于计算机技术和半导体技术的飞速发展，数字控制装置已成为计算机控制装置。数字控制装置采用微处理器和微型计算机的新技术后，其性能和可靠性大幅度提高，成本不断下降，推动了本行业快速的发展。

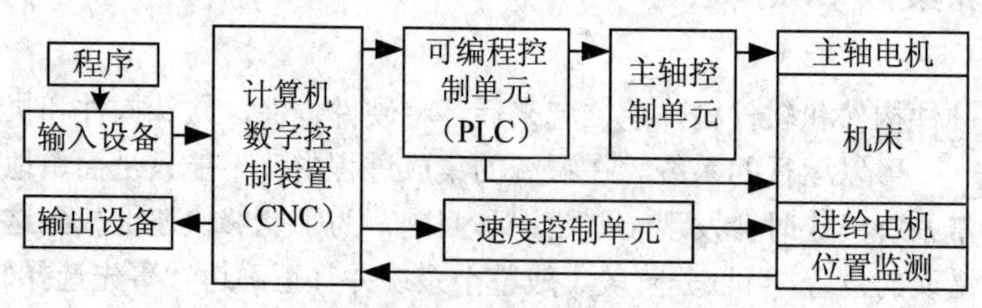

图 8-4　数控机床控制框图

由图 8-4 可知，系统内的控制由 CNC、PLC 完成。CNC 控制坐标的计算、插补、显示。程序的编辑，系统数据的输入、输出等由人机交互界面完成，人机界面把用户输入的位置和速度信息输入 CNC 内部，控制装置接收指令控制机床移动，同时人机界面也负责反馈系统运行状态，监控系统的运行。

8.2.2　需求分析

1．功能需求

1）输入输出功能

（1）键盘。

（2）机床 IO。

（3）伺服驱动的输出。

（4）串口通信 RS232。

（5）USB 通信。

（6）字符图形显示。

（7）程序编辑。

2）数据处理功能

（1）译码功能。

（2）刀具补偿功能。

（3）速度处理功能。

（4）插补功能。

（5）主轴速度功能。

（6）刀具功能。

（7）辅助功能。

3）报警

4）自诊断功能

2. 非功能需求

1）物理环境：在工厂车间使用，电磁环境恶劣。

2）用户：一般为车间操作员，操作水平有高有低。

3）质量保证：用于工业控制环境，质量要求较高，同时由于市场竞争激烈，如果质量不好很难在市场上立足。

4）QOS。

（1）数控系统响应性高。主要是对突发事件的反应（如撞刀、急停）。

（2）数控系统具有可确定性。因为可确定性主要是确保条件/事件出现和由此引起的动作开始/结束的时间在一个准确的时间间隔内。在 CNC 系统中，条件/事件是由操作员的指令（紧急停止、移动 x 轴等）或是机床的状态（如刀具破损等）引起的。实际上，需要满足时间约束的情况主要是和系统安全（如对突发事件的反应等）以及切削精度（更高的精度影响插补周期）有关，因此数控系统具有硬实时任务。硬实时任务指必须满足最后期限的限制，否则会给系统带来不希望的破坏或者致命的错误。

（3）性能高。需要进行许多复杂的运算。

（4）可靠性高。在加工过程中不出现问题，至少一个月之内不能死机，出现故障。

（5）安全程度高。

8.2.3　系统体系结构设计

1. 系统软硬件划分

根据数控系统所需完成的功能和需求，把数控系统分为 6 个任务，即人机界面管理任务、数据处理任务、运动控制任务、逻辑处理任务、辅助控制任务和伺服控制任务。每个任务又可以划分为更小的子模块。人机交互为机床的准备工作提供数据和信息，反馈机床的运行状态监控整个加工过程；数据预处理主要包括数据指令的译码，刀具的长度补偿、半径补偿、螺距补偿、间隙补偿等插补前的预处理工作；运动控制主要控制位移、速度、加速度或三者的组合，主要是机床各运动轴的插补运动控制和主轴速度、主轴定位的控制等；逻辑控制分为简单的逻辑输入、逻辑输出及组合逻辑控制，主要是主轴电机的正反转、电机停止、冷却泵电机的启动、停止控制等；伺服控制是在给定的约束范围内控制各个轴执行运动指令，这些指令通常是周期性的。

各个功能的软硬件分工如下：

（1）人机界面。这些功能与运动控制没有直接关系，除了键盘扫描功能以外，绝大多数使用软件来实现。我们使用 10×10 的扫描键盘，软件扫描程序的理论分析和实际测试的结果都表明，使用软件进行键盘扫描是一项比较浪费微处理器运算资源的做法。我们在 66MHz 的 ARM7TDMI 微处理器及μC/OS-II 操作系统的平台上测试中发现，当使用软件进行 4×4 的键盘扫描时，一旦扫描任务的优先级高一些，会明显感觉到其他任务受到影响。因此，键盘扫描的任务将由 FPGA 来实现，当 FPGA 检测到有按钮按下时，向 CPU 发送一个中断。

（2）数据处理。这部分功能完全都是软件的工作，所以用微处理器来实现。

（3）逻辑处理，也就是 PLC 功能。PLC 是一项复杂的功能，涉及复杂的串行的数学运算，因此使用微处理器来实现。本系统的定位是实现简单的 PLC 功能。

（4）运动控制。运动控制是数控系统的核心，其中插补又是运动控制部分的核心。插补大体可以分为两级，即粗插补和细插补。相对来说，粗插补负责将 G 代码转变为较详细的轨迹点信息，而细插补则将这些轨迹点细化为针对电机驱动器的脉冲信号进行输出。从数学运算上来看，粗插补的运算量很大，而细插补的运算量则很小。但是细插补对时间的准确性要求非常高，如果要用微处理器实现，则需要一个周期非常小的定时器，而且周期也会不断变化，这样会消耗大量的微处理器计算时间，甚至微处理器没有时间运行其他的任务。对于 FPGA 来说，实现这样的细插补功能则非常简单，只需要很少的逻辑资源，而且可以实现较高的脉冲频率。因此，粗插补将由微处理器实现，而细插补则由 FPGA 来实现。

（5）辅助控制。这部分功能较为繁琐，而且几乎与硬件没有任何关系，所以用微处理器来实现。

（6）伺服处理。与运动控制的情况类似，伺服算法的实现需要大量的串行的数学运算，而信号检测部分如果用软件实现，则需要微处理器不断地去检测信号的变化。因此，伺服算法部分由微处理器实现，信号检测部分则由 FPGA 实现。

2．硬件系统划分

从硬件设计者的角度上去分析，整个硬件电路系统可以分为板级系统和芯片级系统。

板级系统的设计指印刷电路板的设计，芯片级系统指FPGA内部逻辑的设计。两者虽然都属于硬件的范畴，但是两者的设计对象、设计方法、开发流程和所需要使用的EDA软件都完全不同。

板级系统由微处理器子系统、FPGA 子系统、D/A 转换子系统、信号隔离与转换子系统和电源子系统构成。微处理器子系统负责运行数控的控制软件，FPGA 负责脉冲信号的产生和计数、键盘的扫描和 I/O 的控制，D/A 负责产生主轴变频器所需要的模拟信号，信号隔离与转换子系统负责各类机床信号的接口处理，电源子系统则为其他系统和继电器提供电源。板级结构框图如图 8-5 所示。

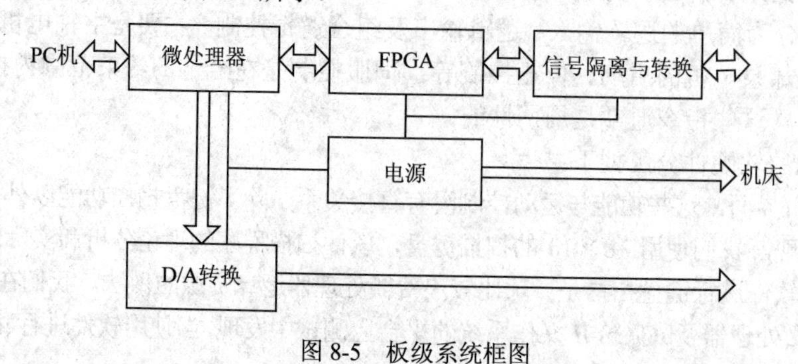

图 8-5　板级系统框图

芯片级系统由总线接口模块、复位控制模块、中断控制模块、定时器模块、I/O 控制模块、编码器计数器模块和驱动器控制器模块构成。其中总线接口模块负责提供 FPGA 内部功能模块与 ARM 外部总线的接口，复位控制模块为 FPGA 内部功能模块提供复位信号，中断控制模块用于处理 FPGA 内部功能模块的中断信号，定时器模块为脉冲发生器提供定时信号，I/O 控制模块用于控制顺序控制 I/O，键盘扫描模块负责控制 10×10 键盘的扫描，编码器计数器模块用于检测主轴和手轮的码盘信号，驱动器控制器模块用于产生、检测电机驱动器的信号。整个结构框图如图 8-6 所示。

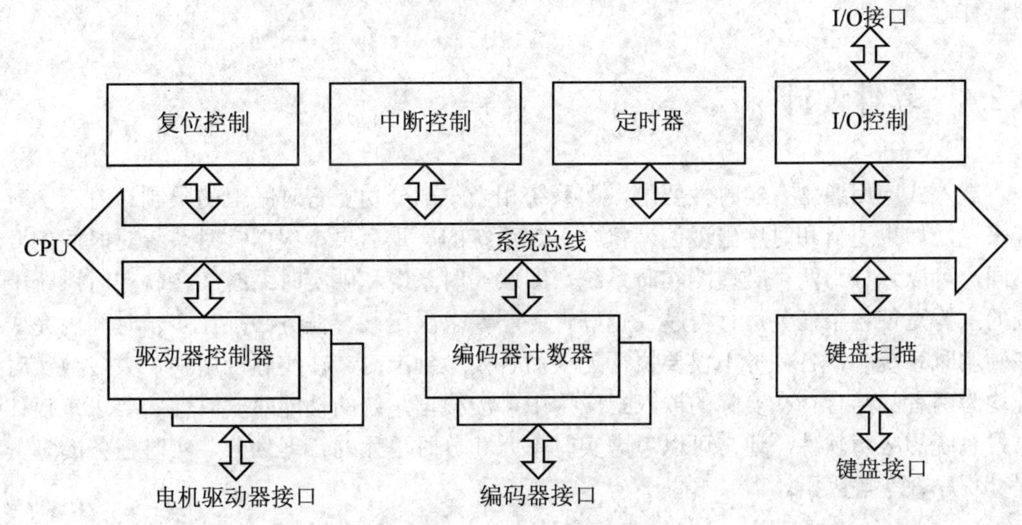

图 8-6　芯片级系统框图

3．系统软件功能划分

由于数控系统较为复杂，编码和测试工作量都很大，开发过程中进行了详细的任务划分，软件的开发采用模块化开发，多人分工同时进行。由操作系统管理的每一个任务并不能简单地划分为开发中的一个模块，因为每个任务之间并不能保证相对的结构独立，更不能保证每个任务的子函数无交叉调用。因此，必须重新划分开发中的相对独立的模块。根据数控系统每部分的物理意义和编码过程中的相对独立性，以及测试和仿真的方便性，本系统开发中划分为以下几个模块：人机交互界面模块、编辑模块、译码模块、刀补模块、插补模块、系统框架模块。其间数据的传递用整体数据结构传递，数据流向如图 8-7 所示。

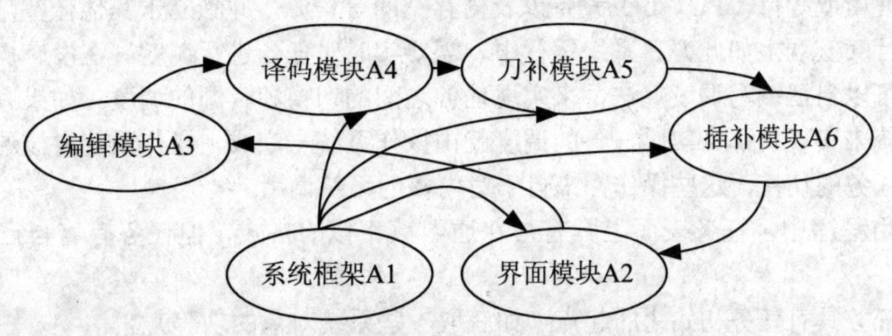

图 8-7　数控系统软件模块及数据流向示意图

人机交互界面负责系统执行状态的显示、刷新、用户输入数据到 CNC 系统及用户从 CNC 系统输出数据。编辑模块响应系统键盘输入，负责 CNC 用户程序的编制，主要有插入、删除、修改、保存等功能。译码模块分为词法分析、语法分析、刀补预处理几部分，主要功能是将用户输入的 CNC 程序段翻译为系统可以理解的操作指令。刀补模块主要是补偿刀尖位置，提高整体精度，可以理解为将用户的编程基准点有机地平移到刀尖与工件的接触表面。插补模块主要负责插补数据预处理、加减速处理、直线插补和圆弧插补。系统框架模块负责整个系统自动执行时 CNC 程序段的自动循环调用，负责 M、S、T 辅助代码的执行。

8.2.4　软件设计

嵌入式应用通常有实时性要求，即系统相当一部分功能有时间上的限制。对于实时系统来说，如果逻辑和时序出现偏差将会引起系统的严重后果。根据实时系统对时间的要求不同，可以划分为两种类型的实时系统，即软实时系统和硬实时系统。在软实时系统中系统的宗旨是使各个任务运行得越快越好，并不要求限定某一任务必须在多长时间内完成。在硬实时系统中，各任务不仅要执行无误而且要做到准时。在实际应用中，大多数实时系统均为两者的结合。在实际的嵌入式应用中，应根据系统的功能对实时性的要求来设计嵌入式系统的应用软件。通常可以考虑实时单元和分时单元的合理划分、实时任务的划分和提交程序效率等因素。

1．实时单元和分时单元的合理划分

对于实时系统，实时和分时单元的合理划分是提高整个系统实时性能的一个重要手段。例如，对于指令处理系统来说，对指令的翻译、解释、转移、传递和应答是实时单元，而对于指令 Z 的监视打印、非法指令的打印则是分时单元。实时单元应该放到实时任务中处理，而分时单元的处理应该由实时任务通过消息或者共享内存模式传递数据，启动分时进程在线或者后台处理。

2．实时任务的划分

任务是代码运行的一个映像，从系统的角度看，任务是竞争系统资源的最小运行单元。任务可以使用或等待 CPU、I/O 设备以及内存空间等资源，并独立于其他任务，与它们一起并发运行（宏观上如此）。系统运行中，需要实时对任务进行调度。在没有操作系统的支持下，可以自己编写调度算法，来实现任务之间的切换和资源的调度。如果系统采用实时操作系统来实现，那么实时任务的调度就由操作系统来完成，操作系统内核通过一定的操作进行任务的切换，这些操作都来自于对内核的系统调用。

在应用程序中，任务表面上具有与普通函数相似的格式，但任务有着自己较明显的特征：

- 任务具有任务初始化的起点（如获取一些系统对象的功等）。
- 具有存放执行内容的私用数据区（如任务创建时明确定义的用户堆栈）。

- ✦ 任务的主体结构表现为一个无限循环体或有明确的中止（任务不同于函数，没有返回值）。

在设计一个较为复杂的多任务应用时，进行合理的任务划分对系统的运行效率、实时性和吞吐量影响很大。任务划分过细会引起任务频繁切换的开销增加，而任务划分不够彻底，则会造成原本可以并行的操作只能串行完成，从而减少了系统的吞吐量。为了达到系统效率和吞吐量之间的平衡与折中，在应用设计时；应遵循如下的任务分解规则（假设下述任务的发生都依赖于唯一的触发条件，如两个任务能够满足下面的条件之一，它们可以合理地分开）。

- ✦ 时间：两个任务所依赖的周期条件具有不同的频率和时间段。
- ✦ 异步性：两个任务所依赖的条件没有相互的时间关系。
- ✦ 优先级：两个任务所依赖的条件需要有不同的优先级。
- ✦ 清晰性/可维护性：两个任务可以在功能上或逻辑上相互分开。

从软件工程和面向对象的设计方法来看，各个模块（任务）间数据的通信量应该尽量小，并且最好少出现控制耦合（即一个任务可控制另一个任务的执行流程或功能）。如果出现耦合孔，则应采取相应的措施（如任务间通信机制）使它们实现同步或互斥，以避免引起的临界资源冲突，因为这可能造成死锁。

3．提高程序效率的途径

实时程序的设计相对于分时程序的设计，尤其强调程序效率的优化。很多分时程序设计中对于提高程序效率的方法，仍然有效。比较常用的优化手段如下。

- ✦ 使循环体内工作量最小化：应考虑循环体内的语句是否可以放在循环体外，使循环体内工作量最小，从而提高程序的时间效率。
- ✦ 使用寄存器变量：优化关键函数时，要按照目标计算机支持的寄存器变量数，将使用的最频繁的循环变量、指针变量依次设置为寄存器变量，以提高效率。
- ✦ 使用经典高效的算法：对于一些常用的算法（例如查找、排序、hash 等），可以查找经典的库，或在原有代码的基础上改写。
- ✦ 优化函数的组织结构：对模块中函数的划分及组织方式进行分析、优化，改进模块中函数的组织结构，提高效率。

根据以上原则系统被分为 6 个任务，如图 8-8 所示。它们分别是人机界面管理、逻辑处理、运动控制模块、辅助控制、数据处理和伺服控制，这些任务都是实时周期性任务。操作系统选用μC/OS-II 实时操作系统，每个任务相当于操作系统的一个任务。伺服控制优先级最高，运动控制模块优先级次之，逻辑处理再次之，数据处理再次之，辅助控制再次之，人机界面管理优先级最低。

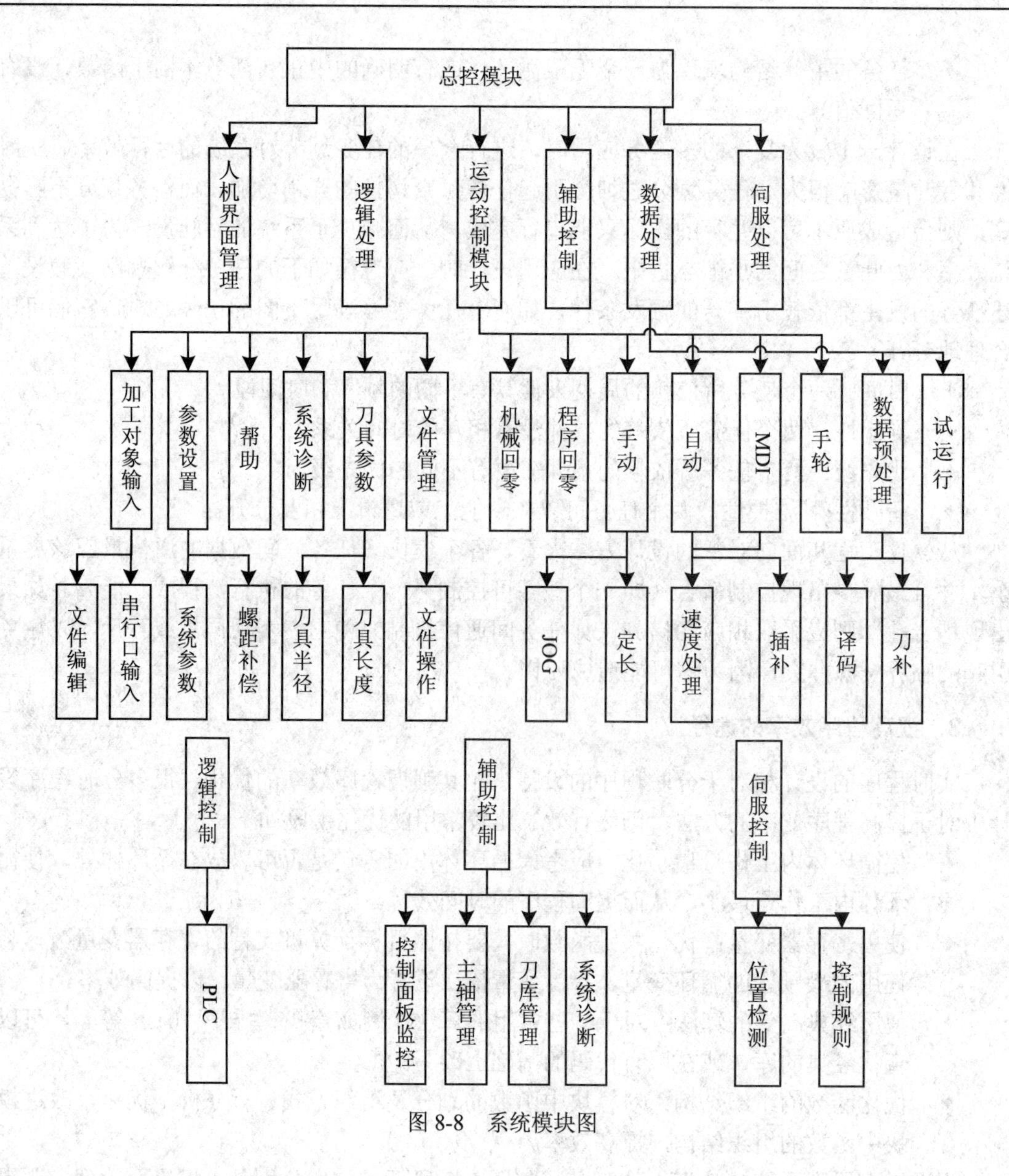

图 8-8 系统模块图

8.2.5 系统集成与测试

当嵌入式硬件和软件组件测试完成，它们就要被集成为部分系统或一个完整的系统。这个集成过程包括建立系统和对合成系统的测试过程。建立系统就是把软件组件编译和连接成一个在特定目标配置上运行的可执行的二进制映像，并把其配置到特定目标机的过程。测试是要发现软件和硬件交互以及软件组件和硬件交互中的问题。这个测试包括集成测试和系统测试。

集成测试是将已经分别通过测试的单元按设计要求组合起来再进行测试，以检查这些单元接口是否存在问题。系统测试一般由若干个不同测试组成，目的是充分运行系统，验证系统各部件能否正常工作并完成所赋予的任务。系统测试是在集成测试之后，与计算机硬件、某些支持软件、数据和人员等系统元素结合起来，在实际运行环境下对计算机系统进行严格的测试，来发现软件的潜在问题，保证系统的运行。系统测试不同于功能测试。功能测试主要是验证软件功能的实现情况，不考虑各种环境以及非功能问题。

集成测试应该根据系统描述来做，而且应该在一些软件和硬件一完成就开始进行。集成测试中产生的主要困难是在过程中对错误的定位。系统组件之间存在着复杂的交互行为，当一个不正常的输出被发现时，找出错误发生的源头相当困难。为了使集成更容易，就必须在系统集成和测试过程中一直使用增量法。最初，集成一个最小的系统配置，然后测试这个系统。测试完毕后，一个增量一个增量地往系统中增加组件，每次增加组件后再进行测试。

系统测试包括如下几个方面。

- ✦ 功能干涉测试：系统的单个功能在系统集成测试时已经进行了多次测试。然而，功能之间的干涉还没有测试。这时需要干涉测试。功能干涉测试主要涉及由系统提供的每个功能。测试最好的方法是建立功能干涉矩阵。
- ✦ 容量测试：预先分析出反映软件系统应用特长的某项指标的极限量。
- ✦ 性能测试：通过测试确定系统运行时的性能表现，如得到运行速度、响应时间、占有系统资源等方面的系统数据。
- ✦ 安全测试：检查系统对非法侵入的防范能力。安全测试期间人员假扮非法入侵者，采用各种办法试图突破防线。
- ✦ 容错测试：主要检查系统的容错能力。当系统出错时，能否在指定时间间隔内修正错误并重新启动系统。

8.3　智能家居远程监控系统设计实例

8.3.1　智能家居远程监控系统简介

智能家居是通过综合采用先进的计算机、通信和控制技术，建立一个由家庭安全防护系统、网络服务系统和家庭自动化系统组成的家庭综合服务与管理集成系统，从而实现全面的安全防护、便利的通信网络以及舒适居住环境的家庭住宅。智能家居是 IT 技术、网络技术、控制技术向传统家电产业渗透发展的必然结果。

智能家居的功能一般包括以下几个方面。

（1）家庭安防：安全是居民对智能家居的首要要求，家庭安防由此成为智能家居的首要组成部分。家庭安防往往具有门窗磁报警、紧急求助报警、燃气泄漏报警、火灾报警等功能。当智能家居的安防子系统处于布防状态时，系统探测到家中有人入室，就会自动报警，通过蜂鸣器和语音实现本地报警；同时，报警信息报到物业管理中心，或自动拨号到主人的手机或电话上。

（2）可视对讲：通过集成与显示技术，家庭智能终端上集成了可视对讲功能，无须另外设置室内分机即可实现可视对讲的功能。

（3）远程抄表：水、电、气表的远程自动抄收计费是物业管理的一个重要部分，它的实现解决了入户抄表的低效率、干扰性和不安全因素。

（4）家电控制：家电控制是智能家居集成系统的重要组成和支持部分，代表着家庭智能化的发展方向。通过有线或无线的联网接口，将家电、灯光与家庭智能终端相连，组成网络家电系统，实现家用电器的远程控制。

（5）家庭信息服务：物业管理中心与家庭智能终端联网，对住户发布信息，住户可通过家庭智能终端的交互界面选择物业管理公司提供的各种服务。

嵌入式系统体积小、功耗低、可靠性高、软硬件可裁剪的特性为智能家居的实现提供了良好的前端控制终端。以往的智能家居的前端控制终端绝大多数是采用单片机，随着32位嵌入式处理器的普及，采用嵌入式系统的智能家居控制系统具有处理能力强、联网方便和易于扩展等特点，从而将进一步提升智能家居控制系统的性能。

本章基于嵌入式系统平台，开发出一套应用于智能家居的安防与家电远程监控系统。该系统具有简单易行、成本低、可随时操作、易被用户接受的特点。用户可以在 GSM 网络覆盖的任何范围内自由活动，发生入室盗窃或火灾迹象时会接收到报警信息，当需要时可观看各个监控点的情况，且可以实现家电的手机远程遥控。

8.3.2 系统功能分析

1. 系统功能需求

智能家居系统采用手机作为远程控制终端。该系统工作时，由手机发出中文短消息命令，操作命令经过 GSM 移动通信网络传送给 GPRS 模块，智能家居控制系统通过 GPRS 模块接收操作命令并进行判断处理。如果是家电控制命令，则经继电器驱动电路控制相应的家电动作，如果是数据采集命令，智能家居控制系统则控制 GPRS 模块将用户所要的数据以中文短消息的形式发给作为远程控制终端的手机。当家居出现有人入室盗窃或火灾迹象时，门磁传感器或烟雾传感器发出报警信号，经光电耦合电路送给智能家居控制系统，智能家居控制系统判断处理后通过 GPRS 模块采用中文短信的形式向预先指定的手机发送报警信息。智能家居系统远程控制系统的具体功能如下。

- ✦ 空调远程启停控制：在夏季，用户回家前可以用手机发出打开空调命令使室温在用户到家时达到理想的温度。如果用户发现离家时空调忘记关闭，可以通过手机发出命令关闭空调。
- ✦ 供热阀远程启停控制：在冬季，用户回家前可以用手机发出打开供热阀命令，使家居供热系统工作。家中无人时关闭供热系统，这样可合理地节约能源。
- ✦ 热水器远程启停控制；当用户在回家后需使用热水，可以提前通过手机发出热水器启动命令，以满足使用需要。
- ✦ 防盗报警功能：系统在布防后，若房间的门或窗被强行打开，系统会立即发出防盗报警短消息至用户手机，远方的用户在接到报警短信后，确认家居有被盗迹象可远程启动家居内声光报警器，对入室窃贼起威慑作用。

- 防火报警功能：系统在厨房内设置烟雾传感器，当烟雾浓度达到报警限时系统发出报警短消息给远方用户手机。
- 家电工作状态远程采集功能：如果用户想要了解远方家居内家电设备的工作状态，可通过手机发出家电工作状态查询命令，系统会根据查询命令发出指定家电或所有家电设备的工作状态短消息到用户手机。
- 家居室温远程采集功能：系统的温度传感器实时监测家居内的室温，如果用户想了解家居内的室温，可通过手机发出温度采集命令，系统会将当前的室温以短消息的形式发给用户。
- 其他功能：系统具有较强的扩展能力，可以方便地扩展其他功能。

2. 系统的技术指标

远程监控命令和信息显示：全部远程监控命令和显示信息均以中文短消息的形式表示。监控命令发出后系统的动作响应时间小于 10 秒。系统对监控命令具有容错性，当所发出的命令短信不完备或有错误时控制系统将不工作。

- 通信指标：符合 GSM 短消息业务标准。中国移动通信网络或中国联通通信网络覆盖范围广，除因网络状况拥挤或 SIM 卡欠费等客观因素外，保证用户在任何时间、任何地点都可以实现对家居的远程监控。
- 防盗报警指标：门窗打开缝隙大于 1.5cm，系统发出防盗报警信息，远方手机在 15 秒内收到报警短信。
- 烟雾报警指标：灵敏度符合国标 GB4715-93；烟雾浓度达到报警值后 15 秒之内远方手机收到报警信息。
- 家居室温测量：测量范围为−55℃～+125℃，当温度在−10℃～+85℃之间时测量误差为 0.5℃，手机短消息的温度显示值精确到个位时，温度采集响应时间小于 30 秒。

8.3.3　系统方案设计

1. 系统整体软硬件方案设计

在智能家居的诸多功能中，人们最关心的是家居安防和家电控制的实现，所以本系统方案的着眼点放在家居安防和家电控制功能的实现。

如图 8-9 所示，智能家居远程监控系统的硬件由 S3C2410X 微处理器、存储器系统、传感器、输出控制开关、光电耦合输入电路、继电器输出驱动电路、GPRS 模块和用户终端手机构成。使用 S3C2410X 微处理器自带的多功能可编程 I/O 接口 GPIO 实现对各个监控点的控制。通信模块采用基于 SIM100-E 的 GPRS 扩展板，控制命令和报警信息以中文短信的方式进行传送。

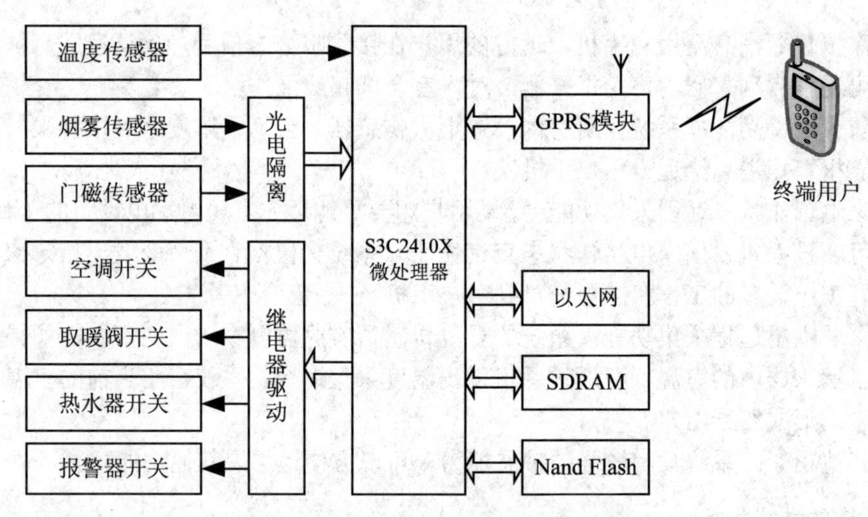

图 8-9 智能家居远程监控系统方案设计

考虑系统的抗干扰能力和 S3C2410X 微处理器的安全工作，输入信号采用光电耦合实现现场信号与主机的信号隔离，输出信号经放大后由继电器驱动执行机构动作，从而使主机的输出与现场实现电气隔离。

嵌入式操作系统选择 Linux，用 VI 做编辑器，以 ARM GCC 作为交叉编译器。Linux 内核是一个整体的结构，为了方便地向内核添加或者删除某些功能，Linux 引入了内核模块机制，Linux Module 是一个可以动态地调入 Linux 内核，或者从内核中卸载的函数模块。在调入内核之后，Linux Module 和内核处在同一地址空间，它们可以相互调用函数，直接访问对方的地址。

系统调用是操作系统内核和应用程序之间的接口，供用户在编程过程中使用。设备驱动程序是操作系统内核和机器硬件之间的接口，Linux 设备驱动程序为应用程序屏蔽了硬件细节。在应用程序看来，Linux 硬件设备只是一个设备文件，应用程序可以像操作普通文件一样对硬件设备进行操作。设备驱动程序可完成以下功能：

（1）对设备初始化和释放。

（2）把数据从内核传送到硬件和从硬件读出数据。

（3）读取应用程序传送给设备文件的数据和回送应用程序请求的数据。

（4）检测和处理设备出现的错误。

Linux 系统的设备分为 3 种：字符设备、块设备和网络设备。本系统对 GPIO 的驱动是将设备定义为字符设备。

在编写驱动程序过程中应注意的问题：

- ✦ Linux Module 在调入内核以后，不受内核进程调度器的控制。也就是说，系统必须在 Module 的子函数返回后才能进行其他的工作。如果 Module 陷入死循环，则只有重新启动机器才能停止它。
- ✦ 除避免自己模块中不要出现重名的全局变量和函数外，还要避免与内核中的全局变量和函数重名。
- ✦ 避免出现名字空间冲突的一个好的办法是给自己的全局变量和函数加一个前缀，

并且把不需要输出的变量函数定义为 static 类型。

2．报警方案设计

系统使用门磁传感器作为入室盗窃报警信号发生器。门磁传感器安装在门窗上，当门窗被打开时，门磁的开关状态发生改变，经光电耦合电路将信号传送到 S3C3410X 微处理器。S3C3410X 检测到信号输入，控制 GPRS 模块发出中文报警信息到终端用户手机，同时启动室内的声光报警装置，对入室盗窃者产生威慑作用。在厨房设有烟雾传感器。当它检测的烟雾浓度达到报警限时，触发报警器开关动作，启动室内音响报警装置发出警报，该信号经光电耦合电路传送到 S3C3410X 微处理器。S3C3410X 检测到信号输入后，控制 GPRS 模块发出报警信息到终端用户手机。

3．监控方案设计

本系统设计了中文命令集，命令集分两类指令：一类为家电操作指令，当系统收到用户通过手机发出的家电启停短消息指令后，对短消息操作指令进行译码，确定系统的操作动作，然后通过 GPIO 输出控制信号，控制信号经放大后驱动相应的继电器动作，从而实现家电设备的启停控制；另一类命令为数据采集命令，用户使用该类命令可远程采集家居状态信息，包括室温、家电的工作状态，当系统收到用户通过手机发出数据采集命令后，系统进行译码识别，而后将用户需要的家居状态信息经 GPRS 模块发回用户手机。

用户可发送中文指令集中的一条或多条命令，实现对一个或多个设备的控制，系统中文指令集中的指令支持组合使用。

系统命令译码设计考虑了操作的容错性，当手机发出的短信命令不完备或对系统发出命令集中没有的短消息时，系统将不产生任何控制动作。

4．通信方案设计

通信采用 SIMCOM 公司生产的 SIM100-E GPRS 模块：插入 SIM 卡后接入到中国移动或中国联通网络，它通过串口 2 与 S3C2410X 连接，使用标准的 AT 指令即可使系统像普通的移动电话一样具有收发短信等功能。考虑到国内用户的使用习惯，本系统提供一组中文指令集供用户使用，用户通过短信发送系统中文操作指令，可以方便地了解家中各种电器的工作状态并加以控制，同时在系统报警条件被触发时自动以中文短信的方式将报警信息发送到用户手机。

8.3.4 系统硬件结构设计

1．家电控制的硬件设计

家电控制包括热水器、空调、取暖阀的控制。系统在收到手机对家电控制命令后，在 S3C2410X 对应的 GPIO 口产生控制信号，该控制信号经放大后驱动继电器动作，从而实现家电的启停控制。

2．安防报警的硬件设计

防盗报警传感器选用门磁开关，它由一块磁铁和霍尔元件电路组成，当两者距离大于1.5cm 时处于断开状态，小于 1.5cm 时处于闭合状态。当门未被打开时门磁相当于闭合，当门被强行打开时门磁相当于断开，从而发出报警信号。该报警开关信号经光电耦合电路传送到 S3C2410X 对应的 GPIO 口，经处理后控制 GPRS 模块发出防盗报警中文短消息。

防火报警采用烟雾传感器来完成。烟雾传感器的工作原理是由于它在内外电离室中有放射源电离产生的正、负离子，在电场的作用下分别向正负电极移动。在正常的情况下，内外电离室的电流、电压都是稳定的。一旦有烟雾窜逃外电离室，干扰了带电粒子的正常运动，从而使电流、电压有所改变，破坏了内外电离室之间的平衡，从而产生一个开关信号，该开关信号经光电耦合电路传送到 S3C2410X 对应的 GPIO 口，经处理后由 GPRS 模块发出火灾报警中文短消息。

3．温度测量的硬件设计

温度传感器采用 DS18B20 数字温度传感器，它是美国 Dallas 半导体公司生产的数字化温度传感器，它通过单总线进行通信，即仅需要一条数据线和地线就能与微处理器进行通信。其内部存储器包括一个高速暂存 RAM 和一个非易失性的可电擦除的 EERAM，后者存放高位温度字节和低位温度字节触发器 TH、TL 和结构寄存器。存储器包含了 8 个连续字节，前两个字节是测得的温度信息，第 1 个字节的内容是温度的低 8 位，第 2 个字节是温度的高 8 位。第 3 个和第 4 个字节是 TH、TL 的易失性复制，第 5 个字节是结构寄存器的易失性复制，这 3 个字节的内容在每一次上电复位时被刷新。第 6、7、8 个字节用于内部计算。第 9 个字节是冗余检验字节。

温度传感器 DS18B20 的测量范围为−55℃～+125℃，可编程为 9～12 位转换精度，通过 R0 与 R1 组合进行设置，当温度在−10℃～+85℃之间时测量误差仅为 0.5℃。考虑到本系统只需采集室温，温度变化范围在 DS18B20 的测量范围之内。

4．GPRS 模块的硬件设计

本系统使用 SIM100-E GPRS 模块作为中文短消息发送与接收的硬件接口。SIM100-E 模块集成了完整的射频电路和 GSM 的基带处理器，提供了功能完备的系统接口。

SIM100-E 模块配备标准 RS-232 串行接口，用户可以通过串口使用 AT 指令完成对短信发送与接收的控制。

SIM100-E 模块支持外部 SIM 卡、模块自动监测和适应 SIM 卡类型。用户需配备一个可用的 SIM 卡安装在 GPRS 扩展板上，该 SIM 卡与普通手机用的 SIM 卡相同，所接收的网络服务和短消息计费标准与普通手机相同。

8.3.5 系统软件结构设计

本系统软件采用多线程编程技术实现，软件结构如图 8-10 所示。

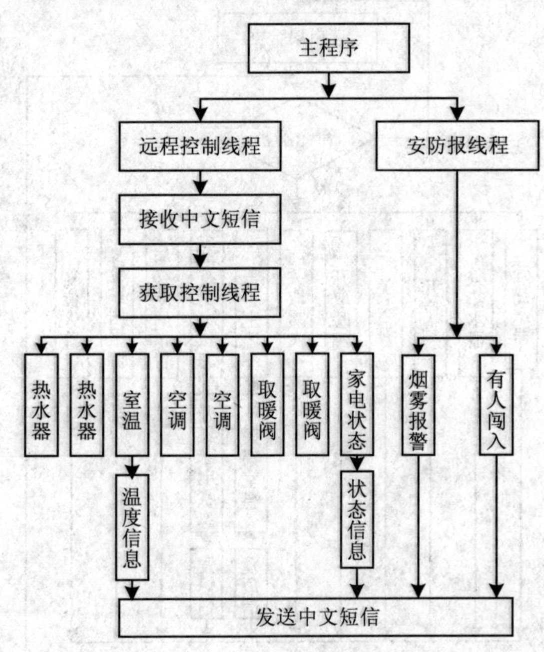

图 8-10 系统软件结构图

1. 主程序设计

系统的主程序流程图如图 8-11 所示。

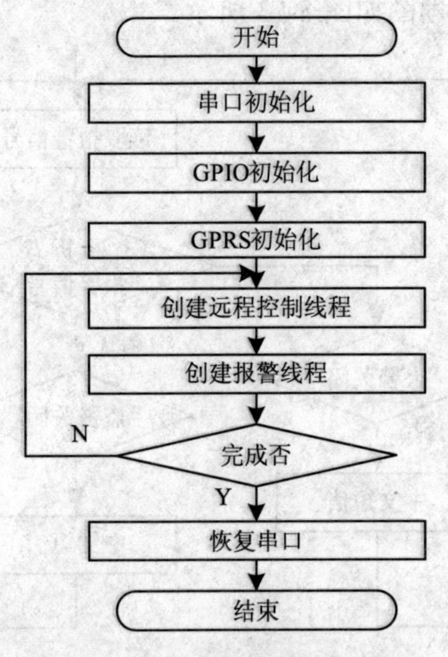

图 8-11 主程序流程图

2．远程控制线程流程图

实现远程家电控制和数据采集功能的远程控制线程流程图如图 8-12 所示。

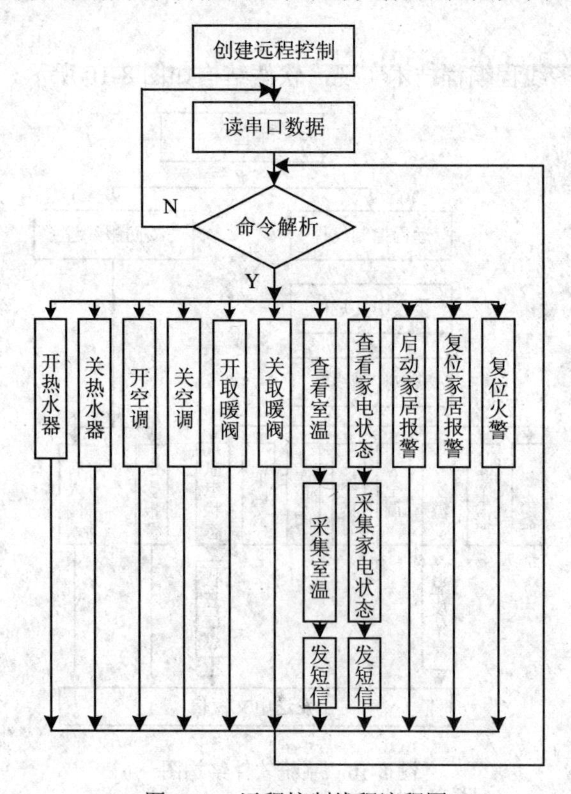

图 8-12　远程控制线程流程图

3．报警线程流程图

实现远程报警的线程流程图如图 8-13 所示。

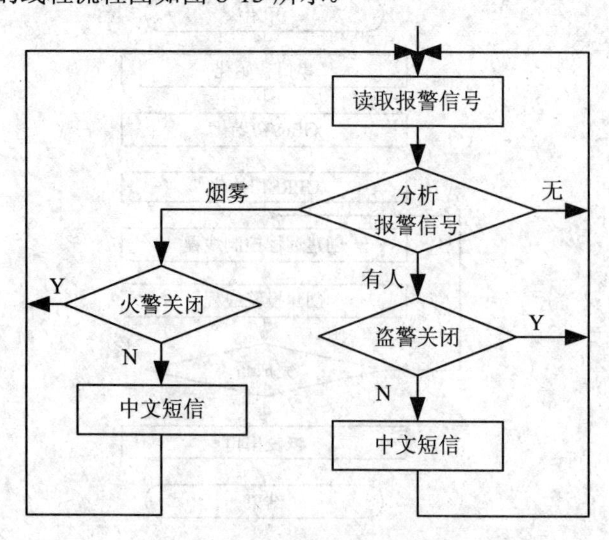

图 8-13　报警线程流程图

4．采集室温流程图

本程序模块是根据 DS18B20 的温度检测程序来编写的，主机控制 DS18B20 完成温度转换必须经过 3 个步骤：每次读写之前都要对 DS18B20 进行复位，复位成功后发送一条温度转换指令，最后读取温度数值指令，这样可以实现对室温的数据采集，采集室温的程序流程如图 8-14 所示。

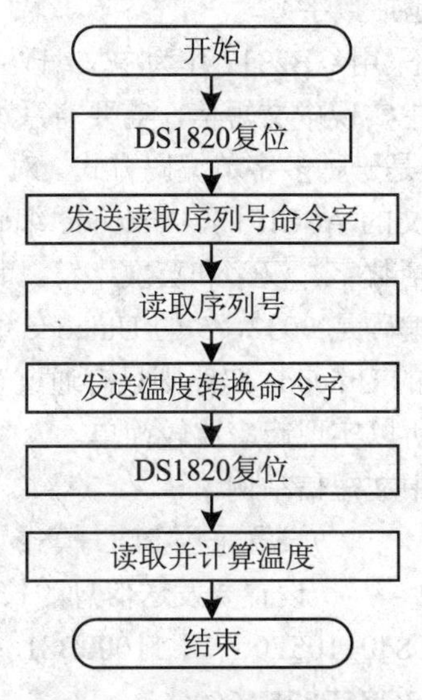

图 8-14　室温采集流程图

5．中文短消息的实现原理

SMS 是由 Esti 所制定的一个规范（GSM 03.40 和 GSM 03.38）。有两种方式来发送和接收 SMS 消息，即文本模式或者 PDU（Protocol Description Unit）模式。本系统采用的 SIM100-E 模块支持 SMS 的两种模式——文本模式和 PDU 模式。文本模式的优点是编程实现简单，但是只能发送普通的 ASCII 字符。而要发送图片、铃声和其他编码的字符（如中文）就必须采用 PDU 模式。相对于文本模式，PDU 模式编程实现也相对复杂一些。

（1）PDU 编码规则

PDU 模式收发短信可以使用 3 种编码，即 7-bit、8-bit 和 UCS2 编码。7-bit 编码用于发送普通的 ASCII 字符；8-bit 编码通常用于发送数据消息；UCS2 编码用于发送 Unicode 字符。一般的 PDU 编码由 A B C D E F G H I J K L M 13 项组成。

- A：短信息中心地址长度，两位十六进制数。
- B：短信息中心号码类型，两位十六进制数。
- C：短信息中心号码，B+C 的长度将由 A 中的数据决定。
- D：文件头字节，两位十六进制数。
- E：信息类型，两位十六进制数。
- F：被叫号码长度，两位十六进制数。
- G：被叫号码类型，两位十六进制数，取值同 B。
- H：被叫号码，长度由 F 中的数据决定。

- I：协议标识，两位十六进制数。
- J：数据编码方案，两位十六进制数。
- K：有效期，两位十六进制数。
- L：用户数据长度，两位十六进制数。
- M：用户数据，其长度由 L 中的数据决定。J 中设定采用 UCS2 编码，这里是中英文的 Unicode 字符（包括数字）。

在 RedHat Linux9.0 中默认采用 GB2312 作为中文编码字符集，对于中英文混合的文本也是如此，要在此 Linux 系统中实现中文短信，需要将系统默认的 GB2312 字符编码转换成 Unicode 编码。GB2312 编码是一种多字节编码方式，对于中文，用两个字节表示，对于英文，用 1 个字节表示，即英文的 ASCII 码。Unicode 编码是双字节编码方式，对所有字符，都采用两个字节编码，包括数字、汉字和英文字符。其中数字的编码有一定的规律可循。例如，数字 2 的 Unicode 编码是 0032，5 的 Unicode 编码是 0035，0 的 Unicode 编码则是 0030，以此类推。而汉字的 Unicode 编码则只有通过查表获得。考虑到本系统采用的中文指令集的汉字个数有限，所以实现起来比较简单。

（2）采用 PDU 方法实现中文短信举例

① AT+CMGF=0　　　　　　//设置采用 PDU 模式

② AT+CMGS="LENGTH"　　//设置要发送信息的长度

③ PDU 包：0891　683108401105F0　11000B81　3112243015F2　0008A714 59278FDE74065DE559275B6657CE5E025B669662

④ PDU 包解码：对照规范，PDU 解包具体分析如表 8-1 所示

表 8-1　PDU 解包分析

分　段	含 义 说 明
08	地址信息的长度供 8 个 8 位字节（包括 91）
91	SMSC 地址格式（TON/NPI）用国际格式号码（在前面加‘+’）
68 31 08 40 11 05 F0	SMSC 地址 8613800250500，补‘F’凑成偶数个
11	代表 PDU 格式
00	代表是第几条短消息
0B	固定格式
81	
31 12 24 30 15 F2	目标地址（TP-DA）3112243015F2，补‘F’凑成偶数个
00	固定格式不动，代表短消息
08	代表 8-bit Unicode 编码
A7	
14	用户信息长度，实际长度 6 个字节
59278FDE74065DE559275B6657CE5E025B669662	用户信息

14 后跟的就是所需发送的消息部分，全部采用 Unicode 的编码。需要注意的是：PDU

串的用户信息长度（TP-UDL），在各种编码方式下意义有所不同。7-bit 编码时，指原始短消息的字符个数，而不是编码后的字节数；8-bit 编码时，就是字节数；UCS2 编码时，也是字节数，等于原始短消息字符数的两倍。如果用户信息（TP-UD）中存在一个头（基本参数的 TP-UDHI 为 1），在所有编码方式下，用户信息长度（TP-UDL）都等于头长度与编码后字节数之和。如果采用 GSM 03.42 所建议的压缩算法（TP-DCS 的高 3 位为 001），则该长度也是压缩编码后字节数或头长度与压缩编码后字节数之和。这里将一个英文字母、一个汉字和一个数据字节都视为一个字符。每个字符都用 4 位十六进制数表示。

附录 A　ADS1.2 嵌入式开发环境配置简介

ADS1.2 嵌入式开发环境配置方法如下。

（1）运行 ADS1.2 集成开发环境（CodeWarrior for ARM Developer Suite）。选择 File | New 菜单命令，在弹出的对话框中选择 Project 选项卡，如附图 A-1 所示，新建一个工程文件。图中示例的工程名为 Exp6.mcp。单击 Set 按钮可为该工程选择路径。如附图 A-2 所示，选中 Creat Folder 复选框后，将以附图 A-1 中的 Projectname 或附图 A-2 中的文件名创建目录，这样可以将所有与该工程相关的文件放到该工程目录下，便于管理工程。

在附图 A-1 中工程模板列表中的 2410 ARM Executable Image 是专为本书嵌入式开发平台设置的工程模板。在此也可选择 ARM Executable Image 通用模板。

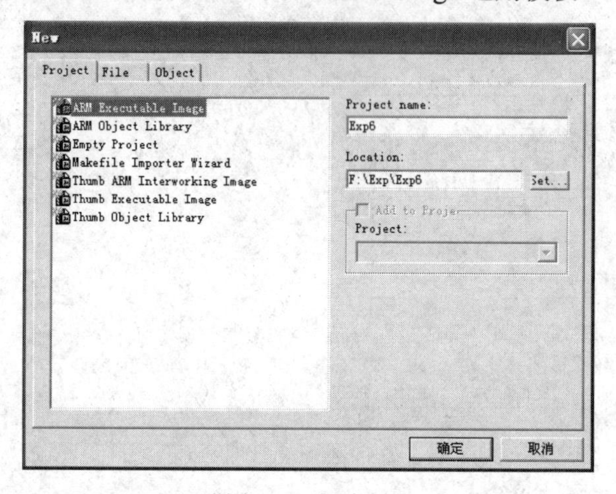

附图 A-1　新建工程

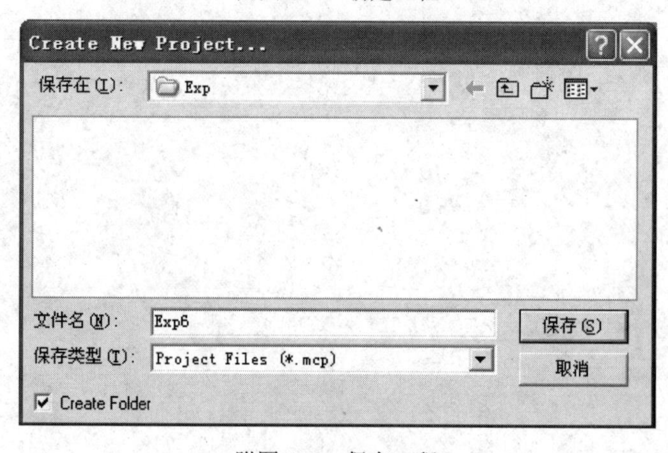

附图 A-2　保存工程

（2）在新建的工程中，选择 Debug 版本，如附图 A-3 所示。选择 Edit | Debug Settings 命令对 Debug 版本进行参数设置。

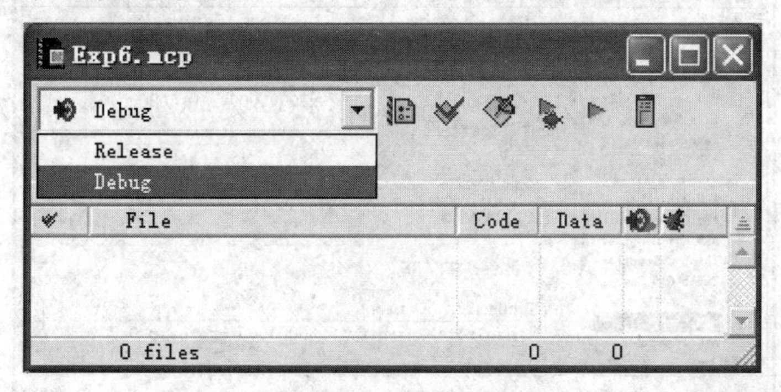

附图 A-3　选择版本

（3）在 Debug Settings 对话框中选择 Target Settings 选项，如附图 A-4 所示。在 Post-linker 下拉列表中选择 ARM fromELF 选项。

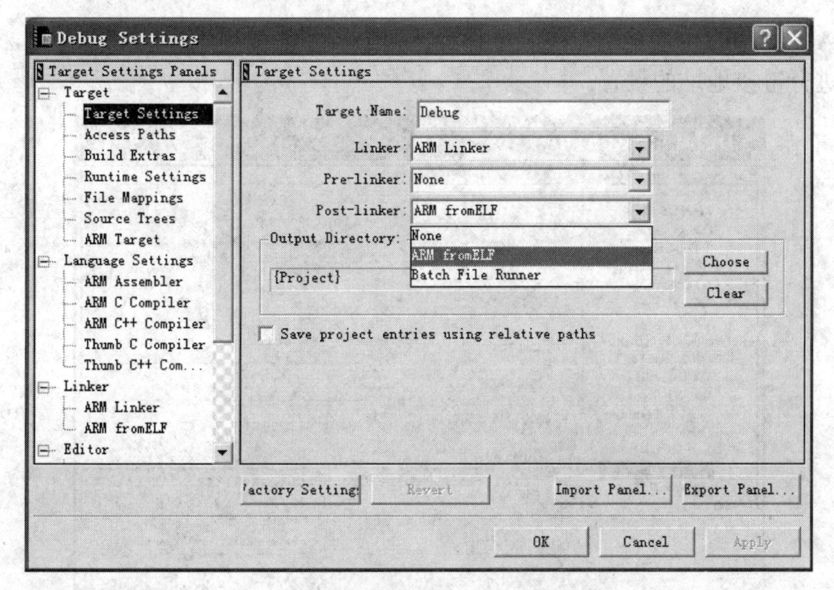

附图 A-4　Target Settings

（4）如附图 A-5 所示，在 Debug Settings 对话框中选择 ARM Linker 选项。在 Output 选项卡的 Simple image 选项区域中设置连接的 Read-Only（只读）和 Read-Write（读写）地址。地址 0x30008000 是开发平台上 SDRAM 的真实地址，是由系统的硬件决定的；0x30200000 指的是系统可读写的内存地址。也就是说，在 0x30008000～0x30200000 之间是只读区域，存放程序的代码段，在 0x30200000 开始是程序的数据段。

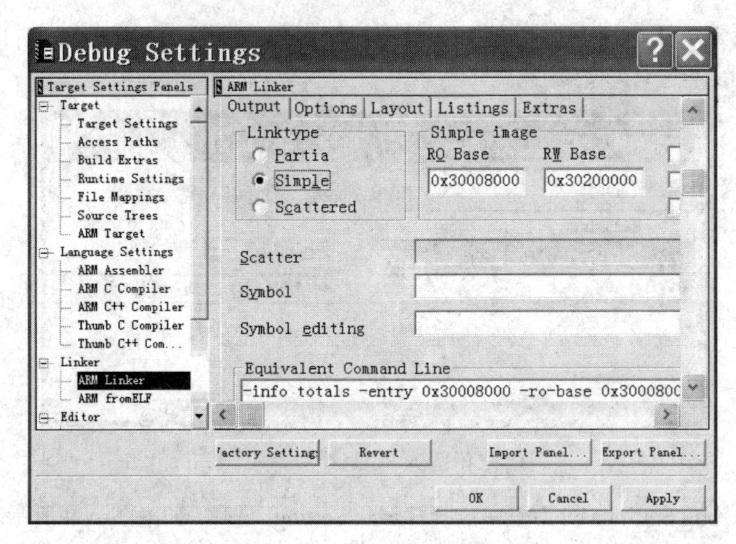

附图 A-5 设置连接地址范围

附图 A-5 所示的设置只是一种简单设置，如果程序需要用到标准 C 库函数，则需要按附图 A-6 进行链接地址的设置。

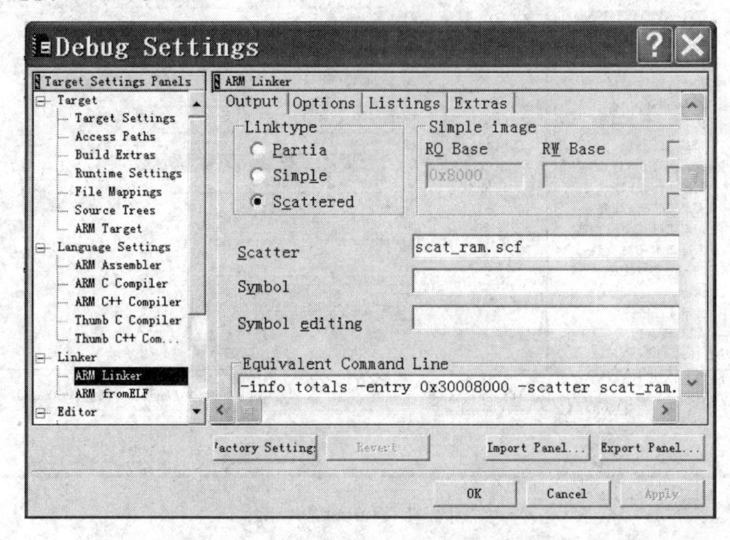

附图 A-6 通过 Scatter 文件设置链接地址

标准 C 库函数中如果使用 malloc 及其相关的函数，需要使用系统的堆（Heap）空间，可以通过 Scatter 文件来描述系统 HEAP 段的位置。针对 UP-NETARM2410-S 开发系统（htt://www.up-tech.com），把程序的入口定位在 0x30008000，并定义 Scatter 文件为 scat_ram.scf。在附图 A-6 中选择 Linktype 为 Scattered，输入 Scatter 文件名 scat_ram.scf；然后切换到 Options 选项卡，在 Image Entry Point 文本框中输入 0x30008000。也可以在附图 A-6 的 Command Line 文本框中直接输入-entry 0x30008000 -scatter scat_ram.scf 进行上述设置。

提示：① 程序移植到 ADS 后，程序首先执行用汇编写的初始化代码——包括中断向量和堆栈的初始化。在该段代码中使用

```
IMPORT    __main ;注意 main 前面是两个下划线
B      __main
```

进行系统内部的标准 C 函数初始化,然后调用用户在 C 语言中定义的 main()函数(注意：两个 main 都是小写)。在嵌入式应用中，用户在 C 语言中定义的 main 函数中不能有参数（int main(void)）。

② 不能有系统定义的软中断，在汇编中可以使用

IMPORT __use_no_semihosting_swi

来检测。

在 C 语言中则使用

#pragma import(__use_no_semihosting_swi) // ensure no functions that use semihosting。

③ Scatter 文件内容如下，创建了一个 RAM_LOAD 的程序和数据的装载区域，起始地址 0x30008000。

```
RAM_LOAD 0x30008000
{    RAM_EXEC +0
    {
        startup.o (init, +First)
        * (+RO)
    }
L0PAGETABLE 0x30200000 UNINIT;about 2MByte offset SDRAM
    {
        pagetable.o (+ZI)
    }
STACKS +0x100000 UNINIT  ;64KByte under L0 pagetable
    {
        stack.o (+ZI)
    }
RAM +0
   {
      * (+RW,+ZI)
   }
HEAP +0 UNINIT
   {
      heap.o (+ZI)
   }
EXCEPTION_EXEC 0 OVERLAY ;exception region
   {
      exception.o (+RO)
   }
```

```
}
```

④ 定义 retarget.c 函数，重新定位标准 C 库中 stdio 的一些相关函数。主要有：

```
struct _FILE { int handle; /* Add whatever you need here */};
FILE _stdout;                          //文件的定义
int fputc(int ch, FILE *f)             //fputc 函数
int ferror(FILE *f)                    //ferror 函数
void _sys_exit(int return_code)        //系统退出函数
int _raise(int signal, int argument)
_value_in_regs struct _initial_stackheap
_user_initial_stackheap(unsigned R0, unsigned SP, unsigned R2, unsigned
SL)   //用户的堆空间和栈空间函数具体定义，可以参考 init/retarget.c
```

（5）在第（4）步中如果不选择简单的链接地址设置，则如附图 A-7 所示，设置 C 编译器。在 Debug Settings 对话框中选择 ARM C Compiler 选项，在 ATPCS 选项卡中选中 ARM/Thump interworki 复选框，或者在命令行中添加-apcs /interwork。

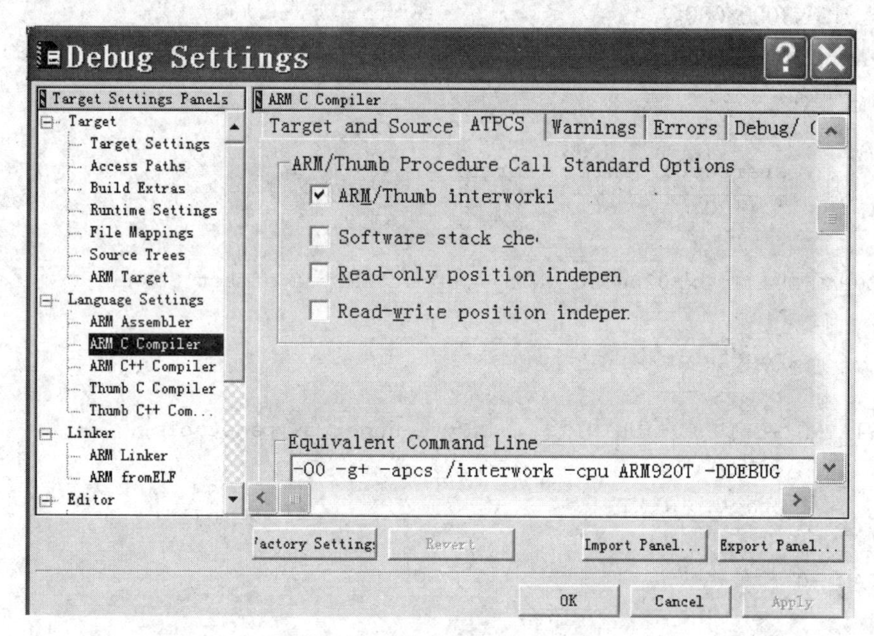

附图 A-7 设置 ARM C Compiler

（6）如附图 A-8 所示，在第（4）步中如果选择简单的地址连接设置，在 Debug Settings 对话框中选择 ARM Linker 选项。在 Layout 选项卡的 Place at beginning of image 选项区域中设置程序的入口模块。指定在生成的代码中，程序是从 startup.s 开始运行的。Object/Symbol 设为 startup.o，Section 设为 init。

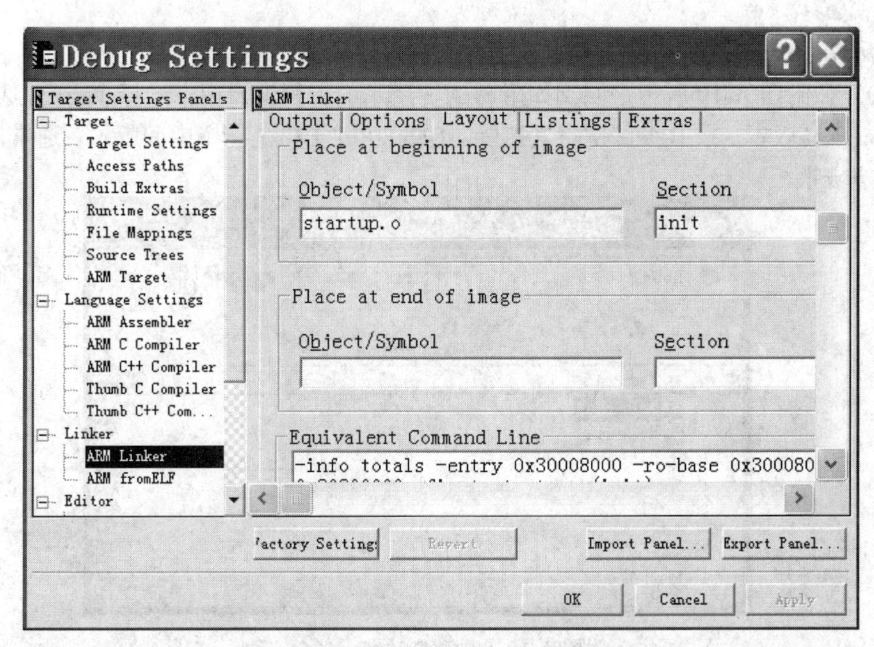

附图 A-8　设置入口模块

（7）如附图 A-9 所示，在 Debug Settings 对话框中选择 ARM fromELF 选项。在 Output file name 文本框中设置输出文件名为 system.bin，这就是要下载到开发平台的嵌入式应用程序文件。

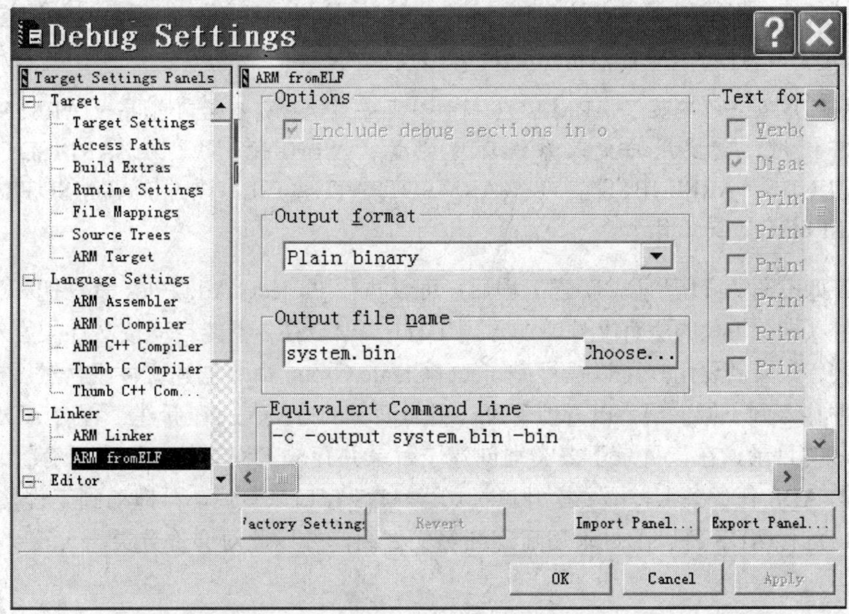

附图 A-9　设置输出文件名

（8）回到如附图 A-10 所示的工程窗口中，选择 Release 版本，再选择 Edit | Release Settings 命令对 Release 版本进行参数设置。

（9）参照第（3）、（4）、（5）、（6）、（7）步在 Release Settings 对话框中设置

Release 版本的 Post-linker、连接地址范围、入口模块和输出文件。

（10）如附图 A-10 所示，回到如附图 A-3 所示的工程窗口中，选择 Targets 选项卡。选中 DebugRel 版本，按 Delete 键将其删除。DebugRel 子树是一个中间版本，通常用不到，所以在这里删除。

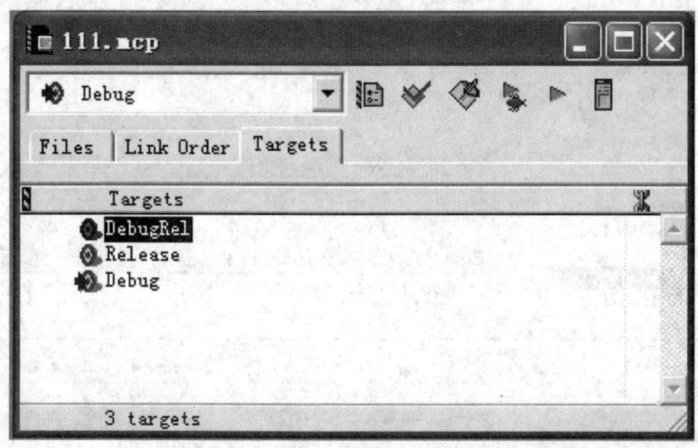

附图 A-10 删除 DebugRel 版本

（11）设置完成后，可以将该新建的空工程文件作为模板保存以便以后使用。将工程文件名改为 2410 ARM Executable.mcp。然后在 ADS1.2 软件安装目录下的 Stationery 目录下新建名为 2410 ARM Executable Image 的模板目录，再将刚设置完的 2410 ARM Executable.mcp 工程模板文件存放到该目录下即可。这样以后新建工程时就如附图 A-1 所示，可以看到以 2410 ARM Executable Image 为名字的模板了。

提示：如果用户原来已安装了 ARM SDT 软件，再安装 ADS1.2 后可能导致 ARM SDT 不能正常使用，需要用户更改系统环境变量：ARMINC 设置为%ARMSDTPATH%\INCLUDE，ARMLIB 设置为 %ARMSDTPATH%\LIB，其中%ARMSDTPATH%指 ARM SDT 的安装目录。

（12）如附图 A-11 所示，新建工程后，可以执行 Project | Add Files 命令把和工程相关的所有文件（即除 inti 的所有文件）加入到工程中。ADS1.2 不能自动按文件类别对这些文件进行分类，如果需要用户可以执行 Project | Create Group 命令创建文件组，然后分别将不同类的文件加入到不同的组，以方便管理。更为简单的办法是：在新建工程时 ADS 创建了和工程同名的目录，在该目录下按类别创建子目录并存放工程文件。选中所有目录拖动到任务栏上的 ADS 任务条上，不要松开鼠标。当 ADS 窗口恢复后，再拖动到工程文件窗口，松开鼠标。这样 ADS 将以子目录名建立同名文件组，并以此对文件分类。

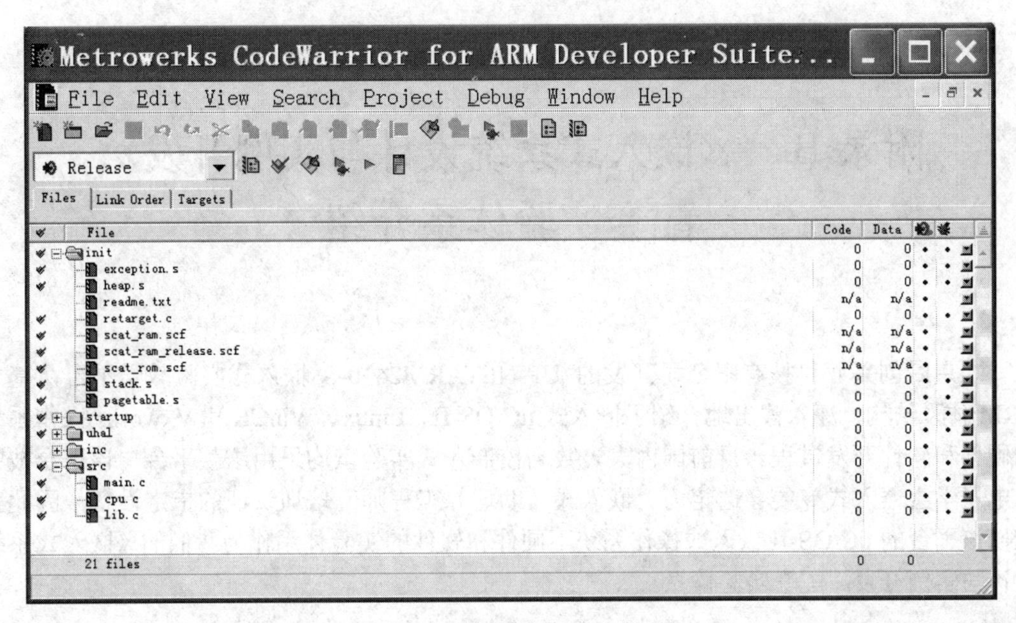

附图 A-11　加入工程文件

（13）编译并双击附图 A-11 中的 main.c，打开该文件，可以查看 Main()函数的内容，这时也可运行程序。

读者可以查看其他源文件的内容以对系统运行有所了解。可以发现 ADS 的文本编辑器已经有了很大的改善，文本按语法分颜色显示，并可以很好地支持中文注释。读者可以根据喜好在 Edit 菜单下的 Preferences 窗口中进行设置。

附录B 《嵌入式系统设计与实例开发》配套实验体系介绍

北京博创兴业科技有限公司开发的 UP-NETARM2410-S 嵌入式实验教学平台，基于ARM体系结构，深入浅出地介绍了嵌入式 μC/OS-II、Linux、WinCE 和 Vxworks 操作系统的硬件和软件开发过程。目前国内大多数高校嵌入式实验室均采用这款平台，该平台被中国电子学会嵌入式专委会选定为“嵌入式（助理）工程师”培训认证的指定设备，因此我们以该平台的 μC/OS-II 嵌入式操作系统下硬件和软件的实验体系作为我们的《嵌入式系统设计与实例开发》配套实验体系。

B.1 UP-NETARM2410-S 实验教学平台介绍

1. UP-NETARM2410-S 嵌入式实验教学平台硬件配置

UP-NETARM2410-S 嵌入式实验教学平台的硬件配置与实物图如附表 B-1 及附图 B-1 所示。

附表 B-1 UP-NETARM2410-S 开发平台的硬件配置

配置名称	型 号	说 明
CPU	ARM920T 结构芯片三星 S3c2410X	工作频率 203MHz
Flash	SAMSUNG K9F1208	64M NAND
SDRAM	HY57V561620AT—H	32M×2=64M
EtherNet 网卡	AX88796	10/100Mbps 自适应
LCD	LQ080V3DG01	8 寸 16bit TFT
触摸屏	SX-080-W4R-FB	FM7843 驱动
USB 接口	4 个 HOST /1 个 DEVICE	由 AT43301 构成 USB HUB
UART/IrDA	两个 RS232，1 个 RS485，1 个 IrDA	从处理器的 UART2 引出
AD	由 S3C2410 芯片引出	3 个电位器控制输入
AUDIO	IIS 总线，UDA1341 芯片	44.1kHz 音频
扩展卡插槽	168Pin EXPORT	总线直接扩展
GPS_GPRS 扩展板	SIMCOM 的 SIM300-E 模块	支持双道语音通信
IDE/CF 卡插座	笔记本硬盘，CF 卡	
PCMCIA 和 SD 卡插座		
PS2	PC 键盘和鼠标	由 ATMEGA8 单片机控制
IC 卡座	AT24CXX 系列	由 ATMEGA8 单片机控制
DC/STEP 电机	DC 由 PWM 控制，STEP 由 74HC573 控制	

续表

配 置 名 称	型 号	说 明
CAN BUS	由 MCP2510 和 TJA1050 构成	
DA	MAX504	一个 10 位 DAC 端口
调试接口	JTAG	14 针、20 针

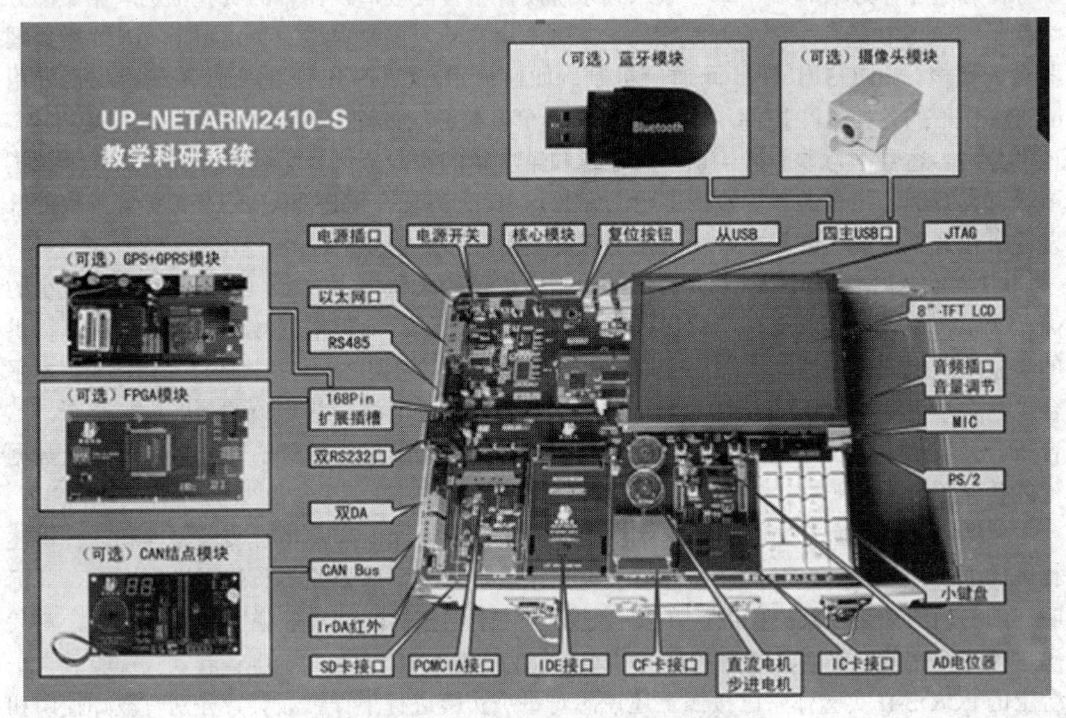

附图 B-1 UP-NETARM2410-S 的外形图

2. UP-NETARM2410-S 嵌入式实验教学平台的配套教学资源

（1）《UP-NETARM2410-S 实验指导书》

（2）《UP-NETARM2410-S 硬件说明书》

（3） 全部实验代码光盘

3. UP-NETARM2410-S 嵌入式实验教学平台扩展的选配模块

GPS 模块、GPRS 模块、FPGA 模块、蓝牙模块、红外模块、USB 摄像头、USB 无线网卡、CAN 通信模块、微型打印机模块、射频卡模块、条码扫描模块、指纹扫描模块。

B.2 实验教学内容及其基本要求

UP-NETARM2410-S 嵌入式实验教学平台基于 μC/OS-II 嵌入式操作系统的实验体系共

分为4部分。第一部分为ARM汇编实验，共有3个实验，适合作为本书第3章“ARM微处理器体系结构与指令集”的实验范例。第二部分为基础实验，共有10个实验，着重讲述嵌入式ARM的ADS集成开发环境，代码的编译、下载及调试，ARM的内部控制器（如串口、AD等），及外围扩展控制器（如CAN总线控制器）的驱动编程及测试等内容。该部分内容适合作为本书第5章“嵌入式系统硬件平台与接口设计”的实验范例。第三部分为基于μC/OS-II操作系统的开发案例，共有9个实验，主要讲述μC/OS-II在ARM微处理器上的移植，μC/OS-II 任务间通信机制，如何使用 μC/OS-II 下的文件系统，如何使用μC/OS-II下的各种API控件，以及μC/OS-II下多任务的处理、网络和多媒体编程等内容。该部分内容适合作为本书第4章、第6章和第7章的实验范例。第四部分为嵌入式系统扩展板开发案例，共有3个实验，讲述了μC/OS-II下GPRS、GPS和FPGA等扩展模块的开发，可作为第8章“嵌入式系统的应用开发案例”必要的补充。

UP-NETARM2410-S 嵌入式教学实验平台提供的实验内容较多，对于学时安排较少的高校来说，不太可能对所有实验进行讲解，因此各任课教师可根据教学的具体情况从提供的实验中选出一部分进行教学。授课教师可参考每次实验课2～3个学时来安排课时。本平台也适合于做课程设计或毕业设计的学生使用，使用时可把一些实验的功能进行整合，整合成一个生活中、工业中实际应用的一个项目，例如智能家居设计、AD 数据采集及数据无线传输等。

授课时，教师应首先回顾与本次实验课相关的理论课内容，结合实验硬件和软件讲述相关的主要知识点。建议教师针对与理论知识点紧密结合部分的实验代码进行删减，并标明详细的功能说明以及流程图，在实验过程中让学生按标注的功能说明以及流程图，对代码进行补充完善，以培养学生的思考和动手能力。UP-NETARM2410-S 嵌入式实验教学平台上的μC/OS-II实验体系已按照上述思想对每个实验进行了详细设计，分别有教师使用和学生实验使用的两套代码，以及相关的PPT教学讲稿和实验步骤说明文档，教师可在此基础上进一步完善相关实验课的设计。

以下是UP-NETARM2410-S嵌入式实验教学平台提供实验的大纲。

1．汇编实验

<table>
<tr><td rowspan="2">实验一：ARM 的串行口实验</td><td>实验目的</td><td>学习ARM汇编指令，编写汇编代码，实现ARM上的串口通信</td></tr>
<tr><td>实验内容</td><td>使用ARM汇编指令对串口进行初始化，设置串口相关寄存器，实现串口通信</td></tr>
<tr><td rowspan="2">实验二：C与汇编语言混合编程实验</td><td>实验目的</td><td>学习ARM汇编指令，学习在汇编代码中调用C代码的方法和在C代码中调用汇编代码的方法</td></tr>
<tr><td>实验内容</td><td>实现在C程序中调用汇编程序和在汇编程序中调用C程序</td></tr>
<tr><td rowspan="2">实验三：求数的平方</td><td>实验目的</td><td>学习ARM汇编指令，掌握ARM数据处理指令的使用方法</td></tr>
<tr><td>实验内容</td><td>用ARM汇编编程实现求数的平方</td></tr>
</table>

2. 基础实验

实验名称	项目	内容
实验一：ADS 开发工具与编程初步	实验目的	熟悉 ARM 编译环境 ADS（ARM Developer Suite）开发软件的开发过程，学会 ARM 仿真器的使用
		使用 ADS 编译、下载、调试并跟踪一段已有的程序，了解嵌入式开发的基本思想和过程
	实验内容	使用 ADS 集成开发环境。新建一个简单的工程文件，并编译这个工程文件
		学习 ARM 仿真器的使用和开发环境的设置
		下载已经编译好的文件到嵌入式控制器中运行
		学会在程序中设置断点，观察系统内存和变量，为调试应用程序打下基础
实验二：串口通信实验	实验目的	掌握 ADS 集成开发环境的基本功能
		了解串口通信的基本知识，掌握 ARM 的串行口工作原理
		掌握 S3C2410 寄存器的配置方法
		编程实现 ARM 的 UART 通信
	实验内容	阅读 S3C2410 说明文档，熟悉 S3C2410 串口有关的寄存器
		学习 ARM 仿真器的使用和开发环境的设置
		实现查询方式串口的收发功能。接收来自串口（通过超级终端）的字符并将接收到的字符发送到超级终端
实验三：A/D 接口实验	实验目的	掌握用 ARM ADS1.2 集成开发环境，编写和调试程序的基本过程
		了解 A/D 采样的原理
		了解采样频率的设置
		熟悉 ARM 本身自带的 8 路 10 位 A/D 控制器及相应寄存器
		编程实现 ARM 系统的 A/D 功能
		掌握带有 A/D 的 CPU 编程实现 A/D 功能的主要方法
	实验内容	学习 A/D 接口原理，了解实现 A/D 系统对于系统的软件和硬件要求
		阅读 ARM 芯片文档，掌握 ARM 的 A/D 相关寄存器的功能，熟悉 ARM 系统硬件的 A/D 相关接口
		用外部模拟信号编程实现 ARM 循环采集全部前 3 路通道，并且在超级终端上显示
实验四：D/A 接口实验	实验目的	熟悉 ARM 应用程序的框架结构
		学习 D/A 转换原理
		掌握 MAX504D/A 转换芯片的使用方法
		掌握不带有 D/A 的 CPU 扩展 D/A 功能的主要方法
	实验内容	学习 D/A 接口原理，了解实现 D/A 系统对于系统的软件和硬件要求
		阅读 MAX504 芯片文档，掌握其使用方法，编程实现正弦波信号的输出，利用示波器观测 D/A 口的实验输出

实验五：电机实验	实验目的	了解直流电机的基本原理
		了解步进电机的基本原理，掌握环形脉冲分配的方法
		了解实现两个电机转动对于系统的软件和硬件要求
		掌握 ARM 自带的 A/D 转换器的使用
		了解直流电机和步进电机的工作原理，学会用软件的方法实现步进电机的脉冲分配，即用软件的方法代替硬件的脉冲分配器
		掌握带有 PWM 和 I/O 的 CPU 编程实现其相应功能的主要方法
	实验内容	学习步进电机和直流电机的工作原理，学习 ARM 本身自带的 PWM 控制器，掌握相应寄存器的配置
		学习 PWM 的生成方法，同时也要掌握 I/O 的控制方法。编程实现 ARM 系统的 PWM 输出和 I/O 输出，前者用于控制直流电机，后者用于控制步进电机，编程实现对直流电机与步进电机控制的切换
		掌握使用 Source Insight 软件查看编辑 C 语言源程序
实验六：触摸屏实验	实验目的	了解触摸屏的基本概念与原理，理解触摸屏与 LCD 的密切配合，了解触摸屏与显示屏的坐标转换
		熟悉 S3C2410 处理器与外部器件的 SPI 通信方式
		编程实现对触摸屏的控制
	实验内容	分析 S3C2410 处理器与外围器件的 SPI 通信的源代码实现
		编程实现触摸屏坐标到 LCD 坐标的标准
		编程实现触摸屏坐标采集以及 LCD 坐标的计算
实验七：LCD 驱动实验	实验目的	了解 LCD 显示的基本原理
		了解 LCD 的接口与控制方法
		掌握 LCD 显示图形的方法
	实验内容	学习 LCD 显示的基本原理及其接口和控制方法
		编写图形显示函数，在 LCD 上显示图形
实验八：CAN 总线通信实验	实验目的	掌握 UP-NETARM2410-S 上的 CAN 总线通信原理
		学习编程实现 MCP2510 的 CAN 总线通信
		掌握查询模式的 CAN 总线通信程序的设计方法
	实验内容	学习 CAN 总线通信原理，了解 CAN 总线的结构，阅读 CAN 控制器 MCP2510 的芯片文档
		掌握 MCP2510 的相关寄存器的功能和使用方法
		编程实现 UP-NETARM2410-S 之间的 CAN 总线通信
实验九：红外通信实验	实验目的	学习红外通信原理
		掌握 TFDU4100 芯片的使用方法
		掌握 ARM 的串行口工作原理
	实验内容	学习红外通信原理，阅读 TFDU4100 芯片文档，掌握其使用方法
		熟悉 ARM 系统硬件的 UART 使用方法，编程实现红外通信的基本收发功能
		利用示波器观测 TFDU4100 芯片的输入和输出波形
		将两个平台的红外芯片相对放在两米的范围以内，利用 PC 键盘发送数据，超级终端观察收到的数据

实验十：键盘及 LED 驱动实验	实验目的	学习 LED 驱动原理
		掌握 ZLG7290 芯片的使用方法
		掌握键盘中断使用方法
	实验内容	学习 ARM 中断处理过程，阅读 ZLG7290 芯片手册，熟悉其常见指令的使用方法
		学习 8 位共阴极数码管的显示原理，通过键盘中断的方式获得按键的键值，并将此键值在 LED 上显示出来

3. 基于 μC/OS-II 操作系统的开发案例

实验一：μC/OS-II 在 ARM 微处理器上的移植及编译实验	实验目的	了解 μC/OS-II 内核的主要结构
		了解 μC/OS-II 任务间通信的基本方法
		掌握将 μC/OS-II 内核移植到 ARM920T 处理器上的基本方法
	实验内容	按照实验指导书的相关步骤，把 μC/OS-II 内核移植到 ARM920T 微处理器上
		编写两个简单任务，通过邮箱实现两个任务之间的通信。一个任务接收另外一个任务发送到邮箱中的信息并通过超级终端打印出来
实验二：μC/OS-II API 绘图函数实验	实验目的	进一步熟悉 μC/OS-II 操作系统的框架结构
		学习使用嵌入式系统绘图的 API 函数
		理解绘图设备上下文（DC）在多任务操作系统中的作用
		会使用绘图设备上下文（DC）在屏幕上绘制一个圆角矩形和一个圆
		了解绘制动画防止闪烁的基本原理，可以实现无闪烁的动画
	实验内容	使用嵌入式系统的绘图 API 函数编写程序，在屏幕上绘制一个圆角矩形和一个整圆
		使用嵌入式系统的绘图 API 函数编写程序，在屏幕上绘制一个无闪烁的移动的正弦波
实验三：系统消息循环实验	实验目的	学习使用 μC/OS-II 操作系统的消息循环
		掌握如何通过系统的消息循环来响应键盘任务的消息，同时学会使用图形模式下的液晶屏文字显示函数
	实验内容	学习 μC/OS-II 下系统消息循环的基本原理
		编程实现通过使用消息队列接收键盘任务发出的按键消息，并把对应按键的字符显示在液晶屏和 PC 机的终端上
实验四：μC/OS-II 文件系统的使用	实验目的	学习使用文件相关的 API 函数，了解在 μC/OS-II 操作系统上扩展文件系统的情况
	实验内容	学习操作系统原理中有关文件系统的知识，了解文本文件以及字符串的处理方法

<table>
<tr><td>实验四：μC/OS-II 文件系统的使用</td><td>实验内容</td><td>使用开发平台提供的 API 函数编写程序，实现打开一个保存在 Flash 海量存储器中的英文文本文件，将其文件内容输出显示在液晶屏上</td></tr>
<tr><td rowspan="4">实验五：μC/OS-II 下列表框控件的使用</td><td rowspan="2">实验目的</td><td>学习列表框控件的使用，了解图形系统中控件的使用方法</td></tr>
<tr><td>继续学习操作系统的文件相关 API 函数，查找指定扩展名的文件并在列表框中显示其扩展名</td></tr>
<tr><td rowspan="2">实验内容</td><td>使用操作系统中文件相关 API 函数，列出系统中存储在电子硬盘中的指定扩展名的文件（例如，*.bmp 位图文件）</td></tr>
<tr><td>编程实现在列表框控件中把目录下相关文件名列出来，同时，可以使用键盘选择某位图文件并显示该图片</td></tr>
<tr><td rowspan="7">实验六：μC/OS-II 下文本框控件的使用</td><td rowspan="4">实验目的</td><td>学习文本框控件的使用</td></tr>
<tr><td>掌握以二进制模式打开并读取文件的方法</td></tr>
<tr><td>把一个二进制文件中的数据在文本框中显示出来</td></tr>
<tr><td>利用键盘消息，实现文本框内容的编辑。掌握如何将数据写入二进制文件</td></tr>
<tr><td rowspan="3">实验内容</td><td>学习操作系统文件操作的基本过程</td></tr>
<tr><td>使用系统提供的 API 函数，编程实现把一个二进制文件中的数值内容在文本框中显示出来</td></tr>
<tr><td>通过键盘编辑文本框，可以改变文本框的内容，并可以保存到文件，系统掉电以后，文件内容不丢失</td></tr>
<tr><td rowspan="4">实验七：基于 ARM 的多通道仪表数据采集实验</td><td rowspan="2">实验目的</td><td>深入理解 ARM 芯片的 A/D 转换原理</td></tr>
<tr><td>熟悉 μC/OS-II 的多任务调度机制以及消息循环、图形控件的使用，学习多通道数据采集的方法</td></tr>
<tr><td rowspan="2">实验内容</td><td>采用多任务编程方法，每个任务监视一路 AD 转换，每一路 AD 的转换结果在液晶屏上用一个条形图的长短来表示，直观地显示每路模拟输入电压的大小</td></tr>
<tr><td>通过文本框给每路 AD 设置警戒值，某路输入超出警戒线之后条形图中超出的部分会以闪动的方式显示</td></tr>
<tr><td rowspan="5">实验八：μC/OS-II 下 UDP 通信实验</td><td rowspan="2">实验目的</td><td>学习 UDP 通信原理</td></tr>
<tr><td>掌握 socket 编程方法</td></tr>
<tr><td rowspan="3">实验内容</td><td>编程实现嵌入式开发平台和计算机之间的 UDP 通信</td></tr>
<tr><td>通过触摸屏进行画图，使其在液晶屏上显示，同时通过网络传输数据，使其在计算机屏幕上显示</td></tr>
<tr><td>由计算机控制清除液晶屏上的图形</td></tr>
</table>

实验九：μC/OS-II 下音频实验	实验目的	掌握 ARM 的 IIS 接口工作原理
		学习编程实现 ARM 的 IIS 接口播放音乐
		掌握 IIS 接口的 DMA 工作方式
	实验内容	学习 S3C2410 自带的 IIS 音频接口的使用
		通过 DMA 数据传输方式编程实现对 WAV 声音文件的循环播放

4. 嵌入式系统扩展板开发案例

扩展实验一：GPRS 扩展板通信实验	实验目的	学习使用 ARM 嵌入式开发平台配置的 GPRS 扩展板
		认识 GPRS 通信电路的主要构成
		了解 GPRS 模块的控制接口和 AT 命令
	实验内容	通过对串口编程来控制 GPRS 扩展板，实现发送固定内容的短信，接打语音电话等通信模块的基本功能
		利用开发平台的键盘和液晶屏实现人机交互
扩展实验二：基于 ARM9 的 FPGA 实验	实验目的	掌握 ARM9 的存储体系结构
		掌握 Altera ACEX1K FPGA 的配置原理
		掌握 Altera ACEX1K FPGA 的基本开发流程
		掌握 SAMSUNG S3C2410X 通过并行总线控制 FPGA 的软硬件实现
	实验内容	通过修改 LED 延时控制寄存器（LED_CONTROL）的值，观察 LED 闪烁的快慢程度
		读取、修改相应的 I/O 寄存器（FPGA_IOP1_L 等）控制 FPGA 相应的 I/O 管脚状态（可借助万用表、示波器等仪器测定）
扩展实验三：GPS 扩展板通信实验	实验目的	掌握 GPS 通信原理
		学习 NMEA0183 ASCII 接口协议格式
		学习编程实现对 GPS 通信信息的采集方法
	实验内容	学习 GPS 通信原理，阅读 GPS 模块的产品说明，了解模块的电气指标、串行接口连接方式、NMEA 语句格式
		通过软件设置 GPS 模块的波特率、输出语句和初始化经纬度等内容
		编程实现对 GPS 通信信息的采集方法，将接收到的数据进行语义的解析，并在 LCD 上显示当前的地理位置信息

B.3 北京航空航天大学《嵌入式系统概论》实验课程大纲

1. 学时分配

总学时数：48

课内学时：48　　讲课学时数：30　　实验学时数：18

课外学时：

2．教学目的和预期达到的目标

嵌入式系统技术已被广泛地应用于工业控制系统、信息家电、通信设备、医疗仪器、智能仪器仪表等众多领域。如手机、PDA、MP3、手持设备、智能电话、机顶盒等，可以说嵌入式系统无处不在。

本课程介绍了嵌入式系统的设计方法。通过本课程的学习，学生可以了解嵌入式系统技术的基本概念、特点和分类，掌握嵌入式系统软硬件设计的基本方法。本课程的特点是针对目前流行的基于 ARM 架构的嵌入式微处理器与源码公开的实时操作系统选择μC/OS 进行详细剖析，并结合具体嵌入式系统开发实例，使学生能够熟练掌握嵌入式系统的设计与开发方法。本课程采用讲课与实验相结合的方式，着重培养学生的实际动手能力，通过数字 I/O、A/D、存储器接口、触摸屏驱动等基础实验，使学生能够掌握嵌入式系统设计的基本方法。此外还增加了综合设计等开放式实验，供基础较好的学生深入学习。

3．预备知识

C 语言、微机原理。

4．主要内容及基本要求

1）主要授课内容（30 学时）

课　次	学　时	形　式	内　容
1	3	讲课	引言
2	3	讲课	嵌入式系统基本概念
3	3	讲课	ARM 微处理器体系结构
4	3	讲课	ARM 汇编语言程序设计
5	3	讲课	μC/OS-II 实时操作系统分析
6	3	讲课	嵌入式系统初始化与μC/OS-II 的移植
7	3	讲课	嵌入式系统硬件接口设计
8	3	讲课	基于μC/OS-II 嵌入式软件结构设计
9	3	讲课	嵌入式软件应用编程
10	3	讲课	嵌入式系统设计实例分析
11	2	考试	考试

2）实践（实验/作业）（18 学时）

（1）实验设置

共设置 6 个实验，每个实验 3 学时，共 18 学时，并安排大作业，由学生在课外完成。

（2）实验目的

通过 6 次实验，掌握嵌入式系统软件设计的基本技术，具体包括：

✦　ADS 集成开发环境及相关软件的使用

✦　嵌入式系统软件的编程思想

✦ 嵌入式系统前后台程序设计方法
✦ 基于嵌入式操作系统的驱动程序和应用程序设计
✦ 针对 S3C2410 嵌入式处理器的在线调试和仿真

通过 6 次实验，熟悉 S3C2410 嵌入式处理器的体系结构及外围设备接口，具体包括：

✦ S3C2410 处理器的初始化程序设计
✦ S3C2410 处理器的 AD 转换接口
✦ S3C2410 处理器的通用异步串行端口
✦ S3C2410 处理器的 I^{2}C 控制器接口

（3）实验内容

实验一：熟悉设备及相应软件	实验目的	熟悉嵌入式实验平台 NETARM2410 的操作方法
		熟悉 Source Insight 等开发工具的使用
		熟悉 ADS 开发环境及 UArmJteg 的使用
	实验安排	教师示范
		学生自己动手完成相关内容
	实验任务	实现对一个已有程序进行在线仿真调试
实验二：串口控制程序	实验目的	了解通用异步串行接口的工作原理及 RS-232 协议
		了解 S3C2410 的 UART 接口的控制方法
	实验安排	教师讲解 UART 工作原理、协议及控制方法
		学生动手补全代码，实现通过超级终端与 PC 通信
		教师讲解 UART 的 FIFO 的使用
		学生修改相应的代码，利用 FIFO 实现串口收发
	实验任务	补全代码，实现通过超级终端与 PC 通信
		对代码进行修改，利用 FIFO 实现串口收发（可选）
实验三：触摸屏控制程序	实验目的	了解触摸屏的工作原理
		了解 S3C2410 的 SPI 接口的控制方法
		学会阅读芯片资料
	实验安排	教师讲解触摸屏原理及 S3C2410 的 SPI 接口的控制方法
		学生动手补全代码，实现触摸屏的采样
		教师讲解触摸屏校屏的基本原理
		学生动手添加相应的算法，并针对手中的设备校屏
	实验任务	补全代码实现触摸屏的采样
		针对手中的设备对程序进行修改，达到校屏的目的（可选）
实验四：I^{2}C 总线控制	实验目的	了解 I^{2}C 串行总线的协议
		了解 S3C2410 的 I^{2}C 总线控制器的控制方法
		了解周立功 zlg7289 键盘接口芯片的控制方法
	实验安排	教师讲解 I^{2}C 协议及控制方法
		教师讲解周立功 zlg7289 的工作原理及控制方法

实验四：I^2C 总线控制	实验安排	学生动手补全代码，实现按下小键盘任意键，在串口上打印出对应的键名
		教师讲解 zlg7289 对 LED 数码管的控制接口
		学生修改相应的代码，实现对 LED 数码管的控制
	实验任务	学生动手补全代码，实现按下小键盘任意键，在串口上打印出对应的键名
		学生修改相应的代码，实现对 LED 数码管的控制（可选）
实验五：S3C2410 初始化程序设计	实验目的	了解 BootLoader 在嵌入式系统中的作用
		熟悉 BootLoader 的编写
		理解系统初始化流程
	实验安排	教师讲解 BootLoader 的基本概念
		教师讲解 BootLoader 的作用
		学生阅读 BootLoader 的源码
		学生修改相应的代码，实现两个任务之间的通信
	实验任务	学生修改相应的代码，编写两个简单任务，通过邮箱实现两个任务之间的通信
实验六：显示应用程序设计	实验目的	理解 μC/OS-II 下应用程序编写的一般方法
		掌握 μC/OS-II 显示驱动程序的常用接口
	实验安排	教师讲解 μC/OS-II 显示驱动程序常用接口的调用方法
		学生动手补全代码，实现在屏幕上绘制正弦波曲线
	实验任务	学生动手补全代码，实现在屏幕上绘制正弦波曲线

5. 考核方式和评分标准

考核方式：平时作业（占 10%）+大作业（占 40%）+笔试（50%）

评分标准：百分制

参 考 文 献

1．吕京建，肖海桥．嵌入式处理器分类与现状. http://www.bol-system.com

2．Terrence Fong, Sébastien Grange, Charles Thorpe and Charles Baur. Multi-robot remote driving with collaborative control. IEEE International Workshop on Robot-Human Interactive Communication, September 2001, Bordeaux and Paris, France

3．姚放吾．嵌入式系统的硬件/软件协同设计．微计算机信息，2001（3）：1～3

4．Jean J.Labrosse．μC/OS-II——源码公开的实时嵌入式操作系统．邵贝贝译．北京：中国电力出版社，2001

5．蔡建平．关于嵌入式应用开发技术．单片机与嵌入式系统应用，2001（3）

6．Hppt://www.eventhelix.com/RealtimeMantra/FaultHandling/reliability_availability_basics.htm

7．液晶显示器的基本常识. http:// www.china-lcd.com/chs_pro_aboutdm.html

8．Jean J.Labrosse．嵌入式系统构件．袁勤勇等译．北京：机械工业出版社，2002

9．http://www. ucos-ii.com